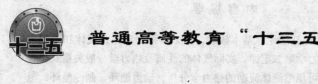

普通高等教育"十三五"规划教材

工程热力学

王承阳　王炳忠　编著

U0314735

北京

冶金工业出版社

2018

内 容 提 要

本书共分 11 章，包括绪论，基本概念，热力学第一定律，气体和蒸气的性质及热力过程，热力学第二定律，实际气体的性质及热力学一般关系式，气体与蒸汽的流动——可压缩流体流动的热力学分析，动力循环，制冷循环，湿空气及其热力过程，化学热力学基础。

本书可供热能与动力工程或能源与动力工程专业、新能源科学与工程专业、建筑环境与设备专业以及相关专业的本科学生使用，也可供动力、能源等相关领域的工程技术人员参考。

图书在版编目(CIP)数据

工程热力学/王承阳，王炳忠，编著．—北京：冶金工业出版社，2016.9（2018.1 重印）

普通高等教育"十三五"规划教材

ISBN 978-7-5024-7298-6

Ⅰ．①工…　Ⅱ．①王…　②王…　Ⅲ．①工程热力学—高等学校—教材　Ⅳ．①TK123

中国版本图书馆 CIP 数据核字(2016)第 219108 号

出 版 人　谭学余
地　　　址　北京市东城区嵩祝院北巷 39 号　邮编　100009　电话　(010)64027926
网　　　址　www.cnmip.com.cn　电子信箱　yjcbs@cnmip.com.cn
责任编辑　杨盈园　美术编辑　杨 帆　版式设计　杨 帆
责任校对　王永欣　责任印制　牛晓波

ISBN 978-7-5024-7298-6

冶金工业出版社出版发行；各地新华书店经销；三河市双峰印刷装订有限公司印刷
2016 年 9 月第 1 版，2018 年 1 月第 2 次印刷
787mm×1092mm　1/16；16.75 印张；405 千字；256 页
38.00 元

冶金工业出版社　投稿电话　(010)64027932　投稿信箱　tougao@cnmip.com.cn
冶金工业出版社营销中心　电话　(010)64044283　传真　(010)64027893
冶金书店　地址　北京市东四西大街 46 号(100010)　电话　(010)65289081(兼传真)
冶金工业出版社天猫旗舰店　yjgycbs.tmall.com
（本书如有印装质量问题，本社营销中心负责退换）

前　言

对于能源动力类专业来说，工程热力学相当于语言专业的语法课。不学语法也可以学好语言，但要成为语言学家，不学语法是万万不行的。同样，要成为能源动力领域的高端人才，必须学好工程热力学。

工程热力学是能源动力类专业的第一门专业课，是专业教学的重点，也是最难点。作者从事工程热力学课程教学 30 余年，烙印深刻，感悟良多，也不敢说完全把握了此门课程的精髓。随着时代的发展，能源动力工程不再限于电厂热能动力、内燃动力等领域，而是深入所有行业所有生产经营过程。节能减排作为全社会的共识，需要全社会的共同努力。东北大学的能源动力类各专业一直有着自己的鲜明特色，几代从事工程热力学教学的教师为此付出了大量的心血和努力，不断改革并调整教学内容与教学方法，力图在有限的学时内，既完整保持工程热力学课程通用体系、内容及深度，又充分联系和结合后续特色课程，以保证学生获得完整和全面的知识结构。本教材这一编写思路，力争使其成为一本重基础、宽口径、有特色的教科书。

本教材有别于以电厂热能动力或其他为中心内容的工程热力学教材，力求强化基础，弱化但明确应用。基础方面，注意与普通物理的衔接，把热力学的公理化体系较为完整地呈现给学生，并增加基本的多元复相理论，以结合混合工质和合金应用；应用方面，动力工程理论浅尝辄止，更注重热力学理论在工业系统中的拓展与灵活运用。本课程的目标不是让学生掌握某种动力设备或流程的设计方法，而是充分消化吸收热力学思考问题的视角、方法，具体的设计能力由后续专业课程来培养。

本书由王承阳（东北大学）、王炳忠（海军工程学院青岛分院）编写，王炳忠完成气体与蒸汽的流动、制冷循环和热泵、化学热力学基础等章的编著，其余由王承阳编著。全书由王承阳统稿，王炳忠负责习题的验算。谢兴同学在收集资料，整理热力学数据方面做了很多工作，在此向他表示感谢。

由于水平所限，很多扩展知识没有充分展开，不妥之处希望读者给予指正。

作　者
2016 年 4 月 25 日

目 录

"工程热力学课程是热工类及机械类动力机械等专业的一门重要技术基础课。

工程热力学是研究热能有效利用以及热能和其他能量转换规律的科学。本课程的主要任务是，使学生掌握热力学的基本规律，并能正确运用这些规律进行热工过程和热力循环的分析。在本课程的教学过程中还应注意培养学生的逻辑思维能力。"

——引自《高等工业学校工程热力学教学基本要求（参考学时范围：55～70 学时）》

1 绪　论

1.1　能源的利用与生产力的发展

人类社会的发展是和社会生产力的发展密切相关的，而社会生产力的一个重要组成部分就是为生产过程提供原动力的能源与动力工程。

能源是人类生存和发展的重要物质基础。人类社会和社会生产力的发展过程在历史上与人类利用能源的发展过程是一致的。在从类人猿逐渐进化到人的过程中，人类学会了使用火。农耕时代人们分散使用薪柴、人力、畜力、风力和水力。18 世纪蒸汽机的发明和改进是人类第一次大规模地使用能源，为生产提供了一种强有力的动力，推动了生产飞速发展，掀起了历史上著名的"工业革命"，彻底改变了原来自然经济的小生产方式，奠定了工业化生产的牢固物质基础。19 世纪电力的使用在工业生产中也是革命性的事件，它奠定了现代化自动化大生产的基础，改变了原来的劳动密集型的生产方式，同时它所带来的远距离即时通信技术对于生产、流通、资金以及生活方式的冲击和改变也是惊人的。20 世纪 70 年代能源危机则从另一方面促进了社会发展，后工业化社会或者信息社会就是这一发展的结果。在不远的未来，化石燃料必将枯竭，新能源也会随之崛起，这将给人类社会带来什么样的变革，已经成为人们热衷的话题。目前国际上常以能源的人均占有量、人均消费量、生产和消费构成、利用率及其对环境的影响等来衡量一个国家或地区的现代化程度。

能源是国民经济发展的原动力。随着国民经济的发展，对能源的需要量日益增加，如果能源的供给赶不上经济发展的需要，将会出现能源危机，从而影响社会经济的稳定和发展。保障能源供给，应当从供应和消费两个方面入手，即开源节流。我国的能源方针就是开发与节约并举，把节约放在首位。节约能源，即提高能源利用过程中的有效利用程度，减少能源的无效浪费是热能与动力工程的主要目标之一。

进入 21 世纪后，能源紧缺和环境危机的形势越来越严峻，我国经济多年来高速发展导致能源需求高速提升，促使节约能源、减少污染物排放成为国民经济建设的每一个领域都必须正视的重大责任。"十一五"规划明确提出把万元产值能耗（单位 GDP 能耗）降低20%，"十二五"规划进一步要求把重点行业万元产值能耗再降20%。形势发展迫使热能与动力工程不仅要在能源转换与利用领域发挥作用，而且要深入国民经济建设的所有领域，在促进能源节约、减少污染物排放方面发挥理论指导作用。

热能与动力工程的理论和方法是人类在能源转换与利用的工程实践中发展起来的。社会生产的各种工艺过程无不伴随有能量的转换、传输和/或变化，所以即使不把能源节约作为主要目的，热能与动力工程理论和方法也在工业工艺过程中发挥着重要的指导作用。

1.2　热能的转换与利用

运动是物质存在的基本形式，能量则是运动的基本属性。人类社会和自然界的一切运动都伴随着能量的时间转换、空间转换和形式转换。工程热力学的主要工作内容之一就是探索和掌握有关能量形式转换的规律。能量有六种主要存在形式：机械能、热能、电能、辐射能、化学能和核能。

所谓能源，就是储存有能量的物质，是人类从中获取能量的资源。煤、石油、天然气都是我们熟知的能源，核裂变和核聚变、太阳光（辐射）都能给我们提供能量，所以是能源。此外，各种自然过程，如风、流水、波浪、潮汐和地震等也包含能量，所以也是能源。热能是人类使用最广泛的能源形式。自然界存在的能源称为一次能源，包括石油、天然气、煤炭、水力、核能、天然气水合物、风力、太阳能、地热能、生物质能、海洋热能、波浪能、潮汐能，等等。其中石油、天然气、煤炭、水力、核能等作为常规能源几乎占了人类所用能源的全部，世界各国还在大力推进风力、太阳能、天然气水合物等新能源的利用。

热能是人类使用最广泛的能源形式（图1—1）。在上述能源中，几乎所有的能源都要转化成热能才能为我们使用，或者再转化成其他形式的能量予以利用。所以热能转换和利用技术是能源利用的核心技术。广义的热能转换包括热能与其他形式能量之间的形式转换，也包括热能在时间（储存）、空间（输送）以及载体（换热）上的转换。关于能量形式转换基本规律方面的知识体系是工程热力学，关于热能等能量在时间和空间方面转换的基本规律知识体系是工程流体力学、传热传质学；关于热能的具体利用技术方面则有以工程热力学、流体力学、传热学理论为通用基础的热工设备制造与运行技术。燃烧学专门讨论煤、石油、天然气等燃料燃烧释放热能的规律与技术，是热力学、流体力学、传热传质学理论在燃料燃烧研究中的具体应用。

热能的形式转换可称为热能的间接利用，热能的利用也因此分为两种形式：热能的直接利用和间接利用（动力利用）。

热能的直接利用就是直接加热被加热

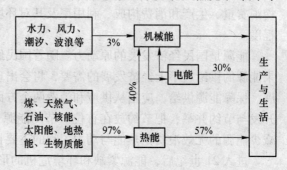

图1—1　热能在能源利用中的重要地位

对象，使之获得和保持高于环境温度的状态（图 1-2）。采暖是在寒冷的冬季通过加热使建筑物内保持适宜人们生活和工作的温度，钢铁冶金需要加热到熔融状态下进行，石油需要加热至气化后在不同温度下凝结而分馏出汽油、柴油等产品，建材制造、化工生产、纺织印染与造纸生产、食品加工、机械制造乃至农业的反季节生产等都具有大量的需要加热的工艺过程。

图 1-2　热能直接利用的典型设备

（a）高炉；（b）分馏塔；（c）隧道窑；（d）换热器

　　热能的间接利用就是将热能转变成机械能（工程上习惯称之为动力，power），然后通过发电机转变成电能或直接驱动交通运输工具、工程机械等。与社会进步相适应，热能的这种利用方式在能源利用总量中所占比例越来越高。将热能转换成为机械能的设备统称为热力发动机，简称热机。平时人们谈起发动机往往专指汽车等交通运输工具所使用的发动机，其实热力发电厂占了热机总容量（总功率）的大部分。

　　汽车使用内燃机作为驱动动力。内燃机的核心部件是气缸-活塞。内燃机工作时，气缸-活塞组成的封闭体内吸入新鲜空气，空气与喷入气缸的燃油充分混合燃烧，放出大量的热使缸内气体的温度大幅度提高，膨胀的气体强力推动活塞使之运动，运动动能通过机械机构传递给车轮，从而驱动汽车行驶（图 1-3）。

　　火力发电是将煤送进锅炉炉膛中燃烧，燃烧产生的热用来加热作为发电媒介物质的高压水，水吸热后气化成为水蒸气，并且温度升高。高温高压的水蒸气在汽轮机中膨胀作功，压力、温度降到很低的程度后排出汽轮机，低温低压的水蒸气在凝汽器中放热并回复

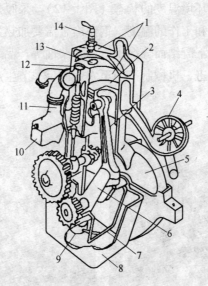

图 1-3　单缸四冲程内燃机

1—气缸盖和气缸体；2—活塞；3—连杆；4—水泵；5—飞轮；6—曲轴；7—润滑油管；

8—油底壳；9—润滑油泵；10—化油器；11—进气管；12—进气门；13—排气门；14—火花塞

成为水。然后由给水泵升高压力送进锅炉去吸收煤燃烧所放出的热。汽轮机转子接受高温高压水蒸气膨胀所作的功进行高速旋转并驱动与之联结在一根轴上的发电机转子，使得发电机发电并对外输出（图 1-4）。

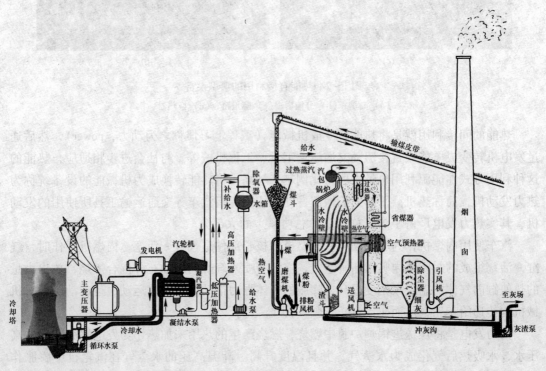

图 1-4　热力发电过程

能源利用一方面为人们的生产生活提供了驱动力，另一方面伴随着能源的开发利用，特别是化石燃料的燃烧，带来了许多全球性的和区域性的环境问题。如地球生物圈系统的熵产增加导致部分生态系统（耗散系统）崩溃（即荒漠化和物种灭绝等）；CFC（氯氟烃）制冷剂导致臭氧层破坏，CO_2 导致温室效应；汽车发动机和航空发动机有害废气排放；燃煤导致悬浮颗粒物和 SO_x 污染等问题。

1.3 工程热力学的研究对象及主要内容

如何更有效、更持久、更清洁地利用能源，是热能与动力工程所面临的首要的、最重要的课题。但如果仅仅从能源利用的观点来看待热能与动力工程，则会大大束缚热能与动力工程学者的思维，限制热能与动力工程的发展。利用热能与动力工程的基础理论——工程热物理解决各种工业工艺过程与自然过程中有关热的问题是热能与动力工程领域另一类重要课题。如化工、冶金、建筑等工业工艺过程热的利用，地质运动、天体运动中的热的作用，以及生命体中的流体流动、能量传递和作用，等等。

工程热物理学科是研究能量在热、功以及其他相关形式之间进行转化、传递和利用过程中的基本规律及其应用的一门应用基础学科，其主要内容包括四个方面：工程热力学、流体力学、传热传质学和燃烧学。其中流体力学主要研究在各种力的作用下，流体本身的静止状态、运动状态以及流体与固体之间有相对运动时的相互作用和流动规律。传热学研究热量在温度差的作用下从高温处向低温处传递和转移的规律与机理。燃烧学研究燃料燃烧现象和机理及其控制技术，燃烧现象受与其相关的流动、传热、传质和反应热力学控制，因而燃烧学研究结合了热力学、流体力学和传热传质学的研究手段并综合成为反应动力学研究方法。

工程热力学研究热能与其他形式能量（主要是机械能）的转换规律以及影响转换的各种因素。其基本任务是从工程观点出发探讨能量有效利用的基本方法。无论是热能转化成为机械能或电能的热动力设备，还是热能直接利用于工艺上的加热过程，都要研究如何提高热能利用的效率，减少热能利用中的损失，以提高热能利用的经济性。

随着全球范围内的能源紧缺和环境危机持续恶化，在社会经济的所有领域，以工程热力学理论为指导，全面分析生产过程中各个层面的能源利用与转换关系，进而优化生产过程，可以达到节约能源、减少污染物排放的目标。目前具有代表性的显著成果有复杂流程工业的能源系统综合利用（系统节能）、多种能源互补与多联产的综合能源系统（总能系统）、集成和集中式能源系统与分布式能源系统，等等。

事实上，工程热力学理论起源于蒸汽机发明后，人们需要了解和掌握热能转换成机械能的机理，并借此改善热机性能。但目前其发展与应用已经不限于能源利用与转换，而是广泛渗透到所有涉及能源转换的工业工艺过程中。而当人们熟练掌握热力学理论与分析方法后，又惊异地发现热力学理论体现出与其他科学理论（尤其是牛顿力学）不同的世界观和方法论。

工程热力学迄今的发展包罗万象，其清晰的脉络表明其基本出发点仍然是热能与机械能的转换。所以我们学习工程热力学的理论和分析方法，仍然从关于热能与机械能转换的分析出发。在分析热能与机械能转换机理方面，工程热力学的主要内容包括以下三方面：

（1）基本概念和基本定律。工程热力学从这些基本概念和基本定律出发，按照一定的逻辑关系和推理，建立起整个工程热力学大厦。热力学的思想体现在这些基本概念和基本定律之中，人们以此从热力学的视角认识自然和世界。

（2）热力过程和热力循环的分析研究及其计算方法。热能与机械能转换等能量转换过程，是通过工质的吸热、膨胀、放热、压缩等状态变化过程以及由这些热力过程组合而成的热力循环来实现的。

（3）常用工质的热物理性质。工质（work fluid）是能量转换过程的媒介物质，工质进行的热力过程和热力循环可实现热能与机械能的相互转换。工质应具有流动性，可以容易地在不同设备之间或设备的不同部分之间转移；工质应具有膨胀性，可以通过体积的变化而作功。

工程热力学在分析热能与机械能转换机理的时候，不考虑温差传热、运动摩擦等不可逆影响因素，从而得到理想条件下热能与机械能转换最佳效果，并以此作为实际热能与机械能转换技术的努力目标。但是温差传热、运动摩擦等不可逆因素的影响并不是独立的，而是同热能与机械能转换机理强烈耦合在一起的，具有明显的动力学（dynamics）特征。所以，有人称不考虑温差传热、运动摩擦等不可逆影响因素的平衡热力学理论（equilibrium thermodynamics theory）为热静力学（thermostatics）。从 20 世纪二三十年代开始，平衡热力学理论陆续被突破，昂色格发展了近平衡状态的不可逆热力学理论，普利高津发展了远离平衡状态的耗散结构理论，80 年代开始又出现了以 Bejan 为代表的关于传热和流体流动的熵分析理论，以及尚不被普遍认可的有限时间热力学、热动力学，等等。

作为热力学的一个分支，相平衡理论在化工、冶金、热处理等领域得到重大应用，甚至到 20 世纪 80 年代初，还是冶金行业纯理论研究的主要方向（冶金物理化学学科）。之后，冶金反应动力学（实际是传热传质学和流体力学理论在冶金过程中的应用）得到长足的发展，与冶金热力学（相平衡理论）共同支撑起冶金工程学科的理论大厦。

1.4 热力工程和工程热力学的发展简史

1.4.1 热机的历史

公元前 130 年，埃及人 Heron 制作了 Heron 机（图 1 - 5），依靠喷射蒸汽的反推力旋转。在中国，走马灯是最原始的热机。走马灯何时出现已不可考，但不晚于公元 1000 年。其上有平放的叶轮，下置燃烛或灯，其产生的热气上升带动叶轮旋转，这正是现代燃气涡轮的工作原理。中国许多古籍都有关于走马灯的记述，如南宋周密《武林旧事·卷二·灯品》："若沙戏影灯，马骑人物，旋转如飞。"和南宋范成大《上元纪吴中节物俳谐体三十二韵》："映光鱼隐现，转影骑纵横。"

1695 年，法国人 Denis Papin 第一个发明了有汽缸有活塞的蒸汽机，用来提水和推磨；英国人 Thomas Savery 也制作出了类似的机器。1705—1706 年，Thomas Newcomen 制造了比

图 1 - 5 Heron 机

Savery 更实用的蒸汽机，用于采煤和供水，并于 1711 年组成了一个经营公司。1769 年，瓦特（James Watt, 1736—1819）成功地在 Newcomen 蒸汽机上增添了一个冷凝器，构成了现代蒸汽机的雏形；后来，他又解决了蒸汽自动换向问题，发明了活塞阀、飞轮和离心调速器，等等（1782 年）。

1785 年，蒸汽机被用于纺织工业；1807 年美国哈得逊河上，富尔顿的轮船克雷英特号开航；1825 年英国的第一条铁路建成了。

德国人奥托（Nicolaus A. Otto）首先于 1877 年制成了实用的点燃式四冲程内燃机，狄塞尔（Rudoff Diesel）随后于 1897 年制成了压燃式内燃机。20 世纪 30 年代出现的增压技术使内燃机性能得到大幅度提高。1883 年瑞典人 De Laval 试制了第一台单级蒸汽气轮机，1884 年英国人 Parsons 试制了第一台多级（反击式）蒸汽气轮机，1902 年法国人 Rateau 制成第一台冲动式多级蒸汽气轮机，1902 年第一台汽轮发电机组诞生，成为电力生产的主要设备之一。

1.4.2 温度的测量

1593 年，伽利略制作了简单的空气温度计，17 世纪波义耳和牛顿等人也曾研制过温度计，并具有了物质的熔点不变的观念。17 世纪末 Guillaume Amontons 改进了伽利略的空气温度计，同时建立了气压正比于温度差的定律。在此基础上，盖·吕萨克（Joseph Louis Gay - Lussac, 1778—1850）和道尔顿（John Dalton, 1766—1844）对气体性质进行了研究。

1724 年，荷兰人华伦海特（Gabriel Danile Fahrenheit, 1686—1736）建立了华氏温标（现在普遍使用于英美）。其后，法国人列缪尔建立了列氏温标（现在普遍使用于德国）。1742 年，瑞典人摄尔修斯（Anders Celsius, 1701—1744）和 Marten Stromer 建立了摄氏温标（现在普遍使用于法国科技界）。

1848 年汤姆逊（William Thomson, Lord Kelvin, 1824—1907）用卡诺循环建立了热力学温标，并提出绝对零度是温度下限的观点。

1.4.3 量热学的发展

在量热学方面，彼得堡科学院院士李赫曼（1711—1753）、英国化学家 Joseph Black（1728—1799）先后做了开拓性的工作，Black 首先把"温度"和"热量"这两个概念区分开来，并提出了"潜热"的概念，其学生伊尔文引入了"热容量"的概念。1784 年伽托林引入了"比热"的概念（Black 早就提出了"比热"概念，只是 1803 年才发表出来）。后来，为了测定物体的热容量，拉瓦锡（Antoine Laurent Lavoisier, 1743—1794）和拉普拉斯设计了一台冰量热器。

这样，从 18 世纪中叶到 20 世纪 80 年代，量热学的一系列基本概念——温度、热量、热容量、潜热等都已形成，一套测定这些物理量的实验方法也设计出来了。

1.4.4 热传导理论

1822 年，傅里叶（Joseph Fourier, 1768—1830）在巴黎出版了《热的分析理论》，建立了热传导理论（同时也建立了傅里叶分析和傅里叶级数的理论）。傅里叶的理论给德国物理学家欧姆（Georg Simon Ohm, 1787—1854）以启示。1826 年，欧姆通过热传导联想到电传导，采用热效应的办法对电进行实验研究，从而得到著名的欧姆定理。

1.4.5　热的本质

关于热的本质，自古以来就有两种看法，一是热质（热素）说，认为热量是渗透到物体空隙中的一种无重量的流体，热质多少决定热量的多少。从古希腊的 Democritus（前460—371），经 Epicurus（前347—270）、Lucritius（前99—55），到 Pierre Gassendi（1592—1655）都持这个观点。哈雷大学教授 Georg Ernst Stahl（1660—1734）引入"燃素"后，更加促进了这一学说的发展。二是认为热是物体粒子的内部运动。笛卡儿、波义耳、胡克（1635—1703）等人主张这一观点。其后还有丹尼尔·伯努里（1700—1782）和罗蒙诺索夫（М. В. Ломоносоь，1711—1765）。

罗蒙诺索夫于1749年发表的著作表达了他的热运动的观点。伦福德伯爵（Benjamin Thompson，1753—1814）于1798年发表了在大炮钻孔时摩擦生热的实验。戴维（1778—1829）则于1799年做了在冰点以下的环境中通过摩擦溶解冰块的实验。

但是在19世纪上半叶热质说仍然占据上风，傅里叶和卡诺的理论均建立在热质说基础之上。甚至直到1856年《英国大百科全书》中"热"这一词条，对热质说的偏爱仍胜过热的运动学理论。在能量守恒和转化定律发现之后，物理学才逐渐摈弃了热质说。

1.4.6　热力学第一定律

从1686年莱布尼兹（Gottfried Wilhelm Freiherr von Leibniz，1646—1716）提出以 mv^2 表示活力开始，有关的基本概念就逐渐形成了。1775年，法国科学院决议不再受理关于永动机的设计方案，标志着人们确认了永动机不可能造成。18世纪末到19世纪初，各种物理现象之间的普遍联系也逐步被发现。到了19世纪40年代，建立热力学第一定律的条件已经成熟，因此数年之内（1942—1947）有十几个科学家在不同地点、通过不同途径各自独立地提出了能量守恒和转化定律，其中以迈尔、焦耳、亥姆霍兹的工作最为著称。

1840年盖斯提出化学反应的热效应恒定定律，不论反应是一步完成还是分几步完成，生成热的总和不变。1842年迈尔（Julius Lothar Meyer，1818—1878，德国汉堡人）（图1-6）发现热功当量，建立起热效应中的能量守恒原理，进而论证这是宇宙普适的一条原理。1843—1845年焦耳（James Prescott Joule，1818—1889）发表了数篇论文，分别用机械功、

(a)　　　　　　　　　　(b)

图1-6　迈尔和焦耳

(a) 迈尔，J. R.；(b) 焦耳

电能、化学能和气体压缩能的转化，测定热功当量，以实验支持能量守恒原理，而后直到1878 年一直致力于热功当量的精确测定。1847 年亥姆霍兹（Herman Ludwig Ferdinand Helmholtz，1821—1894）提出了力学中的"位能"和"势能"概念，给出了万有引力场、静力学、电场和磁场的位能表示，明确了能量守恒原理的普适意义。

1.4.7　热力学第二定律

1824 年卡诺（Nicolas – Leonard – Sadi Carnot，1796—1832）（图 1 – 7）提出热机循环和可逆的概念，认识到实际热机的效率不可能大于理想可逆热机，理想热机效率与工质无关，而仅与热源的温度有关，这是热力学第二定律的萌芽。1850 年克劳修斯（Rudolf Julius Emmanuel Clausius，1822—1888）提出热力学第二定律的克劳修斯说法，1851 年汤姆逊提出了开尔文说法。1865 年克劳修斯提出熵概念和孤立系统熵增原理，并得出宇宙"热寂说"。1871 年麦克斯韦（James Clerk Maxwell，1831—1879）提出通过控制个别粒子的运动，有可能实现违背热力学第二定律的假想实验（麦克斯韦妖魔）。1872 年玻耳兹曼（［奥］Ludwig Edward Boltzmann，1844—1906）提出 H 定理，用以证明气体趋于平均分布，从而提出熵的统计解释，建立了热力学第二定律的统计基础。1886 年吉布斯（Jossiah Willard Gibbs，1839—1903）引入热力学位（化学位）的概念，热力学开始应用于化学，为判断化学反应的方向和化学平衡提供了依据。1909 年希腊数学家 Caratheodory 把热力学第二定律表述成类似于数学公理的形式。1905 年爱因斯坦和斯莫卢曹斯基分别提出布朗运动的理论解释，这是涨落的统计理论的开始。同年玻耳兹曼提出宇宙起伏说，认为宇宙中存在着偶然出现的区域，那里发生着违背热力学第二定律的过程。

(a)　　　　　　　　　　(b)　　　　　　　　　　(c)

图 1 – 7　卡诺、开尔文和克劳修斯
(a) 萨迪·卡诺；(b) 开尔文勋爵；(c) 克劳修斯

1.4.8　热力学第三定律

热力学第三定律是独立于热力学第一、第二定律之外的一个热力学基本定律。它是研究低温现象得到的一个普遍定律。1906 年德国化学家能斯脱在研究化学反应在低温的性质时得到一个结论，我们称之为能斯脱热定理："凝聚系的熵在可逆定温过程中的改变随绝对温度趋于零而趋于零。"即 $\lim_{T \to 0}(\Delta S)_T = 0$。1912 年能斯脱根据这个定理进一步推论出绝对零度不能达到原理："不可能用有限个手续使一个物体冷却到绝对温度的零度。"

1.5 工程热力学的研究方法及学习方法

热学的研究方法与力学不同，热学也代表了与力学不同的一种自然观和宇宙观。

热学的研究有两个途径，一种是宏观的、唯象的研究方法，即经典热力学的研究方法；另一种是微观的、统计的研究方法，即统计物理或统计热力学的研究方法。经典热力学完全从宏观现象出发，不考虑现象的微观本质（唯象的意思是仅仅考虑现象），以热力学第一定律和热力学第二定律等少数基本定律作为依据，根据问题的具体条件，推导出整个理论构架（大量公式），得到若干重要的结论。热力学第一定律和热力学第二定律等基本定律是久经实践考验的自然界的基本公理，具有高度的普遍性和可靠性。所以应用宏观的热力学研究方法可以得到很可靠的结果。统计热力学是从物质内部的微观结构出发，利用统计的方法研究大量分子杂乱无章的运动的统计平均性质，故能从物质内部分子运动的微观机理来更深刻地解释所观测到的宏观热现象的物理本质。统计热力学还能解释诸如物质的比热容理论、涨落现象等经典热力学所不能解释的问题。但必须注意到，统计热力学对物质结构采用的一些假设（或模型），只是物质实际结构的近似，所以统计热力学的研究结果与实际并不完全符合，只是接近于实际。

为什么热学的研究必须采取这两条路线呢？这是因为热学的研究对象与力学不同。力学的研究对象主要是固体，固体具有一定的形状和体积，组成固体的大量分子行动统一，一个固体的运动特性可以用一组力学参数（速度、位置、加速度等）描述，而且固体的任意部分均适用。而热学的研究对象主要是流体（液体和气体），是大量流体分子的集合，没有一定的形状甚至体积，微观上流体分子仍在不停地移动和旋转，分子与分子间的作用和距离在不停地变化，即每个分子都各有其运动特性，不可能用一组力学参数描述一定量流体的运动特性（即使可以描述，该组参数也不适用于流体的局部）。同时还因为热学的研究内容与力学不同。力学研究物质的宏观运动，或者说是辩证唯物主义中的机械运动；而热学研究物质的热运动，宏观上呈现为热效应，微观上是杂乱无章的各个粒子的随机运动。

为什么热学具有与力学不同的自然观和宇宙观？关键在于力学是时间反演对称的，而热学是时间反演不对称的。一个运动的物体（力学分离体），已知其当前的运动状态可以计算出以前的和以后的运动状态；而一个热力系统，已知其当前的热力状态可以计算出以后的热力状态（甚至连这一点也不能完全做到），但不能计算出以前的热力状态，除非是极其特殊的、理想化的可逆过程。一个物体（力学分离体）向前运动和向后运动都是正常的；但一杯热水自动变成凉水是正常的，反过来凉水自动变成热水就是不可能的。摩擦可以使动能转变为热能，但不能将热能转变为动能。电阻将电能耗散为热能，但不能将热能转变为电能。这些都清晰地表明热学过程发展的方向性和时间的单向性。

工程热力学是热学理论在动力工程领域的实践和应用，工程热力学的学习应当紧紧抓住热能—机械能转换这根主线，掌握其规律及提高转换效率和热能利用经济性的方法；同时关注热力学理论在化学工程、冶金工程等其他领域的应用，举一反三、触类旁通，这样才有利于深刻领会热力学基本理论的精髓。

1.6 单 位 制

重新修订的《国际单位制及其应用》等 15 项强制性的国家标准，构成了我国法定的《量和单位》（GB 3100—1993 系列），1993 年 12 月 7 日由国家技术监督局批准发布，自 1994 年 9 月 1 日起实施。1994 年 11 月 14 日，由国家技术监督局、国家教育委员会、广播电影电视部、国家新闻出版署联合发文，文中"要求 1995 年 7 月 1 日以后出版的科技书刊、报纸、新闻稿件、教材、产品铭牌、产品说明书等，在使用量和单位的名称、符号、书写规则等时都应符合新标准的规定；所有出版物再版时，都要按新标准规定进行修订"。

国家标准《量和单位》（GB 3100—1993 系列）中与热工课程有关的常用物理量名称、符号的变动情况见表 1-1。

表 1-1 与热工课程有关的常用物理量

原名称（习惯名称）	符号	新名称	符号	备注
体积，容积	V	体积	V	
比容	v	比体积，质量体积	v	
密度	ρ	体积质量，［质量］密度	ρ	
能［量］	E	能［量］	E	93 版定义为所有形式的能
压缩率	κ	等温压缩率	κ_T	
比热容	c	质量热容，比热容	c	
定压比热容	c_p	质量定压热容，比定压热容	c_p	
定容比热容	c_v	质量定容热容，比定容热容	c_V	
比热［容］比	γ	质量热容比，比热［容］比	γ	
定熵指数	K	等熵指数	κ	
比熵	s	质量熵，比熵	s	
内能	U	热力学能	U	
比内能	u	质量热力学能，比热力学能	u	
比焓	$h(i)$	质量焓，比焓	h	
比亥姆霍兹自由能 比亥姆霍兹函数 （自由能）	a, f	质量亥姆霍兹自由能 比亥姆霍兹自由能 比亥姆霍兹函数	a, f	
比吉布斯自由能 比吉布斯函数 （自由焓）	g	质量吉布斯自由能 比吉布斯自由能 比吉布斯函数	G	
原子量	A_r	相对原子质量	A_r	
分子量	M	相对分子质量	M_r	
摩尔内能	U_m	摩尔热力学能	U_m	
物质 B 的质量成分	x_B	物质 B 的质量分数	w_B	
物质 B 的摩尔成分	y_B	物质 B 的摩尔分数	$x_B(y_B)$	

续表 1-1

原名称（习惯名称）	符号	新名称	符号	备注
物质 B 的体积成分	z_B	物质 B 的体积分数	φ_B	
通用气体常数 摩尔气体常数	R_m	摩尔气体常数	R	数值较原来略有变大 $R = (8.314510 \pm 0.000070) J/(mol \cdot K)$
马赫数	M	马赫数	Ma	
质量流量	$\overset{.}{m}$	质量流量	q_m	
体积流量	V	体积流量	q_v	
摩尔数	n	物质量	n	
		玻耳兹曼常数	k	数值较原来略有变小 $k = (1.380658 \pm 0.000012) \times 10^{-23} J/K$
		摩尔体积	V_m	在 273.15K 和 101.325kPa 时，理想气体的摩尔体积为 $V_{m,o} = (0.02241410 \pm 0.00000019) m^3/mol$
		阿伏伽德罗常数	L, N_A	$L = (6.0221367 \pm 0.0000036) \times 10^{23} mol^{-1}$
导温系数	a	热扩散率	a	
传热系数	k	传热系数	$K, (k)$	
热流密度	q	面积热流量，热流密度	q, φ	
热流量，热量	Q	热流量 热量	Φ Q	
对流换热系数	α	表面传热系数	$h, (\alpha)$	
体积膨胀系数	β	体胀系数	$\alpha_v, (\alpha, \gamma)$	
黑度	ε	发射率	ε	
单色发射率	ε_λ	光谱发射率	$\varepsilon(\lambda)$	
导热系数	λ	热导率（导热系数）	$\lambda, (\kappa)$	
动力黏性系数	μ	［动力］黏度	$\eta, (\mu)$	
运动黏性系数	ν	运动黏度	ν	
特征尺寸	L, l	特征长度 特征速度 特征温度差	l v ΔT	

　　热能工程传统上习惯使用工程单位制，目前还残留着一些工程单位制。这些残留的工程单位制术语有其方便合理的一面，因而作为辅助单位在工程实际中也有广泛的应用。其中有些术语的内涵也逐渐发生改变，成为符合 SI 的内容。

　　卡路里（cal，卡）和千卡（kcal，也称大卡）是工程单位制中热量的基本单位，在热学的发展史上，热量的单位卡与比热容的概念、水的比热值是同时定义或发展的，正因为其与水的比热值的紧密联系，使得它在工程速算与概算中没有其他术语可以替代。另外，在生理卫生医疗领域，卡仍然是标准计量单位之一，如目前市场上销售食品的营养成分标识中，有许多商品的能量计量单位都是卡。

标准煤（coal equivalent，缩写为 ce）连工程单位制都不是，甚至迄今也说不清楚它的正规起源，但它却可以堂而皇之地出现在政府以及相关重要国际组织的正式文件中，不过国外用得更多的是标准油（oil equivalent，缩写为 oe，更合适的译名是油当量）。它们的换算关系是：$1kgce = 7000kcal = 29.31MJ$，$1tce = 1000kgce$，$1gce = 0.001kgce$，$1Mtce = 10^6 tce$。$1kgoe = 42.62MJ = 1.454285kgce$。

大气压是工程单位制中压力（压强）的辅助单位，分为物理大气压（atm，或曰标准大气压）和工程大气压（at）。$1atm = 760mmHg = 101325Pa$，$1at = 10mH_2O = 1kgf/cm^2 = 98066.5Pa$。工程大气压原是工程上最常用的压力计量单位，技术人员和工人甚至把它简称为"压"或"压力"，如 5at 就是 5 个压。现在普遍实施 SI 后，工业企业的压力表都以 MPa 作为计量单位，技术人员和工人逐渐把表上所示的 0.1MPa 称为一个大气压、一个压力或一个压，于是事实上 $1at = 0.1MPa$。

复习思考题与习题

1-1　为什么说热能是人类使用最广泛的能源形式？

1-2　家庭中涉及热能传递和热能与其他形式能量相互转换的现象有哪些？在工农业生产中涉及热能传递和热能与其他形式能量相互转换的现象有哪些？商业流通业呢？

1-3　热动力机的发明和改进与热力学的建立和发展有什么联系？

1-4　热力学现象是物质分子热运动在宏观世界呈现出来的现象。经典热力学不考虑热现象的微观本质，是唯象理论，基础的牛顿力学也是唯象理论吗？为什么？

1-5　子曰："学而时习之，不亦说乎。""温故而知新，可以为师矣。"请回顾总结从初中到现在所学各门课程中关于能量的全部知识。

"为什么大自然的规律是现在这样的？

为什么宇宙是由现在组成它的各种东西所组成的？

这些东西是如何起始的？

宇宙如何获得了组织？"

——保罗·戴维斯：《上帝与新物理学》

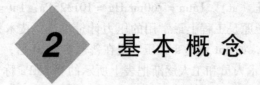

2 基本概念

2.1 热力学系统

工程热力学研究热能与其他形式能量的转换规律，以及以此为基础的关于能源合理利用的理论。由于能源利用的普遍性，所以工程热力学研究的对象遍及社会生活和生产以及自然界的各个领域各个层面。为了分析问题方便起见，类似于力学中取分离体，热力学中常把分析的对象从周围物体中分割出来，研究它通过分界面和周围物体之间的热能和机械能的传递。这种被人为从周围物体中分割出来以作为热力学分析对象的物质集合称为热力学系统（图2-1）（也称热力系统，或简称热力系、系统，也有文献称之为热力学体系，thermodynamic system），周围物体统称外界（或环境，surrounding 或 environment）❶，系统和外界之间的分界面称为边界（boundary）。边界可以是实际存在的，也可以是假想的；可以是固定不动的，也可以移动或变形；可以是封闭的，也可以允许物质通过。

热力学分析主要是研究系统通过边界与外界的相互作用（热传递、功传递以及熵传递）。在平衡热力学范围内，这种作用完全反映了热力学系统能量转换与变化的情况；但是在非平衡条件下，要注意边界上相互作用与系统内部变化不一致的地方。

根据热力学系统和外界之间能量和物质的

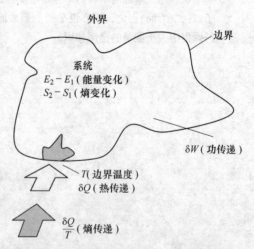

图2-1 热力学系统及其与外界之间的作用

交换情况，热力学系统可分为各种不同类型：

（1）闭口系统（图2-2）。和外界只有热或功的能量交换而无物质交换的热力学系统，又称为封闭系统。闭口系统内质量保持恒定不变，所以又称为控制质量。

（2）开口系统（图2-3）。和外界不仅有热或功的能量交换而且有物质交换的热力学系统，也称为开放系统。开口系统内质量可以发生变化，但这种变化通常是在某一划定的空间范围内进行的，所以又称为控制体积、控制容积或者控制体。

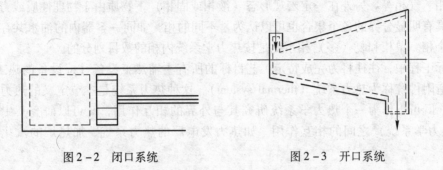

图2-2　闭口系统　　　　　　　　　图2-3　开口系统

控制质量或控制体积与外界的分界面（即边界）称为控制面。

（3）孤立系统（isolated system）。和外界既无能量交换又无物质交换的热力学系统。孤立系统的一切相互作用都发生在系统内部。热力学第二定律利用孤立系统的概念来表述事物发展变化的总体趋势和基本规律。

（4）绝热系统（adiabatic system）。和外界没有热的交换且无其他限定的热力学系统。实际工程中，当系统内变化足够快以至于通过边界的传热量与系统其他能量变化相比很小时，就可以当作绝热系统处理。

热力学系统的选取及其性质的确定，主要取决于分析问题的具体要求以及分析方法上的方便。对于较为复杂的热力学研究对象，我们还可能把它划分为多个热力学系统的组合，或者大系统内再划分多个子系统或孙系统。组合在一起的多个热力学系统之间互为外界，也可能具有共同的外界。对多个热力学系统分别进行热力学分析，搞清楚它们之间的相互作用以及作用量之间的差异，就可以较为充分地认识研究对象的复杂热力学机理。如后面热力学第二定律一章中将要讨论的温差传热导致不可逆损失，就是由高温放热子系统和低温吸热子系统熵传递这个作用的量上的差异所表达的。

其他的热力学系统分类类型（主要依据系统内部工质所处状况）：

（1）平衡系统和非平衡系统。系统内各部分之间处于温度平衡、力平衡和化学平衡，不存在由势差引起的流❶的热力学系统为平衡系统（equilibrium system），否则是非平衡系统。

（2）均匀系统和非均匀系统。系统内各处物质分布均匀的热力学系统为均匀系统（equality system），否则为非均匀系统。均匀系统的特征主要是物质分布的对称性，如果对称性高，即使密度不是处处相等也可以看成是均匀系统。如均匀的冰水混合物、均匀的悬浮液、均匀的乳化液，等等。

---

❶　如温差引起的热流，电位差引起的电流，浓度差引起的质量扩散流，等等。

（3）单元系统和多元系统。这里的"元"是指物质的种类，由单一物质组成的热力学系统为单元系统（single component system），由多种物质组成的热力学系统就是多元系统（multi - component system）。有时候，虽然热力学系统由多种物质组成，但是在我们研究的时间和空间内，所有物质的热行为完全相同，这样的热力学系统也被认定为单元系统。如通常情况下的空气。

（4）单相系统和复（多）相系统。相（phase）是指物质存在的宏观形态，即我们常说的液相、气相等。另外在一定宏观形态（液相或固相）下物质由于物理性质或力学状态不同而具有明显分界的各个集合也可以认为是不同的相，如同一容器内的油水共存物往往形成两个相。单相和复（多）相系统是按热力学系统内相的数目划分的。

实际工程中，往往将为完成特定工艺目标的所有主辅热工设备（或设备的热工部分）及其管道附件统称为热力系统（thermal system）。这种热力系统是本节定义的热力学系统的特例，既可以作为一个热力学系统研究其与外界的相互作用，又可以研究其中各设备（即子热力学系统）之间的相互作用。如热力发电厂的热力系统、加热炉的汽化冷却系统等。

2.2　工质的热力学状态及其基本状态参数

2.2.1　热力学状态与状态参数

由绪论可知，能量的转换有赖于工质吸热、膨胀、放热等变化过程。在这些变化过程中，工质的压力、温度、密度等一些宏观特性随时在改变，或者概括地讲，工质的状态随时在变化。因此，热力学状态（thermodynamic state）是指在某一瞬间物质所呈现的全部宏观特性，简称热力状态、状态。系统的状态常用一些宏观物理量来描述，这种用来描述系统的状态的宏观物理量称为状态参数（state properties）。

状态参数从各个不同方面表达热力系统的状态特性。知道了足够的状态参数就可确定热力系统的状态；反之，知道了热力系统的状态，它的一切状态参数也就确定了。状态参数由热力系统的状态确定，而与达到该状态的变化途径无关。因此，根据状态参数的这一特性，任何物理量，只要它的变化可用始终两态来确定，而与热力系统的状态变化途径无关，都可作为状态参数。

数学上，状态参数是状态函数或点函数，其微小的变化可以表示为全微分，积分结果则与积分路径无关。

如果函数 $z(x, y)$ 为状态函数，要求 $z(x, y)$、$\dfrac{\partial z}{\partial x}$、$\dfrac{\partial z}{\partial y}$、$\dfrac{\partial^2 z}{\partial x^2}$、$\dfrac{\partial^2 z}{\partial y^2}$、$\dfrac{\partial^2 z}{\partial x \partial y}$、$\dfrac{\partial^2 z}{\partial y \partial x}$ 在其定义域 D 上均连续，则有：（1）$\mathrm{d}z = \dfrac{\partial z}{\partial x}\mathrm{d}x + \dfrac{\partial z}{\partial y}\mathrm{d}y$；（2）$\dfrac{\partial^2 z}{\partial x \partial y} = \dfrac{\partial^2 z}{\partial y \partial x}$；（3）沿 D 上任意闭合曲线 C 的积分 $\oint\limits_C \mathrm{d}z = \oint\limits_C \left(\dfrac{\partial z}{\partial x}\mathrm{d}x + \dfrac{\partial z}{\partial y}\mathrm{d}y \right) = 0$；（4）在 D 上从 A 点到 B 点的积分与积分路径无关，即 $\int\limits_{AMB} \mathrm{d}z = \int\limits_{ANB} \mathrm{d}z = z_B - z_A = \Delta z$，其中 M、N 代表不同路径。

状态参数按照其与系统大小的关系分为强度量和广延量。强度量（intensive properties）的值与系统的大小无关，如温度 T、压力 p 和密度 ρ 等。广延量（extensive properties）的值则与系统的大小有关，如质量 m、体积 V、总能量 E 等。

单位质量工质的广延量称为比参数（specific properties），如比体积 $v = \dfrac{V}{m}$、比热容量 $c = \dfrac{C}{m}$ 等。比参数都是强度量。习惯上，用大写字母表示广延量，用对应的小写字母表示强度量，如体积 V 和比体积 v。有几个例外：强度量温度用大写字母 T 表示，对应的小写字母 t 表示按摄氏温标计量的温度，仍然是强度量；广延量质量用小写字母 m 表示，没有对应的强度量；强度量压力 p 没有对应的广延量，对应的大写字母 P 往往用来表示功率。工程上还借用比参数的概念来表示一些与状态参数无关的技术指标，如评价航空发动机性能的比推力，是其产生的推力与其本体质量之比，亦称推重比。

2.2.2 基本状态参数

状态参数之中，温度、压力和比容都是可以直接测量的物理量，是进行热力分析、计算其他状态参数的基础，因此称它们为基本状态参数。

（1）比体积。比体积（习惯上称为比容积，简称比容，GB 3102—93 予以取消），是描述热力学系统内部物质分布状况的状态参数。它表明单位质量物质所占有的体积。其符号为 v，单位为 m^3/kg。

比体积与密度 ρ 互为倒数：

$$v = \rho^{-1} \tag{2-1}$$

（2）压力（压强）。单位面积上所受到的垂直（法向）作用力，即物理学中的压强。用符号 p 表示，单位为 Pa（帕斯卡，简称帕），$1Pa = 1N/m^2$。

微观上讲，压力是单位面积上分子碰撞器壁的冲力总和。宏观上，这个冲力总和是一个平均而稳定的值。面对器壁表面，分子的冲力可以分解为切向分力和法向分力，其中切向分力不会作用于器壁表面，所以压力垂直于器壁表面（或说垂直于器壁上观察点的切平面）。此外，液体中任意一点的各个方向上压力均相等。

压力的测量（图2-4）是在大气压力下进行的，因此测得值不是真实压力值，而是一个差值。我们称真实压力为绝对压力，当绝对压力大于大气压力 p_b 时，称测得值为表压力 p_g：

$$p = p_g + p_b \tag{2-2}$$

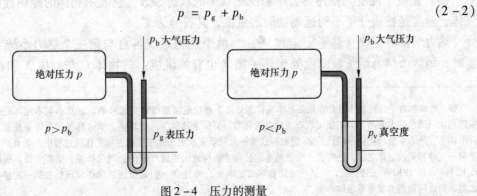

图 2-4 压力的测量

当绝对压力小于大气压力 p_b 时，称测得值为真空度 p_v，有

$$p = p_b - p_v \tag{2-3}$$

图 2 – 5 所示为绝对压力、表压力、真空度和大气压力的关系。

测压时，应同时测定表压力（或真空度）和大气压力。

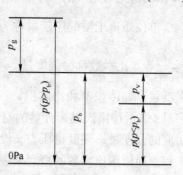

图 2 – 5　绝对压力、表压力、真空度和大气压力的关系

【例 2 – 1】　电子工业、精细化工和制药工业等对生产环境有非常严格的要求。假定药物合成时要求反应釜内压力保持 $0.55(1 \pm 2‰)$ MPa，温度保持 (300 ± 2) ℃。若大气压力从 0.1MPa 提高到 0.1005MPa，反应釜压力表读数维持 0.45MPa 不变，问反应压力是否符合工艺要求？

解：大气压力变化后，反应釜内压力

$$p = p_g + p_b = 0.45 + 0.1005 = 0.5505 \text{MPa}$$

反应釜内压力相对变化

$$\frac{\Delta p}{p} = \frac{p_2 - p_1}{p_1} = \frac{0.5505 - 0.55}{0.55} = 0.91‰ < 2‰$$

符合工艺要求。

【例 2 – 2】　如果另一种化学合成工艺要求在 5000Pa 的真空中进行，压力控制精度仍然为 2‰。若大气压力也从 0.1MPa 提高到 0.1005MPa，反应釜真空表读数也保持不变，问反应压力是否符合工艺要求？

解：大气压力变化前，反应釜真空表读数

$$p_v = p_b - p = 0.1 \text{MPa} - 5000 \text{Pa} = 0.095 \text{MPa}$$

大气压力变化后，反应釜内压力

$$p = p_b - p_v = 0.1005 - 0.095 = 0.0055 = 5500 \text{Pa}$$

反应釜内压力相对变化

$$\frac{\Delta p}{p} = \frac{p_2 - p_1}{p_1} = \frac{5500 - 5000}{5000} = 0.1 = 100‰ \gg 2‰$$

不符合工艺要求。

（3）温度。温度为描述热力学系统热状况的状态参数，它表示物体的冷热程度。对于气体，温度是物质分子平均运动动能的量度，其符号为 T。

热力学第零定律（热平衡定律）❶：当两个热力系统各自与第三个热力系统处于热平衡时，则两个热力系统彼此也处于热平衡（也有的说成：若物体 C 与物体 A 和物体 B 之

---

❶　宏观热力学的科学体系是在几条基本定律基础之上通过逻辑推理建立起来的。这几条基本定律是通过大量的实践经验归纳总结出来的，但不能用数理逻辑进行证明。类似于几何学，宏观热力学这样的科学体系被称为公理化的科学体系。热力学公理化体系建设是 20 世纪初欧美一批科学家的杰作。在完成这项工作的过程中，学者们发现在热力学第一定律和第二定律之前，还需要一个更基本的公理才能构造出逻辑严谨的公理化体系。第零定律由英国物理学家 R. H. Fowler 于 1930 年正式提出，比第一定律和第二定律晚了 80 余年，但是按逻辑顺序应该排在第一定律和第二定律之前，所以叫做热力学第零定律。

间分别达到了热平衡，则物体 A 和物体 B 之间也处于热平衡）。

处于热平衡的物体必有一共同特性，这个特性就是温度，所以热力学第零定律也给出了温度的热力学定义：物系的温度是用以判别它与其他物系是否处于热平衡状态的参数。

热力学第零定律也说明了温度的可测量性和测量方法。为测量一个物体 A 的温度，我们有一个事先确定好的温度的标尺（简称温标，相当于物体 B），拿第三个物体 C 分别与物体 A 和温标的某一点达到热平衡，根据热力学第零定律，就可以知道物体 A 的温度了。

测量温度的准确性取决于两点，物体 B（温标）和物体 C（温度计）。温标分两类：经验温标和热力学温标。

1）经验温标。选定一种测温物质，确定两个基准点（起始点和终了点），确定一种分度方法，并予以延长。例如：华氏温标以水银为测温物质，以冰水混合物为 32℉，水的沸点为 212℉，其间分为 180 等份（最开始是以结冰的盐水混合物的温度定为 0℉，人体的血液的温度为 96℉，并把它们之间分隔为 96 份）。经验温标的缺点是，严重依赖于测温物质的测温特性，当测温物质的测温特性为非线性时会带来很大的误差。

2）热力学温标。按热力学第二定律的原理制成的，不依赖于任何测温物质特性的温标，单位为 K（开尔文，简称开）。热力学温标采用单一基准点，规定水的三相点的温度为 273.16K（实际上仍是两个基准点，另一个是绝对零度 0K，由于它是温度的绝对出发点，所以不说它是基准点）。

理想气体温标：也属于经验温标，但因为理想气体的特性是完全线性的，所以它可以很好地复现热力学温标，又由于热力学温标难于实物化，故常用理想气体温度计作为标准温度计。

3）摄氏温标。原属于经验温标，后经国际计量会议重新规定为：

$$t = T - 273.15 \qquad (2-4)$$

这里 t 用来表示摄氏温度（单位为℃），以示与热力学温度（T）的区别。

摄氏温度（t）与热力学温度（T）相差一个常数，在只涉及减法运算时，二者用哪一个都可以，但涉及到其他运算时，必须用热力学温度。

英美等国仍习惯使用华氏温标，单位为华氏度，记为℉。华氏温度值 y 与摄氏温度值 x 的换算关系是

$$x = \frac{5}{9}(y - 32) \qquad (2-5)$$

或

$$y = \frac{9}{5}x + 32 \qquad (2-6)$$

阅读英美文献时需注意温度的单位。现在的华氏温标也经过了重新定义，成为热力学温标的引申。按华氏温标刻度大小定义的热力学温标规定水的三相点的温度为 459.688℉R，"℉R" 称为朗氏度。一个标准大气压力下水的冰点为 459.67℉R，华氏温度与热力学温度（朗氏）的关系是

$$t = T - 437.67 \qquad (2-7)$$

2.2.3 平衡状态

热力学分析中所涉及的热力学系统状态通常都要求是热力学平衡状态，简称平衡状

态。如果组成热力学系统各部分之间的温度均匀一致，且等于外界的温度，则该热力系统处于热平衡；如果热力系统内部无不平衡的力，且作用在边界上的力和外力相平衡，则该热力系统即处于力平衡。为了能够实现平衡状态，必须满足力平衡、热平衡两个条件。如果热力系统内还存在化学反应，则还应包括化学平衡（注意平衡与均匀这两个概念）。

处于热力平衡状态的系统，只要不受外界影响，它的状态就不会随时间改变，平衡也不会自发地破坏；处于平衡状态的系统，如果系统受到外界影响，就不能保持平衡状态。

无外界影响时，不平衡总是要走向平衡的；有外界影响时，平衡会被破坏，但系统仍要趋向平衡（建立新的平衡），或者努力消除外界的影响。平衡状态是一种稳定状态，非平衡状态不是一种稳定状态，但在远离平衡状态的地方，可以出现另一种稳定状态（耗散结构、自组织现象）。

事实上，封闭系统可以出现平衡状态；而开口系统不能出现平衡状态。实际工程中都是开口系统，因而都是不平衡的。但是目前的热力学只能研究平衡状态，因为处于非平衡状态时，热力系统的各点宏观性质不尽相同，而且随时间变化，没有一个确定的值。总之，存在着一个矛盾：用平衡的热力学去研究不平衡的过程。

2.2.4　状态方程式与状态参数坐标图

对于由气态工质组成的热力系统，当处于平衡状态时，各部分具有相同的压力、温度和比容等参数。经验表明，状态参数之间不是毫不相干的，而是存在着某种相互关系，一些状态参数的大小受其他状态参数影响。

状态原理（状态公理、法则）。系统的独立状态参数数目 N 等于系统对外所作广义功数目 n 加 1，即 $N = n + 1$。对于简单可压缩系统，同外界只交换一种形式功——容积变化功，故独立的状态参数数目为 2（所谓 $n+1$ 的 1，也代表系统与外界的一种能量交换形式——传热）。

显然，对于简单可压缩系统，基本状态参数压力、温度和比容三者之间仅有两个独立的状态参数，保持任意两个不变时，其余一个也随之确定，气体状态也被确定。状态参数之间的内在联系可以表述为：

$$p = f_1(v, T) \quad 或 \quad v = f_2(p, T) \quad 或 \quad T = f_3(p, v) \qquad (2-8)$$

或者
$$F(p, v, T) = 0 \qquad (2-9)$$

式（2-9）称为纯物质的状态方程。状态方程一般由实验求出，也可由理论分析得到，如理想气体状态方程就是最简单的状态方程。状态方程与物质本身的性质有关，不同的物质其状态方程也不同。

由状态方程的结构可以看出，状态方程可以表示为 (v, T)、(p, T) 或 (p, v) 平面上的曲线族，或者表示为 (p, v, T) 三维空间中的一个曲面，前者是后者的投影。显然，(v, T)、(p, T) 或 (p, v) 平面上的每一点都是 (p, v, T) 三维空间中 $F(p, v, T) = 0$ 曲面上某一点的投影，代表一个确定的状态。这样，我们就有了状态参数坐标图。用状态参数坐标图（图 2-6）表示状态具有直观、简明、便于分析的优点。

工程上常用的状态参数坐标图有压容图（$p-v$ 图）、温熵图（$T-s$ 图）、压力温度图（$p-T$ 图）、焓熵图（$h-s$ 图）等。其中 $p-T$ 图又称为相图，这里的相（phase）是指在一个系统中具有相同组分和相同物理性质的部分。

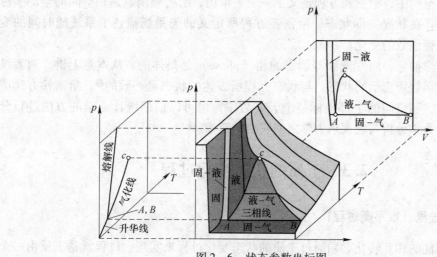

图 2-6　状态参数坐标图

2.2.5　相空间

哈密顿（William Roman Hamilton，英国数学家，1805—1865）于 1835 年建立了"哈密顿理论"，他把动力学发展成与波传播相类似的形式，暗示了波和粒子的关系。

牛顿系统中为了确定系统的行为，必须指定初始态，即所有粒子的位置和速度的初始值。在哈密顿理论中，选择粒子的动量而不是速度为基本量。这种改变似乎微不足道，但是重要的在于每一个粒子的位置和动量均被当作独立的量来处理。

$$\frac{\partial p_i}{\partial \tau} = -\frac{\partial H}{\partial x_i}, \qquad i = 1,2,\cdots \tag{2-10a}$$

$$\frac{\partial x_i}{\partial \tau} = \frac{\partial H}{\partial p_i} \tag{2-10b}$$

式中，p_i 为动量。

在哈密顿形式中有两族方程，一族为不同粒子的动量对时间的变化；另一族为不同粒子的位置对时间的变化。前者表述了牛顿第二定律：动量变化率 = 力，后者说明动量依赖于速度：位置变化率 = 动量 ÷ 质量。牛顿形式采用加速度，是二阶的，哈密顿形式则是一阶的。H 是哈密顿函数，是以所有粒子的位置和动量为自变量的系统总能量的函数表达式。哈密顿形式提供了一种非常优雅而对称的力学描述（爱因斯坦曾经说过，正确的理论总是很美的），实际上，自变量 x_1，x_2，$\cdots$ 和 p_1，p_2，$\cdots$ 可以是更一般的东西，如角度和角动量。进一步，合适地选取 H，哈密顿形式不仅仅对于牛顿定律，而且对任何经典方程的系统仍然成立，它适用于麦克斯韦理论、狭义相对论、广义相对论和薛定谔方程（量子力学）[1]。

在（哈密顿）力学中，相空间（phase space）是一种抽象的数学空间，其坐标是广义坐标与广义动量。在动力系统中，相空间由一组一阶方程支配，坐标是状态变量或状态向

---

[1]　海森堡测不准关系就表达为 $\Delta x \Delta p = h$。其中 h 为普朗克常数，$h = 6.626069311 \times 10^{-34}\,\mathrm{J \cdot s}$。本书认为海森堡测不准关系与热力学第三定律是有联系的。

量的分量。在相空间中，哈密顿方程定义了一个矢量场，哈密顿函数是相空间的全部坐标所决定的系统的存在状况，即状态。哈密顿方程所定义的矢量场描述了系统随时间的变化，也就是哈密顿函数的变化。

相空间是数学抽象，而气液固等物态的相（phase）是具体的，从本意上讲，两者没有关系。哈密顿函数所表示的状态，与状态方程所表达的状态是一致的❶。哈密顿方法应用于热力系统时，相空间的全部坐标是个天文数字，但可以借助统计力学的方法进行分析，并成为统计力学分析与宏观热力学之间联结的纽带。

2.3　工质的状态变化过程

2.3.1　准静态过程（准平衡过程）

热能与机械能的相互转化必须通过工质的状态变化过程来实现。过程就是工质由一个状态向另一个状态的过渡。这样就存在着一个矛盾：用平衡的热力学去研究不平衡的过程（图2-7）。

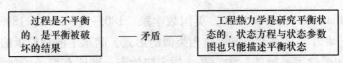

图2-7　平衡与过程变化的矛盾

如前所述，矛盾在于不平衡过程中工质的状态参数不断变化，不能确定。解决平衡与过程变化的矛盾，关键是确定过程进行中工质的状态参数。

一般地，过程起讫点的状态是确定的（图2-8(a)）。假设系统状态变化到过程中间某一点时略作停顿，使系统恢复平衡，则我们就可以测量此时的状态参数并在状态坐标图上确定该点（图2-8(b)）。依此类推，我们可以插入很多点，并在状态坐标图上予以确定（图2-8(c)）。如果插入点数与过程起讫点之间的点数一样多，就是把过程的每一点都确定了，而且每一点都是平衡状态，过程变化与平衡就统一了。由于点数无穷多，每一点略作停顿使系统恢复平衡所需要的时间就是无限长，或者说过程进行无限缓慢。此外，相邻两点之间的差异无限小（但不是没有），包括压力差、温度差等。

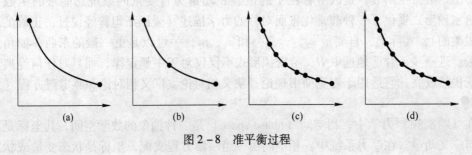

图2-8　准平衡过程

---

❶　严格地说，是与热力学能关系式所表达的状态一致。指定气体的热力学能关系式可以由该气体的状态方程代入热力学能一般关系式（第6章推出）导出。

准平衡过程（quasi - equilibrium process）：热力系统从一个平衡状态出发，连续经过一系列（无穷多个）平衡的中间状态，过渡到另一个平衡状态的过程。也称为准静态过程（quasi - static process）（准，预备、将要、近似、非正式的。如，准尉、准将）。

这样，平衡与不平衡就统一起来了。平衡与不平衡本来就是对立统一的，在这里平衡与不平衡互相依存，互为前提，不平衡必然走向平衡，而要实现过程却必须破坏平衡，制造不平衡。

实现准平衡过程的条件可以描述为：系统工质与外界之间的压力差为无限小；系统工质与外界之间的温度差为无限小；系统工质与外界之间的浓度差为无限小；……即不存在有限势差或过程进行无限缓慢。

若状态变化的速度（破坏平衡的速度）远小于热力系统内部分子运动的速度（恢复平衡状态的速度），即相当于过程进行无限缓慢，有限势差无限小。

2.3.2 可逆过程

借助准平衡过程的概念解决了如何定量地，或在状态坐标图上描述状态变化过程。热能与机械能的转换是通过状态变化过程实现的。影响这种转换的因素很多，首先关注状态变化过程对这种转换的影响。为此先把与状态变化本身无关的因素排除掉。准平衡过程需排除工质系统内部各种有限势差的影响，及工质系统与外界之间存在的有限势差。

将准平衡过程的条件进一步强化，不允许过程进行时有任何摩擦（机械摩擦、流体内摩擦或等效于摩擦的因素）存在，这样的过程就是可逆过程。

这里摩擦及等效于摩擦的因素都是有限势差作用的结果。如活塞在缸内气体压力推动下运动时，活塞两侧受力具有有限差值，该差值就是活塞与缸壁的摩擦力。气体通过缸壁与缸外之间在温差作用下传热，必然是从高温向低温传递，反方向的传热谁都不可能看到，第二定律证明温差传热与摩擦是等效的。

若在可逆过程完成之后，工质沿原来路径逆向变化回复至原来状态，系统与外界也完全回复到原来的状态，没有留下任何痕迹，则称为"可逆"。

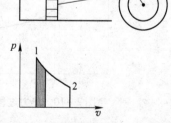

若过程进行时有摩擦存在，如图2-9所示，当工质按准平衡过程膨胀，推动活塞作功，所作功的一部分送到"功源"储存起来，另一部分用来克服摩擦力而消耗，使得储存的功不可能再把活塞推回原处，或者需由外界再补充一些功才能把活塞推回原处，则称为不可逆的。

实际过程都是不可逆的：黏性、温差传热、压差、流动、机械摩擦、非弹性碰撞、混合、电阻、磁阻……相应产生各自对应的不可逆损失。研究可逆过程就是一方面在

图2-9 气缸活塞系统与飞轮储功

排除不可逆因素干扰下，了解过程内部的能量转换规律；另一方面是与实际过程对比后，判断不可逆损失的程度，决定合适的应对措施。

2.3.3 功和热量

功的热力学定义是：若系统在给定的过程中作了功，则系统同外界作用的唯一效果是举起重物。所谓"唯一的效果是举起重物"，是一种比喻，意思是系统在可逆过程中所作

的任何形式的功总可以转化为机械功，即可使物体的位能增加（功的全部效果可以表现为使物体改变宏观运动状态）。

工质在汽缸内膨胀，推动活塞，活塞截面积为 S，若工质经历一准静态过程，根据力学定义，工质在活塞经过 dx 的瞬间作功为：

$$功 = 力 \times 位移$$

$$dW = F \cdot dx = pS \cdot dx = pdV \qquad (2-11)$$

式中，$dV = Sdx$，为该瞬间活塞移动掠过的容积。在活塞从 A 移到 B 的整个过程中：

$$W_{1-2} = \int_1^2 pdV \qquad (2-12)$$

由积分学的知识可以知道，图 2-10 中面积 $12ba$ 就表示函数从 1 到 2 的积分，因此，这块面积就表示了系统工质从状态 1 到状态 2 的热力过程所作出的过程功——体积膨胀功 W 的大小，这就是 $p-V$ 图的一个特别用途，由此，$p-V$ 图也叫做示功图。

对于单位质量的工质：$\quad \dfrac{dW}{m} = \dfrac{pdV}{m} \Rightarrow dw = pdv$

所以 $$w_{1-2} = \int_1^2 pdv \qquad (2-13)$$

功是系统通过边界对外输出的机械能，系统膨胀时 $dv > 0$，因而 $dw > 0$，功为正值，表示系统膨胀对外作功；相反，功为负值，表示工质被压缩，外界对系统作功。

功不是一个状态参数，其值大小与积分路径有关。

传热量，或简称热量：在热力过程中，仅仅由于温度不同，在系统和外界之间穿越边界传递的能量（热量的效果不可以全部表现为使物体改变宏观运动状态）。如图 2-11 所示。

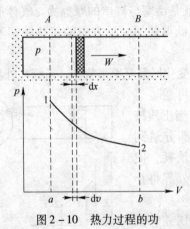

图 2-10　热力过程的功　　　　　　图 2-11　热力过程的传热量

由于热量与功是简单可压缩系统中仅有的两种能量传递形式，类比于功的情况，也可以规定：

$$dQ = TdS \qquad (2-14)$$

在 $dW = pdV$ 中，dV 标志着功的方向，同样，在式（2-14）中，dS 标志着传热的方向。在一个热力过程中，过程 1→2 的传热量也可由其积分算出：

$$Q_{1-2} = \int_1^2 TdS \qquad (2-15)$$

相应地，在 T 和 S 作为坐标的 $T-S$ 图上，过程曲线 1→2 下面的面积就代表了式（2-15）

的积分结果,即过程 1→2 的传热量。

传热量也不是一个状态参数,其值大小与积分路径有关。

实际上,我们一般不用式 (2-15) 来计算传热量,上述讨论的目标主要是初步引出 S 这个物理量。

S 由式 $dQ = TdS$ 定义:

$$dS = \frac{dQ}{T} \tag{2-16}$$

S 称为熵 (entropy),单位为 J/K。它是一个极其重要的状态参数,利用热力学第二定律可以严谨地导出它,并证明它是一个状态参数。对于单位质量工质,$ds = \frac{dS}{m}$,称为比熵,单位是 J/(kg·K),经常省略"比"字,也称为"熵"。

$$dq = Tds \tag{2-17}$$

热量是系统通过边界吸收的能量,系统吸热时 $ds > 0$,$dq > 0$;系统放热时 $ds < 0$,$dq < 0$。

2.3.4 热力循环

实用的热力发动机必须能连续不断地作功,即工质在经历了一系列状态变化过程以后必须能回到原来状态。如在蒸汽动力装置中,水在锅炉中吸取热能变成高温高压蒸汽,然后通入汽轮机膨胀作功;乏汽在凝汽器中凝结成水,水再被水泵压缩升压,重新进入锅炉 (图 2-12)。作为工质的水及其蒸汽在经过几个过程之后,重新回到原来的状态。这样几个过程综合在一起叫作热力循环,简称循环。

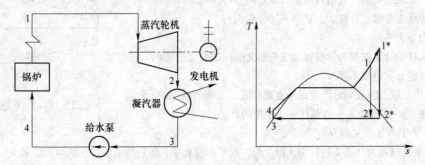

图 2-12 蒸汽动力装置与循环

一般地,与工质进行热量传递的物质系统被称为热源 (heat source)。其中工质从中吸取热能的叫做高温热源,如蒸汽动力装置中的锅炉炉膛或火焰;接受工质排出热能的叫做低温热源,如凝汽器中的冷却水。也有人将高温热源和低温热源分别称为热源和冷源,冷源也被称为热汇、热沉 (heat sink)。热源是一个抽象概念,其唯一性质是温度。其温度可能是恒定的,如锅炉炉膛;也可能是变化的,如冷却水。

组成一个循环的各个过程有的是工质膨胀作功,有的是工质被压缩耗功,两者之差是对外输出的功,称为循环净功 w_0。工质在循环中也需要经历从高温热源吸热和向低温热源放热的过程。工质从高温热源吸取的热量 q_1 是热机作功所需的代价;工质向低温热源排的热 q_2 通常排给自然环境,不再有用。热力循环的好坏 (经济性) 用热效率 η_t 来衡量,

它是循环净功与从高温热源吸热量的比值，即

$$\eta_t = \frac{获得的收益}{付出的代价} = \frac{w_0}{q_1} \qquad (2-18)$$

研究工程热力学的首要目的就是提高循环的热效率。

　　按照动力循环相同的过程，但以相反的方向进行的循环，叫作逆向循环。它的一切均与动力循环相反，因而它消耗外功 w_0，从低温热源吸热 q_2，向高温热源放热 q_1。它以消耗外功 w_0 为代价，达到制冷 q_2 的目的，其经济性用制冷系数 ε 或性能系数 COP 来衡量：

$$\varepsilon = \frac{q_2}{w_0} \qquad (2-19)$$

复习思考题与习题

2-1　为什么说热力学的研究是矛盾的？热力学是怎样解决这个矛盾的？

2-2　汽车发动机气缸内的气体膨胀时，距离准平衡过程有多远？通过比较活塞也就是气体宏观运动与气体分子热运动差异来进行分析。

2-3　闭口系统不允许物质进出，所以系统内质量保持恒定，也称控制质量。那么，系统内质量保持恒定的一定是闭口系统吗？

2-4　开口系统有物质进出，进出的物质都具有一定的温度，所以开口系统不可能是绝热系统，对吗？

2-5　开口系统是均匀系统吗？是平衡系统吗？

2-6　如图 2-13 所示装置有工质流进流出，可按虚线划分为开口系统。如果想要划分成闭口系统，该如何进行？

2-7　关于状态参数，在数学上是哪一部分知识？

2-8　压力是力吗？

2-9　什么样的计算按热力学温标和按开尔文温标结果完全相同？什么样的计算结果不同？

2-10　立体的状态参数坐标图上每一点都代表了工质的状态吗？$p-v$ 图、$p-T$ 图上每一点都代表了工质的状态吗？

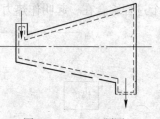

图 2-13　2-6 题图

2-11　$p-T$ 图为什么又称为相图？

2-12　准平衡过程为什么要进行得无限缓慢？准平衡过程中，能量传递或转化的功率是多少？

2-13　不可逆过程就是不可以反方向进行的过程，而且其状态参数的变化无法计算。是吗？

2-14　经过一个不可逆过程后，系统能否回复原来状态？若能的话，怎样与可逆过程区别？

2-15　若工质经历一可逆膨胀过程和一不可逆膨胀过程，且其初态和终态相同，问两过程中工质与外界交换的热量是否相同？

2-16　试根据摄氏温度与华氏温度的关系，求这两个温标数值相等的温度值。

2-17　循环热效率、性能系数与企业利润率计算式的共同特征是什么？

2-18　如图 2-14 所示 U 形管压力计，管长 1.2m，配上 1m 长最小刻度为毫米的标尺。如果管内灌注的液体分别是水、煤油和汞，其量程和精度分别是多少？

2-19　图 2-14 所示 U 形管压力计以水银为测量物质。为防止水银挥发，上面灌注了 5cm 高的煤油。此时容器内绝对压力如何计算？如果容器内绝对压力小于大气压力呢？

2-20　如图 2-15 所示装置，初始各个容器（均为密闭容器）内外压力一致，等于大气压力 p_b。气体压缩机运行一段时间后，压力真空表上的读数分别为 p_A 和 p_B，求容器 y 内的真实压力（绝对压力）。

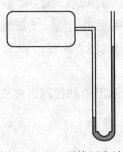

图 2-14 U形管压力计

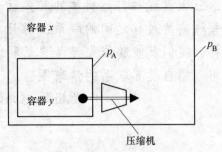

图 2-15 2-20 题图

2-21 图 2-10 所示气缸活塞系统初始压力为 0.5MPa，体积为 0.001m³。保持 pV 不变，膨胀到终点时压力降到 0.12MPa，求过程的膨胀功。若设法维持活塞右移时压力不变，到达终点时过程的作功量是多少？

2-22 题 2-21 活塞右移需要推开大气，两种情况下推开大气各需多少功？

2-23 为气球慢慢注气，气球内体积从零开始变大。当气球鼓成球形时，体积为 0.005m³。这期间球内压力不变。而后气球开始膨胀到直径扩大 1 倍，这期间球内压力与体积成正比，$p = p_0 + \dfrac{V}{V_0}p_0$，求充气过程中气球系统的作功量。

2-24 火力发电厂发电机发电功率为 300MW，锅炉产热为 651.89MW，给水泵、循环水泵、鼓引风机、磨煤机等耗电 21MW，求该电厂发电的热效率是多少？按对外供电计算的供电热效率又是多少？如果 1kg 的煤可以产生 17MJ 的热量，该电厂运行 24h 需要消耗多少吨煤？

2-25 温度为 80℃的热源非常缓慢地给处于平衡状态下的 0℃的冰、水混合物进行加热，试问混合物经历的是准平衡过程吗？此加热过程是否可逆？

由于这三大发现和自然科学的其他巨大进步，我们现在不仅能够指出自然界中各个领域内的过程之间的联系，而且总的说来也能指出各个领域之间的联系了，这样，我们就能够依靠经验自然科学本身所提供的事实，以近乎系统的形式描绘出一幅自然界联系的清晰图画。

——恩格斯：《路德维希·费尔巴哈和德国古典哲学的终结》

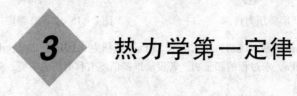

3 热力学第一定律

3.1 热力学第一定律的内容

3.1.1 热力学第一定律

热力学第一定律是能量守恒与转换定律在热现象上的应用。能量守恒与转换定律是自然界的基本规律之一，它指出：自然界中一切物质都具有能量，能量不可能被创造，也不可能被消灭；但能量可以从一种形态转变为另一种形态；在能量的转变过程中，一定量的一种形态的能量总是确定地相应于一定量的另一种形态的能量，能的总量保持不变。这一在现代看来非常明显、非常质朴的定律，是人类经过很长时期的生活和生产实践才认识的。人类对热的本质的认识，从热素说发展到分子运动理论用了几千年。1840—1851年间，经过迈耶、焦耳等人的努力，才确立了这一定律。能量守恒与转换定律被确立时，首先就是确立了热力学第一定律。

能量守恒与转换定律、达尔文的进化论和细胞学说被恩格斯誉为19世纪科学的三大发现。其原因之一是这三大学说提供了与机械的牛顿力学不一样的世界观和自然观，而能量守恒与转换定律还确认了运动与能量的关系并进而确定了运动的永恒，或者说运动是物质存在的形式和基本属性，进而为确定能量与物质的同一性打下了基础。

在能量与物质的关系上，爱因斯坦的狭义相对论有一个著名的公式：$E = mc^2$，其中E表示能量，m表示质量，c是真空中的光速。相当多的人均错误地理解了这个公式。他们认为这代表了能量和物质的相互转换，核反应过程中的质量亏损就是客观证据。其实专业的物理学者是不会犯这个错误的，物理学者如果这样认识质能公式，就无法理解基本粒子的理论。但更多的人并没有那么专业，其中有人以此得出结论：能量守恒定律不是普遍适用的，应该改为质能守恒定律。能量守恒定律就像牛顿运动定律一样，仅仅在常态的宏观体系中成立（就像牛顿定律是相对论在低速运动中的近似一样，是一种近似成立）。他们认为质能守恒定律没有被提出，是因为在常态领域没有必要，而在高能领域可能不再守恒。他们进而认为，一切物理学定律都是相对的，绝对真理是不存在的。对于一个科技工作者来说，仅限于理解错了质能公式没关系，但是扩展到怀疑能量守恒定律和热力学第二定律的普适性，问题就大了。我们的科学技术体系就是建立在以能量守恒定律和热力学第二定律为代表的物理学基本定律之上的，置疑这些基本定律，就是置疑整个科学体系和人类文明成果。对真正疑点的置疑，是能够促进科学体系发展的，相对论和量子力学的建立就是置疑的结果。但是错误的置疑会把人从科学引导向伪科学和迷信。

以能量和物质的同一性来认识质能关系式，应该理解能量和质量都是物质的表象，就像一张纸有两面。纸的两面不能互相转化，而是同时（而且必须同时）存在。能量和质量作为物质存在的外在表现也不能互相转化，而是同时（而且必须同时）存在，质能关系式表明一定物质存在的能量和质量之间的数量关系，有能量 E 存在对应就有质量 $m = \dfrac{E}{c^2}$ 存在。如众所周知，光子❶的运动速度是299792458m/s，其静止质量为零，运动的光子则具有质量，有惯性，撞击到其前进方向上的物体时，可以对该物体产生冲力，彗星的彗尾就是彗星散发的气体在太阳光子的冲力作用下（即太阳风）被推向彗星背离太阳方向而产生的。地球大气也会产生像彗尾一样的"尾巴"，只是由于地球引力强大，"尾巴"短得难以看出来。

对于任何一个热力系统，热力学第一定律可以表达成：

$$\text{进入系统的能量 － 离开系统的能量 ＝ 系统储存能量的变化} \qquad (3-1)$$

3.1.2　热力学能

某一热力系统与外界进行功（W）和热量（Q）的交换时，将引起系统内储存的全部能量——总能量 E 的变化。

系统储存的总能量包括：系统工质做宏观运动时的动能 E_k；系统工质在有势场（重力场、电磁场等等）中处于一定位置时具有的势能（位能）E_P；系统工质内部物质运动所具有的能量——热力学能（内能，internal energy）U（国家标准《量和单位》GB 3100—93 系列中规定物理量"内能"由"热力学能"取代，国内教材陆续完成了改造，而国外教材仍然在使用"internal energy"）。

Internal energy——内能，即内部储存能，它的大小不需要系统外边的参照物，只由系统工质自身的性质决定。而动能和势能大小的确定必须有外部参照物做基准，所以动能和势能又称为外部储存能。

热力学能是工质内部物质运动所具有的能量，工质内部物质运动形式有热运动、分子间相互作用、原子间作用（化学反应）、核子间作用，等等❷。在工程热力学讨论范围内，大部分情况下不考虑原子间作用（化学反应）、核子间作用等，所以关于热力学能我们仅仅考虑热运动和分子间相互作用的部分。当涉及燃烧等现象时，则需要包括化学能。工程

---

❶　光子是一俗称。光是电磁场的传播，即电磁波。电磁波的传播是量子化的，光子即是电磁波量子，其能量的大小与电磁波的频率或波长有关。

❷　在此意义上，热力学能包括化学能和核能。"热力学能"显然是按学科命名，似乎小学科热力学包括了大学科化学，有点滑稽。化学能的"化学"二字来源于化学键，与学科无关，其他形式能的命名也与学科无关。热力学能的命名在国际交流中也可能产生障碍。

热力学课程的最后一章均对涉及化学能的热力学进行了初步的简单介绍。

分子的热运动形成内动能。包括分子的移动、转动和分子内原子振动的动能。温度与分子运动速度成正比，温度越高，内动能越大。

分子间相互作用力形成内位能（内势能）。内位能与分子间的平均距离有关，即与工质的比体积有关。温度升高，分子运动加快，碰撞频率增加，进而使分子间相互作用增强，所以内位能也与温度有关。

因此，工质的热力学能取决于工质的温度 T 和比体积 v，也就是取决于工质所处的状态。热力学能是一个状态参数，可写成

$$u = f(T,v)$$

我们用 U 表示一定质量的工质的热力学能，单位为焦耳，J；用 u 表示单位质量的工质的热力学能，称为比热力学能，单位为焦耳每千克，J/kg。

热力学能的绝对值无法测定，因为物质的运动是永恒的，要想找到一个没有运动而热力学能为零值的基点是不可能的（本质上这是热力学第三定律的内容）。在工程计算中，通常只涉及比热力学能的相对变化 Δu，所以可以任意选取某一状态的热力学能为零，作为计算基准。

3.2　热力学第一定律的表达式

首先考虑一个与外界只有能量交换而无物质交换的闭口系统。如图 3 – 1 所示，以气缸内的工质为热力系统，当系统从外界吸取热量 Q 后，从状态 1 膨胀到状态 2，并对外作功 W。由于是闭口系统，工质的质量恒定不变，且工质的动能和势能也可以忽略（想一想为什么），于是由式（3 – 1）得

$$Q - W = \Delta U \qquad (3-2a)$$

对于单位质量（1kg）工质，则可写成

$$q = \Delta u + w \qquad (3-2b)$$

对于一个微元变化过程，则有

$$dq = du + dw \qquad (3-2c)$$

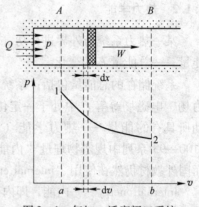

图 3 – 1　气缸 – 活塞闭口系统

式（3 – 2）称为热力学第一定律基本方程式（还称为闭口系统能量方程、闭口系统热力学第一定律数学表达式、热力学第一定律第一表达式和热力学第一定律第一解析式）。它表明：系统工质吸收的热量，一部分用于增加系统的热力学能，储存于系统内部，另一部分以功的形式传递给外界转换为机械能。

式（3 – 2）虽然是由闭口系统推出的，但它适用于任意系统、任意工质和任意过程。对于可逆过程，

$$Q = \Delta U + \int_1^2 p\mathrm{d}V \qquad (3-3a)$$

$$q = \Delta u + \int_1^2 p\mathrm{d}v \qquad (3-3b)$$

$$dq = du + pdv \qquad (3-3c)$$

【例 3 – 1】　图 3 – 1 所示气缸活塞系统，活塞处于位置 A 时工质吸热 4.164kJ；然后停止吸热，工质开始膨胀，活塞右移到 B 处，其间系统作功 4.186kJ。在 B 处活塞不动，系统放热使工质的热力学能减少 2.77kJ。然后活塞绝热回行至 A 处重新吸热。求各个过程的传热量、作功量和热力学能变化量。

解： 活塞处于位置 A 时工质吸热 4.164kJ，由于活塞未移动，所以气缸体积不变，$dV = 0$，相应地 $dW = pdV = 0$，即该过程不作功，于是热力学能的变化 $\Delta U = Q - W = Q = 4.164$kJ。

活塞从 A 处右移到 B 处的过程中，系统作功 4.186kJ，该过程绝热，于是热力学能的变化 $\Delta U = Q - W = -W = -4.186$kJ。

活塞在 B 处不动，气缸体积不变，$dV = 0$，相应地 $dW = pdV = 0$，即该过程不作功，其间系统放热使工质的热力学能减少 2.77kJ，于是传热量 $Q = \Delta U + W = \Delta U = -2.77$kJ。

注意活塞绝热回行至 A 处，表明系统经历了一个循环回到了起点。因为状态参数变化量的循环积分为零，所以本过程热力学能变化量由 $\Delta U + 4.164 - 4.186 - 2.77 = 0$，可得 $\Delta U = 2.792$kJ。作功量 $W = Q - \Delta U = 0 - 2.792 = -2.792$kJ，此过程消耗外功 2.792kJ。

综合四个过程，总作功量（净作功量）为 $4.186 - 2.792 = 1.394$kJ，吸热应从高温热源吸入 4.164kJ，放热应向低温热源放出 2.77kJ，两者不宜合并，净值依然是 1.394kJ。可计算其循环热效率

$$\eta_t = \frac{w_{\text{net}}}{q} = \frac{1.394}{4.164} = 0.3348 = 33.48\%$$

3.3　稳定流动能量方程

实际工程中，所遇到的系统几乎全是开口系统，因为生产都是连续的。为简单起见，仅研究开口系统中的特例——稳定流动系统。热工设备在正常运行时，工质的流动均可视为稳定流动。所谓稳定流动，是指在热力系统中，任何截面上工质的一切参数都不随时间而变。因为稳定流动，所以进出口处工质的状态不随时间而变；因为稳定流动，所以进出口处工质流量相等且不随时间而变，满足质量守恒条件；因为稳定流动，所以系统和外界交换的热和功等一切能量不随时间而变，满足能量守恒条件。

那么，稳定流动系统能满足热力学平衡的条件吗？严格讲，开口的流动系统均不是热力学平衡的，而是在其内部发生了状态变化过程。我们按照准平衡过程乃至可逆过程的要求将其理想化，从而对其进行热力学分析。

考虑单位质量工质，如图 3 – 2 所示。由于系统内部各个截面上工质的一切参数均不随时间而变，所以系统内部储存的能量也不变。

（1）进入系统的能量有工质从外界吸收

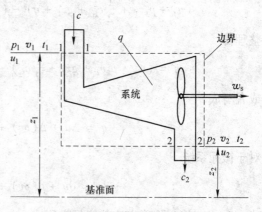

图 3 – 2　稳定流动系统

的比热量 q 和工质经进口截面 1 – 1 流进系统时带进的比能量 e_{in}。

工质带进的能量有：

1）工质的比热力学能 u_1。

2）工质的比推动功 $p_1 v_1$。

推动功（亦称为流动功）的定义为，工质在流动时，推动它下游工质所作的功。该功等于作用力 pA（A 为流动截面积）乘以流体延伸的距离 s，即等于 pAs，而 As 等于流体的体积 V（此处因为是单位质量工质，所以这个体积就是比体积 v）。推动功由上游推下游，一拨推一拨，依次传递。本质上，推动功应该定义为由于工质在一定状态下占有一定空间所具有的能量，即一种占位能。它是工质本身所固有的性质，是一个状态参数。

3）工质相对外界某一基准面有一定高度 z_1 而具有的比位能 gz_1。

4）工质的流速为 c_{f_1}，因而具有比动能 $\frac{1}{2}c_{f_1}^2$（因为 v 已用来表示比体积，w 已用来表示比功，所以只好用 c_f 来表示速度了）。

（2）离开系统的能量有系统对外界输出的轴比功 w_s（轴功，顾名思义是从轴上输出的功，即从系统中输出给外界利用的功）和经出口截面 3 – 2 流出系统时带出的能量 e_{out}。

如果仅取工质为热力系统（不包括叶轮），则系统对外界输出的功应为内部比功 w_i 而不是轴比功 w_s。内部功是工质在热机内部推动热机运转的功，如蒸汽轮机中工质作用于叶片的功。如果工质与叶片等热机内部表面之间以及机械传动过程中均无摩擦等损失，内部功等于轴功。由于在讨论热能与机械能转换机理时不考虑那些损失，所以本课程中内部功与轴功相等。

工质带出的能量有：

1）工质的比热力学能 u_2。

2）工质的比推动功 $p_2 v_2$。

3）工质相对外界某一基准面有一定高度 z_2 而具有的比位能 gz_2。

4）工质的流速为 c_{f_2}，因而具有比动能 $\frac{1}{2}c_{f_2}^2$。

根据式（3 – 1），有

$$\left(u_1 + p_1 v_1 + \frac{1}{2}c_{f_1}^2 + gz_1 + q\right) - \left(u_2 + p_2 v_2 + gz_2 + \frac{1}{2}c_{f_2}^2 + w_s\right) = 0$$

整理得

$$q = \left(u_2 + p_2 v_2 + gz_2 + \frac{1}{2}c_{f_2}^2\right) - \left(u_1 + p_1 v_1 + \frac{1}{2}c_{f_1}^2 + gz_1\right) + w_s \tag{3 – 4a}$$

或者写成

$$q = \Delta u + \Delta(pv) + g\Delta z + \frac{1}{2}\Delta c_f^2 + w_s \tag{3 – 4b}$$

对于微元系统

$$dq = du + d(pv) + gdz + \frac{1}{2}dc_f^2 + dw_s \tag{3 – 4c}$$

式（3 – 4）就叫作稳定流动能量方程式。

　　稳定流动能量方程与前面从闭口系统推出的式（3-2）热力学第一定律基本方程式是等价的，式（3-2）也适用于开口系统。在图 3-2 中，取截面 1-1 处 1kg 工质为一闭口系统，该系统流经整个开口系统，经历变化，到达截面 2-2 处，工质状态从 1 变化到 2，可以使用式（3-2）。显然，对一个热力学问题，热力系统可以有不同的划分方法，而不同的划分方法可以建立不同的方程。但一个过程的物理本质只有一个，所以针对同一个过程建立的不同的方程必然是等价的。因此，式（3-2）与式（3-4）完全等价。

　　在式（3-4）的右侧，Δu 和 $\Delta(pv)$ 都是取决于系统状态的量，是由工质本身携带的能量。$g\Delta z$、$\frac{1}{2}\Delta c_f^2$ 和 w_s 都是机械能，通过使 $z=0$ 和 $c_f=0$ 可以使 $g\Delta z$ 和 $\frac{1}{2}\Delta c_f^2$ 全部转换为外界所能利用的机械能。而 pv 不可能等于零，除非工质放弃占位（p 和 v 有一个等于零，都意味着没有工质），因而 $\Delta(pv)$ 也就不可能全部转换为外界所能利用的机械能，令 $w_t=g\Delta z+\frac{1}{2}\Delta c_f^2+w_s$，$w_t$ 就是能够全部为外界所利用的机械能，称为技术功，这里是比技术功；令 $h=u+pv$，h 就是工质携带的、随着工质流动而转移的能量，称为焓（enthalpy），这里是比焓。焓也是一个状态参数，由于焓的性质，在热力工程中焓比热力学能有更广泛的应用。

　　利用 w_t 和 h，式（3-4）变成：

$$q = \Delta h + w_t \tag{3-5}$$

式（3-5）称为热力学第一定律第二表达式（或热力学第一定律第二解析式）。它与热力学第一定律第一表达式和稳定流动能量方程式都是等价的。

$$
\begin{array}{c}
q=\Delta u + \overbrace{\hspace{3em}}^{w} \\
q=\underbrace{\Delta u+\Delta(pv)}+\underbrace{\frac{1}{2}\Delta c_f^2+g\Delta z+w_s} \\
q=\qquad \Delta h \qquad + \qquad w_t
\end{array}
$$

　　由式（3-2）、式（3-4）和式（3-5）可得：

$$w = w_t + \Delta(pv) \tag{3-6}$$

　　这意味着，热力过程中工质膨胀所作出的功一部分用来补充推动功的变化，另一部分是技术功，可以被外界利用。

　　对于可逆过程，由于 $w_{1-2}=\int_1^2 p\mathrm{d}v$，所以

$$w_{t,1-2} = -\int_1^2 v\mathrm{d}p \tag{3-7}$$

它可以在 $p-v$ 图上用过程曲线左侧的面积 1-2-3-4-1 表示，如图 3-3 所示。技术功也是与过程有关的量。

【例 3-2】　国产 N300-16.67/535/535 型汽轮发电机组新蒸汽焓 $h_1=3388.86$ kJ/kg，进入汽轮机时的流速 $c_{f_1}=50$ m/s；汽轮机排汽焓 $h_2=2196.74$ kJ/kg，离去速度 $c_{f_2}=120$ m/s。忽略散热损失和位能变化，单位质量工质流经汽轮机时输出的功是多少？机组功率为 300MW，蒸汽流量有多少？

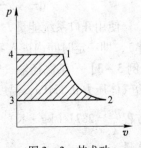

图 3-3　技术功

解：由式（3-4b），$q = \Delta u + \Delta(pv) + g\Delta z + \frac{1}{2}\Delta c_f^2 + w_s = \Delta h + g\Delta z + \frac{1}{2}\Delta c_f^2 + w_s$

忽略散热损失和位能变化，　　$\Delta h + \frac{1}{2}\Delta c_f^2 + w_s = 0$

于是　　　　　　　$w_s = -\left(\Delta h + \frac{1}{2}\Delta c_f^2\right) = h_1 - h_2 + \frac{1}{2}c_{f_1}^2 - \frac{1}{2}c_{f_2}^2$

$$= 3388.86 - 2196.74 + \left(\frac{1}{2}\times 50^2 - \frac{1}{2}\times 120^2\right)\times 10^{-3}$$

$$= 1192.12 - 5.95 = 1186.17 \text{kJ/kg}$$

工质的动能增量仅有 5.95kJ/kg，可见流速百米每秒数量级时，动能影响很小。也可以估计到，流速达到 300m/s 的数量级时，动能增大 10 倍，其影响开始显著。

蒸汽流量　　　　$q_m = \dfrac{P}{w_s} = \dfrac{300\times 10^3}{1186.17} = 252.91 \text{kg/s} = 910.49 \text{t/h}$

实际该机组的蒸汽流量略大于 1000t/h。

更一般的情形，如果流动不是稳定的，就需要建立更普遍的开口系统能量方程的表达式。如热力设备在启停、变工况运行时，工质的流动就不会是稳定的。

设在微元时间 $\mathrm{d}\tau$ 内，进入控制体的工质质量为 $\mathrm{d}m_1$，离开控制体的工质质量为 $\mathrm{d}m_2$，传热量为 $\mathrm{d}Q$，作功量为 $\mathrm{d}W_s$，控制体内储存能量的变化量为 $\mathrm{d}E_{CV}$。于是由式（3-1）：

$$\left[\mathrm{d}Q + (e_1 + p_1 v_1)\mathrm{d}m_1\right] - \left[(e_2 + p_2 v_2)\mathrm{d}m_2 + \mathrm{d}W_s\right] = \mathrm{d}E_{CV}$$

整理得：

$$\mathrm{d}Q = \mathrm{d}E_{CV} + \left(h_2 + gz_2 + \frac{1}{2}c_{f_2}^2\right)\mathrm{d}m_2 - \left(h_1 + \frac{1}{2}c_{f_1}^2 + gz_1\right)\mathrm{d}m_1 + \mathrm{d}W_s \qquad (3-8)$$

令 $\Phi = \dfrac{\mathrm{d}Q}{\mathrm{d}\tau}$，为单位时间内的传热量，称为热流量，单位瓦特，简称瓦（W），$1\text{W} = 1\text{J/s}$；

$q_m = \dfrac{\mathrm{d}m}{\mathrm{d}\tau}$，为质量流量，单位 kg/s；$P_s = \dfrac{\mathrm{d}W_s}{\mathrm{d}\tau}$，为输出轴功率，单位瓦特，简称瓦（W）。

则有：

$$\Phi = \frac{\mathrm{d}E_{CV}}{\mathrm{d}\tau} + q_{m2}\left(h_2 + \frac{1}{2}c_{f_2}^2 + gz_2\right) - q_{m1}\left(h_1 + \frac{1}{2}c_{f_1}^2 + gz_1\right) + P_s \qquad (3-9)$$

当进出控制体的工质有多股流束时，式（3-8）和式（3-9）可以写成

$$\mathrm{d}Q = \mathrm{d}E_{CV} + \sum\left(h_2 + gz_2 + \frac{1}{2}c_{f_2}^2\right)\mathrm{d}m_2 - \sum\left(h_1 + \frac{1}{2}c_{f_1}^2 + gz_1\right) + \mathrm{d}W_s \qquad (3-10)$$

$$\Phi = \frac{\mathrm{d}E_{CV}}{\mathrm{d}\tau} + \sum q_{m2}\left(h_2 + \frac{1}{2}c_{f_2}^2 + gz_2\right) - \sum q_{m1}\left(h_1 + \frac{1}{2}c_{f_1}^2 + gz_1\right) + P_s \qquad (3-11)$$

使用开口系统能量方程的一般表达式时，往往还需要结合质量守恒方程（物质不灭定律），即一定时间内进入系统的质量 - 离开系统的质量 = 系统内质量的增量。

【例3-3】　某高压输气管内气体压力保持 4MPa，温度 25℃。体积为 3m^3 的储气罐内初始气体压力 0.1MPa，温度也为 25℃。充气后储气罐内压力达到 3MPa。若已知该气体状态方程 $\dfrac{pv}{T} = 287\text{J}/(\text{kg}\cdot\text{K})$，热力学能与温度的关系 $u = 717T$（J/kg）。求充入储气罐的气体量。

解： 以储气罐为热力系统，这是一个单进口的开口系统。将进入系统者标记为"in"，离开系统者标记为"out"。充气过程进行很快，传热量可以忽略，系统也不对外输出功，再忽略动能和势能的变化，由式 (3-8)：

$$dE_{CV} = h_{in}dm_{in}$$

储气罐储存的动能和势能均可不考虑，则 $dE_{CV} = dU_{CV}$，上式变为

$$dU_{CV} = h_{in}dm_{in}$$

积分

$$\int_1^2 dU_{CV} = \int_1^2 h_{in}dm_{in}$$

热力学能是状态参数，所以 $\int_1^2 dU_{CV} = U_2 - U_1 = m_2u_2 - m_1u_1$，输气管内气体状态保持

稳定，进入储气罐前均无变化，所以 $\int_1^2 h_{in}dm_{in} = h_{in}m_{in}$ ，即：

$$m_2u_2 - m_1u_1 = h_{in}m_{in} = h_{in}(m_2 - m_1)$$

整理得　　　　　　　　　$m_2(u_2 - h_{in}) = m_1u_1 - m_1h_{in}$　　　　　　　　　（a）

由 $\dfrac{pv}{T} = 287J/(kg \cdot K)$ 得：$v_1 = \dfrac{287T}{p_1} = \dfrac{287 \times 298}{0.1 \times 10^6} = 0.85526 m^3/kg$

$$v_{in} = \frac{287T}{p_{in}} = \frac{287 \times 298}{4 \times 10^6} = 0.02138 m^3/kg$$

于是　　　　　　　　　$m_1 = \dfrac{V}{v_1} = \dfrac{3}{0.85526} = 3.508 kg$

$$u_1 = u_{in} = 717T_1 = 0.717 \times 298 = 213.67 kJ/kg$$

$$h_{in} = u_{in} + p_{in}v_{in} = 213.67 + 4 \times 10^6 \times 0.02138 \times 10^{-3} = 299.19 kJ/kg$$

而　　　　　$m_2 = \dfrac{V}{v_2} = \dfrac{V}{\dfrac{287T_2}{p_2}} = \dfrac{p_2V}{287T_2}, \qquad u_2 = 717T_2$

代入式 (a)：　　　　$\dfrac{p_2V}{287T_2} \times 717T_2 - \dfrac{p_2V}{287T_2} \times h_{in} = m_1u_1 - m_1h_{in}$

解得　　　　　　　　　　　　$T_2 = 417.28 K$

充入储气罐的气体量　　　　$m_{in} = m_2 - m_1 = \dfrac{p_2V}{287T_2} - m_1$

$$= \frac{3 \times 10^6 \times 3}{287 \times 417.28} - 3.508$$

$$= 71.642 kg$$

本题也可从系统能量平衡的基本表达式 (3-1) 直接求解。

管道和气罐中气体的初始温度都是 25℃，充气完成后升为 417.28K(144.13℃)。表明气体的热力学能升高了，这是由于管道内 4MPa 的气体进入系统后减压膨胀，而膨胀功最终耗散为热能所致。

运用热力学第一定律分析问题时，一定要把系统划分准确，确认系统内包含什么，不包含什么。还要理清系统与外界之间的各种作用关系，特别是分清楚从系统内到系统边界和系统边界到外界的作用关系是否一致。有时候，由多个其他热力系统构成的外界与系统边界的作用关系足以扰乱我们的视线，使得热力学分析受阻。

【例3－4】　图3－4中容器为刚性绝热容器，分成两部分，一部分装有高压气体，一部分抽成真空，中间是隔板，（1）突然抽去隔板，气体（系统）是否作功，容器中气体的热力学能如何变化？（2）设真空部分装有许多隔板，逐个抽去隔板，每抽一块板让气体先恢复平衡再抽下一块，则又如何？（3）上述两种情况从初态变化到终态，其过程是否都可在 $p-v$ 图上表示？

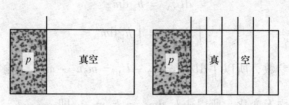

图3－4　例3－4图

解：简单的回答是：（1）气体不作功，气体的热力学能不变；（2）气体不作功，气体的热力学能不变；（3）过程（1）不可以在 $p-v$ 图上表示，过程（2）可以在 $p-v$ 图上表示。

但这种答案是不够全面的。它说的是变化的最终效果，而变化的过程却很曲折。

首先看系统划分。这里存在两种系统划分方式，一个是以刚性绝热容器内壁为边界的系统，一个是把全部气体看成系统。从第一个系统的角度来看，可以直接得出前述答案：刚性，体积不变，$\mathrm{d}v=0$，也没有轴功输出，所以 $\mathrm{d}w=0$；绝热，$\mathrm{d}q=0$，于是 $\mathrm{d}u=\mathrm{d}q-\mathrm{d}w=0$。从第二个系统来看，体积膨胀了，压力下降了，不应该不作功。但是，一个事物不能得出两个互相矛盾的结论，第一个系统得出的结论没有挑出毛病，就应该得到确认。那么，矛盾怎么解决？还有个问题，从第二个系统来看，作的功给谁了？

事实上，过程开始时两个系统并不一致，中间还有容器的真空部分——对于气体系统，它是外界，对于容器系统，它是子系统。过程进行时各种作用是气体与真空之间的事，与容器无关。容器只接受最后结果——此时真空子系统被气体子系统消灭了，容器系统与气体系统统一起来了。

过程进行时，气体系统膨胀，要对外作功。功从系统传递到边界，再从边界传给……没的可传的，真空系统不能承受任何作用，功就留在气体本身，成为气体的动能。而气体充满整个容器内空间后，气流回旋、振荡，慢慢通过摩擦耗散为热能被气体自己吸收。热力学能随着过程进行先减小后又恢复了。这是不可逆过程，不能在 $p-v$ 图上表示，但是当具有无穷多隔板，气体可以无数次恢复平衡时，就能够在 $p-v$ 图上表示了。

3.4　热力学第一定律的具体应用

热力学第一定律在工程上的应用很广，可用于计算任何一种热力设备中能量的传递和转化。从热功互换角度来看，热力学第一定律解析式是热力状态变化过程的核心。具体应用如图3－5所示。

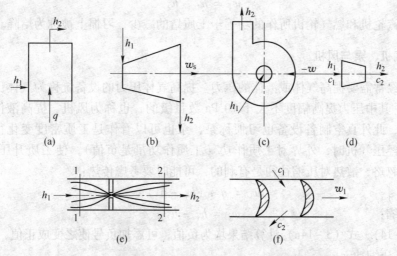

图 3-5 热力学第一定律具体应用于各种热工设备
（a）锅炉；（b）汽轮机；（c）风机；（d）喷管；（e）节流；（f）叶栅

3.4.1 锅炉和各种换热器

工质流经锅炉、回热器、凝汽器等热交换器时，和外界有热量交换而无功的作用。动能差、位能差均可忽略。当工质的稳定流动时，工质的吸热量为：

$$q = h_2 - h_1 \tag{3-12}$$

若求得 q 为负值，则是工质放热。

式（3-12）是以一种工质流经设备通道为系统的。还有一种经常使用的划分系统方法是以整个设备作为系统。以回热加热器（锅炉里面有燃烧，表达式较为复杂）为例，由于有两种流体，不能直接利用稳定流动能量方程。考虑式（3-1）：进入系统的能量是换热前的两种流体，离开系统的能量是换热后的两种流体以及设备本体的散热损失。正常运行情况下，设备内部无能量储存或储存量不变，位能变化很小，系统也不会对外作功。于是

$$\left(h_{\text{hot,in}} + \frac{1}{2}c_{f_{\text{hot,in}}}^2 + h_{\text{cold,in}} + \frac{1}{2}c_{f_{\text{cold,in}}}^2 \right) - \left(h_{\text{hot,out}} + \frac{1}{2}c_{f_{\text{hot,out}}}^2 + h_{\text{cold,out}} + \frac{1}{2}c_{f_{\text{cold,out}}}^2 + q_1 \right) = 0$$

式中下标"hot"、"cold"代表热冷两种流体，"in"、"out"代表换热器的进出口。若动能与流体的焓相比也可以忽略，且忽略设备本体的散热损失，则能量方程简化为

$$(h_{\text{hot,in}} + h_{\text{cold,in}}) - (h_{\text{hot,out}} + h_{\text{cold,out}}) = 0$$

或

$$h_{\text{hot,in}} - h_{\text{hot,out}} = h_{\text{cold,out}} - h_{\text{cold,in}} \tag{3-12a}$$

3.4.2 汽轮机和燃气轮机等动力机械

工质流经汽轮机和燃气轮机等动力机械时，压力降低，工质对叶片作内部功，或曰通过叶轮轴向外输出轴功；位能差很小，予以忽略；动能差、散热损失与流体的焓相比一般情况下也可以忽略（有例外，如喷气式发动机的动能差就不可忽略）。当工质稳定流动时，能量方程简化为：

$$w_s = h_1 - h_2 \tag{3-13}$$

表明工质在汽轮机和燃气轮机所作的功等于工质焓的减少，习惯上被称为焓降。

3.4.3 压气机、泵与风机

工程上经常需要提高气体或液体的压力。提高气体压力的设备统称为气体压缩机（简称压气机），其中压力提高幅度不大于 10^4 Pa 数量级的，也称为风机。提高液体压力的设备统称为泵，此外真空制备设备也习惯称泵，泵也可以看作是工质密度变化很小的压缩机。工质流经压气机时，外界对工质作功（工质作功量是负值），使工质升压。动能差、位能差均可忽略，散热对压缩往往是有利的，可能时要考虑传热：

$$w_s = q + (h_1 - h_2) \tag{3-14}$$

对于绝热压缩：
$$w_s = h_1 - h_2 \tag{3-14a}$$

式（3-14）、式（3-14a）计算结果均为负值，可添加负号使之变成正值，如式（3-14a）变为求压缩功 $w_{压缩}$：

$$w_{压缩} = -w_s = h_2 - h_1 \tag{3-14b}$$

3.4.4 管道

工质流经诸如喷管、扩压管等短尺变径管道时，不对设备作功（或者说不向系统外输出功），位能差、换热量均可忽略。若工质的流动稳定，则可得工质动能的增量：

$$c_{f_2}^2 - c_{f_1}^2 = 2(h_1 - h_2) \tag{3-15}$$

式（3-15）表明工质在变径管道内流速变化导致的动能变化等于工质焓的变化。焓降则动能增加，即工质流动速度加快；焓增则工质流动的动能减少，流速减慢。

3.4.5 节流

工质在管道内流动，遇到孔板、阀门等部件时，由于该处管道流通截面突然收窄引起的工质压力降就是节流。虽然流通截面随即恢复正常，但节流不可逆地产生了阻力损失。在离阀门前后不远的两个截面处工质的状态趋于平衡，设流动是绝热的，两截面间动能差、位能差均可忽略，也无对外作功，则：

$$h_1 = h_2 \tag{3-16}$$

式（3-16）表明节流前后工质的焓相等，节流损失并不表现为能量损失。热力学第二定律分析将指明该损失的性质。

3.4.6 涡轮机叶轮

多个叶片整齐排列组成叶栅❶，叶片之间形成气流通道。涡轮机叶轮上的叶栅为动叶栅，汽缸壁上的叶栅为静叶栅。静叶栅中通道相当于短尺变径管道，气流在其中降焓提速。

工质流经动叶栅推动叶轮对外作功。散热损失、位能差可忽略。并设工质冲击叶栅时

---

❶ 栅，本音读 zhà，即栅栏，引申为与栅栏有关的东西，如军栅（营寨）。在科学领域读 shān，指类似于栅栏的东西并组成专用名词，如叶栅、栅极、光栅等。读音 shān 来源不详，估计是科学家们误读的结果。

不发生热力状态变化（即冲动式），焓值可不计：

$$w_i = \frac{1}{2}(c_{f_1}^2 - c_{f_2}^2) \tag{3-17}$$

3.5 企业热平衡

3.5.1 企业热平衡

企业能量平衡是对企业用能进行科学的数量分析，探索能源使用最优化的方法，从而节约能源的一种能源科学管理措施。企业能量平衡包括用热设备和企业的热能利用的数量平衡——热平衡，把动力、照明、水气供应等均考虑在内的能量平衡，和既考虑数量又考虑质量的㶲平衡等不同层次，其中热平衡是能量平衡的主要内容和基本方面。

企业热平衡是指从企业生产活动中的能量收支平衡出发，分析企业用能情况，得出产品的能耗指标和企业能源利用率，并通过与国内外先进企业水平的对比，分析能耗高、利用率低的原因，找出生产中浪费能源的环节，明确节能方向，制订近期的节能措施和长远的节能规划。企业热平衡的基础是设备热平衡，后者以设备为体系，研究进入设备的能量和离开设备的能量在数量上的平衡关系（可用热平衡方程式、热平衡表或热流图表示），并用热效率指标来体现设备的用能水平。

通过企业热平衡，可以达到如下目的：

（1）摸清能耗状况。通过收集和统计资料、测试、计算等手段，摸清能源构成及其来龙去脉（设备、企业的能量收支情况），计算出产品的单位能耗、综合能耗和可比能耗，制定或核定能耗定额，使工艺能耗定额和企业燃料供应定额更科学合理。

（2）掌握用能水平。通过企业热平衡工作，掌握主要用能设备的热效率和整个企业的能源利用率。编制整个企业的热平衡表和绘制热流图，形象直观地反映企业用能情况和水平。

（3）加强能源科学管理。建立能源管理制度，为企业的能源科学管理奠定基础。主要内容包括：技术干部、工人的培训制度；建立健全节能管理体系和明确热管理师职能范围；建立能源管理技术档案；建立用能调度制度；根据企业情况制定岗位责任制和奖惩条例。

（4）制订节能规划。通过对重点工艺、设备测试的结果进行整理分析，找出热损失大和企业能源利用率低的原因，并做必要的调整，调整不合理的工艺、管理岗位和制度、生产安排等。在此基础上制订切实可行的节能规划，分年度逐步实施。

3.5.2 热平衡的原则方法

（1）确定热平衡系统，建立热平衡模型。系统确定后，要把进入和排出系统的所有能量用箭头标在方框的边界四周，并规定：由工质（工艺流体、物料或半成品等）带入系统的能量画在方框的左侧，带出系统的能量画在方框的右侧；由外界供给系统的能量（燃料、水、电和蒸汽等）画在方框的下侧，排出系统（散热、排烟热、排液热、凝结水带出热等）的能量画在方框的上侧；系统回收利用的能量画在方框内。这种热平衡模型的优点是，简单清晰，便于分析和计算。建立模型时要注意防止能量的漏计、重计（图3-6）。

（2）确定热平衡的基础热量，建立热平衡方程式。热平衡方程式根据热力学第一定律，在不同情况下依据不同的基础热量建立。通常采用的基础热量有两种：以供给系统的热源热量为基础热量和以进入系统的全部能量为基础热量。前一种情况下的热平衡称为供入热平衡，后者称为全入热平衡。

（3）进行热平衡测试。热平衡测试是进行能量平衡的重要环节，应根据划定的系统来确定测试项目，选择好测点，安装计量仪表。为使测量准确可靠，应先进行预测。正式测量必须在工况稳定后进行，测试工况必须有代表性。

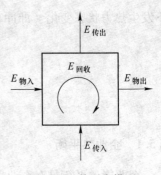

图 3-6 热平衡模型

（4）整理试验数据，编制热平衡表。测试结束后，要对所得的数据进行整理和计算。计算中首先要确定计算基准，如基准温度和燃料发热量取值问题。计算结果应逐项填入热平衡表。热平衡表中的总收入能量应和总支出能量相等。如果不平衡，则要找出原因，如漏计、重计、测试不准、计算错误等。

（5）计算各项技术指标，分析热平衡结果。根据测算结果编制出热平衡表后，即可按统一规定的方法计算各项技术指标，并通过对热平衡各项损失的分析，找出设备或装置用能中存在的问题，分析产生原因。明确提高效率、增加回收利用等节能方向。

（6）绘制热量流向图（热流图）。为了形象地表示出能量的来龙去脉以及损失、利用等情况，可把各项热量的百分数按比例绘在一张热量流向平衡图上（图3-7），简称热流图。

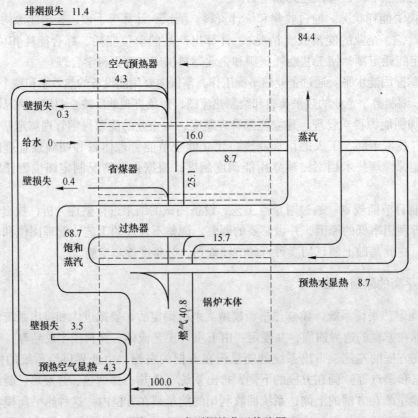

图 3-7 大型锅炉分区热流图

3.5.3 热平衡的技术指标

热平衡的技术指标是用来衡量企业（设备）的耗能多少、用能水平和能源科学管理完善程度的指标。一般采用下述三类指标：

(1) 能耗。单位产品产量或净产值的耗能量。

(2) 利用率。反映一台设备、一个装置或一个企业的用能水平。

(3) 回收率。反映企业的能量回收程度。通过回收率可以看出由于能量回收使消耗的总能量减少的百分比。

3.5.3.1 能耗

有单耗、综合能耗和可比能耗之分。

单耗是指在产品生产过程中对某种一次能源（煤、石油、天然气等）或二次能源（电、蒸汽、石油制品、焦炭、煤气等）的消耗，可具体地称为煤耗、油耗、气耗、电耗、汽耗、焦比，等等。

$$单位产量能耗 = \frac{某种能总耗量}{产品总产量} \qquad (3-18)$$

$$单位产值能耗 = \frac{某种能总耗量}{产品净产值} \qquad (3-19)$$

综合能耗指企业实际消耗和各种能源的总消耗量，包括一次能源和二次能源，以及耗能工质（水、氧气、风等）所消耗的能源的总量。二次能源及耗能工质需按等价热量折算到一次能源。

$$单位产量综合能耗 = \frac{总综合能耗量}{产品总产量} \qquad (3-20)$$

$$单位产值综合能耗 = \frac{总综合能耗量}{产品净产值} \qquad (3-21)$$

为了在同行中实现能耗的可比，可以实行可比能耗。可比能耗是按标准产品产量或标准工序总耗能量来计算的综合能耗。

$$可比能耗 = \frac{总综合能耗量}{标准产品产量} \qquad (3-22)$$

$$可比能耗 = \frac{标准工序总耗能量}{产品总产量} \qquad (3-23)$$

所谓标准产品，指行业所规定的基准产品，并以该产品的能耗为基准，制定出其他产品能耗的折算系数，从而进行产品产量的折算。这在工艺过程相近，而产品品种多样化的行业如轻工、纺织、机械等行业使用较方便。

所谓标准工序，是指某行业所确定的基本工序，并以此标准工序为基准计算能耗。实际工序与标准工序不同时，其缺少的工序能耗必须予以补足，多余的工序能耗加以剔除。剔除时按实际能耗计算，补足时按规定平均能耗，或按供应厂的实际能耗计算。这种计算法可以在产品品种比较单一，而工序差别较大时使用，如冶金部门。

3.5.3.2 利用率

利用率包括设备热效率、企业能源利用率和装置能量利用率。

设备热效率反映供给设备的能量被有效利用的程度：

$$设备热效率 = \frac{有效热}{供给热} \tag{3-24}$$

企业能源利用率是考察整个企业用能水平的指标：

$$企业能源利用率 = \frac{用能设备总有效热}{能源供给热} \tag{3-25}$$

当工艺过程中有较多的化学反应热和/或已利用能（有效热）的多次重复利用（如石化、建材等行业）时，沿用一般的工艺有效热、设备热效率和企业能源利用率来考核其用能水平会发生低算或高算的问题，这时宜采取以全入热（包括回收利用部分的能量）为供给热，以装置输出能和回收利用能为有效热来计算。企业热平衡中可能出现的能量利用关系如图 3-8 所示。

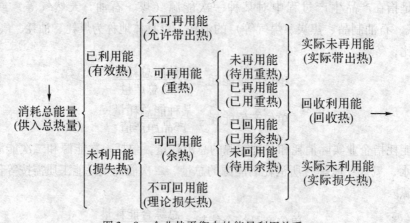

图 3-8 企业热平衡中的能量利用关系

3.5.3.3 企业热平衡常用的能量单位

能量的基本单位是焦耳（J），$1J = 1N \cdot m$。引申有：$kJ(10^3 J$，千焦）、$MJ(10^6 J$，兆焦）、$GJ(10^9 J$，吉焦）。它们是我国的法定计量单位。

单位时间里的能量消费或转移可称为能耗，即功率。基本单位为瓦特（W），$1W = 1J/s$。引申有：$kW(10^3 W$，千瓦）、$MW(10^6 W$，兆瓦）。在讨论区域或企业能耗时，也往往用吉焦耳/年为单位（GJ/a，这里 a 为 annual 的缩写）。

工程上仍不时沿用旧的工程制（公制）单位，如大卡 kcal（千卡），$1kcal = 4.1868kJ$。

此外，我国还常用标准煤发热量 ce(coal equivalent，一说 criterion energy)，简称标煤。它不属于任何单位制，也不符合任何法规，却应用广泛。$1kgce = 7000kcal \approx 29310kJ$，或者 $1GJ = 34.16kgce$。引申单位有克标煤（gce）和吨标煤（tce）。国外相应地使用油当量❶ oe(oil equivalent)，如吨油当量，$1toe = 42.62GJ$。

锅炉蒸发量，锅炉行业习惯采用的标志锅炉产热能力的近似估算单位，指 1h 内将水从 20℃加热成 100℃蒸汽所需要的热量，1t 锅炉蒸发量 $\approx 0.7MW \approx 60 \times 10^4 kcal/h$。

---

❶ 或称之为标准油，油当量（oil equivalent）= 9000kcal/liter，1 吨油当量 = 1.4286 吨标准煤。其他能源当量：1 桶原油 = 5800ft³ 天然气，1m³ 天然气 = 1.3300kg 标准煤。

复习思考题与习题

3-1　比较 $dq = du + pdv$ 和 $dh = du + d(pv)$，两者很相像。为什么 h 是状态参数而 q 不是?

3-2　$q = \Delta u + w$、$q = \Delta u + \int_1^2 pdv$、$Tds = \Delta u + w$、$q = \Delta h + w_t$ 是否都是热力学第一定律的表达式，它们的适用范围都一样吗?

3-3　导出热力学第一定律基本方程式 $q = \Delta u + w$ 时，说明工质的宏观动能和势能可以忽略，而稳定流动能量方程中既包含动能也包含势能。谈论两者等价时为什么不提基本方程式所忽略的动能和势能?

3-4　如果将稳定流动能量方程式写成

$$Q - \Delta U = W = \Delta(pV) + \frac{1}{2}m\Delta c^2 + mg\Delta z + W_s = \Delta(pV) + W_t$$

试从能量守恒和转换方面简要阐明上式的物理意义。

3-5　温度高的物体比温度低的物体含有较多的热能，这种说法对吗?

3-6　膨胀功、流动功、轴功（内部功）和技术功有何差别? 有何联系? 试用 $p-v$ 图和公式说明。

3-7　循环热效率越大，则循环的净功越多；反之，循环的净功越多，循环的热效率也越大，这种说法对吗?

3-8　分别写出热力学第一定律的第一解析式、第二解析式和稳定流动能量方程式，并比较它们之间有什么联系。

3-9　有人说，氢可以燃烧，氧可以助燃，因此由氢和氧组成的水通过添加某种催化剂就可以燃烧，从而能够得到大量的能源。你以为如何?

3-10　如果你不同意上述办法，那么还有一种方案：鉴于煤和石油燃烧会产生大量 CO_2，而氢燃烧产物是水，为发展低碳社会，应该电解水得到氢和氧，从而得到大量的无碳能源。你以为如何?

3-11　光子的能量可以表示为 $e = h\nu$，其中 h 为普朗克常数，$h = 6.6256 \times 10^{-34} J \cdot s$。已知可见光的波长 $0.38 \sim 0.76 \mu m$，试求可见光光子的质量。

3-12　如图 3-9 所示，试填充表中空白。

过程	热量 Q/kJ	膨胀功 W/kJ
1a2	10	
2b1	-7	-4
1c2		8

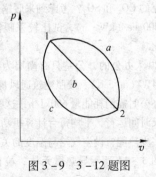

图 3-9　3-12 题图

3-13　为减少 CO_2 排放，有人提出"将 CO_2 分解成 C 和 O"。你认为如何?

3-14　内部功和轴功有什么关系? 作为热力学分析的一个过程参数，哪个更恰当?

3-15　绝热封闭的气缸中（$V = 0.1 m^3$）储有不可压缩的液体，通过活塞使液体的压力从 0.2MPa 提高到 4MPa，试求：（1）外界对流体所作的功；（2）液体内能（热力学能）的变化；（3）液体焓的变化。

3-16 $1m^3$ 的空气，若空气的压力为 0.001MPa，温度为 5000℃，或者压力为 10MPa，温度为 100℃，两种情况中，哪种空气烫起人来更厉害？

3-17   1998 年我国能源消费总量（标准煤）大约为 13.6 亿吨，2013 年则为（标准煤）37.5 亿吨，各折合多少 GJ？多少 kW·h？年均增长率是多少？

3-18   某企业开发出一种柴油发电机，每小时消耗 1kg 发热量为 42000kJ/kg 的柴油，可提供 15kW 的电力。此发电机性能如何？

3-19   一列货车的总质量为 2×10^6 kg，以 6×10^4 m/h 的速度行驶，车轮与路轨间的阻力为 0.045N/kg。煤在机车中燃烧所发出的热量的 10% 成为机车的牵引功。若煤的发热量为 22300kJ/kg，试求该货车每小时所消耗的煤量。

3-20   已知汽轮机中蒸汽的流量 $m = 40$t/h，汽轮机进口蒸气焓 $h_1 = 3442$kJ/kg，出口蒸汽焓 $h_2 = 2448$kJ/kg。汽轮机每小时损失热量为 5×10^5 kJ/h。不计进出口气流的动能差和位能差，求汽轮机的功率。如果进口处蒸汽流速为 70m/s，出口处流速为 140m/s，进出口高度差为 1.6m，那么汽轮机的功率又是多少？

3-21   水在绝热的混合器中与水蒸气混合而被加热。水流入混合器的压力为 200kPa，温度为 20℃，焓为 84.05kJ/kg，质量流量为 100kg/min。水蒸气进入混合器时，压力为 200kPa，温度为 300℃，焓为 3071.2kJ/kg。混合物离开混合器时压力为 200kPa，温度为 100℃，焓为 419.14kJ/kg。问每分钟需要多少水蒸气？

3-22   如图 3-10 所示，压气机将气流的压力提高，高压气流顺通道流到左边，推动气轮机旋转作功，作完功的气体又进入压气机。气轮机拖动压气机旋转，还通过传动机构带动一个小发电机发电。这个设计能够实现吗？

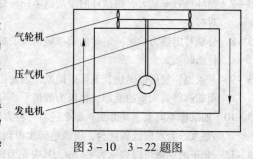

图 3-10   3-22 题图

3-23   大功率燃气热水器的出水量为每分钟 7L，出水温度为 40℃，假定进水温度为 15℃，加热效率为 70%，该热水器的输入功率为多大？（取水的比热为 4.187kJ/(kg·K)，密度为 1000kg/m³）

3-24   Ⅱ 类烟煤的代表性应用基低位发热量为 $Q_{dw}^y = 17693$kJ/kg，应用基碳含量为 $C^y = 46.55\%$，硫含量为 $S^y = 1.94\%$。碳、硫、氧的原子量分别按 12、32 和 16 计算，那么 1kg 的 Ⅱ 类烟煤可产生多少千克的 CO_2 和 SO_2？考虑到采暖锅炉的供热效率约为 80%，而全国供电标准煤耗率的平均值大约为 400gce/(kW·h)，试比较采暖锅炉直接供热与电加热采暖的煤消耗量、CO_2 和 SO_2 排放量之比。

3-25   有 20 人办公的办公室只有南墙为外墙，面积约 27m²。包括墙壁和窗户在内，平均散热损失为 0.84W/(m²·K)。按照建筑通风规范，每人需要 30m³/h 的通风换气量以保持空气新鲜。人在静坐办公时需消耗能量 650kJ/h，这些能量最终都转换成热能释放在室内。办公室内还有 20 台计算机长时间运行，平均每台计算机功耗 250W。若室内外温差为 40℃，试计算该办公室采暖需要供给多少热能？设空气焓与温度的关系 $h = 1005T$。

3-26   如图 3-11 所示导热微元体，棱长分别为 dx、dy、dz，从 y-z 平面进入微元体的导热热流 $\Phi_x = -\lambda \dfrac{\partial t}{\partial x} dy dz$，余类推。微元体内单位时间单位体积产生热量为 $\dot{\Phi}$，过程是稳态的，请写出忽略高阶无穷小后该导热微元体的能量平衡方程。

3-27   图 3-12 是电厂回热加热器的标识图。表示锅炉给水在回折管道内穿过加热器并吸热，蒸汽进入加热器在回折管道外侧凝结放热。请计算图中加热蒸汽的流量。如果该换热器在运行过程中有 2% 的散热损失，那么达到同样的加热效果所消耗的蒸汽量增加多少？如果将疏水（蒸汽凝结

水）送到水出口并与水混合，那么达到同样的加热效果所消耗的蒸汽量为多少？（图中数据分别为压力、温度、焓和流量）

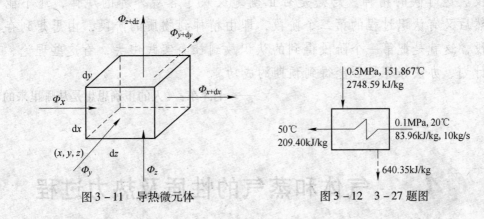

图 3 – 11　导热微元体　　　　　　图 3 – 12　3 – 27 题图

认识过程的第一个阶段，即由客观物质到主观精神的阶段，由存在到思想的阶段。这时候的精神、思想是否正确地反映了客观外界的规律，还不能确定。然后又有认识过程的第二个阶段，即由精神到物质的阶段，由思想到存在的阶段，这就是把第一个阶段得到的认识放到社会实践中去，看这些理论、政策、计划、办法等等是否能得到预期的成功。

——毛泽东：《人的正确思想是从哪里来的?》

4 气体和蒸气的性质及热力过程

4.1 理想气体状态方程

4.1.1 经验定律

所谓理想气体（ideal gas），是一种假想的实际上不存在的气体，其分子是一些弹性的、不占体积的质点，分子间无相互作用力。理想气体也称为完全气体（perfect gas）。理想气体的分子运动规律大为简化，分子间只能进行对中碰撞，且碰撞为完全弹性、无动能损失，碰撞前与碰撞后分子均不受任何影响进行匀速直线运动。

一般地，物质都有固、液、气三态，当气体距离液态比较远时（此时分子间的距离相对于分子的大小非常大），气体的性质与理想气体相去不远，可以当作理想气体。

17～18世纪之间，人们通过大量实验，发现在平衡状态（平衡状态是指，一定范围内的气体，在不受该范围以外物质影响的条件下，其压力、温度、比体积等参数保持不变的状态）下，气体的压力、温度和比体积之间存在着一定的依赖关系，从而建立了一系列经验定律。波义耳-马略特（波义耳，Robert Boyle，1627—1686，英国；马略特，Edme Mariotte，1620—1684，法国）定律指出："在温度不变的条件下，气体的压力和比体积成反比。"即：

$$p_1 v_1 = p_2 v_2 = \cdots = pv = \text{常数} \tag{4-1}$$

盖·吕萨克（Joseph Louis Gay-Lussac，1778—1850，法国）定律指出："在压力不变的条件下，气体的比体积和绝对温度成正比。"即：

$$\frac{v_1}{T_1} = \frac{v_2}{T_2} = \cdots = \frac{v}{T} = \text{常数} \tag{4-2}$$

查理（Jacques Alexandre César Charles，1746—1823，法国）定律指出："在比体积不变的条件下，气体的压力和绝对温度成正比。"即：

$$\frac{p_1}{T_1} = \frac{p_2}{T_2} = \cdots = \frac{p}{T} = const. \tag{4-3}$$

综合上述三个定律可以得出：在一般情况下，p、v、T 三个参数都可能变化时，有

$$\frac{p_1 v_1}{T_1} = \frac{p_2 v_2}{T_2} = \cdots = \frac{pv}{T} = 常数$$

或写作

$$pv = R_g T \tag{4-4}$$

式中，R_g 叫作气体常数。由于在同温同压下，同体积的各种气体质量各不相同，因而 R_g 值随气体的种类而异。R_g 的单位是 J/(kg·K)，或 kJ/(kg·K)。

式（4-4）就是理想气体状态方程，也称为克拉贝龙（Clapeyron）方程。

4.1.2 理想气体状态方程

式（4-4）也可以表示为微分的形式

$$\frac{dp}{p} + \frac{dv}{v} = \frac{dT}{T} \tag{4-4a}$$

我们可以做这样一个实验：对 1kmol 的某种气体，在不同的压力和温度下，测定其压力 p、摩尔体积 V_m、温度 T 的数值，将实验数据画在 $\frac{pV_m}{T}$ - p 图上（图 4-1），再将温度相等的点用曲线连接起来（形成等温线）。可以发现，当 $p \rightarrow 0$ 时，等温线都趋近于 $\frac{pV_m}{T}$ 轴上的一特定点 R，该点的数值为 8314.5J/(kmol·K)。

阿伏伽德罗（A. Avogadro，1776—1856）定律指出："同温度、同压力下，同体积的各种气体具有相同的分子数。"在标准状态（$p = 101325\text{Pa}$，$T = 273.15\text{K}$）下，$(22.41410 \pm 0.00019)\text{m}^3$ 的气体具有 6.0225×10^{26} 个气体分子，即 1kmol（千摩尔）。1kmol 气体质量的千克数等于该气

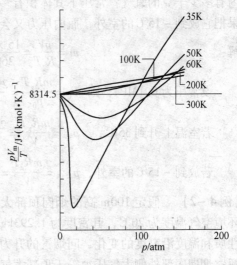

图 4-1 气体的 $\frac{pV_m}{T}$ - p 图

体的相对分子质量（分子量）数，所以若气体的相对分子质量为 M，则 1kmol 该气体的质量为 $M(\text{kg})$，称为摩尔质量。将式（4-4）的两边同乘以 M，有

$$pMv = MR_g T$$

式中，Mv 一项即为 1kmol 气体的体积 V_m，称为摩尔体积。MR 则为 1kmol 气体的气体常数，显然，它为一个与具体的气体种类及性质无关的定值：

$$MR = \frac{pV_m}{T}$$

$$= \frac{101325 \times 22.4}{273.15}$$

$$= 8314.5\text{J/(kmol·K)}$$

我们称之为摩尔气体常数或者通用气体常数，以 R（过去习惯用 R 表示气体常数 R_g，而用 R_m 表示通用气体常数，其下标 "m" 代表单位千摩尔，在阅读稍旧一些文献时应当注意）

表示❶。因而 1kmol 理想气体的状态方程可写作

$$pV_m = RT$$

对于 $n(\mathrm{kmol})$ 理想气体，状态方程可以写成：

$$pV = nRT \qquad\qquad (4-5)$$

式中，$V = nV_m$ 就是气体的体积。

由 $MR_g = R$ 得：

$$R_g = \frac{R}{M} \qquad\qquad (4-6)$$

这意味着可以利用摩尔气体常数和气体的分子量来计算气体常数。如氧气的分子量约等于32，则：

$$R_{g,O_2} = \frac{8314.5}{32} \approx 260\mathrm{J/(kg \cdot K)}$$

【例 4-1】 氧气瓶的容积为 0.15m³，瓶内压力为 15MPa，室内温度为 20℃，问此时瓶内有多少千克的氧气？常压下其体积有多大？如果室温上升到 35℃，瓶内压力有多大？如果把它放到 -15℃的室外，瓶内压力又会是多少？

解：

$$m = \frac{pV}{R_g T} = \frac{15 \times 10^6 \times 0.15}{260 \times 293.15} = 29.52\mathrm{kg}$$

设常压为 0.1MPa，则

$$V_0 = \frac{mR_g T}{p_0} = \frac{29.52 \times 260 \times 293.15}{0.1 \times 10^6} = 22.5\mathrm{m}^3$$

若室温上升到 35℃，

$$p_{35} = \frac{mR_g T}{V} = \frac{29.52 \times 260 \times (273.15+35)}{0.15} = 15.77\mathrm{MPa}$$

若放到 -15℃的室外，

$$p_{-15} = \frac{mR_g T}{V} = \frac{29.52 \times 260 \times (273.15-15)}{0.15} = 13.21\mathrm{MPa}$$

【例 4-2】 假定 100m 高的烟囱顶部大气压力为 0.1MPa，烟囱内烟气性质与空气相同。环境空气温度为 20℃，其密度为 1.293kg/m³。烟囱内烟气温度为 200℃，忽略烟囱内烟气性质和温度沿高度的变化，问烟气的升力有多大？

解：烟囱底部外侧大气压力等于顶部大气压力与 100m 高空气柱产生压力之和，烟囱底部内侧气压等于顶部大气压力与 100m 高烟气柱产生压力之和，烟气的升力等于这两个气压之差，由于顶部大气压力相同，故有：

$$\Delta p = (\rho_{air} - \rho_{smoke})gh$$

其中

$$\rho_{smoke} = \frac{\rho_{air} R_g T_{air}}{R_g T_{smoke}} = \frac{1.293 \times 293.15}{473.15} = 0.8011\mathrm{kg/m}^3$$

$$\Delta p = (\rho_{air} - \rho_{smoke})gh = (1.293 - 0.8011) \times 9.80665 \times 100 = 482.38\mathrm{Pa}$$

4.1.3 分子运动论

理想气体分子是自由、无规则运动着的质点，若忽略外场（如重力）的影响，并假定分子数量足够大，以至于气体体积内各处气体分子数目与运动都是完全均匀的；或者，气

---

❶ 通用气体常数等于另外两个基本物理恒量阿伏伽德罗常数 N_A 和玻耳兹曼常数 k 之积：

　　$R = kN_A = 1.38054 \times 10^{-23} \times 6.022169 \times 10^{23} \approx 8.314\mathrm{J/(mol \cdot K)}$

体体积内任一位置处单位体积内分子数不比其他位置占优势，则分子沿任一方向的运动不比其他方向的运动占优势。

考虑直角坐标系下一充满理想气体的长方形容器（图 4 - 2），容器的尺寸为 l_x、l_y、l_z。忽略重力的影响，器壁的各个内表面所承受的压力均相等。假定一气体分子的运动速度为 v，v 可以分解为沿坐标轴方向的三个分量：

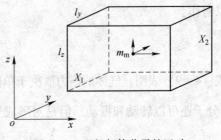

图 4 - 2 理想气体分子的运动

$$v = v_x \boldsymbol{i} + v_y \boldsymbol{j} + v_z \boldsymbol{k}$$

六个内表面压力完全一样，仅考虑 X_2 表面。根据第 2 章所给出的压力的概念，压力是单位面积上分子碰撞器壁的冲力总和，而且作用于器壁的是分子冲力的法向分力。显然，气体分子运动速度的 v_y 分量和 v_z 分量对 X_2 表面的压力没有贡献。

若分子质量为 m_m，分子的 x 向分动量就是 $m_m v_x$。分子撞击 X_2 表面后，根据理想气体分子性质，碰撞是完全弹性的，而器壁的质量与分子质量相比相当于无穷大，故分子会以 $-v_x$ 的速度反弹回来，其 x 向分动量变为 $-m_m v_x$。碰撞过程中分子的 x 向分动量改变量为 $(-m_m v_x) - m_m v_x = -2m_m v_x$，其数值等于 X_2 表面对该分子的冲量。分子弹回后，飞过距离 l_x，碰撞 X_1 表面再被弹向 X_2 表面并与之发生第二次碰撞。单位时间内，分子与 X_2 表面的碰撞次数为 $\dfrac{v_x}{2l_x}$，对 X_2 表面的总冲量为 $2m_m v_x \dfrac{v_x}{2l_x}$。若容器内总共有 N 个分子，则在单位时间内对 X_2 表面的总冲量等于 $\sum\limits_{i=1}^{N} \left(2m_m v_{ix} \dfrac{v_{ix}}{2l_x}\right)$，$v_{ix}$ 为任一分子 i 的 x 向分速度。单位时间内对 X_2 表面的总冲量就是该表面在该时间段内受到的平均冲力，由前述的压力定义可知：

$$p = \frac{\sum\limits_{i=1}^{N} \left(2m_m v_{ix} \dfrac{v_{ix}}{2l_x}\right)}{l_y l_z} = \frac{m_m}{l_x l_y l_z}\sum_{i=1}^{N}\left(v_{ix}^2\right) = \frac{N m_m}{l_x l_y l_z}\sum_{i=1}^{N}\left(\frac{v_{ix}^2}{N}\right) \tag{4-7}$$

式中，$\sum\limits_{i=1}^{N}\left(\dfrac{v_{ix}^2}{N}\right)$ 应该是容器内 N 个分子沿 x 向分速度平方的平均值，可写作 $\overline{v_x^2}$。$\dfrac{N}{l_x l_y l_z}$ 是容器中单位体积内的分子数，记为 ρ_m。式（4-7）可以写作：

$$p = \rho_m m_m \overline{v_x^2} \tag{4-7a}$$

由于气体体积内任一位置处单位体积内分子数不比其他位置占优势，分子沿任一方向的运动不比其他方向的运动占优势，所以沿各个方向速度分量平方的平均值应该相等，即 $\overline{v_x^2} = \overline{v_y^2} = \overline{v_z^2}$。再根据 $\overline{v_x^2} + \overline{v_y^2} + \overline{v_z^2} = \overline{v^2}$，就有 $\overline{v_x^2} = \dfrac{1}{3}\overline{v^2} = \dfrac{1}{3}\dfrac{v_1^2 + v_2^2 + \cdots + v_N^2}{N}$，代入式（4-7a）得：

$$p = \frac{1}{3}\rho_m m_m \overline{v^2} \tag{4-8}$$

按其他方向计算也应该得到相同的结果。如果是其他形状的容器，结论也不会变化，但推算过程更复杂。上面的分析没有考虑分子间的碰撞，不过分子间的碰撞改变的是碰撞分子的运动，而对大量分子运动的统计结果（运动速度分布）不会有影响。式（4-8）还可

以写作:

$$p = \frac{2}{3}\rho_m\left(\frac{1}{2}m_m\overline{v^2}\right) \tag{4-9}$$

式（4-9）表明，气体的压力取决于单位体积内的分子数 ρ_m 和分子的平均平动动能 $\frac{1}{2}m_m\overline{v^2}$（分子还可以转动和振动，但是对形成气体压力的贡献微乎其微）。

由 $\rho_m = \dfrac{N}{l_x l_y l_z}$，可得 $\rho_m = \dfrac{\frac{N}{N_A}}{V}N_A = \dfrac{n}{V}N_A$，代入式（4-9），得:

$$pV = n\frac{2}{3}N_A\left(\frac{1}{2}m_m\overline{v^2}\right)$$

与理想气体状态方程（式（4-5））进行比较:

$$RT = \frac{2}{3}N_A\left(\frac{1}{2}m_m\overline{v^2}\right)$$

令 $k = \dfrac{R}{N_A}$，即玻耳兹曼常数，$k = 1.38054 \times 10^{-23}$ J/K。于是:

$$\frac{3}{2}kT = \frac{1}{2}m_m\overline{v^2} \tag{4-10}$$

或
$$\frac{3}{2}kT = \frac{1}{2}m_m\overline{v_x^2} + \frac{1}{2}m_m\overline{v_y^2} + \frac{1}{2}m_m\overline{v_z^2}$$

且由于 $\overline{v_x^2} = \overline{v_y^2} = \overline{v_z^2}$，所以有:

$$\frac{1}{2}kT = \frac{1}{2}m_m\overline{v_x^2} = \frac{1}{2}m_m\overline{v_y^2} = \frac{1}{2}m_m\overline{v_z^2} \tag{4-11}$$

这意味着分子每个方向分量的动能等于 $\frac{1}{2}kT$。我们现在讨论的是理想气体，其分子是质点，其动能只有平动动能的三个方向分量。复杂一点的情形可以考虑分子是有结构的，除此之外还服从理想气体的要求，那么对于单原子气体，分子即原子的回转半径很小，转动动能也很小，可能比平动动能分量小一个以上的数量级，因此可以忽略。双原子气体分子以化学键为轴的回转半径很小，转动动能也很小，可以忽略；另两个方向的回转半径很大，转动动能分量与平动动能分量大约在一个数量级，因此其整个分子动能应该为 $\frac{5}{2}kT$。

三个以上原子的气体分子的分子平动和转动动能应该为 $\frac{6}{2}kT$，由于它们分子结构复杂，以至于内部原子的振动动能也很大，接近于一个平动动能分量的大小，因而三个以上原子气体分子的分子动能可以定为 $\frac{7}{2}kT$。真实气体受众多因素影响，与此偏离就更大了❶。

需要明确的是，上述讨论是相对于 N_A 数量级的大量分子统计平均的结果，对单个分子讨论其温度是没有意义的。讨论中默认的能量按运动方向均分原则只有在大量分子统计

---

❶ 其中振动动能的误差很大，而且分子越复杂，温度越高（热运动越剧烈），偏差就越大。估计它近似于一个平动动能分量的大小没有什么过得硬的依据。

平均下才能成立，大量分子的相互碰撞足够使能量完成均分（能量从不均分变化到均分的内在机理超出了本节的要求，属于热力学第二定律的内容）。

另外，由式（4-7）和式（4-11）可以得到理想气体状态方程的另一个形式：

$$p = \rho_m k T \tag{4-12}$$

4.2 理想气体的比热容

4.2.1 比热容的定义

为了计算工质在状态变化过程中传递的热量，引入比热容的概念。第 2 章给出了模拟功的计算式而得出的热量的计算式（式（2-15））：

$$Q_{1-2} = \int_1^2 T dS$$

但它实际只是提供了熵的定义式 $dS = \dfrac{dQ}{T}$，真正用于实际计算的是比热容。1784 年伽托林就引入了"比热"的概念。

物质温度升高一定温度的过程中，吸收了一定的热能，表明物质具有容纳热能的能力。物质温度升高 1K 所吸收的热能称为物质的热容量，简称热容，以 C 表示，单位为 J/K。单位质量物质的温度升高 1K（或 1℃）所吸收的热能称为质量热容，又称为比热容（比热容量），简称比热，用 c 表示，其单位为 J/（kg·K）。在比热容的概念确定的同时，确定了热量的单位和水的比热值：定义当 1kg 水的温度升高 1℃ 时所吸收的热量为 1kcal；定义水的比热为 1kcal/（kg·K）。

上述比热容的定义采用了有限温度值，并不严谨。应当利用微分的概念来定义：

$$c = \frac{dq}{dT} \quad 或 \quad c = \frac{dq}{dt} \tag{4-13}$$

1mol 或 1kmol 的物质热容量称为摩尔热容，单位为 J/（mol·K）、J/（kmol·K）或 kJ/（kmol·K）。以 C_m 表示。标准状态下 1m³ 的物质的热容称为体积热容，单位为 J/（m³·K），以 C' 表示。三者之间的关系为：

$$C_m = Mc = 22.4141 C' \tag{4-14}$$

式中，C_m 按 J/（kmol·K）计。

在两个热力状态之间，发生不同的过程，传热量也不同，热量是过程的参数而不是状态参数；从式（4-13）可以看出，传热量变化时比热容也随之变化，所以比热容也是过程量。热力过程确定以后，比热容不会随过程而变，这种条件下的比热容的影响因素只剩下了状态，因而称为状态参数。其中的定压过程比热容和定容过程比热容在其他过程中有其他用途（不是传热计算），比较受重视。实际热力设备中，工质经常在定压或定容条件下工作，定压过程比热容和定容过程比热容也就比较常用。我们称定压过程比热容和定容过程比热容为比定压热容和比定容热容（也称质量定压热容和质量定容热容，曾用名定压比热和定容比热，但是不应称为定压热容和定容热容，因为定压热容和定容热容应当是对于系统内全部工质的。），分别以 c_p 和 c_V 表示。

由热力学第一定律的第一、第二表达式（式（3-2）和式（3-5）），对于可逆过程得：

$$dq = du + pdv, \quad dq = dh - vdp$$

定容过程，$dv = 0$：

$$c_V = \left(\frac{dq}{dT}\right)_V = \left(\frac{du + pdv}{dT}\right)_V = \left(\frac{\partial u}{\partial T}\right)_V \tag{4-15}$$

定压过程，$dp = 0$：

$$c_p = \left(\frac{dq}{dT}\right)_p = \left(\frac{dh - vdp}{dT}\right)_p = \left(\frac{\partial h}{\partial T}\right)_p \tag{4-16}$$

式（4-15）和式（4-16）直接由 c_p 和 c_V 的定义导出，故适用于一切工质。

4.2.2　理想气体的比热容

第 3 章中谈到热力学能（内能）时曾经说明：

分子的热运动形成内动能。包括分子的移动、转动和分子内原子振动的动能。温度与分子运动速度成正比，温度越高，内动能越大。

分子间相互作用力形成内位能（内势能）。内位能与分子间的平均距离有关，即与工质的比体积有关。温度升高，分子运动加快，碰撞频率增加，进而使分子间相互作用增强，所以内位能也与温度有关。

因此，工质的热力学能取决于工质的温度 T 和比体积 v，也就是取决于工质所处的状态。热力学能是一个状态参数，可写成：

$$u = f(T, v)$$

理想气体的分子间无作用力，不存在内位能，热力学能只包括取决于温度的内动能，因此与比体积无关：理想气体的热力学能是温度的单值函数，$u = f(T)$。焓 $h = u + pv$，因为理想气体 $pv = RT$，所以 $h = u + RT$，很明显，理想气体的焓也只是温度的单值函数，$h = f(T)$。此时，

$$\left(\frac{\partial u}{\partial T}\right)_V = \frac{du}{dT} = c_V \tag{4-17}$$

$$\left(\frac{\partial h}{\partial T}\right)_p = \frac{dh}{dT} = c_p \tag{4-18}$$

式（4-17）、式（4-18）表明理想气体的定压比热和定容比热仅是温度的单值函数。

氧气、氮气、CO_2、CO、甲烷等在常温下就可以当作理想气体，工程上它们的温度最高可以达到上千摄氏度，这个温度范围内比热容的变化很大，工程计算时必须认真考虑。

4.2.3　比定压热容和比定容热容（定压比热和定容比热）

定压比热和定容比热的定义已经在前面给出，并说明了理想气体的定压比热和定容比热是温度的单值函数。

前面还提到 $h = u + R_g T$，若对 T 求导，则有：

$$\frac{dh}{dT} = \frac{du}{dT} + R_g$$

这意味着

$$c_p = c_V + R_g \tag{4-19}$$

此式称为迈耶公式，在确定理想气体比热容时很有用途。

定压比热和定容比热的比值称为比热容比，简称比热比，它在热力学理论研究和热工计算方面是一个重要参数，它还有个名字叫绝热指数，以 k 表示

$$k = \frac{c_p}{c_V} \qquad (4-20)$$

严格地讲，比热容比要随状态变化而变化，但在不要求很高精度时，可以看作是定值以简化分析计算[1]。若 k 取定值，则对于单原子气体，$k = 1.67$；双原子气体，$k = 1.40$；多原子气体，$k \approx 1.29$；水蒸气，$k = 1.135$。

结合式（4 - 19）和式（4 - 20），可得：

$$c_V = \frac{1}{k-1} R_g \qquad (4-21)$$

$$c_p = \frac{k}{k-1} R_g \qquad (4-22)$$

当比热容比 k 取定值时，理想气体的比定压热容和比定容热容也成为定值。如对于氧气，$c_{V,O_2} = \frac{260}{1.4-1} = 650 \text{J}/(\text{kg} \cdot \text{K})$，$c_{p,O_2} = \frac{1.4 \times 260}{1.4-1} = 910 \text{J}/(\text{kg} \cdot \text{K})$。这仅在常温附近适用，单原子气体适用范围大一些，$N_2$、$O_2$ 等对称的双原子气体适用范围在 $300 \sim 500\text{K}$ 一带，多原子气体适用范围就更窄了。

【例 4 - 3】 高温空气燃烧技术可以燃用发热量极低的劣质燃料。该技术往往要将助燃空气预热至 1000℃ 以上。试查算 1000℃ 时 N_2、O_2 的定压比热是多少。

解：附表 2 - 3 提供了气体的比热容关系式：

$$c_p = C_0 + C_1 \left(\frac{T}{1000}\right) + C_2 \left(\frac{T}{1000}\right)^2 + C_3 \left(\frac{T}{1000}\right)^3$$

并可查得

氧气：$C_0 = 0.88$，$C_1 = -0.0001$，$C_2 = 0.54$，$C_3 = -0.33$

氮气：$C_0 = 1.11$，$C_1 = -0.48$，$C_2 = 0.96$，$C_3 = -0.42$

于是，

$$c_{p,O_2} = 0.88 - 0.0001\left(\frac{1273.15}{1000}\right) + 0.54\left(\frac{1273.15}{1000}\right)^2 - 0.33\left(\frac{1273.15}{1000}\right)^3$$
$$= 1.074 \text{kJ}/(\text{kg} \cdot \text{K})$$

$$c_{p,N_2} = 1.11 - 0.48\left(\frac{1273.15}{1000}\right) + 0.96\left(\frac{1273.15}{1000}\right)^2 - 0.42\left(\frac{1273.15}{1000}\right)^3$$
$$= 1.188 \text{kJ}/(\text{kg} \cdot \text{K})$$

比较氧气的定值定压比热 $910\text{J}/(\text{kg} \cdot \text{K})$，$1000\text{℃}$ 时的定压比热大了近 18%，若按定值比热计算相关的传热量，误差很大。

由于气体分子只有平动才会对器壁造成压力，所以式（4 - 9）中不涉及转动和振动，但是转动、振动和平动均对内动能有贡献，故气体的热力学能应该包括转动动能、振

---

[1] 实测表明，单原子气体的比热容比几乎不随温度变化，理论值与实测值基本一致。N_2、O_2 等对称的双原子气体在低温和高温时都显著偏离 1.4。一般认为低温下转动"凝滞"和高温下振动动能激增是导致偏离的原因。组成分子的原子数越多，温度越高，未充分计及振动动能导致的误差越大。量子力学提出了更为精密的分子模型，可以提供较为准确的分析和结果。

动动能和平动动能。前面已经计算出单原子、双原子和多原子理想气体分子的分子动能为
$\frac{3}{2}kT$、$\frac{5}{2}kT$ 和 $\frac{7}{2}kT$，对于 1kmol 理想气体其热力学能应该为 $1000N_A \frac{3}{2}kT$、$1000N_A \frac{5}{2}kT$
和 $1000N_A \frac{7}{2}kT$。即

$$U_m = 1000N_A \frac{i}{2}kT = 1000 \frac{i}{2}RT \qquad (4-23a)$$

或

$$U_m = \frac{i}{2}RT \qquad (4-23b)$$

其中 i 取决于分子结构，单原子、双原子和多原子理想气体分别为 3、5 和 7。

由此得到定容摩尔比热

$$C_{mV} = 1000 \frac{i}{2}R \qquad (4-24a)$$

或

$$C_{mV} = \frac{i}{2}R \qquad (4-24b)$$

以及定压摩尔比热

$$C_{mp} = 1000 \frac{i+2}{2}R \qquad (4-25a)$$

或

$$C_{mp} = \frac{i+2}{2}R \qquad (4-25b)$$

将式（4-25）与式（4-24）相比，得：

$$\frac{C_{mp}}{C_{mV}} = \frac{\frac{i+2}{2}R}{\frac{i}{2}R} = \frac{i+2}{i} = \begin{cases} 1.667, & i = 3 \\ 1.4, & i = 5 \\ 1.286, & i = 7 \end{cases}$$

对于多原子气体，k 值在 1.1 ~ 1.33 之间[1]。

4.2.4 比热容的变化问题

本课程后面的分析主要采用定值比热，其利在简化推算，凸显物理意义。但定值比热
仅在小范围内与实际情形差不多，其他条件下误差太大，不符合工程实际。尤其是涉及高
温的工程问题必须考虑比热容的变化。

4.2.4.1 真实比热容

理想气体的比热容仅与温度有关，已经相当简单了，但这个比热容与温度的关系仍很
复杂。根据数学知识，一个函数关系可以表达成为一个级数——一个有无穷多项的多项
式。即：

$$c = a_0 + a_1 T + a_2 T^2 + a_3 T^3 + \cdots \qquad (4-26)$$

或

$$c = b_0 + b_1 t + b_2 t^2 + b_3 t^3 + \cdots \qquad (4-27)$$

---

[1] 如前所述，多原子气体分子的振动动能差异很大。振动动能小的达不到一个平动动能分量，k 值较大，达
1.33，复杂大的分子振动动能很大；k 值较小。水蒸气的 k 值有资料取值 1.135，是因为水分子往往依靠强劲的氢键结
合成"大分子"。

实际使用时，常常截取前几项来进行计算。文献中常常提供截断后的、多项式形式的真实比热（既然截断，就有误差），可以依据其来积分计算，求取传热量。积分计算的计算量相当大，不利于手工计算。随着计算机的普及，采用机算有关真实比热问题将越来越普遍。

4.2.4.2 平均比热容表

手工计算时，比热容函数的积分计算工作量太大，人们必须寻找简单的方法。利用真实比热容函数计算传热量的式子为：

$$q_{12} = \int_1^2 c(T)\,dT$$

根据积分中值定理，在积分区域 [1，2] 内，可以找到一点 T_m，其对应的函数值 $c_{av,12} = c(T_m)$，使得：

$$q_{12} = c_{av,12}(T_2 - T_1)$$

则 $c_{av,12}$ 就是工质在温度 [T_2，T_1] 区间的平均比热（图4-3）。

可以编写表格列出工程上需要的温度范围内所有温度组合的平均比热容，但是太多了，很不方便。

由图4-3中可以看出：

$$q_{12} + q_{01} = q_{02}$$

或者

$$q_{12} = q_{02} - q_{01}$$

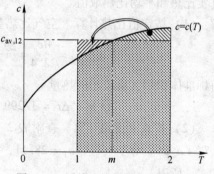

图4-3 平均比热与积分中值定理

于是

$$q_{12} = q_{02} - q_{01} = \int_0^2 c(T)\,dT - \int_0^1 c(T)\,dT$$

因为

$$q_{02} = c_{av,02}(T_2 - T_0) \quad \text{和} \quad q_{01} = c_{av,01}(T_1 - T_0)$$

所以

$$\begin{aligned}
q_{12} &= q_{02} - q_{01} = c_{av,02}(T_2 - T_0) - c_{av,01}(T_1 - T_0) \\
&= c_{av,02}(t_2 + 273.15 - (0 + 273.15)) - c_{av,01}(t_1 + 273.15 - (0 + 273.15)) \\
&= c_{av,02}t_2 - c_{av,01}t_1
\end{aligned} \tag{4-28}$$

把 $c_{av,02}$、$c_{av,01}$ 列成表格，就成为平均比热容表。

4.2.4.3 平均比热的直线关系式

假定真实比热容与温度的关系是线性的（或者说真实比热容级数式（4-26）、式（4-27）仅保留前两项），即 $c(T) = a + bT$，则：

$$q_{12} = \int_1^2 c(T)\,dT = \int_1^2 (a + bT)\,dT = a(t_2 - t_1) + \frac{b}{2}(t_2^2 - t_1^2)$$

$$q_{12} = \left[a + \frac{b}{2}(t_2 + t_1) \right](t_2 - t_1)$$

令 $c\Big|_{t_1}^{t_2} = a + \frac{b}{2}(t_2 + t_1)$，有：

$$q_{12} = c\Big|_{t_1}^{t_2}(t_2 - t_1) \tag{4-29}$$

给出 a 和 $\frac{b}{2}$ 的数值，就可以结合起讫温度计算平均比热 $c_{av} = c\Big|_{t_1}^{t_2}$。该平均比热计算式

是一个相对于 $t(=t_2+t_1)$ 的直线方程，所以称为平均比热的直线关系式。

使用时注意：平均比热的直线关系式与平均比热容表中的平均比热是不同的。与比热的直线关系式 $c(T)=a+bT$ 也不一样。

式 $c\big|_{t_1}^{t_2}=a+\dfrac{b}{2}(t_2+t_1)$ 中 (t_2+t_1) 是附表 2-2(b) 内的 t，附表 2-2(b) 中的 t 前的系数就是 $\dfrac{b}{2}$。

【例 4-4】　烟气从供热锅炉的炉膛烟窗出来，经过省煤器、空气预热器，温度从 900℃ 降到 160℃，然后经引风机从烟囱排出。沿程烟气的压力降约为 4000Pa，与大气压力相比可视为不变。烟气的主要成分也是氮气，且不考虑上述过程中其组成的变化，可将烟气当作单一气体空气来查算其性质。求每标准体积烟气所放出的热量。比热分别按定值比热、真实比热和平均比热取值。

解：（1）按定值比热计算。空气比热参见 4.4.1 结尾处。其定压体积比热为

$$c'_p=\frac{Mc_p}{22.4}=\frac{29\times1.005}{22.4}=1.299\text{kJ}/(\text{m}^3\cdot\text{K})$$

每标准体积烟气所放出的热量

$$Q=c'_p\Delta t=1.299\times(160-900)=-961.26\text{kJ}/\text{m}^3$$

（2）按真实比热计算。查附表 2-1(c)，理想气体比热容关系式为 $C_{mp}=a_1+a_2T+a_3T^2+a_4T^3$。对于空气，$a_1=28.11$，$a_2=1.967\times10^{-3}$，$a_3=4.802\times10^{-6}$，$a_4=1.966\times10^{-9}$。所以

$$Q=\frac{1}{22.4}\int_{T_1}^{T_2}(a_1+a_2T+a_3T^2+a_4T^3)\mathrm{d}T=\frac{1}{22.4}\left[a_1T+\frac{1}{2}a_2T^2+\frac{1}{3}a_3T^3+\frac{1}{4}a_4T^4\right]_{T_1}^{T_2}$$

$$=\frac{1}{22.4}\times\Big[\Big(28.11\times433.15+\frac{1}{2}\times1.967\times10^{-3}\times433.15^2+\frac{1}{3}\times4.802\times10^{-6}\times433.15^3-$$

$$\frac{1}{4}\times1.966\times10^{-9}\times433.15^4\Big)-\Big(28.11\times1173.15+\frac{1}{2}\times1.967\times10^{-3}\times1173.15^2+$$

$$\frac{1}{3}\times4.802\times10^{-6}\times1173.15^3-\frac{1}{4}\times1.966\times10^{-9}\times1173.15^4\Big)\Big]$$

$$=-1049.603\text{kJ}/\text{m}^3$$

（3）按平均比热表计算。查附表 2-2(a)，100℃ 时，空气的平均定压比热为 29.18kJ/(kmol·K)；200℃ 时，空气的平均定压比热为 29.42kJ/(kmol·K)；900℃ 时，空气的平均定压比热为 31.34kJ/(kmol·K)。计算得 160℃ 时空气的平均定压比热为

$$C_{mpav,0-160}=\frac{29.42-29.14}{200-100}\times(160-100)+29.14=29.308\text{kJ}/(\text{kmol}\cdot\text{K})$$

换算成平均定压体积比热

160℃ 时，　　　$C'_{pav,0-160}=\dfrac{1}{22.4}C_{mpav,0-160}=\dfrac{29.308}{22.4}=1.3084\text{kJ}/(\text{m}^3\cdot\text{K})$

900℃ 时，　　　$C'_{pav,0-900}=\dfrac{1}{22.4}C_{mpav,0-900}=\dfrac{31.34}{22.4}=1.3991\text{kJ}/(\text{m}^3\cdot\text{K})$

$$Q=C'_{pav,0-160}\cdot t_2-C'_{pav,0-900}\cdot t_1=1.3084\times160-1.3991\times900=-1049.85\text{kJ}/\text{m}^3$$

（4）按平均比热直线关系式计算。查附表 2－2（b），空气的平均定压摩尔比热关系式为 $C_{mp,av} = 28.65 + 0.0009835t$，于是

$$Q = \frac{1}{22.4}C_{mp,av}(t_2 - t_1) = (28.65 + 0.0009835t)(t_2 - t_1)$$

$$= \frac{1}{22.4}[28.65 + 0.0009835(t_2 + t_1)](t_2 - t_1)$$

$$= \frac{1}{22.4} \times [28.65 + 0.0009835 \times (160 + 900)] \times (160 - 900)$$

$$= -980.91 kJ/m^3$$

涉及到高温，按定值比热计算误差最大，按平均比热直线关系式计算误差也不小，按平均比热表计算与按真实比热计算的结果很接近，但查表计算比积分计算简单得多。

随着便携式计算设备的功能越来越强大，平均比热容表和平均比热直线关系式将会失去其应用价值。

4.3 理想气体的热力学能、焓和熵

4.3.1 理想气体的热力学能

热力学能是状态参数，其大小与过程无关；理想气体分子间没有相互作用，其热力学能只与温度有关。由热力学第一定律：

$$du = dq - dw = c_V dT - pdv$$

上式按可逆定容过程考虑，$dv = 0$，可适用于所有过程。于是

$$du = c_V dT \tag{4-30a}$$

$$dU = mc_V dT \tag{4-30b}$$

假定比热容为定值，积分得：

$$\Delta u = c_V \Delta T = c_V(T_2 - T_1) \tag{4-30c}$$

$$\Delta U = mc_V \Delta T = mc_V(T_2 - T_1) \tag{4-30d}$$

4.3.2 理想气体的焓

焓是状态参数，其大小与过程无关。由焓的定义 $h = u + pv$ 得：

$$dh = du + d(pv) = du + d(R_g T) = c_V dT + R_g dT = c_p dT$$

焓也只与温度有关。按可逆定压过程计算，也适用于所有过程：

$$dh = c_p dT \tag{4-31a}$$

$$dH = mc_p dT \tag{4-31b}$$

假定比热容为定值，积分得：

$$\Delta h = c_p \Delta T = c_p(T_2 - T_1) \tag{4-31c}$$

$$\Delta H = mc_p \Delta T = mc_p(T_2 - T_1) \tag{4-31d}$$

热工计算时一般只需要确定过程中热力学能或焓的变化量，热力学能或焓的绝对量不很重要，所以工程上往往规定某一基准状态工质的热力学能为零（来忽略某些复杂因素）以方便计算。

　　以比热容为定值计算热力学能和焓在温度变化仅有几十摄氏度时比较准确，温差在100℃以上时误差就过大了。手工进行积分计算比较麻烦，所以许多热力学参考书和热工手册都提供了常用气体热力性质表，列有不同温度时的焓和热力学能的值。当然也可以利用平均比热表或平均比热直线关系式计算。还有的书给出了不同组分配比的燃气热力性质表。

4.3.3 理想气体的熵

　　熵是状态参数，正规的导出要以热力学第二定律和卡诺理论为基础。熵在理解和应用热力学第二定律时极为有用，但在一般的热工计算往往是一个中间参量。此处仅给出理想气体熵的计算方法。将热力学第一定律代入熵的数学定义式并结合理想气体状态方程：

$$ds = \frac{dq}{T} = \frac{du + dw}{T} = \frac{c_V dT}{T} + \frac{p dv}{T} = c_V \frac{dT}{T} + R_g \frac{dv}{v} \tag{4-32a}$$

$$ds = \frac{dq}{T} = \frac{dh + dw_t}{T} = \frac{c_p dT}{T} - \frac{v dp}{T} = c_p \frac{dT}{T} - R_g \frac{dp}{p} \tag{4-32b}$$

$$ds = c_V \frac{dT}{T} + R_g \frac{dv}{v} = c_V \frac{dT}{T} + c_p \frac{dv}{v} - c_V \frac{dv}{v} = c_V \frac{dp}{p} + c_p \frac{dv}{v} \tag{4-32c}$$

将式（4-32a）从状态 1 积分到状态 2：

$$\Delta s_{12} = \int_1^2 ds = \int_1^2 \left(c_V \frac{dT}{T} + R_g \frac{dv}{v} \right) = \int_1^2 c_V \frac{dT}{T} + R_g \ln \frac{v_2}{v_1}$$

　　理想气体的 c_V 仅是温度的函数，积分结果显然与积分路径无关，所以理想气体的熵符合状态参数的特征。

　　假定比热容为定值，积分得：

$$\Delta s = c_V \ln \frac{T_2}{T_1} + R_g \ln \frac{v_2}{v_1} \tag{4-33a}$$

$$\Delta s = c_p \ln \frac{T_2}{T_1} - R_g \ln \frac{p_2}{p_1} \tag{4-33b}$$

$$\Delta s = c_p \ln \frac{v_2}{v_1} + c_V \ln \frac{p_2}{p_1} \tag{4-33c}$$

对于 $m(\text{kg})$ 工质，总熵变为

$$\Delta S = m c_V \ln \frac{T_2}{T_1} + m R_g \ln \frac{v_2}{v_1} \tag{4-34a}$$

$$\Delta S = m c_p \ln \frac{T_2}{T_1} - m R_g \ln \frac{p_2}{p_1} \tag{4-34b}$$

$$\Delta S = m c_p \ln \frac{v_2}{v_1} + m c_V \ln \frac{p_2}{p_1} \tag{4-34c}$$

　　精确地确定熵变需要考虑比热容的变化。可以借助真实比热关系式、平均比热容表、平均比热直线关系式以及气体的热力性质表等来计算。

4.4 理想气体混合物

　　许多工质都是由几种气体组成的混合物。如内燃机、燃气轮机装置中的燃气，锅炉、

工业炉窑中的烟气，以及空气都是混合气体。燃气和烟气的主要成分是 N_2、CO_2、H_2O、O_2，还有 CO、SO_x、NO_x 等；空气的主要成分是 N_2、O_2、及少量的 CO_2 和惰性气体。作为热力循环工质的混合气体，一般来说成分稳定，无化学反应。

混合气体中，各个组成气体的相对量称为混合气体的分数（或成分，称为浓度也可以），按各组成气体含量占总量的百分数计。依计量单位不同而有质量分数 $w_i = \dfrac{m_i}{m}$、摩尔分数 $x_i = \dfrac{n_i}{n}$ 和体积分数 $\varphi_i = \dfrac{V_i}{V}$。

4.4.1 混合气体的折合摩尔质量和折合气体常数

由几种理想气体组成的混合物叫理想气体混合物。混合气体的热力学性质取决于各组成气体的热力学性质及成分。各组成气体全部处于理想气体状态，则混合物也具有理想气体的一切特性（由理想气体的特点可知，各组分气体分子各行其是，互不干预）：混合气体遵循理想气体状态方程式 $pV = nR_mT$；混合气体的摩尔体积等于同温度、同压力的任何气体的摩尔体积，标准状态时也是 $22.4141 \mathrm{m^3/kmol}$；混合气体的热力学能、焓也仅仅是温度的函数。

可以设想一种单一气体，其分子数和总质量恰巧等于混合气体的分子数和总质量（也等于各个组成气体的分子数之和及各个组成气体的质量之和）。那么该单一气体的摩尔质量和气体常数可以看作混合气体的摩尔质量和气体常数，称为混合气体的折合摩尔质量和折合气体常数或平均摩尔质量和平均气体常数。

$$\overline{M} = \frac{m}{n} = \frac{\sum m_i}{n} = \frac{\sum n_i M_i}{n} = \sum x_i M_i \qquad (4-35)$$

$$\overline{R}_g = \frac{R}{\overline{M}} = \frac{8314.5}{\overline{M}} \qquad (4-36)$$

空气的体积成分为 $78\% \, N_2$、$21\% \, O_2$、CO_2 和惰性气体占 1%，假定 CO_2 和惰性气体的平均分子量为 40。那么：

$$\overline{M}_{air} = \sum x_i M_i = x_{N_2} M_{N_2} + x_{O_2} M_{O_2} + x_{other} M_{other}$$

$$= 0.78 \times 28 + 0.21 \times 32 + 0.01 \times 40 = 28.96 \mathrm{kg/kmol}$$

$$\overline{R}_{g,air} = \frac{R}{\overline{M}_{air}} = \frac{8314.5}{28.96} = 287.103 \approx 287 \mathrm{J/(kg \cdot K)}$$

及定压比热容 $c_p = \dfrac{k}{k-1} \overline{R}_{g,air} = \dfrac{1.4}{1.4-1} \times 287 \approx 1005 \mathrm{J/(kg \cdot K)}$

定容比热容 $c_V = \dfrac{1}{k-1} \overline{R}_{g,air} = \dfrac{1}{1.4-1} \times 287 \approx 717 \mathrm{J/(kg \cdot K)}$

空气组成中 99% 都是双原子气体，故 k 取 1.4。此处给出的是空气的体积成分，计算时作为摩尔分数直接代入，其原由请见下一小节。

4.4.2 质量分数 w_i、摩尔分数 x_i 和体积分数 φ_i 的换算关系

由于混合气体的摩尔体积等于同温度、同压力的任何气体的摩尔体积，故：

$$\varphi_i = \frac{V_i}{V} = \frac{n_i}{n} \frac{V_{mi}}{V_m} = \frac{n_i}{n} = x_i \qquad (4-37)$$

$$x_i = \frac{n_i}{n} = \frac{\dfrac{m_i}{M_i}}{\dfrac{m}{\overline{M}}} = \frac{\overline{M}}{M_i} w_i \qquad (4-38)$$

$$x_i = \frac{\overline{M}}{M_i} w_i = \frac{\dfrac{\overline{R}}{\overline{R_g}}}{\dfrac{\overline{R}}{R_g}} w_i = \frac{R_{gi}}{R_g} w_i \qquad (4-39)$$

4.4.3　道尔顿分压定律和阿麦加分体积定律

对全部理想混合气体列状态方程：

$$pV = nRT \qquad \qquad (a)$$

各组成气体单独处于混合气体的温度下和体积内时，各自的状态方程为

$$p_i V = n_i RT$$

式中，p_i 称为第 i 种组分气体的分压力。将上式求和

$$\sum p_i V = \sum n_i RT \rightarrow \left(\sum p_i\right)V = \left(\sum n_i\right)RT = nRT \qquad (b)$$

比较式（a）和式（b），得：

$$p = \sum p_i \qquad (4-40)$$

式（4-40）就是道尔顿（J. Dalton，1766—1844）分压定律：混合气体的总压力 p 等于各组成气体分压力 p_i 的总和。

另外

$$\frac{p_i V}{pV} = \frac{n_i RT}{nRT} \Rightarrow \frac{p_i}{p} = \frac{n_i}{n} = x_i \quad or \quad \boldsymbol{p_i = x_i p} \qquad (4-41)$$

即，理想气体混合物各组分的分压力等于其摩尔分数与总压力的乘积。

类似地，各组成气体单独处于混合气体的温度和压力下时：

$$pV_i = n_i RT$$

其中，V_i 称为第 i 种组分气体的分体积。将上式求和

$$\sum p V_i = \sum n_i RT \rightarrow p\left(\sum V_i\right) = \left(\sum n_i\right)RT = nRT \qquad (c)$$

比较式（a）和式（b），得：

$$V = \sum V_i \qquad (4-42)$$

式（4-42）就是阿麦加（Amagat）分体积定律：混合气体的总体积 V 等于各组成气体分体积 V_i 的总和。

4.4.4　理想气体混合物的比热容、热力学能、焓和熵

由式（4-39）：

$$x_i \overline{R_g} = R_{gi} w_i \Rightarrow \sum x_i \overline{R_g} = \sum R_{gi} w_i \Rightarrow \left(\sum x_i\right) \overline{R_g} = \sum R_{gi} w_i$$

即

$$\overline{R_g} = \sum R_{gi} w_i$$

所以理想气体混合物的比热容：

$$c_p = \frac{k}{k-1}\overline{R}_g = \frac{k}{k-1}\sum R_{gi}w_i = \sum \frac{k}{k-1}R_{gi}w_i = \sum c_{pi}w_i \qquad (4-43)$$

$$c_V = \frac{1}{k-1}\overline{R}_g = \frac{1}{k-1}\sum R_{gi}w_i = \sum \frac{1}{k-1}R_{gi}w_i = \sum c_{Vi}w_i \qquad (4-44)$$

理想气体混合物的热力学能和焓：

$$\Delta u = c_V(T_2 - T_1) = \sum c_{Vi}w_i(T_2 - T_1) = \sum \Delta u_i w_i \qquad (4-45a)$$

$$\Delta h = c_p(T_2 - T_1) = \sum c_{pi}w_i(T_2 - T_1) = \sum \Delta h_i w_i \qquad (4-45b)$$

以及

$$\Delta U = m\Delta u = m\sum \Delta u_i w_{i=} = \sum \Delta u_i m_i = \sum \Delta U_i \qquad (4-46a)$$

$$\Delta H = m\Delta h = m\sum \Delta h_i w_{i=} = \sum \Delta h_i m_i = \sum \Delta H_i \qquad (4-46b)$$

有人认为，与热力学能的道理相同，理想气体混合物中各组成气体分子处于互不干扰的情况，各组成气体的熵相当于温度 T 下单独处在体积 V 中的熵值，这时压力为分压力 p_i，故 $s_i = f(T, p_i)$，并且混合物的熵等于各组成气体的熵的总和：

$$S = \sum_i S_i \quad \text{或} \quad s = \sum_i w_i s_s$$

上述说法忽略了不同理想气体混合过程中的熵增。假定初始温度和压力相同的若干纯理想气体充满绝热良好的刚性容器的各个间隔内，打破各间隔之间的薄壁，使气体混合，因为容器是刚性绝热的，所以既不出现作功也不出现热传递。根据热力学第一定律显然有 $\Delta U = 0$。因为所有气体的初始温度和压力相同，所以最终混合物的温度和压力必然等于气体的初始温度和压力。

对于每种组分，根据式（4-33b）可得

$$\Delta S_i = n_i \Delta s_i = n_i\left(-R\ln\frac{p_{i,\text{最终}}}{p}\right)$$

式中，$p_{i,\text{最终}}$ 为组分 i 在最终混合物中的分压力，p 为每种组分气体的初始压力，也是最终混合物的总压力。根据道尔顿分压定律，对于最终混合物：

$$p_{i,\text{最终}} = x_i p$$

因此

$$\Delta S_i = -Rn_i\ln\frac{x_i p}{p} = -Rn_i\ln x_i$$

对于整个系统，混合过程的熵变化为：

$$\Delta S_{\text{mix}} = -R\sum_i n_i \ln x_i \qquad (4-47)$$

最终混合物的熵为：

$$S = \sum_i S_i - R\sum_i n_i \ln x_i \qquad (4-48)$$

式（4-47）表明，理想气体混合熵只与各组成的摩尔数及摩尔分数有关，而与组成的结构无关。如 1 mol 氧和 1 mol 氮混合，混合过程的熵增等于同温同压下 1 mol 氢和 1 mol 氮混合的熵增。混合过程是一个不可逆过程，所以不同种类气体的混合熵总是正值。但两份同种气体混合时熵不增加，从式（4-48）可以看出，这时 $x_i = 1$，因而 $\Delta S = 0$。

4.5　水和水蒸气的相变

在热力工程中常用水作为工质。水作为工质在被加热或冷却的过程中常常发生相变，加热时由水汽化成为水蒸气[1]，冷却时由水蒸气凝结（冷凝）成为水。事实上，所有物质都会发生相变，但相变时的压力和温度不同。液体物质气化会出现两种现象：蒸发和沸腾。蒸发（evaporation）是液体温度低于沸点时，发生在液体表面的气化过程。蒸发在任何温度下都能发生。影响蒸发快慢的因素有液体的温度、表面积、液体表面上方的空气湿度、流动状况，等等。与蒸发不同，在给定的压力下，沸腾（boil）是在某一特定温度下发生、在液体内部和表面同时进行并且伴随着大量气泡产生的剧烈的气化现象。气体遇到温度低于其沸点[2]的固体表面时，会发生凝结（condensation）现象。

4.5.1　水和水蒸气的定压加热过程

在热力工程中，水的加热或冷却过程大都是在定压下进行的，少数是定容过程。在给定压力（如一个大气压）下，水从一定温度（如常温，20℃）开始加热，如图4-4所示。

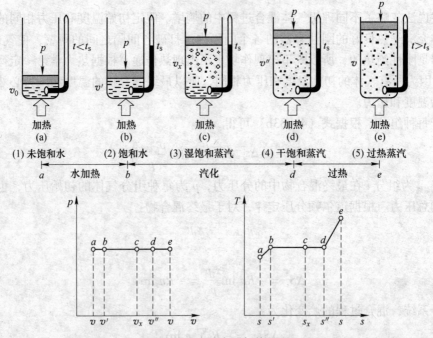

图4-4　水的定压加热过程

第一阶段，随着加热的进行，水吸收热量后，温度逐渐升高，体积增大（图4-4中 a—b 过程）。当温度升高到一特定值 t_s 时，水再吸热就不能保持液体的形态了，开始有部

---

[1]　在本课程中，一般气体（蒸气）和水蒸气的用词有所区别，蒸汽（steam）专指水蒸气（water vapor），一般物质远离液态的气态形式称为气体（gas），接近液态的气态形式称为蒸气（vapor）。词语"汽化"和"气化"也延续了这个规则。

[2]　严格地，是其蒸气分压力对应的饱和温度。沸点是一个大气压力（标准大气压 101325Pa）下液体沸腾的温度（饱和温度）。其余如熔点等也是指一个大气压力下的数值。

分汽化，变成水蒸气，同时其温度保持 t_s 不再变化。因此，前人形象地将 b 点水的状态称为饱和状态（saturated state），意为吸热吸饱了，再吸肚皮就撑破了（不能保持液体的形态了）。温度 t_s 为对应于压力 p 的饱和温度，b 点的水为饱和水，未达到 b 点温度的水称为未饱和水，b 点开始汽化出来的水蒸气称为饱和水蒸气或饱和蒸汽。

第二阶段，对 b 点状态的水进行加热，水开始一点点汽化成为水蒸气。由于液体变成气体后分子间的距离增大很多，所以工质的总体积增大。该过程进行中工质为饱和水与饱和蒸汽混合物，饱和水量逐渐减少，饱和蒸汽量逐渐增加，温度保持为（压力 p 对应的饱和温度）t_s 不变。该过程经过 c 点到 d 点，所有的水均汽化成水蒸气。d 点全部是饱和蒸汽，不含一点饱和水，可称为干饱和蒸汽。c 点则是掺了水的饱和蒸汽，被称为湿饱和蒸汽。b—d 过程沿途饱和水与饱和蒸汽的量不同，可以用水和蒸汽的质量分数 w_w、w_v 来描述，常用的是蒸汽的质量分数 w_v，称为干度，习惯上用 x 表示（在 GB 3100—1993 之前，一直用 x 表示质量分数）。

第三阶段，对 d 点状态的干饱和水蒸气进行加热，是对单相气体加热。其温度开始升高（图 $4-4d$—e），体积膨胀。由于其温度超过饱和温度，称为过热。超过的幅度称为过热度，该蒸汽称为过热蒸汽。

图 $4-4$ 下半部在 $p-v$ 图和 $T-s$ 图上表示了上述水和水蒸气的定压加热过程。图中 v'、s' 表示饱和水的比体积和比熵，v''、s'' 表示饱和水蒸气的比体积和比熵。显然，这里用 "$'$"、"$''$" 表示饱和水状态和饱和蒸汽状态，而不是高等数学中的一阶导数和二阶导数，请各位注意甄别。

4.5.2 水的相变与临界点、三相点

如果提高压力重复上述水和水蒸气的定压加热过程，可以发现在一定范围内状态变化特点都一样，只是相变时的温度以及比体积和熵有所不同。如果前一个加热过程用下标 "1" 做标记，提高压力后的加热过程用 "2" 做标记（图 $4-5$），则 T_{s2} 大于 T_{s1}，b_2d_2 间距离小于 b_1d_1 间距离。液体分子之间距离很近，分子间作用力很大，相互束缚很严重。当某些分子具有较快的运动速度（即有较大的动能）时，就可能挣脱这种束缚而与其他分子拉开比较大的距离——这些分子汽化了。如果仅有个别分子汽化就是蒸发，如果有大量❶

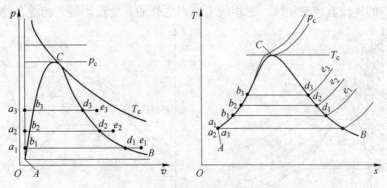

图 $4-5$ 水的饱和液线与饱和汽线

---

❶ 这里所谓大量是对应于单个分子来说的，相对于工质总量仍然可以是微元量。

分子不断获得能量，提高速度而离开液体，就是沸腾。显然，能够汽化的分子速度有一个阈值。温度代表分子的平均运动速度，只有温度提高到一定程度（T_s），超过阈值的分子数目才能达到批量。如果提高液体压力，即分子挣脱束缚时还要克服额外的力，所以需要更大的运动速度，即更高的饱和温度。温度高的液体体积有所膨胀，所以 b_2 比 b_1 右移少许，v_2' 略大于 v_1'。d_2 点的刚刚气化出来的水蒸气承受比 d_1 点更大的压力，气体比液体容易被压缩，因而体积 v_2'' 要比 v_1'' 小很多。

图 4-5 中，$T-s$ 图上 a_1、a_2、a_3 各点几乎重合在一起，b_1、b_2、b_3 各点似乎在一条线上。这是因为液体的压缩性相当弱，压力变化导致的比体积变化很微小，温度不变时热力学能（取决于温度和比体积）几乎不变，熔的变化也很小，温度变化时不同的等压线几乎重合。

如果继续提高压力，b_i 点继续右移，d_i 点继续左移，$b_i d_i$ 之间距离越来越短，直到两点相逢，标记该点为 c。c 点称为临界点（critical point），有许多奇异的性质。首先该点的汽化潜热为零，液态气态转变时主要状态参数都不变，但还有很多参数有突变；其次压力高于临界点时液态气态相互转变是连续的渐变，温度高于临界点时均为气态。水的临界点参数为：$p_c = 22.064 \mathrm{MPa}$、$t_c = 373.99℃$、$v_c = 0.003106 \mathrm{m^3/kg}$、$h_c = 2085.9 \mathrm{kJ/kg}$、$s_c = 4.4092 \mathrm{kJ/(kg \cdot K)}$。

把所有的 b_i 点连接起来，d_i 点也全部连接起来，就构成了两条相接于临界点的线，分别为饱和水线与饱和蒸汽线。两线之间的区域是饱和水与饱和蒸汽混合物，实际上不独立存在。相变时工质水是一部分一部分地从饱和水状态突变到饱和蒸汽状态的。在饱和水线、饱和蒸汽线与两相混合区，工质的每个压力都对应着一个饱和温度，反过来每个温度也都对应着一个饱和压力，等压线就是等温线。压力和温度是一个单值函数，$p = f(T)$，可称为蒸汽压函数。在 $p-T$ 图上，就是蒸汽压（力）曲线。

如果取相对于 a_1 点更低的压力，饱和温度也随之降低，水的体积缩小，分子间距离减少，作用增强。温度低到一定程度，混乱排列胡乱滑动的水分子被分子间作用力整整齐齐束缚在晶格点上，水就变成了固体冰。饱和水线与饱和蒸汽线向下延伸到这个温度点上就戛然而止，这个点上工质呈现出水、汽、冰三相共存状态，称为三相点（triple point）。三相点压力是三相点温度对应的饱和压力，气、液、固各有各的比体积。图 4-6 中，在 $p-T$ 图上表现为熔解线、升华线和气化线的交点，其中气化线就是蒸汽压力曲线。在 $p-v-T$ 图和 $p-v$ 图上表现为 B、A 及其左侧的点（对应于气、液、固三相各自的比体积），也可以把三点的连线看成三相线，三相线上三点之外的其他点均是三相混合物。

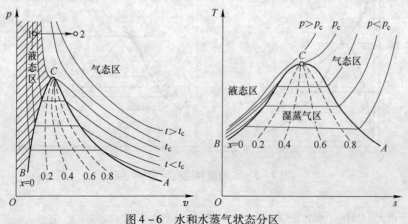

图 4-6　水和水蒸气状态分区

4.6 水和水蒸气的热力性质

不考虑固态，工质水的状态在 $p-v$ 图和 $T-s$ 图上可归纳为一点两线三区。即临界点、饱和水线、饱和蒸汽线、未饱和水区、过热蒸汽区和气液两相混合区（湿蒸汽区）。以前热能与动力工程很少涉及固态的冰，所以工程热力学均不讨论冰的热力性质。但目前在制冷、蓄能、冰鲜等热能与动力工程的子领域里冰的用途越来越广，冰的热力性质已不可忽视。

工质水在热能与动力工程中有相变，所以不能用理想气体的理论来确定其状态参数，也没有形式简单的状态方程，以往工程计算采用水和水蒸气热力性质图表查得其热力过程各点的基本状态参数和焓、熵，或者由 IFC 公式、IAPWS-IF97 公式计算而得（可手算或计算机计算）。现在大型工程设计中以计算机计算为主。

4.6.1 水和水蒸气热力性质的特征

4.6.1.1 水和水蒸气状态参数的零点规定

基本状态参数，即压力、温度和比体积，在第 2 章已经做了规定。与理想气体类似，工程计算中涉及水和水蒸气的热力学能、焓、熵等，大都是要计算其在过程中的变化。国际水蒸气会议规定，选择液态水的三相点为基准，三相点水的热力学能和熵等于零。液态水三相点的基本状态参数为：

$$p_{tr} = 611.7\mathrm{Pa}, \qquad v_{tr} = 0.00100021\mathrm{m^3/kg}, \qquad T_{tr} = 273.16\mathrm{K}$$

热力学能和熵：$\qquad\qquad u_{tr} = 0\mathrm{kJ/kg}, \qquad s_{tr} = 0\mathrm{kJ/(kg \cdot K)}$

焓：$\qquad h_{tr} = u_{tr} + p_{tr}v_{tr} = 0 + 611.7 \times 0.00100021 = 0.00061 \approx 0\mathrm{kJ/kg}$

4.6.1.2 温度为 0.01℃、压力为 p 的未饱和水

由于液体的压缩性很弱，如前节讨论的结果，比体积近似不变，热力学能也近似不变。即 $v \approx v_{tr} = 0.00100021 \approx 0.001\mathrm{m^3/kg}$，$u \approx u_{tr} = 0\mathrm{kJ/kg}$，

而 $$s = \int \frac{dq}{T} + s_{tr} = \iint \left(c_V \frac{dT}{T} + R_g \frac{dv}{v} \right) + s_{tr} = 0\mathrm{kJ/(kg \cdot K)}$$

故焓 $$h = u_{tr} + pv_{tr} = 0 + 0.00100021p$$

当 p 不大时 $$h \approx 0\mathrm{kJ/kg}$$

注意到三相点水是饱和水，上述结果意味着我们可以近似用同温度下饱和水的状态参数来代表未饱和水的状态参数。

4.6.1.3 压力为 p、温度为 t_s 的饱和水

水在定压 p 下从三相点温度加热到饱和温度 t_s，所加入的热量等于从三相点温度到饱和温度 t_s 之间水的比热对温度的积分。按定值取水的比热 $c_p = 4.1868\mathrm{kJ/(kg \cdot K)}$，可以计算得：

$$h' = c_p(t_s - 0.01) + u_{tr} + pv_{tr} \approx c_p t_s = 4.1868 t_s \qquad (4-49)$$

不等号仅在 p 不大时成立，它是工程上速算水焓的一个方法：按工程单位制和比热的最初定义，水的比热为 $1\mathrm{kcal/(kg \cdot K)}$，水焓的零点近似为零摄氏度，所以按 kcal/kg 计量水焓的数值等于水温摄氏度的数值。

$$s' = \int_{273.16}^{T_s} c_p \frac{\mathrm{d}T}{T} = 4.1868\ln\frac{T_s}{273.16} \tag{4-50}$$

上两式仅限于压力不大于 0.7MPa，温度不高于 150℃ 左右的情形。超出此范围误差过大而不再适用。

4.6.1.4　压力为 p、温度为 t_s 的干饱和蒸汽

加热饱和水，全部汽化后成为压力为 p、温度为 t_s 的干饱和蒸汽。汽化过程中加入的热量称为汽化潜热，等于干饱和蒸汽焓 h'' 与饱和水焓 h' 之差。

$$\gamma = h'' - h' = T_s(s'' - s') = (u'' - u') + p(v'' - v') \tag{4-51}$$

干饱和蒸汽的比焓 h'' 等于饱和水焓 h' 与汽化潜热 γ 之和。h' 随 p（或 t_s）的增大而增加，γ 随 p（或 t_s）的增大而减小。h'' 则在低压时增大，当 $p = 3.0$MPa 左右时达到最大值，而后逐渐减小到临界点（图 4-7）。

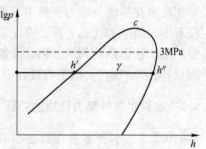

图 4-7　水的 h'、γ 和 h''

4.6.1.5　压力为 p、温度为 t_s 的湿饱和蒸汽

湿饱和蒸汽是同温度、同压力的饱和水与干饱和蒸汽的混合物，其中饱和水与干饱和蒸汽的量可用其质量分数 w_w、w_v（以前用 x_w、x_v）来描述，常用的是饱和蒸汽的质量分数 $w_v(x_v)$，称为干度，直接用 x 表示。有人由此把饱和水的质量分数 x_w 称为（蒸汽的）湿度，并用 y 来表示，且 $y = 1 - x$，但很少见到。

湿蒸汽区各点的各个状态参数均由两侧的饱和水点与饱和蒸汽点的对应参数加权平均而成：

$$v_x = xv'' + (1-x)v' \tag{4-52a}$$

$$h_x = xh'' + (1-x)h' \tag{4-52b}$$

$$s_x = xs'' + (1-x)s' \tag{4-52c}$$

反过来，由湿蒸汽区内点的状态参数也可以确定干度 x：

$$x = \frac{v_x - v'}{v'' - v'} = \frac{s_x - s'}{s'' - s'} = \frac{h_x - h'}{h'' - h'} \tag{4-53}$$

v_x、h_x、s_x 作为饱和水点与饱和蒸汽点对应参数的加权平均数，其数值介于两点对应参数之间，可以由此判断所关注的状态是否在湿蒸汽区。

4.6.1.6　压力为 p、温度高于 t_s 的过热蒸汽

过热蒸汽是对干饱和蒸汽继续定压加热得到的。过热蒸汽的比热是 p、T 的复杂函数，不宜作为定值，也不宜作为温度的单值函数，一般很少用于工程计算。工程上详细计算使用水和水蒸气热力性质表或 IFC 公式，简单计算使用水蒸气热力性质图。

4.6.2　水和水蒸气热力性质图表

人们关于水等实际工质热力性质的理论研究大大滞后于实践应用，有实际应用价值的成果直到 20 世纪中叶才陆续出现。在此之前热力工程中使用的实际工质热力性质数据主要依靠纯实验得到，后来的理论成果也是结合实验数据反复论证完成的。而目前实用的水的热力性质仍主要是纯实验数据，理论成果在水的问题上仍属于幼年期。

蒸汽机出现以后，水和水蒸气的热力性质就是热力工程绕不过去的大山。为此，前人付出了巨大的努力进行实验测试。由于各个实验室的分析思路、实验装备、实验方法等均不相同，所以自 20 世纪初开始，同行们通过国际会议把各自的实验数据汇总起来，分析研究，协商选择，制定了水和水蒸气热力性质国际骨架表。国际骨架表数据是水和水蒸气热力性质的标准数据，学者们利用骨架表进行插值计算，就可以得到所需要的水和水蒸气热力性质数据❶。1963 年第六届国际水和水蒸气会议规定了三相点液相水的热力学能和熵为零，以此为起点编制的骨架表参数达到 100MPa、800℃。该次会议上还成立了国际公式化委员会（简称 IFC），利用骨架表回归分析制定了可用于计算机计算的水和水蒸气热力性质计算公式。IFC 先后发表了"工业用 1967 年 IFC 公式"和"科学用 1968 年 IFC 公式"。

4.6.2.1 水和水蒸气热力性质表

水和水蒸气热力性质表分为"饱和水与干饱和蒸汽表"和"未饱和水与过热蒸汽表"。饱和水与干饱和蒸汽表是一维表，依温度或者压力排列，依次列出 p_s 或 t_s、v'、v''、h'、h''、γ、s'、s''。湿蒸汽的参数可由此表上数据算出。未饱和水与过热蒸汽表是二维表，横向依压力 p 排列，纵向依温度 T 排列，表内列出 v、h、s 数据。热力学能 u 在工程上不常用，故表中没有列出，需要时可按 $u = h - pv$ 计算。水和水蒸气热力性质表不仅可以按照表头查找数据，也可以依表内数据反查压力、温度等数据。

【例 4 - 5】 某电厂对外供热时，用换热器将 0.3MPa、150℃ H_2O 介质的热能传递给 0.7MPa、130℃ 的 H_2O 介质，请问两种 H_2O 介质各处于什么状态？

解： 从饱和水与干饱和蒸汽表中查得：130℃时，$p_s = 0.2701MPa$；150℃时，$p_s = 0.4758MPa$。

换热器热侧压力低于其温度对应的饱和压力，所以热侧介质处于气态的过热蒸汽状态。换热器冷侧压力高于其温度对应的饱和压力，所以冷侧介质处于液态水状态。

【例 4 - 6】 请利用水和水蒸气热力性质表查出下列各点水的状态参数。

（1）$t = 40℃$，$s = 8.257kJ/(kg \cdot K)$；（2）$t = 40℃$，$s = 7.257kJ/(kg \cdot K)$；（3）$p = 0.01MPa$，$h = 2648.9kJ/kg$；（4）$h = 3488.1kJ/kg$，$s = 8.8342kJ/(kg \cdot K)$。

解：（1）可从饱和水与干饱和蒸汽表（依温度排列）中查得：$t = 40℃$ 时，$s'' = 8.257kJ/(kg \cdot K)$。即该点熵等于 s''，所以为 40℃ 时的饱和蒸汽状态，由表中可查到：$p_s = 0.007384MPa$，$v'' = 19.52m^3/kg$，$h'' = 2574.3kJ/kg$。

（2）可从饱和水与干饱和蒸汽表（依温度排列）中查得：$t = 40℃$ 时，$s' = 0.5725kJ/(kg \cdot K)$，$s'' = 8.257kJ/(kg \cdot K)$。该点熵介于 s' 和 s'' 之间，所以是 40℃ 时的湿蒸汽状态，从表中可查到：$p_s = 0.007384MPa$，$v' = 0.001008m^3/kg$，$v'' = 19.52m^3/kg$，$h' = 167.57kJ/kg$，$h'' = 2574.3kJ/kg$。

计算干度
$$x = \frac{s_x - s'}{s'' - s'} = \frac{7.257 - 0.5725}{8.257 - 0.5725} = 0.8699$$

比体积 $v_x = xv'' + (1-x)v' = 0.8699 \times 19.52 + (1 - 0.8699) \times 0.001008 = 16.98m^3/kg$

焓 $h_x = xh'' + (1-x)h' = 0.8699 \times 2574.3 + (1 - 0.8699) \times 167.57 = 2261.11kJ/kg$

---

❶ 骨架表就是水和水蒸气热力性质表，但其数据不是均匀的。我们通常所见的热力性质表是在骨架表基础上经过插值补充的，所以其精度低于骨架表。

（3）可从饱和水与干饱和蒸汽表（依压力排列）中查得：$p = 0.01\text{MPa}$ 时，$h'' = 2584.7\text{kJ/kg}$。该点焓大于干饱和蒸汽焓，所以为过热蒸汽状态。在未饱和水与过热蒸汽表中可查得：$t = 80℃$，$v = 16.268\text{m}^3/\text{kg}$，$s = 8.3422\text{kJ/(kg·K)}$。

（4）可从饱和水与干饱和蒸汽表中查得：h''最大约为 2804kJ/kg，小于给出的焓，所以该点为过热蒸汽状态。在未饱和水与过热蒸汽表中可查得：$p = 0.1\text{MPa}$，$t = 500℃$，$v = 16.268\text{m}^3/\text{kg}$。

用热力性质表查取水和水蒸气的热力性质时，需要查找的点往往不在表上，可采用插值计算的方法来获取数据。插值计算的基本原理是把所查点附近数据关系看成是直线，由已知点数据关系定出直线方程，再通过直线方程计算出所需数据。实际计算时可以整理成插值计算公式。

【例 4 – 7】   请查出 24℃时水的饱和状态参数。

解：可从饱和水与干饱和蒸汽表中查得：

$t/℃$	p/MPa	$v'/\text{m}^3·\text{kg}^{-1}$	$h'/\text{kJ·kg}^{-1}$	$\gamma/\text{kJ·kg}^{-1}$	$s'/\text{kJ·(kg·K)}^{-1}$
20	0.002339	0.001002	83.96	2454.1	0.2966
30	0.004246	0.001004	125.79	2430.5	0.4369

若在 20～30℃之间压力与温度成直线关系，由直线的两点式方程

$$\frac{p - p_{20}}{t - t_{20}} = \frac{p_{30} - p_{20}}{t_{30} - t_{20}}$$

得

$$p = \frac{p_{30} - p_{20}}{t_{30} - t_{20}}(t - t_{20}) + p_{20}$$

于是 24℃时饱和水的压力

$$p_{24} = \frac{p_{30} - p_{20}}{t_{30} - t_{20}}(t_{24} - t_{20}) + p_{20}$$

$$= \frac{0.004246 - 0.002339}{30 - 20}(24 - 20) + 0.002339 = 0.0031018\text{MPa}$$

类似地，24℃时饱和水的比体积

$$v'_{24} = \frac{v'_{30} - v'_{20}}{t_{30} - t_{20}}(t_{24} - t_{20}) + v'_{20}$$

$$= \frac{0.001004 - 0.001002}{30 - 20}(24 - 20) + 0.001002 = 0.0010028\text{m}^3/\text{kg}$$

以及，24℃时饱和水的焓、汽化潜热和熵

$$h'_{24} = \frac{h'_{30} - h'_{20}}{t_{30} - t_{20}}(t_{24} - t_{20}) + h'_{20}$$

$$= \frac{125.79 - 83.96}{30 - 20}(24 - 20) + 83.96 = 100.692\text{kJ/kg}$$

$$\gamma_{24} = \frac{\gamma_{30} - \gamma_{20}}{t_{30} - t_{20}}(t_{24} - t_{20}) + \gamma'_{20}$$

$$= \frac{2430.5 - 2454.1}{30 - 20}(24 - 20) + 2454.1 = 2444.66\text{kJ/kg}$$

$$s'_{24} = \frac{s'_{30} - s'_{20}}{t_{30} - t_{20}}(t_{24} - t_{20}) + s'_{20}$$

$$= \frac{0.4369 - 0.2966}{30 - 20}(24 - 20) + 0.2966 = 0.35272 \text{kJ}/(\text{kg} \cdot \text{K})$$

一般地, 用参数 x_i 查取另一有关参数 y_i 时, 可在数据表中选取最靠近 x_i 的两个参数 x_{i-1} 和 x_{i+1}, 其对应函数为 y_{i-1} 和 x_{i+1}, 可按式 (4-54) 计算:

$$y_i = \frac{y_{i+1} - y_{i-1}}{x_{i+1} - x_{i-1}}(x_i - x_{i-1}) + y_{i-1} \tag{4-54}$$

式 (4-54) 为线性插值公式, 使用时应使 x_{i-1} 和 x_{i+1} 尽可能靠近, 这样误差小一些。还可以使用抛物线插值, 或许更准确, 但需要三点已知参数, 计算过程复杂, 而且三点间距离过大时可能反而不如线性插值准确。

使用未饱和水与过热蒸汽表时, 如果所查点的 p、T 都不在表上, 可在表中选取最靠近 (p, T) 的 4 个点 (p_{i+1}, T_{j+1})、(p_{i-1}, T_{j+1})、(p_{i+1}, T_{j-1})、(p_{i-1}, T_{j-1}), 利用 (p_{i+1}, T_{j+1})、(p_{i-1}, T_{j+1}) 插值求出 (p, T_{j+1}), 用 (p_{i+1}, T_{j-1})、(p_{i-1}, T_{j-1}) 插值求出 (p, T_{j-1}), 再由 (p, T_{j+1}) 和 (p, T_{j-1}) 插值求出 (p, T)。

表 4-1~表 4-3 给出了部分依温度或依压力饱和水与干饱和蒸汽表, 及未饱水和与过热蒸汽表。

表 4-1 饱和水与干饱和蒸汽表 (依温度排列) (部分)

t /℃	p /MPa	v' /m³·kg⁻¹	v'' /m³·kg⁻¹	h' /kJ·kg⁻¹	h'' /kJ·kg⁻¹	γ /kJ·kg⁻¹	s' /kJ·(kg·K)⁻¹	s'' /kJ·(kg·K)⁻¹
0	0.0006112	0.00100022	206.154	-0.05	2500.51	2500.6	-0.0002	9.1544
0.01	0.0006113	0.001	206.14	0.01	2501.4	2501.3	0	9.1562
5	0.0008721	0.001	147.12	20.98	2510.6	2489.6	0.0761	9.0257
10	0.0012276	0.001	106.38	42.01	2519.8	2477.7	0.151	8.9008
20	0.002339	0.001002	57.79	83.96	2538.1	2454.1	0.2966	8.6672
30	0.004246	0.001004	32.89	125.79	2556.3	2430.5	0.4369	8.4533
40	0.007384	0.001008	19.52	167.57	2574.3	2406.7	0.5725	8.257
90	0.07014	0.001036	2.361	376.92	2660.1	2283.2	1.1925	7.4791
100	0.10135	0.001044	1.6729	419.04	2676.1	2257	1.3069	7.3549
110	0.14327	0.001052	1.2102	461.5	2691.5	2230.2	1.4185	7.2387
200	1.5538	0.001157	0.12736	852.45	2793.2	1940.7	2.3309	6.4323
250	3.973	0.001251	0.05013	1085.36	2801.5	1716.2	2.7927	6.073
300	8.581	0.001404	0.02167	1344	2749	1404.9	3.2534	5.7045
374.14	22.09	0.003155	0.003155	2099.3	2099.3	0	4.4298	4.4298

表4－2　饱和水与干饱和蒸汽表（依压力排列）（部分）

p /MPa	t /℃	v' /m³·kg⁻¹	v'' /m³·kg⁻¹	h' /kJ·kg⁻¹	h'' /kJ·kg⁻¹	γ /kJ·kg⁻¹	s' /kJ·(kg·K)⁻¹	s'' /kJ·(kg·K)⁻¹
0.001	6.98	0.001	129.21	29.3	2514.2	2484.9	0.1059	8.9756
0.004	28.96	0.001004	34.8	121.46	2554.4	2432.9	0.4226	8.4746
0.005	32.88	0.001005	28.19	137.82	2561.5	2423.7	0.4764	8.3951
0.01	45.81	0.00101	14.67	191.83	2584.7	2392.8	0.6493	8.1502
0.02	60.06	0.001017	7.649	251.4	2609.7	2358.3	0.832	7.9085
0.05	81.33	0.00103	3.24	340.49	2645.9	2305.4	1.091	7.5939
0.1	99.63	0.001043	1.694	417.46	2675.5	2258	1.3026	7.3594
0.2	120.23	0.001061	0.8857	504.7	2706.7	2201.9	1.5301	7.1271
0.5	151.86	0.001093	0.3749	640.23	2748.7	2108.5	1.8607	6.8213
1.0	179.91	0.001127	0.19444	762.81	2778.1	2015.3	2.1387	6.5865
2.0	212.42	0.001177	0.09963	908.79	2799.5	1890.7	2.4474	6.3409
5.0	263.99	0.001286	0.03944	1154.23	2794.3	1640.1	2.9202	5.9734
10.0	311.06	0.001452	0.018026	1407.56	2724.7	1317.1	3.3596	5.6141
20.0	365.81	0.002036	0.005834	1826.3	2409.7	583.4	4.0139	4.9269
22.09	374.14	0.003155	0.003155	2099.3	2099.3	0	4.4298	4.4298

表4－3　未饱和水与过热蒸汽表（部分）

	$p=0.01\text{MPa}$ $t_s=45.81℃$ $v'=0.00101\text{m}^3/\text{kg}$, $v''=14.67\text{m}^3/\text{kg}$ $h'=191.83\text{kJ/kg}$, $h''=2584.7\text{kJ/kg}$ $s'=0.6493\text{kJ/(kg·K)}$, $s''=8.1502\text{kJ/(kg·K)}$			$p=0.1\text{MPa}$ $t_s=99.63℃$ $v'=0.001043\text{m}^3/\text{kg}$, $v''=1.694\text{m}^3/\text{kg}$ $h'=417.46\text{kJ/kg}$, $h''=2675.5\text{kJ/kg}$ $s'=1.3026\text{kJ/(kg·K)}$, $s''=7.3594\text{kJ/(kg·K)}$		
饱和参数						
t /℃	v /m³·kg⁻¹	h /kJ·kg⁻¹	s /kJ·(kg·K)⁻¹	v /m³·kg⁻¹	h /kJ·kg⁻¹	s /kJ·(kg·K)⁻¹
0	0.0010002	−0.04	−0.0002	0.0010002	0.05	−0.0002
10	0.0010003	42.01	0.1510	0.0010003	42.10	0.1519
20	0.0010018	83.87	0.2963	0.0010018	83.96	0.2963
30	0.0010044	125.68	0.4366	0.0010044	125.77	0.4365
40	0.0010079	167.51	0.5723	0.0010078	167.59	0.5723
50	14.869	2592.6	8.1749	0.0010121	209.40	0.7037
60	15.336	2610.8	8.2313	0.0010171	251.22	0.8312
70	15.802	2629.9	8.2876	0.0010227	293.07	0.9549
80	16.268	2648.9	8.3422	0.0010290	334.97	1.0753
90	16.732	2667.9	8.3954	0.0010359	379.96	1.1925
100	17.196	2687.5	8.4479	1.6958	2676.2	7.3614

饱和参数	$p=0.01\text{MPa}$			$p=0.1\text{MPa}$		
	$t_s=45.81℃$			$t_s=99.63℃$		
	$v'=0.00101\text{m}^3/\text{kg}$, $v''=14.67\text{m}^3/\text{kg}$			$v'=0.001043\text{m}^3/\text{kg}$, $v''=1.694\text{m}^3/\text{kg}$		
	$h'=191.83\text{kJ/kg}$, $h''=2584.7\text{kJ/kg}$			$h'=417.46\text{kJ/kg}$, $h''=2675.5\text{kJ/kg}$		
	$s'=0.6493\text{kJ/(kg·K)}$, $s''=8.1502\text{kJ/(kg·K)}$			$s'=1.3026\text{kJ/(kg·K)}$, $s''=7.3594\text{kJ/(kg·K)}$		
t /℃	v /m³·kg⁻¹	h /kJ·kg⁻¹	s /kJ·(kg·K)⁻¹	v /m³·kg⁻¹	h /kJ·kg⁻¹	s /kJ·(kg·K)⁻¹
150	19.512	2783	8.6882	1.9364	2776.4	7.6134
200	21.825	2879.5	8.9038	2.172	2875.3	7.8343
250	24.136	2977.3	9.1002	2.406	2974.3	8.0333
300	26.445	3076.5	9.2813	2.639	3074.3	8.2158
400	31.063	3279.6	9.6077	3.103	3278.2	8.5435
500	35.679	3489.1	9.8978	3.565	3488.1	8.8342
600	40.295	3705.4	10.1608	4.028	3704.4	9.0976
700	44.911	3928.7	10.4028	4.49	3928.2	9.3398
800	49.526	4159	10.6281	4.952	4158.6	9.5652
1000	58.757	4640.6	11.0393	5.875	4640.3	9.9764
1300	72.602	5409.7	11.5811	7.26	5409.5	10.5183

4.6.2.2 水蒸气的 $h-s$ 图

图 4-6 在 $p-v$ 图和 $T-s$ 图上表示了水和水蒸气热力状态。在分析热力过程和热力循环时，$p-v$ 图和 $T-s$ 图有很多优点，因而很常用。但是功和热量在它们上面都是以面积表示的，定量分析时面积的准确数值不易求得，尤其是不规则的面积，所以 $p-v$ 图和 $T-s$ 图还是有不方便之处。以 h 为坐标，线段的长度就可以表示能量的大小，在定量计算时比较方便。另外，根据热力学第一定律，定压过程的热量等于焓差，绝热过程的技术功也可以用焓差表示。前者如水蒸气的产生过程可看作等压过程，后者如水蒸气在汽轮机内膨胀及水在水泵内加压均可看作绝热过程，所以计算水蒸气循环中的功、热量及热效率等利用 $h-s$ 图会很方便。$h-s$ 图也称莫里尔图，是德国人莫里尔在 1904 年首先绘制的。

$h-s$ 图的基本布局如图 4-8 所示。图中粗线是饱和水线与饱和蒸汽线，但特殊的是两线相交的临界点 c 不像在 $p-v$ 图和 $T-s$ 图上那样位于饱和线的最高点，而是在最高点左侧略低一些的地方。饱和水线从临界点 c 伸向左下方，由于同温度下未饱和水焓与饱和水焓相差无几（见 4.6.1.2 节），所以在较大尺度下，未饱和水都被合并到饱和水线上。饱和蒸汽线从临界点 c 向右上方绕过最高点后，转向右下方延伸，把 $h-s$ 图分成上下两半，上半部为过热蒸气区，下半部为湿蒸汽区。过热蒸气区分成两组的定压线群和定温线群在饱和蒸汽线合并成一组定压定温线群进入湿蒸汽区。湿蒸汽区中，等干度线群从临界点出发，如扇骨一样展开。根据 $T\text{d}s=\text{d}h-v\text{d}p$，定压线斜率 $\left(\dfrac{\partial h}{\partial s}\right)_p=T$，两相区 T 不变，定压线是斜率为 T 的直线，不同定压线随 T 的增加而愈加陡峭。过热区定压线为曲线，同一

定压线随 T 的增加而愈加陡峭。定温线低熵部分大幅度倾斜，在湿蒸汽区与干度 x、过热区与压力 p 共同确定状态点。当状态远离饱和蒸汽线后（高熵部分），定温线逐渐平行于 h 坐标线，表明压力 p 的影响越来越小，焓渐成温度的单值函数，状态逐渐靠近理想气体。

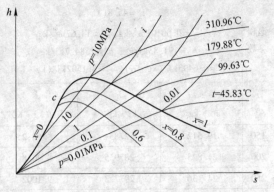

图 4-8　水蒸气的 $h-s$ 图

工程计算用的 $h-s$ 图中用红线标记出等比体积线簇，以便于识别。由于低干度湿蒸汽极少使用，水的参数可以简便计算，所以实际使用的 $h-s$ 图仅为图 4-8 的右上部分，不包括临界点、水和低干度湿蒸汽（图 4-9）。使用图的优点是方便，缺点是不精确，与简便计算配合很适用于现场估算。

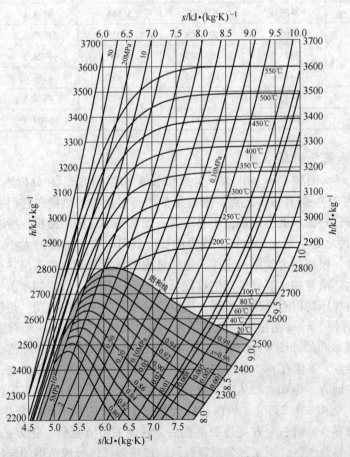

图 4-9　实用的水蒸气 $h-s$ 图结构

4.6.2.3　水和水蒸气热力性质 IAPWS-97 公式

1997 年 9 月，国际水和水蒸气性质协会（IAPWS）在德国埃朗根提出了一种新的水和水蒸气热力学性质公式，即工业用的 IAPW97 公式，简称 IAPWS-IF97。IAPWS-IF97

适用范围为：$273.15\text{K} \leqslant T \leqslant 1073.15\text{K}（p \leqslant 100\text{MPa}）$，$1073.15\text{K} < T \leqslant 2273.15\text{K}（p \leqslant 10\text{MPa}）$。与 IFC – 67 相比，IAPWS – IF97 在计算精度和速度上都有了很大提高且应用范围更广泛。IAPWS – IF97 计算模型划分的范围涵盖了水的一点两线三区五态。各种状态下的计算式不同，因此进行了分区（图 4 – 10）。1 区为温度低于 623.15K 的未饱和水区，2 区为过热蒸汽区，3 区为临界点附近的水和蒸汽区，4 区为湿蒸气或饱和线区，5 区为超高温过热蒸汽区。

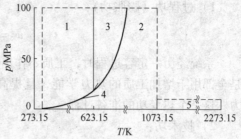

图 4 – 10　IAPWS – IF97 的分区

4.7　理想气体的热力过程

4.7.1　研究热力过程的目的及一般方法

（1）研究热力过程的目的。研究热力过程的目的就是揭示过程中状态参数的变化规律，揭示热能与机械能之间的转换情况，找出其内在规律及影响转化的因素；及在一定工质热力性质的基本条件下，研究外界条件对能量转换的影响，从而加以利用。

热力学第一定律给出了一个过程发生前后总的能量传递情况，工质性质对能量转化的影响是通过研究工质的热力性质得到的。这一部分分析在具体的能量转换过程中，能量怎样一点点传递，状态怎样一步步变化。

实际过程都是不可逆的，而且每一个过程都有不同的特点，甚至同一台设备反复做同一个工作，每次所经历的过程都不会完全雷同。不可能把所有的过程全部一一分析，有的甚至根本无法分析。

我们的办法是分析典型的过程，分析理想气体的可逆过程，而且是定值过程，即过程进行时限定某一参数不发生变化。

另外，如前约定，我们也不考虑比热容的变化，即把比热一律看成是定值。

（2）分析步骤：

1）建立过程方程式；

2）找出（基本）状态参数的变化规律，确定不同状态下参数之间的关系；

3）求出能量参数的变化（过程功、技术功、热力学能、焓、熵、传热量等）；

4）画出过程变化曲线（在 $T–s$ 图、$p–v$ 图上）。

4.7.2　定容过程

（1）过程方程式：$v =$ 常数，或 $\mathrm{d}v = 0$。

（2）（基本）状态参数的变化规律和不同状态下参数之间的关系：$v = v_1 = v_2$

由 $pv = R_\mathrm{g}T$，得：$\dfrac{p}{T} = \dfrac{R_\mathrm{g}}{v} =$ 常数，或 $p = \dfrac{R_\mathrm{g}}{v} \cdot T$

所以 $$\frac{p_1}{T_1} = \frac{p_2}{T_2} \quad 或 \quad \frac{p_1}{p_2} = \frac{T_1}{T_2} \tag{4–55}$$

（3）能量参数的变化：

1）过程功（膨胀功）：

$$w = \int_1^2 p \mathrm{d}v = 0 \tag{4-56}$$

系统经历一定容过程时，工质不作出膨胀功，则加给工质的热量未转变成机械能，而是全部用于增加工质的热力学能，且提高工质的温度和压力，实际上提高工质的作功能力。这是个热变功的准备过程。

2）技术功：

$$w_\mathrm{t} = -\int_1^2 v \mathrm{d}p = v(p_1 - p_2) = R_\mathrm{g}(T_1 - T_2) \tag{4-57}$$

w_t 为技术上可利用的功。定容过程中，随着吸热的进行工质也接受了一些技术功，实际上就是作功能力，是由于压力提高而表现出来的一部分作功能力（不是全部），它以 pv 功的形式展现给我们。

3）热力学能：

$$\Delta u = c_V(T_2 - T_1) \tag{4-58}$$

4）焓：

$$\Delta h = c_p(T_2 - T_1) \tag{4-59}$$

5）传热量：　　$q = c_V(T_2 - T_1)$ 　　　　　　　比热的定义　　(4-60)

$$q = \Delta u + w = c_V(T_2 - T_1) \quad\quad 热力学第一定律第一表达式$$

$$q = \Delta h + w_\mathrm{t} = c_p(T_2 - T_1) + v(p_1 - p_2) \quad 热力学第一定律第二表达式$$

$$= (c_V + R_\mathrm{g})(T_2 - T_1) + R_\mathrm{g}(T_1 - T_2)$$

$$= c_V(T_2 - T_1)$$

6）熵：$\Delta s = c_V \ln \dfrac{T_2}{T_1} + R_\mathrm{g} \ln \dfrac{v_2}{v_1} = c_V \ln \dfrac{T_2}{T_1}$ 　　　　(4-61a)

$$\Delta s = c_p \ln \frac{T_2}{T_1} - R_\mathrm{g} \ln \frac{p_2}{p_1} = c_V \ln \frac{T_2}{T_1} + R_\mathrm{g} \ln \frac{T_2}{T_1} - R_\mathrm{g} \ln \frac{p_2}{p_1} = c_V \ln \frac{T_2}{T_1} \tag{4-61b}$$

$$\Delta s = c_p \ln \frac{v_2}{v_1} + c_V \ln \frac{p_2}{p_1} = c_V \ln \frac{T_2}{T_1} \tag{4-61c}$$

（4）在状态坐标图上的表示（见图 4-11）：

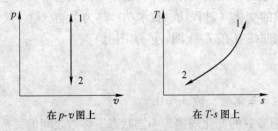

在 p-v 图上　　　　　在 T-s 图上

图 4-11　定容过程

在 T-s 图上，由 $\mathrm{d}s = c_V \dfrac{\mathrm{d}T}{T} + R_\mathrm{g} \dfrac{\mathrm{d}v}{v}$，得：$\dfrac{\mathrm{d}T}{\mathrm{d}s} = \dfrac{T}{c_V}$。曲线的斜率随 T 的增加而增加，且永远大于 0，该曲线是一段指数曲线。

或者 $ds = c_V \dfrac{dT}{T} \Rightarrow s = c_V \ln T + s_0 \Rightarrow T = e^{\frac{s - s_0}{c_V}}$。

4.7.3 定压过程

（1）过程方程式：$p = $ 常数，或 $dp = 0$。

（2）（基本）状态参数的变化规律和不同状态下参数之间的关系：$p = p_1 = p_2$

由 $pv = R_g T$，得：$\dfrac{v}{T} = \dfrac{R_g}{p} = $ 常数，或 $v = \dfrac{R_g}{p} \cdot T$

所以
$$\frac{v_1}{T_1} = \frac{v_2}{T_2} \quad \text{或} \quad \frac{v_1}{v_2} = \frac{T_1}{T_2} \tag{4-62}$$

（3）能量参数的变化：

1）过程功（膨胀功）：

$$w = \int_1^2 p\,dv = p\int_1^2 dv = p(v_2 - v_1) \tag{4-63}$$

系统经历一定压过程时，工质吸热，温度提高，同时向外膨胀，发生了一部分热能转变成机械能的现象，不过这部分机械能以 pv 功的形式出现，并不可以利用。工质主要是由于温度升高，热力学能增加而提高了作功能力。如锅炉的锅内过程，燃气轮机装置的燃烧室内过程等等。

2）技术功：

$$w_t = -\int_1^2 v\,dp = 0 \tag{4-64}$$

虽然发生膨胀作功，但技术上可利用的功为零。

3）热力学能：$\qquad \Delta u = c_V(T_2 - T_1)$

4）焓：$\qquad\qquad \Delta h = c_p(T_2 - T_1)$

5）传热量：$\quad q = c_p(T_2 - T_1) \qquad\qquad$ 比热的定义 $\qquad$ (4-65)

$\qquad\qquad\quad q = \Delta h + w_t = c_p(T_2 - T_1) \quad$ 热力学第一定律第二表达式

6）熵：$\qquad \Delta s = c_p \ln \dfrac{T_2}{T_1} - R_g \ln \dfrac{p_2}{p_1} = c_p \ln \dfrac{T_2}{T_1} \tag{4-66}$

（4）在状态坐标图上的表示如图 4-12 所示。

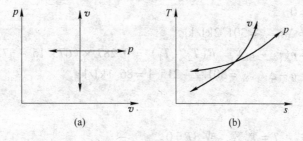

图 4-12 定压过程

(a) 在 $p-v$ 图上；(b) 在 $T-s$ 图上

在 $T-s$ 图上，由 $ds = c_p \dfrac{dT}{T} - R_g \dfrac{dp}{p}$，得：$\dfrac{dT}{ds} = \dfrac{T}{c_p}$。即曲线的斜率随 T 的增加而增加，且

永远大于 0，该曲线是一段指数曲线。但由于 $\left(\dfrac{\mathrm{d}T}{\mathrm{d}s}\right)_p < \left(\dfrac{\mathrm{d}T}{\mathrm{d}s}\right)_V$，故定压线没有定容线那么陡。

【例 4 - 8】 1kg 空气的初始状态为 $p_1 = 0.1\text{MPa}$，$t_1 = 100℃$。使之分别按定容过程和定压过程加热到同样的温度 $t_2 = 400℃$。求两过程各自的终态压力和比体积，以及热力学能、焓、熵的变化和过程传热量、体积变化功（膨胀功或过程功）、技术功。

解：
$$v_1 = \frac{R_g T_1}{p_1} = \frac{287 \times (100 + 273.15)}{0.1 \times 10^6} = 1.0705\text{m}^3/\text{kg}$$

定容过程：
$$v_{2V} = v_1 = 1.0705\text{m}^3/\text{kg}$$

$$p_{2V} = \frac{R_g T_2}{v_{2V}} = \frac{287 \times (400 + 273.15)}{1.0705} = 0.1804 \times 10^6\text{Pa}$$

或
$$p_{2V} = \frac{T_2}{T_1} p_1 = \frac{400 + 273.15}{100 + 273.15} \times 0.1 \times 10^6 = 0.1804 \times 10^6\text{Pa}$$

定压过程：
$$p_{2p} = p_1 = 0.1 \times 10^6\text{Pa}$$

$$v_{2p} = \frac{R_g T_2}{p_{2p}} = \frac{287 \times (400 + 273.15)}{0.1 \times 10^6} = 1.9315\text{m}^3/\text{kg}$$

或
$$v_{2p} = \frac{T_2}{T_1} v_1 = \frac{400 + 273.15}{100 + 273.15} \times 1.0705 = 1.9315\text{m}^3/\text{kg}$$

由于理想气体的热力学能和焓为温度的单值函数，所以两个过程的热力学能和焓变化相同：

$$\Delta u_{1-2v} = \Delta u_{1-2p} = c_V(T_2 - T_1) = 0.717 \times (400 + 273.15 - (100 + 273.15)) = 215.1\text{kJ/kg}$$
$$\Delta h_{1-2v} = \Delta h_{1-2p} = c_p(T_2 - T_1) = 1.005 \times (400 + 273.15 - (100 + 273.15)) = 301.2\text{kJ/kg}$$

定容过程
$$\Delta s_{1-2v} = c_V \ln\frac{T_2}{T_1} = 0.717 \times \ln\frac{400 + 273.15}{100 + 273.15} = 0.4231\text{kJ/(kg·K)}$$

$$w = 0$$
$$q = \Delta u_{1-2v} = 215.1\text{kJ/kg}$$
$$w_t = v(p_1 - p_2) = R(T_1 - T_2) = 0.287 \times (373.15 - 673.15) = -86.1\text{kJ/kg}$$

又
$$w_t = q - \Delta h_{1-2v} = 215.1 - 301.2 = -86.1\text{kJ/kg}$$

定压过程
$$\Delta s_{1-2p} = c_p \ln\frac{T_2}{T_1} = 1.005 \times \ln\frac{400 + 273.15}{100 + 273.15} = 0.5925\text{kJ/(kg·K)}$$

$$w_t = 0$$
$$q = \Delta h_{1-2p} = 301.2\text{kJ/kg}$$
$$w = p(v_2 - v_1) = R(T_2 - T_1) = 0.287 \times (673.15 - 373.15) = 86.1\text{kJ/kg}$$

又
$$w = q - \Delta u_{1-2p} = 301.2 - 215.1 = 86.1\text{kJ/kg}$$

4.7.4 定温过程

（1）过程方程式：$T = $ 常数，或 $\mathrm{d}T = 0$。

习惯上用 p、v 表示，于是由状态方程

$$pv = R_g T = 常数 \qquad\qquad\qquad\text{积分形式}$$

或
$$p\mathrm{d}v + v\mathrm{d}p = 0 \qquad \frac{\mathrm{d}p}{p} + \frac{\mathrm{d}v}{v} = 0 \qquad\qquad\text{微分形式}$$

（2）（基本）状态参数的变化规律和不同状态下参数之间的关系：$T = T_1 = T_2$。由 $pv = R_g T$，得：

$$pv = p_1 v_1 = p_2 v_2 = 常数 \tag{4-67}$$

（3）能量参数的变化：

1）过程功（膨胀功）：

$$w = \int_1^2 p\mathrm{d}v = \int_1^2 \frac{p_1 v_1}{v} \mathrm{d}v = p_1 v_1 \ln\frac{v_2}{v_1} = R_g T_1 \ln\frac{v_2}{v_1} \tag{4-68}$$

2）技术功：$\quad w_t = -\int_1^2 v\mathrm{d}p = -\int \frac{p_1 v_1}{p}\mathrm{d}p = -p_1 v_1 \ln\frac{p_2}{p_1} = R_g T_1 \ln\frac{p_1}{p_2}$

$$= R_g T_1 \ln\frac{v_2}{v_1} = w \tag{4-69}$$

技术功等于过程功（膨胀功），即工质的膨胀功全部是技术上可以利用的功。

3）热力学能：$\quad \Delta u = c_V(T_2 - T_1) = 0$

4）焓：$\quad \Delta h = c_p(T_2 - T_1) = 0$

5）传热量：$\quad q = \Delta u + w = w = R_g T_1 \ln\frac{v_2}{v_1} \quad$ 热力学第一定律第一表达式

$$q = \Delta h + w_t = w_t = R_g T_1 \ln\frac{v_2}{v_1} \quad 热力学第一定律第二表达式$$

传给系统工质的热量，全部以膨胀功的形式对外输出，而且也全部是可以利用的技术功。这是最理想的热变功过程了，但不能永远进行下去。

6）熵：$\quad \Delta s = c_V \ln\frac{T_2}{T_1} + R_g \ln\frac{v_2}{v_1} = R_g \ln\frac{v_2}{v_1}$

$$\Delta s = c_p \ln\frac{T_2}{T_1} - R_g \ln\frac{p_2}{p_1} = -R_g \ln\frac{p_2}{p_1}$$

$$\Delta s = \int_1^2 \mathrm{d}s = \int_1^2 \frac{\mathrm{d}q}{T} = \frac{\int_1^2 \mathrm{d}q}{T} = \frac{q}{T} = R_g \ln\frac{v_2}{v_1} = R_g \ln\frac{p_1}{p_2}$$

（4）在状态坐标图上的表示如图 4-13 所示。

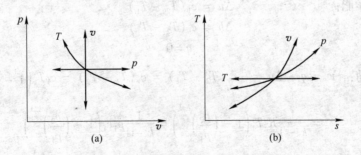

图 4-13 定温过程

(a) 在 $p-v$ 图上；(b) 在 $T-s$ 图上

在 $p-v$ 图上，$pv =$ 常数，说明它是双曲线的一支，渐近线为两个坐标轴。或者由 $\frac{\mathrm{d}p}{p} +$

$\dfrac{dv}{v} = 0$，得：$\dfrac{dp}{dv} = -\dfrac{R_g T}{v^2}$。该曲线的斜率为负值，随 v 的增加，斜率的绝对值减小。当 $v \to 0$ 时，斜率 $\to \infty$，当 $v \to \infty$ 时，斜率 $\to 0$。

4.7.5 绝热过程

（1）过程方程式：$q = 0$，或者 $dq = 0$。

由 $ds = \dfrac{dq}{T}$，得：$ds = 0$，$s = $ 常数——可逆绝热过程也称为定熵过程。

因为 $dq = du + dw = c_V dT + p dv = 0$ 和 $dq = dh + dw_t = c_p dT - v dp = 0$

两式相除：$\dfrac{c_p}{c_V} = -\dfrac{v dp}{p dv} = k$，所以 $- v dp = k p dv$

即 $\dfrac{dp}{p} + k \dfrac{dv}{v} = 0$ 过程方程式的微分形式   （4-70a）

积分得：$\displaystyle\int \dfrac{dp}{p} + k \int \dfrac{dv}{v} = const.$，所以 $\ln p + k \ln v = $ 常数

即 $pv^k = $ 常数   过程方程式的积分形式   （4-70b）

（2）（基本）状态参数的变化规律和不同状态下参数之间的关系：

由 $pv^k = $ 常数，得：$pv^k = p_1 v_1^{\ k} = p_2 v_2^{\ k}$

故 $$\dfrac{p_1}{p_2} = \left(\dfrac{v_2}{v_1} \right)^k \tag{4-71}$$

由 $pv = R_g T$，得 $\dfrac{p_1}{p_2} = \dfrac{T_1 v_2}{T_2 v_1}$，代入式（4-71），得

$$\dfrac{T_1}{T_2} = \left(\dfrac{v_2}{v_1} \right)^{k-1} \tag{4-72}$$

两式联立，消去比体积，得：

$$\left(\dfrac{p_1}{p_2} \right)^{k-1} = \left(\dfrac{T_1}{T_2} \right)^k \tag{4-73}$$

（3）能量参数的变化：

1）热力学能： $\Delta u = c_V (T_2 - T_1)$

2）焓： $\Delta h = c_p (T_2 - T_1)$

3）热量： $q = 0$

4）过程功： $w = q - \Delta u = - c_V (T_2 - T_1) = c_V (T_1 - T_2) = c_V T_1 \left(1 - \dfrac{T_2}{T_1} \right)$

$$= \dfrac{1}{k-1} R_g T_1 \left(1 - \left(\dfrac{p_2}{p_1} \right)^{\frac{k-1}{k}} \right) = \dfrac{1}{k-1} p_1 v_1 \left(1 - \left(\dfrac{p_2}{p_1} \right)^{\frac{k-1}{k}} \right) \tag{4-74}$$

5）技术功： $w_t = q - \Delta h = c_p (T_1 - T_2) = \dfrac{k}{k-1} p_1 v_1 \left(1 - \left(\dfrac{p_2}{p_1} \right)^{\frac{k-1}{k}} \right)$ （4-75）

6）熵： $\Delta s = \displaystyle\int_1^2 ds = \int_1^2 \dfrac{dg}{T} = 0$

（4）在状态坐标图上的表示如图 4-14 所示。

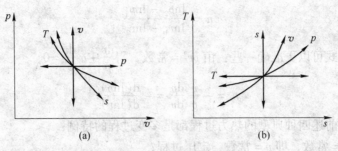

图 4 – 14　绝热过程

（a）在 $p-v$ 图上；（b）在 $T-s$ 图上

在 $p-v$ 图上，由 $\dfrac{\mathrm{d}p}{p} + k\dfrac{\mathrm{d}v}{v} = 0$，得：$\dfrac{\mathrm{d}p}{\mathrm{d}v} = -\dfrac{kR_{\mathrm{g}}T}{v^2}$，说明它类似于定温过程的双曲线，渐近线为两个坐标轴。由于存在系数 k，其斜率的绝对值比定温过程的大，曲线比定温过程的陡。该曲线的斜率为负值，随 v 的增加，斜率的绝对值减小。当 $v \to 0$ 时，斜率 $\to \infty$，当 $v \to \infty$ 时，斜率 $\to 0$。

【例 4 – 9】　空气被吸入气缸后，压力为 0.08MPa，温度 300K。然后活塞对空气进行绝热压缩，使空气的体积缩小到原来的 1/12。求压缩终了空气的压力、温度以及压缩过程消耗的功。

解：空气的绝热指数 k 可按双原子气体取 1.4，定压比热 $c_p = 1.005\mathrm{kJ/(kg \cdot K)}$。由绝热过程方程

$$p_2 = \left(\frac{v_1}{v_2}\right)^k p_1 = \left(\frac{12}{1}\right)^{1.4} \times 0.08 = 2.594\mathrm{MPa}$$

由温度 – 比体积关系：

$$T_2 = \left(\frac{v_1}{v_2}\right)^{k-1} T_1 = \left(\frac{12}{1}\right)^{1.4-1} \times 300 = 810.58\mathrm{K}$$

压缩过程消耗的功为技术功

$$w_{\mathrm{t}} = q - \Delta h = c_p(T_1 - T_2) = 1.005 \times (300 - 810.58) = -513.13\mathrm{kJ/kg}$$

负号表示外界对系统作功。

4.8　理想气体热力过程综述

4.8.1　多变过程

前面讨论了四种定值过程，它们总有一个参数固定不变，从而为我们的分析提供了方便。但实际过程与上述过程有较大的偏差，所以我们要讨论更一般的情形，以便更接近于实际。

定义多变过程：$pv^n =$ 常数，n 为任意实数常数，由过程的具体特性来决定，称为多变指数。也有资料称此过程为多方过程。

由上面的定义式（过程方程式）得：$p_1 v_1^n = p_2 v_2^n$，两侧取对数，有 $\ln p_1 + n\ln v_1 = \ln p_2 + n\ln v_2$，于是

$$n = \frac{\ln p_2 - \ln p_1}{\ln v_1 - \ln v_2} \tag{4-76}$$

或者采用微分形式可以更准确一些：由 $pv^n = $ 常数，得 $\dfrac{\mathrm{d}p}{p} + n\dfrac{\mathrm{d}v}{v} = 0$

所以

$$n = -\frac{v}{p}\frac{\mathrm{d}p}{\mathrm{d}v} = -\frac{\mathrm{d}(\ln p)}{\mathrm{d}(\ln v)} \tag{4-76a}$$

不难看出，前述四种典型的热力过程都是多变过程的特例：

当 $n = 0$ 时，$pv^0 = $ 常数，即 $p = $ 常数，定压过程；

当 $n = 1$ 时，$pv^1 = $ 常数，即 $pv = $ 常数，定温过程；

当 $n = k$ 时，$pv^k = $ 常数，可逆绝热过程；

当 $n \to \infty$ 时，$pv^n = $ 常数 $\Rightarrow p^{\frac{1}{n}}v = $ 常数，即 $v = $ 常数，定容过程。或由 $\dfrac{\mathrm{d}p}{p} + n\dfrac{\mathrm{d}v}{v} = 0 \underset{n \to \infty}{\Rightarrow} \mathrm{d}v = 0$

（1）过程方程式：　　　　　　$\dfrac{\mathrm{d}p}{p} + n\dfrac{\mathrm{d}v}{v} = 0$　　　　　　过程方程式的微分形式

$$pv^n = 常数 \qquad\qquad 过程方程式的积分形式$$

（2）（基本）状态参数的变化规律和不同状态下参数之间的关系：

$$\frac{p_1}{p_2} = \left(\frac{v_2}{v_1}\right)^n, \qquad \frac{T_1}{T_2} = \left(\frac{v_2}{v_1}\right)^{n-1} \quad 和 \quad \left(\frac{p_1}{p_2}\right)^{n-1} = \left(\frac{T_1}{T_2}\right)^n \tag{4-77}$$

（3）能量参数的变化：

1）热力学能：　　　　　　　$\Delta u = c_V(T_2 - T_1)$

2）焓：　　　　　　　　　　$\Delta h = c_p(T_2 - T_1)$

3）过程功：

$$w = \int_1^2 p\,\mathrm{d}v = \int_1^2 \left(\frac{p_1 v_1^n}{v^n}\right)\mathrm{d}v = \frac{1}{n-1}p_1 v_1\left(1 - \left(\frac{v_1}{v_2}\right)^{n-1}\right) = \frac{1}{n-1}R_g T_1\left(1 - \left(\frac{v_1}{v_2}\right)^{n-1}\right)$$

$$= \frac{1}{n-1}p_1 v_1\left(1 - \left(\frac{p_2}{p_1}\right)^{\frac{n-1}{n}}\right) = \frac{1}{n-1}R_g T_1\left(1 - \left(\frac{p_2}{p_1}\right)^{\frac{n-1}{n}}\right) = \frac{R_g}{n-1}(T_1 - T_2) \tag{4-78}$$

4）技术功：$w_t = -\int_1^2 v\,\mathrm{d}p = -\int_1^2 \left(\frac{p^{\frac{1}{n}}v}{p^{\frac{1}{n}}}\right)\mathrm{d}p = \frac{n}{n-1}p_1 v_1\left(1 - \left(\frac{v_1}{v_2}\right)^{n-1}\right)$

$$= \frac{n}{n-1}R_g T_1\left(1 - \left(\frac{v_1}{v_2}\right)^{n-1}\right) = \frac{n}{n-1}p_1 v_1\left(1 - \left(\frac{p_2}{p_1}\right)^{\frac{n-1}{n}}\right)$$

$$= \frac{n}{n-1}R_g T_1\left(1 - \left(\frac{p_2}{p_1}\right)^{\frac{n-1}{n}}\right) = \frac{n}{n-1}R_g(T_1 - T_2) = nw \tag{4-79}$$

请注意：$n = 0$，$w_t = 0 \cdot w = 0$；$n = 1$，$w_t = w$；$n = k$，$w_t = kw$；$n \to \infty$，$w = \dfrac{1}{n} \cdot w_t = 0$

5）热量：　　　　$q = \Delta u + w = c_V(T_2 - T_1) + \dfrac{R_g}{n-1}(T_1 - T_2)$

$$= \left(c_V - \frac{R_g}{n-1}\right)(T_2 - T_1) \tag{4-80}$$

其中前一因式可以定义为比热：

$$c_n = \left(\frac{\partial q}{\partial T}\right)_n \approx \left(\frac{q}{\Delta T}\right)_n = c_V - \frac{R_g}{n-1} = \left(\frac{1}{k-1} - \frac{1}{n-1}\right)R_g = \frac{n-k}{n-1}c_V \qquad (4-81)$$

我们称 c_n 为多变比热。根据多变指数的不同，可呈现为各个过程比热：$n=0$，$c_n = kc_V = c_p$；$n=1$，$c_n \to \infty$；$n=k$，$c_n=0$；$n\to\infty$，$c_n = c_V$。

6）熵： $$\Delta s = c_V\ln\frac{T_2}{T_1} + R_g\ln\frac{v_2}{v_1} = c_V\ln\frac{T_2}{T_1} + R_g\ln\left(\frac{T_1}{T_2}\right)^{\frac{1}{n-1}} = c_n\ln\frac{T_2}{T_1}$$

$$\Delta s = \int_1^2 ds = \int_1^2 \frac{dg}{T} = \int_1^2 c_n\frac{dT}{T} = c_n\ln\frac{T_2}{T_1}$$

（4）在状态坐标图上的表示如图 4-15 所示。

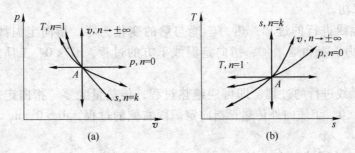

图 4-15 多变过程
(a) 在 $p-v$ 图上；(b) 在 $T-s$ 图上

4.8.2 过程综述

4.8.2.1 各种过程在 $p-v$ 图和 $T-s$ 图上的相对位置及分析

将各种过程画在同一张 $p-v$ 图和 $T-s$ 图上（图 4-16），可以看出多变指数 n 为定值时过程线的分布规律和能量、状态参数变化与 n 的关系。

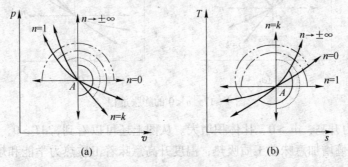

图 4-16 过程综述
——$dv>0$，$dw>0$；—— $dT>0$，$dh>0$，$du>0$；……$ds>0$，$dq>0$；—— $dp>0$，$dw_t<0$

在 $p-v$ 图上，垂直方向的过程线是定容线，向上是压力增加，向下是压力减少。定容过程线的多变指数 $n\to\pm\infty$。从任一方向的定容线出发，过程线的方向顺时针旋转，多变指数从 $n\to-\infty$ 开始逐渐增大，中间经过定压线 $n=0$、定温线 $n=1$、定熵线 $n=k$，旋转到另一方向的定容线为止，$n\to+\infty$。在 $T-s$ 图上呈现同样规律。宏观热力学在逻辑上存在一些毛病，此处定容过程线的多变指数 $n\to\pm\infty$ 就是其一。多变指数是工程师们用来解释宏观热现象的一个视角，而不是其本质机理，在工程领域是无关大局的。±∞ 的同一在哲学或理论物理上有什么深刻内涵，笔者无从了解。但热力学理论发展还出现了一处 ±∞ 同一，即温度 ±∞ K，高于 −∞ K 的温度绝对值逐渐减少，直至 −0K 为温度的最高值[5]。

假定工质从状态 A 点出发，其内容如下：

（1）沿定容线进行的过程，不作膨胀功。指向定容线左侧的过程，$\mathrm{d}v < 0$，工质被压缩，并接受外功；指向定容线右侧的过程，$\mathrm{d}v > 0$，工质膨胀，对外作功。

（2）沿定压线进行的过程，不作技术功。指向定压线上方的过程，$\mathrm{d}p > 0$，工质压力升高，作负的技术功（接受外界的技术功）；指向定压线下方的过程，$\mathrm{d}p < 0$，工质压力下降，对外作技术功。

（3）沿定温线进行的过程，热力学能与焓的变化为零。指向定温线上方的过程，$\mathrm{d}T > 0$，工质热力学能和焓增加；指向定温线下方的过程，$\mathrm{d}T < 0$，工质热力学能和焓减少。

（4）沿定熵线进行的过程，即可逆绝热过程，传热量为零。指向定熵线左侧的过程，$\mathrm{d}s < 0$，$\mathrm{d}q < 0$，工质向外传热；指向定熵线右侧的过程，$\mathrm{d}s > 0$，$\mathrm{d}q > 0$，工质从外界吸热。

4.8.2.2　几个多变过程分析

除了定容、定压、定温与定熵过程外，n 等于其他值时过程也有实际意义，下面举例说明。

（1）由 A 出发向定容线右侧和定压线上方进行的过程（图 4−17）。

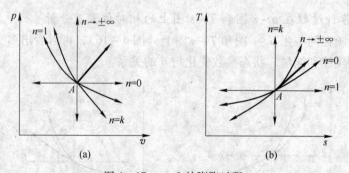

图 4−17　$n < 0$ 的膨胀过程

$\mathrm{d}p > 0$，压力升高；$\mathrm{d}v > 0$，比体积增大。从图上还可以看到，$\mathrm{d}T > 0$，$\mathrm{d}s > 0$，即温度升高，熵增加，熵增加意味着工质吸热，温度升高意味着工质热力学能和焓增加。比体积增大代表系统膨胀作功，压力升高表示技术功是负值。由 $n = -\dfrac{v\,\mathrm{d}p}{p\,\mathrm{d}v}$ 可知，该过程 $n < 0$。充满气体的气球在阳光曝晒下会由于受热而温度升高，体积膨胀，进而弹力增加，对应压力升高。工程上密闭压力容器受热也会发生类似现象，只是其体积弹性膨胀幅度很小，而压力升高却极其迅速，极易发生爆炸事故。所以工程上极力避免出现密闭容器受热的现象，如果不可避免，就要设置爆破门或爆破膜，使其在压力超过规定值时立即定向爆破，防止出现更严重的事故。

（2）由 A 出发向定熵线右侧和定温线下方进行的过程（图 4−18）。

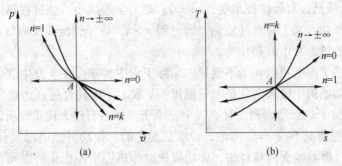

图 4-18 $1 < n < k$ 的膨胀过程

$ds > 0$，$q > 0$，为吸热过程；$dT < 0$，热力学能减小。从图上还可以看到，$dp < 0$，压力降低，对外作技术功；$dv > 0$，比体积增大，对外作膨胀功。该过程作功量很大，吸热量不足以支持，还需要减少热力学能来弥补。高压气体如压缩天然气（CNG）快速释放会发生此类现象。该过程 $1 < n < k$，图 4-19 所示是某宾馆向地下储柜灌装 CNG 时储罐与输送管结冰结霜的情形。

图 4-19 结冰霜的压缩天然气罐与输送管

（3）由 A 出发向定熵线左侧和定容线右侧进行的过程（图 4-20）。

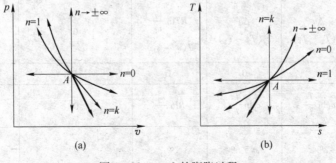

图 4-20 $n > k$ 的膨胀过程

$ds < 0$，$q < 0$，为放热过程；$dv > 0$，比体积增大，对外作膨胀功。从图上还可以看到，$dp < 0$，压力降低，对外作技术功；$dT < 0$，热力学能减小。该过程热力学能大幅度减小，既支持过程作功，又支持对外放热。该过程 $n > k$，原子弹链式反应后的过程就是这样的过程，辐射是放热，冲击波是作功。

前面的讨论基于多变指数 n 为不变量，实际工程中经常存在 n 发生变化的情况，包括前三个例子。如柴油机中吸入空气是大气温度，k 取 1.4 比较合适；而燃气作功开始时温度高达 1800℃，分子热运动剧烈，且燃气中三原子气体占有很大比重，所以平均 k 值约为 1.33 或更小，理想情况下按 $n = k$ 考虑，n 就是变化的。作功开始时温度高达 1800℃ 必然向气缸壁传热，且温差越大传热越快，作功完成时传热近乎停止，所以 n 相对于 k 也是变化的。类似的还有吸气过程，新鲜空气的温度小于气缸壁温度也会有传热存在。

4.8.2.3　理想气体可逆过程计算公式小结

表 4-4 为理想气体可逆过程计算公式。

表 4-4　理想气体可逆过程计算公式

参　数	定容过程	定压过程	定温过程	绝热过程	多变过程
过程方程式	$v = $ 定值	$p = $ 定值	$pv = $ 定值	$pv^k = $ 定值	$pv^n = $ 定值
基本状态参数 p、v、T 之间的关系	$\dfrac{p_1}{p_2} = \dfrac{T_1}{T_2}$	$\dfrac{v_1}{v_2} = \dfrac{T_1}{T_2}$	$\dfrac{v_1}{v_2} = \dfrac{p_2}{p_1}$	$\dfrac{p_1}{p_2} = \left(\dfrac{v_2}{v_1}\right)^k$ $\dfrac{T_1}{T_2} = \left(\dfrac{v_2}{v_1}\right)^{k-1}$ $\left(\dfrac{p_1}{p_2}\right)^{k-1} = \left(\dfrac{T_1}{T_2}\right)^k$	$\dfrac{p_1}{p_2} = \left(\dfrac{v_2}{v_1}\right)^n$, $\dfrac{T_1}{T_2} = \left(\dfrac{v_2}{v_1}\right)^{n-1}$, $\left(\dfrac{p_1}{p_2}\right)^{n-1} = \left(\dfrac{T_1}{T_2}\right)^n$
Δu	$c_V(T_2 - T_1)$	$c_V(T_2 - T_1)$	0	$c_V(T_2 - T_1)$	$c_V(T_2 - T_1)$
Δh	$c_p(T_2 - T_1)$	$c_p(T_2 - T_1)$	0	$c_p(T_2 - T_1)$	$c_p(T_2 - T_1)$
过程功 $w = \int_1^2 p\mathrm{d}v$	0	$p(v_2 - v_1)$	$p_1 v_1 \ln \dfrac{v_2}{v_1}$ $RT\ln \dfrac{v_2}{v_1}$		
技术功 $w_t = -\int_1^2 v\mathrm{d}p$	$v(p_1 - p_2)$	0	$p_1 v_1 \ln \dfrac{p_1}{p_2}$ $w_t = w = q$	$w_t = kw = -\Delta h$	
q	Δu $c_V(T_2 - T_1)$	Δh $c_p(T_2 - T_1)$	$RT\ln \dfrac{v_2}{v_1}$ $T(s_2 - s_1)$	0	$\dfrac{n - R}{n - 1} c_V(T_2 - T_1)$
多变指数 n	∞	0	1	k	n
熵 Δs	$c_V \ln \dfrac{T_2}{T_1}$	$c_p \ln \dfrac{T_2}{T_1}$	$R\ln \dfrac{v_2}{v_1}$	0	$c_V \ln \dfrac{T_2}{T_1} + R\ln \dfrac{v_2}{v_1}$
比热	c_V	$c_p = kc_V$	∞	0	$\dfrac{n - k}{n - 1} c_V$

本章出现了大量的公式，这些公式要能够熟练运用。因为它们都是进行热力分析与热

力计算时会经常用到的。但是，这些公式不能死记硬背，要掌握它们的推导方法，抓住它们的来龙去脉，能够随时随地地推导出所需要的公式。

4.9 水蒸气的热力过程

水蒸气的基本热力过程也是定容过程、定压过程、定温过程和绝热过程（包括定熵过程），分析的目的和内容与理想气体一样。

水蒸气与理想气体不同，没有形式简单的状态方程，一般用水和水蒸气热力性质图表查得其热力过程各点的基本状态参数和焓、熵，或者由 IFC 公式、IAPWS – IF97 公式计算获得（可手算或计算机计算）。

热力学第一定律的各个表达式、功和热量的计算式等与理想气体无关的公式仍可使用。包括：$q = \Delta u + w$，$q = \Delta u + \Delta(pv) + g\Delta z + \frac{1}{2}\Delta c_f^2 + w_s$，$q = \Delta h + w_t$，以及 $w = \int_1^2 p\mathrm{d}v$，$w_t = -\int_1^2 v\mathrm{d}p$ 和 $q = \int_1^2 T\mathrm{d}s$。后三式仅适用于可逆过程。

分析计算水蒸气的热力过程，一般先根据已知的两个初态参数在图表上查得该点其他参数，再根据过程特点确定过程终点，并从图表上查出终点参数。最后根据初终态参数计算能量参数的变化，计算时注意热力学第一定律的各个表达式、功和热量的计算式等的应用，以及过程特征的作用。如定容过程，$w = \int_1^2 p\mathrm{d}v = 0$；定压过程，$w_t = -\int_1^2 v\mathrm{d}p = 0$，等等。

水蒸气的热力过程中以定压过程和绝热过程最重要。因为实际工程中水和水蒸气的主要热力过程都是定压过程或绝热过程。在焓熵图（$h - s$ 图）上可以直接进行水蒸气参数和过程的查算。图 4 – 21 所示为焓熵图上水蒸气的热力过程。由图可以清晰地看到，用焓熵图能够直接确定过程起讫点的压力、温度、焓和熵，在绘有等容线的焓熵图上还可以直接确定比体积。由于等容线仅比等压线略陡，图幅不大时难以分辨，故很多焓熵图上没有绘制等容线（图 4 – 9 就没有）。

【例 4 – 10】　国产高压发电机组进入汽轮机的蒸汽参数为压力 9.0MPa，温度 535℃，排汽压力 0.005MPa，求单位质量水蒸气所作的膨胀功和技术功。

解：（1）查 $h - s$ 图求解。在图 4 – 9 水蒸气的 $h - s$ 图上找出 $p_1 = 9.0$MPa 的定压线和 $t_1 = 535$℃ 的定温线，两线的交点即为初始状态点 1。9.0MPa 定压线位于 10MPa 定压线和 5MPa 定压线之间，紧贴 10MPa 线侧处（注意定压线按对数规律排列）；535℃ 定温线位于 550℃ 定温线和 500℃ 定温线之间，550℃ 线 $\frac{3}{10}$ 处。读得：

$$h_1 = 3480\text{kJ/kg}, \qquad s_1 = 6.75\text{kJ/(kg} \cdot \text{K)}, \qquad v_1 = 0.039\text{m}^3\text{/kg}^{[6]}$$

于是　　　　　　　$u_1 = h_1 - p_1 v_1 = 3480 - 9.0 \times 0.039 \times 10^3 = 3129\text{kJ/kg}$

终态参数：理论上，水蒸气在汽轮机中进行可逆绝热膨胀，所以 $s_2 = s_1 = 6.75\text{kJ/(kg} \cdot \text{K)}$。从 1 点作垂线与 $p_2 = 0.005$MPa 的定压线相交，交点在气液两相区，读得：

$$t_2 = 33℃, \qquad h_2 = 2070\text{kJ/kg}, \qquad x_2 = 0.805, \qquad v_1 = 22.5\text{m}^3\text{/kg}$$

于是　　　　　　　$u_2 = h_2 - p_2 v_2 = 2070 - 0.005 \times 22.5 \times 10^3 = 1957.5\text{kJ/kg}$

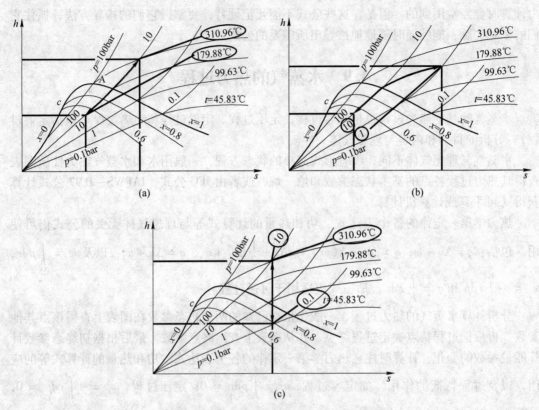

图4-21　焓熵图上水蒸气的热力过程

（a）定压过程；（b）定温过程；（c）定熵（可逆绝热）过程

膨胀功　　　　　　　　　$w = u_1 - u_2 = 3129 - 1957.5 = 1171.5 \text{kJ/kg}$

技术功　　　　　　　　　$w_t = h_1 - h_2 = 3480 - 2070 = 1410 \text{kJ/kg}$

（2）查水蒸气热力性质表求解。

初态参数：查未饱和水和过热蒸汽表，$p_1 = 9.0 \text{MPa}$ 时，有

$t = 500℃$，$v = 0.03677 \text{m}^3/\text{kg}$，$u = 3055.2 \text{kJ/kg}$，$h = 3386.1 \text{kJ/kg}$，$s = 6.6576 \text{kJ/(kg·K)}$

$t = 550℃$，$v = 0.03987 \text{m}^3/\text{kg}$，$u = 3152.2 \text{kJ/kg}$，$h = 3511.0 \text{kJ/kg}$，$s = 6.8142 \text{kJ/(kg·K)}$

插值得：

$t_1 = 535℃$，$v_1 = 0.03894 \text{m}^3/\text{kg}$，$u_1 = 3123.1 \text{kJ/kg}$，$h_1 = 3473.53 \text{kJ/kg}$，$s_1 = 6.76722 \text{kJ/(kg·K)}$

又　　　　　　$u_1 = h_1 - p_1 v_1 = 3473.53 - 9.0 \times 0.03894 \times 10^3 = 3123.07 \text{kJ/kg}$

终态参数：查饱和水和饱和蒸汽表，$p_2 = 0.005 \text{MPa}$ 时：$t_2 = 32.88℃$，$v' = 0.001005 \text{m}^3/\text{kg}$，$v'' = 28.19 \text{m}^3/\text{kg}$，$h' = 137.82 \text{kJ/kg}$，$h'' = 2561.5 \text{kJ/kg}$，$s' = 0.4764 \text{kJ/(kg·K)}$，$s'' = 8.3951 \text{kJ/(kg·K)}$。由 $s_2 = s_1 = 6.76722 \text{kJ/(kg·K)}$

干度　　　　　$x_2 = \dfrac{s_2 - s'}{s'' - s'} = \dfrac{6.76722 - 0.4764}{8.3951 - 0.4764} = 0.7944$

比体积　　　$v_2 = xv'' + (1-x)v' = 0.7944 \times 28.19 + (1 - 0.7944) \times 0.001005 = 22.40 \text{m}^3/\text{kg}$

焓　　　　　$h_2 = xh'' + (1-x)h' = 0.7944 \times 2561.5 + (1 - 0.7944) \times 137.82 = 2063.25 \text{kJ/kg}$

热力学能　　$u_2 = h_2 - p_2 v_2 = 2063.25 - 0.005 \times 22.4 \times 10^3 = 1951.25 \text{kJ/kg}$

于是膨胀功 $\qquad w = u_1 - u_2 = 3123.1 - 1951.25 = 1171.85\text{kJ/kg}$

技术功 $\qquad w_t = h_1 - h_2 = 3473.53 - 2063.25 = 1410.28\text{kJ/kg}$

可以看出，读图的误差大都在第四位数，而最终差值计算结果的误差更小，说明读图误差属于系统性误差。

复习思考题与习题

4 – 1　理想气体是一种实际上不存在的假想气体，它作了哪些假设？什么条件下实际气体可成为理想气体？

4 – 2　迈耶公式是否适用于超临界电厂的主蒸汽？是否适用于空气调温调湿过程中的水蒸气？

4 – 3　标准状态下，空气的比体积和密度是多少？

4 – 4　容器内盛有一定量的理想气体，如果将气体放出一部分后达到了新的平衡状态，问放气前后两个平衡状态之间参数能否按状态方程表示为下列形式：

$(1)\ \dfrac{p_1 v_1}{T_1} = \dfrac{p_2 v_2}{T_2}$；　$(2)\ \dfrac{p_1 V_1}{T_1} = \dfrac{p_2 V_2}{T_2}$。

4 – 5　请补充附表 2 – 2（a）中 50℃、150℃、250℃、350℃、450℃、550℃、650℃、750℃、850℃、950℃、1050℃、1150℃、1250℃、1350℃、1450℃、1550℃、1650℃各温度下的数据。

4 – 6　请为附表 2 – 2（b）补充 NO、NO_2、NH_3、CH_4 的平均摩尔定压热容和平均比定压热容的直线关系式。

4 – 7　如何确定一多变过程的多变指数？

4 – 8　如流体是不可压缩的，能否用对它作功的方法改变其内能（热力学能）？若可能的话，这种作功过程是什么样的过程？

4 – 9　流体经过一换热器时，由于摩擦而使流体的出口压力低于进口压力。在这种情况下，其换热量能否用进出口的焓差来计算？

4 – 10　对于简单可压缩系统可用两个状态参数来确定其状态，为什么理想气体的内能（热力学能）和焓只取决于温度，一个温度参数就可以决定一个状态吗？

4 – 11　我们一般用两个状态参数确定一个状态，为什么对于水一定的压力就可以确定一个饱和温度？这不矛盾吗？

4 – 12　由 A、B 两种气体组成的混合气体，如果它们的质量成分 $x_A > x_B$，那么它们的摩尔成分是否也一定是 $y_A > y_B$？

4 – 13　烹饪时，食物的熟烂程度与烹饪温度相关，那么为什么用高压锅炖牛肉容易熟烂？

4 – 14　在昆明做汽锅鸡，蒸上 3h 后，鸡肉熟嫩适宜，入味透彻，鸡汤清冽，芳香迷人。而在沈阳做汽锅鸡，蒸上一个多小时，小鸡就熟烂如泥，汤浑味腻，令人难以下咽。其热力学原理是什么？

4 – 15　高压容器中的热水进入低压容器后，有一部分变为水蒸气，试解释这一现象产生的原因。

4 – 16　已知某煤矿伴生气的容积成分为：$y_{H_2} = 50\%$、$y_{CH_4} = 36\%$，$y_{C_2H_6} = 4\%$，$y_{CO} = 6\%$，$y_{N_2} = 2\%$，$y_{O_2} = 0.5\%$，$y_{CO_2} = 1.5\%$，试换算成质量成分，并求此气体的平均（折合）分子量。

4 – 17　充满气体的气球由于阳光照射，其温度升高了。试问其中气体进行了什么样的过程？

4 – 18　在 $p - v$ 图和 $T - s$ 图上如何判断过程线 1 – 2 的 q、Δu、Δh、w 的正负？

4 – 19　在以空气为工质的某过程中，加入工质的热量有一半转换为功，过程的多变指数 n 应为多少？

4 – 20　若工质经历一可逆膨胀过程和一不可逆膨胀过程，且其初态和终态相同，问两过程中工质与外界交换的热量是否相同？

4-21 混合气体中某组成气体的千摩尔质量小于混合气体的千摩尔质量，问该组成气体在混合气体中的质量分数是否一定小于体积分数，为什么。

4-22 混合气体处于平衡状态时，各组成气体的温度是否相同，分压力是否相同。

4-23 已知100℃时饱和水的焓为419.04kJ/kg，熵是1.3069kJ/(kg·K)，饱和蒸汽的熵是7.3549kJ/(kg·K)。求饱和蒸汽的焓，并与附表4-1的值相比较。

4-24 在例题4-9中，假定气缸壁温度保持600℃，其与缸内气体的传热量同它们之间的温差成正比。试在$p-v$图和$T-s$图上定性绘出原题的过程线以及考虑传热的过程线。

4-25 式（4-30）是按可逆定容过程推导出来的，为什么适用于所有过程？式（4-31）是按可逆定压过程推导出来的，为什么适用于所有过程？

4-26 在家中，水在什么情况下加热是定压的？什么情况下是定容的？

4-27 一绝热封闭系统内充满不可压缩流体，若想提高其内能（热力学能），该怎么办？若想单独提高其焓，又该怎么办？

4-28 工质进行膨胀时是否必须对工质加热？工质可否一边膨胀一边放热？工质可否一边被压缩一边吸入热量？对工质加热，是否可能温度反而降低？

4-29 有一充满气体的容器，容积$V=245.2$kPa，温度计读数为$t=40$℃，问容器内气体的标准体积是多少？

4-30 体积为V的真空罐出现微小漏气。设漏气前罐内压力p为零，而漏入空气的流率与(p_0-p)成正比，比例常数为α，p_0为大气压力。由于漏气过程十分缓慢，可以认为罐内外温度始终保持T_0不变，试推导罐内压力p的表达式。

4-31 某内径为15.24cm的金属球壳抽空后放后在一精密的天平上称重，当填充某种气体至0.76MPa后又进行了称重，两次称重的重量差为2.25g，当时的室温为27℃，试确定球里是何种理想气体。

4-32 一氧化碳气体盛于活塞-汽缸中，压力0.1MPa，温度27℃，将该气体分别经历过程A和过程B：（1）在过程A中气体在定容下被加热至压力升高1倍，然后在定压下膨胀到容积为初容积的3倍；（2）在过程B中同样的气体由同样的初态首先定压膨胀到容积为初容积的3倍，然后定容加热到压力升高1倍。

试求：（1）在同一个$p-v$图及$T-s$图中画出过程A和过程B；

（2）分别对A、B两过程求其总热量、总功量以及总内能（热力学能）变化量各为多少。

4-33 在三相点温度下，压力变化1MPa，用同温度下饱和水的焓来代表未饱和水的焓，误差有多大？

4-34 定量空气，$V_1=2$m³，初始温度$t_1=15$℃，在定压下加热4187kJ，使容积变为$V_2=8$m³。求过程终了时气体的温度、所作的功及内能（热力学能）和焓的变化，并表示在$p-v$图和$T-s$图上。设比热容为定值。

4-35 天然气（其主要成分是甲烷CH_4）由高压输气管道经膨胀机绝热膨胀作功后再使用。已测出天然气进入膨胀机时的压力为4.9MPa，温度为25℃。流出膨胀机时的压力为0.15MPa，温度为-115℃。如果认为天然气在膨胀机中的状态变化规律接近一多变过程，试求出多变指数及温度降为0℃时的压力，并确定膨胀机的相对内效率（按定比热容理想气体计算，$k=1.303$）。

4-36 设有1kmol某种理想气体进行如图4-22所示循环。已知$T_1=1500$K，$T_2=300$K，$p_2=0.1$MPa。设比热为定值，取绝热指数$k=1.4$，

（1）求初态压力$p_1=$?；

（2）在$T-s$图上画出该循环；

（3）求热效率η_t。

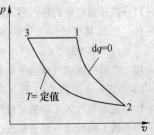

图4-22 4-36题图

4-37 某一高压容器中装有某种未知的气体，可能是 N_2、He 或者 CO_2。今在 25℃ 时从容器中取出一些样品，将它从 $0.5m^3$ 绝热可逆地膨胀到 $0.6m^3$，其温度降低到 4℃，试问此气体名称是什么？（假定容器中气体为理想气体，比热为定值）

4-38 某循环由两个定容过程和两个绝热过程所组成。循环中的空气量为 1kg（按定比热容计算），如图 4-23 所示。状态点 1 的参数是 $t_1 = 127℃$、$v_1 = 0.45m^3/kg$；状态点 2 的温度是为 $t_2 = 550℃$；状态点 3 的比容为 $v_3 = 3v_1$。空气的定熵指数 $k = 1.4$。求：

（1）定容过程 1-2 中加给空气的热量；

（2）状态 1 和状态 3 间的内能（热力学能）变化；

（3）定容放热过程 3-4 中空气放出的热量；

（4）绝热压缩过程 4-1 中外界对空气所作的功。

4-39 设有 1kg 的理想气体进行可逆循环，如图 4-24 所示，其中 1-2 为定熵过程，2-3 为定温过程，3-1 过程在 $T-s$ 图上是经过原点的一条直线，并且已知 $T_1 = 300K$，$T_2 = 600K$。

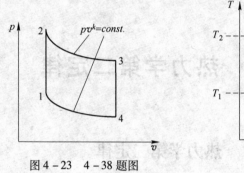
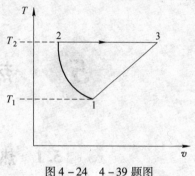

图 4-23　4-38 题图　　　　图 4-24　4-39 题图

（1）试在 $p-v$ 图及 $T-s$ 图上画出这个循环；

（2）指出过程 1-2、2-3 和 3-1 中热量 q、功 w 和热力学能变化 Δu 三者的正负号或零；

（3）计算该循环的热效率。

4-40 水在绝热的混合器中与水蒸气混合而被加热。水流入混合器的压力为 200kPa、温度为 20℃、焓为 84.05kJ/kg、质量流量为 100kg/min。水蒸气进入混合器时，压力为 200kPa、温度为 300℃、焓为 3071.2kJ/kg。混合物离开混合器时压力为 200kPa、温度为 100℃、焓为 419.14kJ/kg。问每分钟需要多少水蒸气？

我认为，熵增原理——即热力学第二定律——是自然界所有定律中至高无上的。如果有人指出你所钟爱的宇宙理论与麦克斯韦方程不符——那么麦克斯韦方程就算倒霉，如果发现它与观测相矛盾——那一定是观测的人把事情搞糟了，但是如果发现你的理论违背了热力学第二定律，我就敢说你没有指望了，你的理论只有丢尽脸、垮台。

——爱丁顿

摘引自 Peter Coveney and Roger Highfield，The Arrow of Time（时间之箭）

"所费多于所当费，或所得少于所可得，都是浪费。"

——严济慈:《热力学第一和第二定律》

5 热力学第二定律

5.1 热力学第二定律

5.1.1 自然过程的方向性

热力学第一定律确定了热能传递、热能与机械能相互转换过程中的数量守恒关系。自然界中的一切过程都遵守这一定律，任何创造或消灭能量的企图都是不能实现的。但人类通过长期的实践发现，并不是任何不违反热力学第一定律的过程都可以实现。

如一杯开水放在空气中自然冷却，开水将热量散发给周围的空气，周围空气获得的热量等于开水散失的热量。若令过程反过来进行，也就是将散失在空气中的热量自动聚集起来，使冷水重新变成开水，过程发生时保持能量守恒而不违反热力学第一定律，这样的过程是不可能实现的。热量可以自发地从高温物体传向低温物体，而不可能自发地从低温物体向高温物体传递。

又如，行驶中的汽车刹车时，汽车的动能通过摩擦全部转换成热能传给了地面和轮胎，使地面和轮胎的温度微微升高，但我们不能迫使地面和轮胎的温度下降，放出热量并将之转换为动能以使汽车继续行驶。机械能可以通过摩擦自发地全部转换为热能，而热能不能自发地全部转换为机械能。

再如，高压气瓶的阀门打开后，里面的气体迅速喷射出来，散失到周围。但我们从来没有看见过气体自动聚集起来，升高压力，钻进气瓶。流体从高压处向低压处自由流动或膨胀是可以自发进行的，而相反的过程则不可能发生。

还有，氧气不会自己从空气中分离出来，钻进氧气瓶，等待我们使用，我们必须利用制氧设备，花费许多能量和成本才能得到氧气，而纯净的氧气混入空气却极容易做到，只要储氧设备稍有泄漏，氧气就会自己跑掉。物质总是自发地从浓度高的地方向浓度低的地方跑，而相反的过程则要花费代价。

以及，因电阻而使电能变成热能，等等，都可以自发地进行，它们的逆过程则都不会自发地进行，这些过程都可称为自发过程，都是不可逆的，它们的最终效果都可以归结为将机械能耗散为环境中的热能，因此又称为耗散效应或耗散过程。

实践证明，自然界的一切过程都具有方向性，都是自发地朝着一个特定的方向进行的。

5.1.2 热力学第二定律的表述

热力学第二定律是工程热力学中最难以理解的地方。热力学第二定律是从能量质（品位）的属性出发，来阐明能量转换的客观规律的。由于事物的质不如事物的量易于说明，所以一般用由于能量的质的属性而产生的、自然过程的方向性来表述热力学第二定律，从而对于不同现象就有不同的文字叙述（说法）。为了论证各种叙述的等效性，往往以一种叙述（说法）来证明另一种叙述（说法），亦即从现象到现象，这是热力学第二定律使人感到难以理解的原因之一。熵函数是为研究关于能量的质有关的问题而专门引进的基本概念，热力学第二定律也可称为熵定律，因此熵在热力学中的重要性是不言而喻的。然而，用经典方法（克劳修斯法）推导熵函数和熵增原理是有逻辑欠缺的，这又是造成热力学第二定律抽象难懂的第二个原因。此外，热力学第二定律是关于宏观性质的定律，它的微观本质要在统计力学中才能得到解释，过程的方向性问题已经超出了热静力学而进入了热运动学范畴，所以想把这类问题在以宏观、平衡为前提的经典热力学中讲清楚，也是难以办到的。最后，认识的目的在于应用，而当把这个定律付诸实际应用时还会碰到一些新问题。另外该定律的应用已经拓展到宇宙学、信息过程以至经济学和医学领域，并直接影响人们的宇宙观、世界观，也给热力学第二定律披上了神秘的迷彩。由于上述原因热力学第二定律一直是热力学教学中的难点。

（1）自然界的一切过程都具有方向性，都是自发地朝着一个特定的方向进行的。热力学第二定律是说明各种过程进行的方向、条件，以及进行的限度或深度的定律。针对各种具体问题，从不同角度出发，热力学第二定律有各种各样的叙述方式，其本质是统一的、等效的。

（2）克劳修斯说法：**热不可能自发地、不付代价地、从低温物体传到高温物体。**

当我们付出了代价，就可以强迫热从低温物体传到高温物体。即实现这个非自发过程，我们需要一个补偿过程作为代价，这个补偿过程一定是一个或几个自发过程。

（3）开尔文（Lord Kelvin）说法：**不可能制造出从单一热源吸热，使之全部转化为功而不留下其他任何变化的热力发动机。**（普朗克说法：**第二类永动机❶是不可能制造成功的。**）

热力发动机应当循环作功，可以连续不断地输出机械能。凡是能把热能转变为机械能的设备都是热力发动机，包括温差发电等。"不留下其他任何变化"包括对热机内部、外部环境及其他物体都不留下其他任何变化，这一点之"不可能"，意味着变化是必须的，这个变化就是热变功这个非自发过程所要求的补偿过程，这个补偿过程也一定是一个或几

---

❶ 在文献中，有时以 PPM–1 和 PPM–2 表示第一类永动机和第二类永动机。在拉丁文中，Perpetuum mobile——永动机。

个自发过程。

（4）卡诺（Sadi Carnot）：凡是有温度差的地方都可以产生动力。

热源的唯一性质就是温度，温度相同的热源是同一热源，而温度差则意味着两个以上的热源足可以提供热变功这个非自发过程所要求的补偿过程。

热力学第二定律的各种说法都是等效的，可以证明它们之间的等效性。

如图 5-1 所示，某循环发动机 E 自高温热源 T_1 吸热 Q_1，将其中一部分转化为机械能 W_0，其余部分 $Q_2 = Q_1 - W_0$ 排向低温热源 T_2，如果可以违反克劳修斯说法，即热量 Q_2 可以不花代价地自低温热源传到高温热源，则总的结果为高温热源失去热能（$Q_1 - Q_2$），循环发动机产生了相应的机械能 W_0，而低温热源并无变化，相当于一台从单一热源吸热而作功的循环发动机。所以，违反克劳修斯说法必然违反开尔文说法，类似地，违反开尔文说法也必然违反克劳修斯说法，两种说法完全等价（图 5-2）。

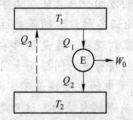

图 5-1　违反克劳修斯说法
必然违反开尔文说法

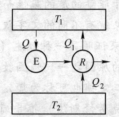

图 5-2　违反开尔文说法
必然违反克劳修斯说法

热力学第二定律的其他说法：

（5）靠减少封闭于刚性绝热容器内并处于热平衡状态的系统的能量来作功是不可能的。

（6）一切自发过程都是不可逆的。

（7）在我们周围的自然界中，所有现象都是从概率较小的状态变化到概率较大的状态。

（8）具有某些规定约束条件，且其容积保持不变的任何气体，能够从任意初态达到稳定平衡，而对环境（外界）不产生净效应。

（9）喀喇塞德罗说法：对于热均匀系统的给定热动平衡状态附近，总有这样的状态存在，从给定的状态出发，不可能经绝热过程达到。

（10）孤立系统熵增原理。

（11）一切伴随有摩擦的过程都是不可逆的。

（12）气体的自由膨胀过程是自发的，而且是不可逆的。

（13）自发过程所进行的结果，都使能量的作功能力持续地变小。

5.2　卡诺循环和卡诺定理

蒸汽机发明后，人们致力于提高其热效率。卡诺于 1824 年发表"论火的动力"一文，提出了一种理想的热力循环——卡诺循环。

当时卡诺还相信热素说。他把热量从高温热源经过热动力机传入低温热源时能够作功，看作水从高处流经水轮机后流入低处能够作功一样，并认为温差越大效果越好，正像水位差越大水轮机作功越多一样。在理想情况下，利用水轮机的功可以将水送回原来的高处，同样，热动力机作出的功在理想可逆情况下，也能将热量从冷源送回热源，为此，吸热时工质与热源的温度应极为接近，放热时工质与冷源的温度也应极为接近。他认为：水位差当中不放置水轮机，水直接从高处流入低处的话，水轮机的功损失掉了；同样，工质与热源之间在温差下直接传热，也会引起功的损失。因此最理想的情况是，工质在热源温度下实现定温吸热过程，在冷源温度下实现定温放热过程。

5.2.1　卡诺循环

卡诺循环由两个定温过程和两个绝热过程组成，且均为可逆过程。如图 5-3 所示，工作于高温热源 T_1 和低温热源 T_2 之间的卡诺循环 $abdca$ 中，过程 $a—b$ 为可逆定温吸热膨胀过程，过程 $b—d$ 为可逆绝热膨胀过程，过程 $d—c$ 为可逆定温放热过程，过程 $c—a$ 为可逆绝热压缩过程。

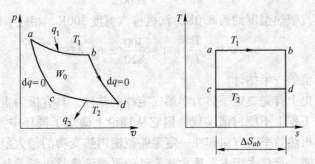

图 5-3　卡诺循环

根据循环热效率的定义，$\eta_t = \dfrac{w_0}{q_1}$

$$\eta_c = \eta_t = \frac{w_0}{q_1} = \left| \frac{q_1 - q_2}{q_1} \right| = 1 - \left| \frac{q_2}{q_1} \right|$$

因为

$$q_1 = RT_1 \ln \frac{v_b}{v_a}$$

$$q_2 = RT_2 \ln \frac{v_c}{v_d}$$

$$\frac{v_a}{v_c} = \left(\frac{T_2}{T_1} \right)^{\frac{1}{k-1}} = \frac{v_b}{v_d} \Rightarrow \frac{v_d}{v_c} = \frac{v_b}{v_a}$$

$$|q_1| = \left| RT_1 \ln \frac{v_b}{v_a} \right| = RT_1 \ln \frac{v_b}{v_a}, \quad |q_2| = \left| RT_2 \ln \frac{v_c}{v_d} \right| = \left| -RT_2 \ln \frac{v_b}{v_a} \right| = RT_2 \ln \frac{v_b}{v_a}$$

所以卡诺循环的热效率为：

$$\eta_c = 1 - \frac{T_2}{T_1} \tag{5-1}$$

卡诺循环热效率的导出，使用了理想气体等温过程的热量计算式，但根据后面的卡诺定理可以知道，该热效率公式也使用于其他工质，即该公式是普适的。

从卡诺循环热效率公式可以得出以下结论：

（1）卡诺循环的热效率只取决于高温热源和低温热源的温度 T_1 和 T_2，与工质的性质和热机的类型等无关。提高高温热源温度 T_1 和降低低温热源的温度 T_2，都可以提高卡诺循环的热效率。

（2）由于高温热源 T_1 不可能增至无限大，低温热源温度 T_2 也不可能减小至等于零，因而 η_c 不可能等于1，而只能小于1。也就是说，从高温热源吸取的热量不可能全部转换为机械能。

（3）当 $T_1 = T_2$ 时，即只有一个热源，$\eta_c = 0$。也就是说，利用单一热源而循环作功的热机是不可能存在的。在一个热力循环中，要实现热功转换，必须有两个或两个以上温度不等的热源，这是一切热机工作的必不可少的条件。

【例 5 −1】　假定实际热机吸放热对应的热源温度与吸放热温度相等，主要热机的卡诺循环效率是多少？

解：内燃机燃烧温度1800K，排气温度700K，相应卡诺循环热效率为：

$$\eta_c = 1 - \frac{T_2}{T_1} = 1 - \frac{700}{1800} = 61.11\%$$

热力发电厂蒸汽吸热温度约为820K，汽机排汽温度300K，相应卡诺循环热效率为：

$$\eta_c = 1 - \frac{T_2}{T_1} = 1 - \frac{300}{820} = 63.41\%$$

实际值可以按卡诺值的一半估计。

卡诺循环在历史上首先奠定了热力学第二定律的基础，具有极为重大的意义。它是一个理想循环，虽然工程上不能付诸实现，但它从理论上确定了循环中实现热变功的条件，指出了提高实际热机热效率的方向和在一定温差范围内热变功的最大限度，它是研究热机性能不可缺少的准绳。虽然卡诺本人限于热素说的影响没能提出能量转化的思想，从而直接导出热效率公式（他是用文字表达了有关热机效率的定理），也没有发现热力学第二定律，但他在热力学史上的地位是不可动摇的。1878 年，萨迪·卡诺的兄弟发表了他的笔记和手稿，从中人们发现，早在 1830 年，卡诺就已经摒弃了热素说，提出了"能量是自然界的一个不变量"的观点，可惜英才早逝，否则热力学第一定律和热力学第二定律发现权都将归于卡诺。萨迪·卡诺 1832 年死于霍乱，终年 36 岁。

按照卡诺循环相同的过程，但以相反的方向进行的循环，叫作逆向卡诺循环。它的一切均与卡诺循环相反，因而它消耗外功 w_0，从低温热源吸热 q_2，向高温热源放热 q_1。它以消耗外功 w_0 为代价，达到制冷 q_2 的目的，不违反克劳修斯说法。评价逆向循环（制冷循环）的指标是制冷系数：

$$\varepsilon = \frac{|q_2|}{|w_0|} \tag{5-2}$$

对于逆向卡诺循环：

$$\varepsilon_c = \frac{|q_2|}{|w_0|} = \frac{|q_2|}{|q_1| - |q_2|} = \frac{T_2}{T_1 - T_2} \tag{5-3}$$

逆向卡诺循环也是逆向循环性能研究的准绳。

5.2.2　卡诺定理

根据对卡诺循环的研究，卡诺还提出了卡诺定理。卡诺定理实际是热力学第二定律的自然推论（或者说是另一种表述形式）。

卡诺定理：在相同温度的高温热源和相同温度的低温热源之间工作的一切循环中，没有任何循环的热效率比可逆循环的热效率更高。

这个定理包含两层意思（有的书写做两个推论），第一层意思是在相同温度的高温热源和相同温度的低温热源之间工作的一切可逆循环，其热效率都相等，与可逆循环的种类无关，与采用哪一种工质也无关。第二层意思是在相同温度的高温热源和相同温度的低温热源之间工作的一切不可逆循环的热效率必小于可逆循环的热效率。

卡诺定理可以根据热力学第二定律证明如下：

假设有一个可逆热机 A 与一个任意热机 B，同时工作于两个恒温热源 T_1 和 T_2 之间。可逆热机 A 的热效率 $\eta_A = \dfrac{w_A}{q_1} = \left| \dfrac{q_1 - q_{2A}}{q_1} \right| = 1 - \dfrac{|q_{2A}|}{|q_1|}$；任意热机 B 的热效率 $\eta_B = \dfrac{w_B}{q_1} =$ $\left| \dfrac{q_1 - q_{2B}}{q_1} \right| = 1 - \dfrac{|q_{2B}|}{|q_1|}$。A 为可逆机，当其逆向循环时，耗功 w_A，由低温热源吸热 q_{2A}，向高温热源放出热量 q_1。现将两机组成联合装置，如图 5-4 所示。由任意热机 B 供给可逆机 A 所需的功。假设 $\eta_B > \eta_A$，则 $q_{2B} > q_{2A}$。于是此联合装置将连续地自低温热源吸热 $(q_{2B} - q_{2A})$，并全部转换为功对外输出，从而形成第二类永动机，而这违反了热力学第二定律，因此 $\eta_B \not> \eta_A$。这就证明了上述卡诺定理。同样方法可以证明卡诺定理的两个推论如下。

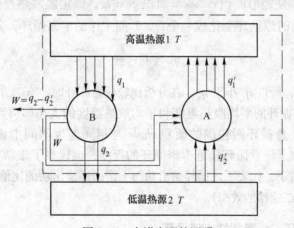

图 5-4　卡诺定理的证明

若 A、B 热机均为可逆热机，假定 $\eta_A > \eta_B$，令 B 热机逆行，仍可得出单一热源吸热，从而违反热力学第二定律的结论；假定 $\eta_A < \eta_B$，令 A 热机逆行，也可得出单一热源吸热，从而违反热力学第二定律的结论。所以必然有 $\eta_A = \eta_B$。

若 A 热机为不可逆热机，B 热机为可逆热机，假定 $\eta_A > \eta_B$，令 B 热机逆行，仍可得出单一热源吸热，从而违反热力学第二定律的结论；假定 $\eta_A = \eta_B$，令 B 热机逆行，结果 A、B 两热机以及热源都回复原状，且未留下任何变化，完全是可逆过程的特征，与不可逆的前提不符。所以必然有 $\eta_A < \eta_B$（不可逆热机逆行时低温热源传递热量、功量的数值与正向运行时不同。可逆热机逆行时低温热源传递热量、功量的数值与正向运行时相同，方向相反。因此，不可逆热机逆行说明不了什么）。

理想气体卡诺热机是可逆热机的一种，根据卡诺定理，所有可逆热机（包括一般气体的卡诺热机）的热效率都相等，因此，在相同温度的高温热源和相同温度的低温热源之间工作的任意可逆循环的热效率都是式（5-1）。

5.2.3　循环的平均吸热温度和平均放热温度

考虑一个任意的循环，并与同温度时间工作的卡诺循环进行比较，可以证明其热效率必比卡诺循环小。

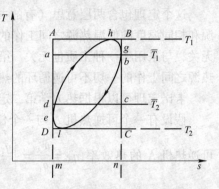

如图 5-5 所示，图中 e、h、g、l、e 为一任意可逆循环。由于在吸热和放热过程中，工质温度随时在变化，要使这一循环成为可逆，必须具有无穷多个热源和冷源，以保证工质能随时定温吸放热。这个循环的热效率为：

图 5-5　平均吸热温度和平均放热温度

$$\eta_t = 1 - \left|\frac{q_2}{q_1}\right| = 1 - \frac{\text{面积 } gnmelg}{\text{面积 } ehgnme}$$

假想一个定温吸热过程 a、b，使它吸入的热量等于原可逆循环的吸热量，即矩形面积 $abnma = $ 面积 $ehgnme$，该定温吸热过程的温度 $\overline{T_1}$ 即为循环的平均吸热温度。同样，假想一个定温放热过程 cd，使矩形面积 $cnmdc = $ 面积 $gnmelg$，该定温放热过程的温度 $\overline{T_2}$ 即为循环的平均放热温度。这时原循环变化成一个 $\overline{T_1}$、$\overline{T_2}$ 间工作的卡诺循环，其热效率为：

$$\eta_t = 1 - \frac{\overline{T_2}}{\overline{T_1}} \tag{5-4}$$

由于 $\overline{T_1} < T_1$，$\overline{T_2} > T_2$，所以 η_t 小于 η_c。在分析比较任意循环时，有时并不需要计算出热效率的数值，而只要比较循环的平均吸热温度和平均放热温度的大小即可判断。另外，很明显，从图中可以看出，任意循环所包围的面积 $ehgle$ 与相同温度限间卡诺循环所包围的面积 $ABCDA$ 的比值，代表了任意循环接近卡诺循环的程度，也代表了该循环的热力学完善程度（在两个恒温热源条件下，代表了该循环输出功与卡诺循环输出功的比值，也就是可用功的利用程度——热力学第二定律的效率）。

5.2.4　极限回热循环——概括性卡诺循环

原则上，两个恒温热源之间可以有各种各样的可逆循环。

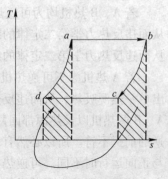

极限回热循环——概括性卡诺循环代表了一大批这样的可逆循环。以多变过程（$n \neq 1$）代替卡诺循环中的绝热过程，就可以得到这种循环，如图 5-6 所示。它需满足两个条件：（1）过程 bc 和过程 da 在横坐标平行方向的距离必须保持不变，对于理想气体，即要求 n 相等（$n_{bc} = n_{da}$）。（2）工质在过程 bc 中所放出的热量必须等温地被过程 da 中的工质所吸收（需要无穷多个不同温度的等温传热器），即极限回热。

根据卡诺定理，概括性卡诺循环的热效率等于同温度范

图 5-6　概括性卡诺循环

围的卡诺循环热效率，即式（5-1）。概括性卡诺循环的意义在于提出了回热的概念。现实中极限回热无法实现，但是可以进行有限回热（有限次数、部分工质）。

5.3　状态参数熵

5.3.1　状态参数熵的导出

熵是与热力学第二定律紧密相关的状态参数。前面已经给出了熵的定义，但没有指出熵的物理意义，也没有充分说明熵是状态参数。熵可以说是热力学理论中最重要的状态参数，它是判断过程能否进行、进行方向以及是否可逆的依据，也是量度过程的不可逆程度的物理量，微观上还是量度粒子系统混乱程度的物理量。

熵是由热力学第二定律导出的状态参数。最严谨的导出方法是喀喇塞德罗（Caratheodory）的公理法，但此方法比较复杂。而最早提出、比较简单且物理意义最清晰的导出方法是克劳修斯方法，它是克劳修斯在 19 世纪 60 年代提出熵概念和孤立系统熵增原理时给出的。因此我们还是采用克劳修斯法，尽管其严谨性稍差。

考虑一个由任意工质进行的任意可逆循环（如图 5-7 所示），当然循环的每一点都有对应的热源以保证无误差传热，维护其可逆性。如果在循环中加入一对可逆绝热过程 mn 和 nm（如图 5-7 所示），根据可逆过程的概念，这对可逆绝热过程的加入不会留下任何痕迹，对原循环无丝毫影响，但表象上把原来的循环 $1m2n1$ 变换成了两个可逆循环 $1mn1$ 和 $m2nm$。如果在循环中再加入一对可逆绝热过程 $[m-1][n-1]$ 和 $[n-1][m-1]$，则在表象上把原来的两个循环 $1mn1$ 和 $m2nm$ 变换成了三个可逆循环 $1[m-1][n-1]1$ 和 $[m-1]mn[n-1][m-1]$ 和 $m2nm$。依次类推，我们可以加入许许多多的——无穷多对可逆绝热过程，这样就构成了无穷多个类似于循环 $[m-1]mn[n-1][m-1]$ 的微小循环，这些循环由像过程 $[m-1][n-1]$ 和 $[n-1][m-1]$ 一样的一对可逆绝热过程和 $[m-1]m$ 与 $n[n-1]$ 一样的微小过程组成。由于我们划分了无穷多个小循环，所以微小过程 $[m-1]m$ 与 $n[n-1]$ 变得非常短，点 $[m-1]$ 趋近于 m，点 n 趋近于 $[n-1]$，这样一来，过程 $[m-1]m$ 与 $n[n-1]$ 的特征就会变得极为模糊，我们把它们看作定温过程，从而构成了——微型卡诺循环。

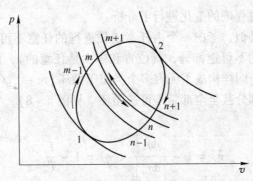

图 5-7　任意可逆循环

这个微型卡诺循环的热效率：$\eta_c = 1 - \dfrac{|\mathrm{d}q_n|}{|\mathrm{d}q_m|} = 1 - \dfrac{T_n}{T_m}$

因为 dq_n 是放热，所以 $|dq_n| = -dq_n$，

$$\frac{dq_m}{T_m} + \frac{dq_n}{T_n} = 0$$

对全部微型循环求和，注意 dq_m 们的方向是从 1 经 m 到 2，dq_n 们的方向是从 2 经 n 到 1：

$$\int_{1m2} \frac{dq_m}{T_m} + \int_{2n1} \frac{dq_n}{T_n} = 0$$

即

$$\oint \frac{dq}{T} = 0 \tag{5-5}$$

$\oint \dfrac{dq}{T}$ 由克劳修斯首先提出，故称为克劳修斯积分，式（5-5）称为克劳修斯积分等式。给定循环是任意可逆循环，所以无论具体循环的路径是什么，式（5-5）的结论都不变。第 2 章中已经定义：

S 由式 $dQ = TdS$ 定义，

$$dS = \frac{dQ}{T}$$

S 称为熵，单位为 J/K。它是一个极其重要的状态参数，利用热力学第二定律可以严谨地导出它，并证明它是一个状态参数。对于单位质量工质，$ds = dS/m$，称为比熵，单位是 $J/(kg \cdot K)$，经常省略"比"字，也称之为"熵"。

$$dq = Tds$$

因此，有

$$\oint ds = 0 \tag{5-6}$$

一个参数的循环积分等于零，说明该参数是状态参数。而且由于给定循环是任意可逆循环，所以路径 $1m2$ 和路径 $2n1$ 也是随意的，作为状态参数的性质，有：

$$\Delta s_{1-2} = s_2 - s_1 = \int_1^2 ds = \int_1^2 \frac{dq}{T} \tag{5-7}$$

5.3.2　不可逆过程熵的变化

克劳修斯对不可逆过程熵的变化进行了分析。

与熵的导出过程相类似，考虑一个由任意工质进行的任意不可逆循环（见图 5-8 所示，图中虚线代表循环的不可逆部分，其位置和多少是任意的），也加入许许多多的——无穷多对可逆绝热过程，同样构成了无穷多个类似于循环 $[m-1]mn[n-1][m-1]$ 的微小循环，不过其中的一部分甚至全部是不可逆循环（见图 5-8），它们的热效率低于卡诺循环的热效率：

$$\eta_t = 1 - \frac{|dq_n|}{|dq_m|} < \eta_c = 1 - \frac{T_n}{T_m}$$

因为 dq_n 是放热，所以 $|dq_n| = -dq_n$，

$$\frac{dq_n}{dq_m} < -\frac{T_n}{T_m}$$

$$\frac{\mathrm{d}q_m}{T_m} + \frac{\mathrm{d}q_n}{T_n} < 0$$

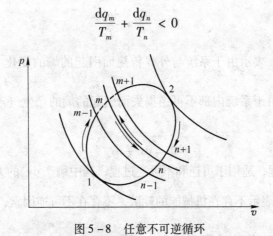

图 5-8 任意不可逆循环

对全部微型循环（包括不可逆的和可逆的）求和，注意 $\mathrm{d}q_m$ 们的方向是从 1 经 m 到 2，$\mathrm{d}q_n$ 们的方向是从 2 经 n 到 1：

$$\int_{1m2} \frac{\mathrm{d}q_m}{T_m} + \int_{2n1} \frac{\mathrm{d}q_n}{T_n} < 0$$

$$\oint \frac{\mathrm{d}q}{T} < 0 \tag{5-8}$$

式（5-8）称为克劳修斯积分不等式，它表明了不可逆循环的特征。而且

$$\oint \frac{\mathrm{d}q}{T} < \oint \mathrm{d}s = 0 \tag{5-9}$$

$$\Delta s_{1-2} = s_2 - s_1 = \int_1^2 \mathrm{d}s > \int_1^2 \frac{\mathrm{d}q}{T} \tag{5-10}$$

$$\mathrm{d}S > \frac{\mathrm{d}Q}{T} \tag{5-11}$$

注意式（5-8）~式（5-11）均适用于不可逆过程和/或循环。

怎样理解克劳修斯等式和克劳修斯不等式的关系呢？为什么克劳修斯等式就可以导出状态参数熵，而克劳修斯不等式却代表不可逆性？式（5-9）~式（5-11）如此武断地得出，根据是什么？

观察熵的定义式 $\mathrm{d}S = \dfrac{\mathrm{d}Q}{T}$，$S$ 作为工质的状态参数，是工质的性质，相应地 $\mathrm{d}Q$ 也应该是工质的吸热量。在可逆条件下，工质吸热全部来源于外界通过边界传给系统的传热量。而在不可逆的条件下，系统内的不可逆性将机械能耗散为热能，并由工质吸收，工质吸热时并不分辨热量是由外界传来的还是由机械能耗散的，此时 $\mathrm{d}Q$ 作为外界通过边界传给系统的传热量与工质的吸热不再相等，于是就有式（5-11）：$\mathrm{d}S > \dfrac{\mathrm{d}Q}{T}$。

考虑到不可逆因素使得一部分机械能耗散为热能（各种不可逆因素总可以表示为将机械能耗散为热能，如温差传热，卡诺说：凡是有温度差的地方都可以产生动力。因此，温差传热使得本可以作出的功没有作出，这就相当于将机械能耗散为热能。），用 $\mathrm{d}Q_L$ 表示这些由机械能耗散成的热能，那么工质吸收的全部热量就可以表示为 $\mathrm{d}Q + \mathrm{d}Q_L$，于是：

$$\mathrm{d}S = \frac{\mathrm{d}Q}{T} + \frac{\mathrm{d}Q_L}{T} \tag{5-12}$$

$$ds = \frac{dq}{T} + \frac{dq_L}{T} \qquad (5-12a)$$

令 $ds_f = \dfrac{dq}{T}$，称为熵流，表示由于系统与外界传热而引起的熵的变化（流动，flow）；$ds_g = \dfrac{dq_L}{T}$，称为熵产，代表由于系统内部不可逆损失而引起的熵的产生（产生，generation）。式（5－12a）可写成：

$$ds = ds_f + ds_g \qquad (5-13)$$

式（5－13）称为熵方程，适用于可逆和不可逆过程，其中熵产 ds_g 的大小描述了过程的不可逆程度。$ds_g = \dfrac{dq_L}{T} = 0$，表示不存在机械能的耗散，不存在不可逆因素，即代表可逆过程。

特别地，对于不可逆绝热过程，$dQ = 0$，所以有 $ds = ds_f + ds_g = ds_g = \dfrac{dq_L}{T} > 0$。我们知道，可逆绝热过程是定熵过程，显然不可逆绝热过程熵增加。如果工质进行一个绝热膨胀过程，从 p_1、T_1 膨胀到 p_2，那么可逆与不可逆过程的关系如图5－9所示。可以看到，不可逆过程终点与可逆过程的终点相比较，温度有所升高，从起点到终点的温差减小，相应地焓差、热力学能差均减小。根据热力学第一定律，$w = q - \Delta u = -\Delta u$ 和 $w_t = q - \Delta h = -\Delta h$，膨胀功和技术功也减小了。膨胀功减小的部分就是被耗散掉的机械能，它转化为热被工质吸收，导致终点温度上升。一般的实用热机循环中的作功过程都是绝热过程，都按照图中的不可逆过程进行。图中用虚线表示不可逆过程，它仅仅代表起点与终点的连接，而不代表实际过程，此虚线下的积分面积也不能代表传热量，相应地 $p-v$ 图上表示不可逆过程的虚线下的积分面积也不能代表作功量。

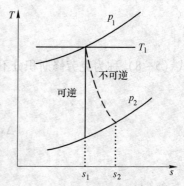

图5－9　可逆与不可逆绝热过程

5.4　孤立系统熵增原理

5.4.1　可用能

热力学第一定律确立了各种热力过程中总能量在数量上的守恒，而热力学第二定律则说明了各种实际热力过程（不可逆过程）中能量在质量上的退化、贬值、可用性降低、可用能减少、作功能力损失。

所谓可用性，在这里是指能量可以转换成为机械能的程度，即作功能力。各种形式的能量并不都具有同样的可用性。机械能和电能等具有完全的可用性，它们全部是可用能；而热能则不具有完全的可用性，即使通过理想的可逆循环也不能全部转变为机械能。热能中可用能所占的比例既和热能所处的温度高低有关，也和环境的温度有关。

卡诺循环明确指出，提高高温热源温度 T_1 和降低低温热源的温度 T_2，都可以提高卡诺循环的热效率；反之，降低高温热源温度则使循环热效率降低。所以热能所处的温度高，可用能所占的比例就大；热能所处的温度低，可用能所占的比例就小。热能降低温度使用，其可用能就减少了。

所谓可用能，是指能量中可转变为机械能的部分，也称为作功能力，称为㶲。

地球表面的空气和海洋等是天然的环境和巨大热库，具有基本恒定的温度，容纳着巨量的热能。它们是我们从自然界获得的最低温度，其高低决定着热能可用性的高低。我们可以通过逆向循环得到比环境温度更低的温度，但需要付出代价，结果是得不偿失，顶多是得刚偿失（可逆过程）。空气和海洋的热能是无法转变成动力的，因而都是废热。

5.4.2 孤立系统熵增原理

$\mathrm{d}s_g$ 标志系统过程不可逆程度，因此 $\mathrm{d}s_g$ 必然大于（不可逆）或等于零（可逆），$\mathrm{d}s_g \geqslant 0$。如果 $\mathrm{d}s_g < 0$，则意味着系统内发生了与不可逆性相反的过程，如热能温度自动升高，等等，显然是违反热力学第二定律的。

将熵方程应用于孤立系统，由于孤立系统与外界没有传热，所以熵流 $\mathrm{d}s_f = 0$，于是

$$\mathrm{d}s_{孤立系} = 0 + \mathrm{d}s_g = \mathrm{d}s_g \geqslant 0 \tag{5-14}$$

这就是孤立系统熵增原理。孤立系熵增原理也是热力学第二定律的一种表述形式，表面上看，熵增原理似乎有一定的局限性——仅适用于孤立系统，但是由于在分析任何具体问题时都可以将参与过程的全部物体包括进来而构成孤立系统，所以实际应用该原理时并没有局限性。相反，由于孤立系统的概念撇开了具体对象而成为一种高度概括的抽象，所以孤立系统熵增原理可作为热力学第二定律的概括表述。本章开头讲过，自然界的一切过程都具有方向性，都是自发地朝着一个特定的方向进行的。这里可以确切地说："自然界的一切过程总是自发地、不可逆地朝着使孤立系统的熵增加的方向进行的。"

设在温度 T_0 的环境中有两个温度不同的热源 A 和 B，相应的温度为 T_A 和 T_B，有热量 Q 从 A 传到 B，取 A、B 和环境为孤立系统（显然系统内部与外界无任何联系），温差下传热肯定要导致可用能减少或者说作功能力损失，我们来讨论孤立系统中熵增与作功能力损失之间的关系（图 5-10）。

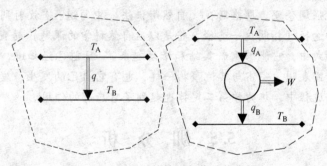

图 5-10 孤立系统熵增与作功能力损失

$$\Delta S_{孤立系} = \Delta S_A + \Delta S_B + \Delta S_{环境}$$

A 热源放热 $$\Delta S_A = -\frac{Q}{T_A}$$

B 热源吸热 $$\Delta S_B = \frac{Q}{T_B}$$

环境无变化 $$\Delta S_{环境} = 0$$

所以 $$\Delta S_{孤立系} = -\frac{Q}{T_A} + \frac{Q}{T_B} + 0 = Q\left(\frac{1}{T_B} - \frac{1}{T_A}\right) > 0$$

即孤立系统熵必然增加。

　　热源 A 的作功能力可按温度 T_A 和环境之间的卡诺循环来计算，即

$$E_{x,A} = Q\left(1 - \frac{T_0}{T_A}\right)$$

同样

$$E_{x,B} = Q\left(1 - \frac{T_0}{T_B}\right)$$

作功能力损失

$$W_L = E_{x,A} - E_{x,B} = Q\left(1 - \frac{T_0}{T_A}\right) - Q\left(1 - \frac{T_0}{T_B}\right) = Q\left(\frac{1}{T_B} - \frac{1}{T_A}\right)T_0$$

即

$$W_L = T_0 \Delta S_{孤立系} \tag{5-15}$$

　　应用类似的方法对摩擦等其他不可逆现象进行分析，仍可得出与式（5-15）相同的结论。摩擦将所消耗的功转变为热，这部分功并未全部损失掉，因为摩擦产生的热被工质吸收后，只要其温度高于环境温度（T_0），就仍有一定的作功能力，真正损失的部分只是 $W_L = T_0 \Delta S_{孤立系}$。

　　自然界的一切过程总是自发地、不可逆地朝着使孤立系统的熵增加的方向进行的，但这一过程也不是永远进行下去的，当系统内达到热平衡时，过程就停止了，此时熵也不再增加。如一杯热水和一杯冷水混合，热水降温，冷水升温，当两者达到热平衡时，温度不再变化。

　　1867 年 9 月 23 日，克劳修斯在法兰克福第 41 届自然科学家和医师集会上做了"关于热的动力理论的第二原理"的演讲。演讲末尾，他把热力学第二定律推广至整个宇宙，得到了宇宙最终将达到热平衡，一切过程也都将停止，整个宇宙不再有任何变化的结论，这就是"热寂说"。热寂说提出后，神学界兴高采烈，认为热寂之日就是最后审判之时，神学得到了科学的证明，无神论者则大为恼火，群起而攻之。另外一些人则试图说明热力学第二定律不适用于宇宙：有人说宇宙是无限大的，永远也不会达到热寂，但现代科学已经得出结论，宇宙是有限无界的；苏联和我国一部分学者则说宇宙太大了，热力学第二定律不适用，这简直是强词夺理。恩格斯在《自然辩证法》中写道："放射到太空中去的热一定有可能通过某种途径（指明这一途径，将是以后自然科学的课题）转变为另一种运动形式，在这种运动形式中，它能够重新集结和活动起来。"目前已经知道，这一途径就是引力。宇宙学理论研究表明，宇宙与其他事物一样，也有它自己的发生、发展、衰落、灭亡的演化过程，这个过程中，热力学第二定律也起到了它应有的作用。

5.5 㶲 分 析

5.5.1 㶲

　　㶲（exergy）[1]，可以定义为热力系统在只与环境（自然界）发生作用而不受外界其他影响的前提下，可逆地变化到环境状态时所能作出的最大有用功。㶲表征了热力系统所具有的能量转变为机械能的能力，因此可以用来评价能量的质量，或品位、能级。数量相同而形式不同的能量，㶲大者其能的品位高或能质高；㶲小者其能的品位低或能质差。机械

---

[1] 1956 年 Z. Rant（南斯拉夫）提出 exergie。1957 年 Nobert Elsner（德）来华讲学时，南京工学院王守泰教授首先将其译为"㶲"。后来华东化工学院杨东华将 anergie 译为"炻"。

能、电能的能质高，而热能则是低品质的能量，热能之中，温度高的热能比温度低的热能品位高。根据热力学第二定律，高品质的能量总是能够自发地转变为低品质的能量，而低品质的能量永远不可能转变成为高品质的能量。因此按品位用能是进行能量系统的烟分析所得到的第一个结论，也是能源工作者的基本守则之一。

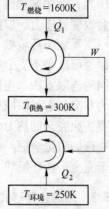

图 5 – 11　按品位用能

在动力系统中（动力与动力系统，这里是指 power 和 power system，而不是 dynamics 和 dynamic system），烟分析正确地给出了可用能损失情况，为人们正确地改进动力循环，提高其热效率指明了途径。在仅考虑热能直接利用的情况下，虽然不存在热能与机械能转换的问题，但烟分析仍然具有重要的意义，它可以指明如何充分地利用热能，典型的例子就是燃煤供热系统的烟分析结果：如果采用"热电联产＋热泵系统"来代替燃煤直接供热的话，可以获得比煤的热值多 0.5～1 倍的供热量，甚至更多（图 5 – 11）。

但是烟分析忽视了炻的使用。炻虽然不能用来作功以获得动力，却可以用来加热、取暖，而在烟分析中不能得到所供应能量中的炻有多少得到了利用的信息。

对于复杂系统进行烟分析，可能得到重要的、不寻常的结论。借鉴中国工程院院士陆钟武教授所提出的系统节能和载能体的概念，对全工序、全流程、全行业或全地区进行比较仔细的烟分析，可能在能源利用方面提出新的见解❶，即以工业产品生产过程各环节所消耗烟的总量来评价该产品生产过程中高品质能量消耗（或称为载烟体或载烟值），并与载能体分析相结合，从而正确评价产品生产的能源利用水平。进一步地，对于太阳能电池、风力发电机等能源产品，还可以将其载烟值及载能体分析结果与产品使用生命周期内能量净产生量及高品质能量（机械能）净产生量进行比较和评价。

能源的利用与环境污染是密不可分的，系统节能理论也好，能源技术经济学也好，都提倡从全系统的角度综合评价能源的利用，而从经济性角度考虑，节能的经济性不一定好（实际上大部分都不好），如果把能源利用对环境造成的污染也折算成经济性指标与节能一同考虑，结论一定会大相径庭。

各种不同形式的能量的转换能力是不同的。在周围环境条件下任一形式的能量中理论上能够变为有用功的那部分能量称为该能量的烟（可用能、有效能、作功能力），不能够变为有用功的那部分能量称为该能量的炻（anerey），炻不能转换为烟，它相当于周围自然环境的能量。

$$能量 = 烟 + 炻$$

在任何能量的转换过程中烟和炻的总和保持不变（热力学第一定律）。

烟可以转换为炻，而炻不可以转化为烟（热力学第二定律）。

5.5.2　自然环境与环境状态

环境的性质作为基准状态是影响烟值大小的重要因素。实际的环境并不是均匀、稳定

---

❶　烟的概念本质上与载能体的概念有冲突。载能体计算的是能源物质与非能源物质在制取的过程中消耗了能量的数量；烟的是按照能源物质与非能源物质在只与环境（外界、自然界）发生作用的前提下，可逆地变化到环境（或自然界）中存在的状态所能作出的最大有用功来计算的。一种存在状态已经确定的物质由于制取的工艺流程不同，可能有不同的载能量，但它的烟只有一个数值，除非环境状态改变。

和平衡（热平衡、力平衡、化学平衡，哪个都达不到）的，在太阳能、地热能和引力的作用下不断地发生着变化，能量和物质不断地聚集、转换和耗散。为研究方便起见，我们忽略这些变化和不平衡，把周围的自然环境包括大气、海洋甚至地壳的外层当作一个具有恒定压力 p_0、恒定温度 T_0 和恒定化学组成的无限大的物质系统，即使有物质或能量出入也不会改变其压力、温度和化学组成。

当系统与环境处于平衡时，可以是完全的热力学平衡，即热平衡、力平衡和化学平衡，也可以是不完全的热力学平衡，仅有热平衡和力平衡，或者说，环境基准状态可以有不同的选取方法。当研究内容不必考虑化学反应因素时，取仅有热平衡和力平衡的环境状态为基准状态可以减少问题的烦琐程度，此时被研究的热力系统的㶲可称为物理㶲。否则需要按照完全的热力学平衡状况确定的基准状态进行分析，此时被研究的热力系统的㶲包括物理㶲和化学㶲。一个系统能量的化学㶲是系统在环境压力 p_0 和环境温度 T_0 条件下相对于完全平衡环境状态因为化学不平衡所具有的㶲。

5.5.3　㶲的各种形式

5.5.3.1　机械形式的㶲

宏观动能和宏观位能都是机械能，都是㶲，可以称为机械（能）㶲。但是闭口系统对外作功并不全是㶲。由于环境状态 p_0、T_0 都不会等于零，所以闭口系统对外膨胀必然要推开环境（p_0、T_0）物质，从而有一部分功作用于环境而不能输出使用，这部分功就不是有用功，也就不是㶲。环境状态 p_0、T_0 下推开环境物质所作的功为 $p_0\Delta V$，那么闭口系统对外膨胀作出的功的㶲为：

$$Ex_W = W_{12} - p_0\Delta V \tag{5-16}$$

反抗环境压力所作的环境功 $p_0\Delta V$ 可以看作是体积变化功的炕部分。

5.5.3.2　热量㶲

热量是系统通过边界传递的热能，传递时唯一的特性是传递温度 T。根据卡诺理论，很容易得到一定温度的热量 Q 所具有的㶲为：

$$Ex_q = Q\left(1 - \frac{T_0}{T}\right) \tag{5-17}$$

5.5.3.3　冷量㶲

冷量是指在系统边界温度低于环境温度时通过边界传递的热能，冷量㶲的定义有两种方式。

定义一

考虑低温热源 T 下的热量 Q——即冷量，假定在低温热源 T 和环境 T_0 之间运行一卡诺热机，它从环境吸热 Q_0，对外作功 W，定义此 W 为冷量㶲 $Ex_{q'}$，有

$$Ex_{q'} = W = Q_0\left(1 - \frac{T}{T_0}\right) = (W + Q)\left(1 - \frac{T}{T_0}\right)$$

得

$$Ex_{q'} = W = Q\left(\frac{T_0}{T} - 1\right) \tag{5-18a}$$

定义二

考虑低温热源 T 下的热量 Q——即冷量，假定在低温热源 T 和环境 T_0 之间运行一逆向卡诺热机，它利用外功 W，制冷 Q，定义此 W 为冷量㶲 $Ex_{q'}$，有

$$Ex_{q'} = W = \frac{Q}{\varepsilon_c} = Q\frac{T_0 - \dot{T}}{T} = Q\left(\frac{T_0}{T} - 1\right),\qquad(5-18b)$$

5.5.3.4 闭口系统的烟

计算闭口系统的最大有用功时，不能允许系统与环境以外的其他热源之间有任何热交换，以避免因为发生可用能传递而影响最大有用功的计算，而且系统与环境之间的传热是在等温下进行的。假定最大有用功给予了一个功源，则参与过程的仅为系统、环境和功源。系统＋环境与功源之间仅有机械能传递，因此对于"系统＋环境"有：

$$dW_A = -(dU + dU_0)$$

式中，dW_A 为给予功源的有用功；dU 为闭口系统的热力学能（内能）增量；dU_0 为环境的热力学能增量。

对于环境，热力学第一定律表达为

$$-dQ_0 = dU_0 + (-p_0 dV)$$

Q_0 是闭口系统与环境之间传热量，所以从环境的角度 Q_0 应加一负号；dV 是闭口系统体积膨胀量，从环境角度也应加一负号。

由于功源无熵变，所以孤立系统熵增为：

$$dS_{isolated} = dS + dS_0 = 0 \qquad (可逆)\qquad(5-18c)$$

其中

$$dS_0 = \frac{-dQ_0}{T_0}$$

综上

$$dW_A = -dU - dU_0 = -dU + dQ_0 - p_0\Delta V = -dU + T_0 dS - p_0\Delta V$$

从系统状态积分到环境状态，可以得到：

$$Ex_u = W_A = U - U_0 + p_0(V - V_0) - T_0(S - S_0)\qquad(5-19)$$

这就是闭口系统的烟，也称热力学能烟（内能烟）。

5.5.3.5 稳定流动系统的烟

假设稳定流动系统进口处的状态为 (p_1, T_1)，工质在热力系统内可逆地变化到与环境相平衡的出口状态 (p_0, T_0)，在变化过程中无别的热源，只与环境之间传递热量，由于环境是唯一热源，所以只能按先可逆绝热，后可逆定温的过程来变化（否则需要无穷多个不同温度的热源来保证过程可逆，而且导致外来可用能参与其中），如图 5-12 所示。稳定流动能量方程为：

$$q = h_0 - h_1 + w_t$$

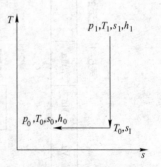

图 5-12 计算稳定流动系统的烟

其中

$$q = T_0(s_0 - s_1)$$

于是

$$e_{xh} = w_t = h_1 - h_0 - T_0(s_1 - s_0) = (h_1 - T_0 s_1) - (h_0 - T_0 s_0)\qquad(5-20)$$

这就是稳定流动系统的烟，也称焓烟。

5.5.3.6 化学烟

热力系统与环境（自然界）之间只存在物质结构不同，而其他条件如压力、温度等都完全相同时，所具有的烟（可逆地变化到环境状态时所能作出的最大有用功）称为化学烟。物质结构的差异包括构成物质的分子或分子团的不同，也包括仅仅由于成分（浓度）不一样而带来的不同。后者不涉及化学反应，也可以称为扩散烟。

确定化学烟的最大困难就是环境基准物质的判定（见表 5-1）。一般地，学术界以元

表5-1 元素的标准化学㶲与温度修正系数

图例说明：

元素符号 化学㶲	10^3kJ/kmol
基准物质	
温度修正系数	kJ/(kmol·K)

例：H 117.61 $H_2O(l)$ -84.89

周期	Ia	IIa	IIIa	IVa	Va	VIa	VIIa	VIII	VIII	VIII	Ib	IIb	IIIb	IVb	Vb	VIb	VIIb	0
1	H 117.61 $H_2O(l)$ -84.89																	He 30.125 Air $p=5.24\times10^{-6}$ 101.09
2	Li 371.96 $LiCl\cdot H_2O$ -485.13	Be 594.25 $BeO\cdot Al_2O_3$ -103.26											B 610.28 H_3BO_3 -185.60	C 410.53 CO_2 $p=0.003$ 57.07	N 0.335 Air $p=0.756$ 1.17	O 1.966 Air $p=0.203$ 6.61	F 308.03 $Ca_{10}(PO_4)_6F_2$ 81.21	Ne 27.07 Air $p=1.8\times10^{-5}$ 90.83
3	Na 360.79 $NaNO_3$ -358.99	Mg 618.23 $CaCO_3\cdot MgCO_3$ -360.58											Al 788.22 Al_2O_3 -166.57	Si 852.74 SiO_2 -195.27	P 865.96 $Ca_3(PO_4)_2$ 86.36	S 602.79 $CaSO_4\cdot2H_2O$ -116.69	Cl 23.47 NaCl 268.82	Ar 11.673 Air $p=0.009$ 39.16
4	K 386.85 KNO_3 -354.97	Ca 712.37 $CaCO_3$ -358.74	Sc 906.76 Sc_2O_3 -159.87	Ti 885.59 TiO_2 -198.57	V 704.88 V_2O_5 -236.27	Cr 547.43 $K_2Cr_2O_7$ 30.67	Mn 461.24 MnO_2 -197.23	Fe 368.15 Fe_2O_3 -147.28	Co 288.40 $CoFe_2O_4$ -91.84	Ni 243.47 $NiCl_2\cdot6H_2O$ -865.63	Cu 143.80 $Cu(OH)_6Cl_2$	Zn 337.44 $Zn(NO_3)_2\cdot6H_2O$ -852.87	Ga 496.18 Ga_2O_3 -162.09	Ge 493.13 GeO_2 -194.10	As 386.24 As_2O_3 -255.27	Se 0 Se 0	Br 34.35 $PtBr_2$ -19.92	Kr
5	Rb 389.57 $RbNO_3$ -353.80	Sr 771.15 $SrCl\cdot6H_2O$ -841.61	Y 932.45 $Y(OH)_3$	Zr 1058.59 $ZrSiO_4$ -215.02	Nb 878.10 Nb_2O_5 -240.62	Mo 714.42 $CaMoO_4$ -45.27	TC	Ru 0 Ru 0	Rh 0 Rh 0	Pd 0 Pd 0	Ag 86.32 AgCl 326.60	Cd 304.18 $CdCl_2\cdot\frac{5}{2}H_2O$ -759.94	In 412.42 In_2O_3 -169.41	Sn 515.72 SnO_2 217.53	Sb 409.70 Sb_2O_5 -255.98	Te 266.35 TeO_2 -188.49	I 25.61 KIO_3 56.82	Xe
6	Cs 390.91 CsCl -364.26	Ba 784.17 $Ba(NO_3)_2$ -697.60	La	Hf 1023.24 HfO_2 -202.51	Ta 950.69 Ta_2O_5 -242.80	W 818.22 $CaWO_4$ -45.44	Re	Os 297.11 OsO_4 -325.22	Ir 0 Ir 0	Pt 0 Pt 0	Au 0 Au 0	Hg 131.71 $HgCl_2$ -690.61	Tl 169.70 Tl_2O_4	Pb 337.27 PbClOH	Bi 296.73 BiOCl -425.68	Po	At	Rn
7	Fr	Ra	Ac															

La 982.57 $LaCl_3\cdot7H_2O$ -1224.45	Ce 1020.07 CeO_2 -227.94	Pr 926.17 $Pr(OH)_3$	Nd 967.05 $NdCl_3\cdot6H_2O$ -1214.78	Pm	Sm 962.06 $SmCl_3\cdot6H_2O$ -1215.74	Eu 872.49 $EuCl_3\cdot6H_2O$ -1231.06	Gd 958.26 $GdCl_3\cdot6H_2O$ -1220.26	Tb 947.38 $TbCl_3\cdot6H_2O$ -1230.26	Dy 958.26 $DyCl_3\cdot6H_2O$ -1234.03	Ho 966.63 $HoCl_3\cdot6H_2O$ -1235.20	Er 960.77 $ErCl_3\cdot6H_2O$ -1234.82	Tm 894.29 Tm_2O_3 -167.82	Yb 935.67 $YbCl_3\cdot6H_2O$ -1224.45	Lu 917.68 $LuCl_3\cdot6H_2O$ -1235.20
Ac	Th 1164.87 ThO_2 -168.78	Pa	U 1117.88 U_3O_8 -247.19	Np	Pu	Am	Cm	Bk	Cf	Es	Fm	Md	No	Lr

素在自然界常见存在形式作为基准物质，如以 Fe_2O_3 为 Fe 元素的基准物质。但是，Fe_2O_3 在自然界极少单独以纯物质形态存在，而是与其他物质组成混合物，且混合比例变化范围极大。另外相当多的 Fe 是以 Fe_3O_4 混合物的形态存在，使问题进一步复杂化。因此 Fe_2O_3 这个基准物质并不合适。文献［9］指出："p_0、T_0 下的空气、河水、海水以及部分地壳都可作为㶲的基准物，其㶲值为零。"这是确定无疑的。然而接下来，"而且它们中的各组分在其固定浓度下的㶲值也为零。例如，$p_0 = 1atm$ 和 $T_0 = (273.15 + 25)K$ 下饱和湿空气具有文献［9］中有如文献［9］中的表 – 1 所列的固定组成。这样，空气中各组分在 T_0 及其分压力下的㶲都为零，例如温度为 25℃、压力为 $0.7660 \times 10^5 Pa$ 的氮气的㶲值为零，在其他压力下则有正的㶲值或负的㶲值"就值得商榷了，如独立存在于封闭容器中的温度为 25℃、压力为 $0.7660 \times 10^5 Pa$ 的氮气与空气中的氮气㶲值怎么会一样呢？

5.6 熵的统计意义

第 1 章绪论中谈到，热学的研究有两个途径，一种是宏观的、唯象的研究方法，即经典热力学的研究方法；另一种是微观的、统计的研究方法，即统计物理或统计热力学的研究方法。利用统计的方法研究大量分子杂乱无章热运动的统计平均性质，能从物质内部分子运动的微观机理来更深刻地解释所观测到的宏观热现象的物理本质。

5.6.1 热力学概率与熵

从微观角度来看，宏观运动犹如阅兵分列式，热运动就像广场上散漫的行人。前者每个粒子的运动方向、速度（能量）、粒子间距（密度）等都是统一的。而热运动中粒子的上述参数都各不相同，且充分的热运动中，向任何方向运动的粒子都存在，粒子的运动速度从小到大都存在，粒子的间距从紧密到疏松都存在。某特定的粒子运动方向、速度和粒子间距可以操作于粒子集合的任意一点。另外，宏观运动令行禁止，而热运动始终存在。宏观系统的状态与热运动的状况密切相关。

仅以温度为例，温度代表了粒子的平均运动动能。如果系统仅有两个粒子，每个的动能都是 2，那么平均运动动能就是 2；如果一个动能为 3，另一个为 1，那么平均运动动能也是 2；如果一个动能为 4，另一个为 0，那么平均运动动能还是 2。显然这是等温的三个宏观状态❶，但每个宏观状态（后面简称宏态）可能对应多个微观状态（简称微态）。

如果我们把 4 份动能随机分配给两个粒子，每个动能分配到一个特定粒子的概率应是 $\frac{1}{2}$，4 份动能分配到特定粒子的概率则是 $\left(\frac{1}{2}\right)^4 = \frac{1}{16}$。于是，一个粒子动能为 4，另一个为 0 出现的概率是 $\frac{2}{16}$；一个动能为 3，另一个为 1 的概率是 $\frac{8}{16}$；两粒子各有两份动能出现的

---

❶ 与后面的"微观状态"都是为了叙事而临时使用的术语。在无其他约束（或与环境平衡）条件下，三个宏观状态中只有一个平衡状态，可在状态坐标图上表示。其余是不平衡状态。宏观状态不区分具体是 A 粒子还是 B 粒子拥有较多的能量（分辨不出）。微观上能量给了 A 还是 B 是不一样的，因此分辨清楚 A、B 粒子所确定的状态称为微观状态。

概率是$\frac{6}{16}$。三个宏态对应微态数目不一样，或者说三者出现的机会不一样。显然，吃独食的概率最小，绝对平均主义的概率也不大。而较大概率的宏态是最均匀的：不仅每个粒子都有动能，而且动能数目有两个，其他两个宏态都只有一个动能数（0 是没有，不算）。该状态就是热力学平衡状态。实际系统的粒子数在 $10^{23} \sim 10^{26}$ 数量级，概率的差异会更加显著，均匀分配的概率极大，少量粒子保持大部分能量的可能性（概率）极小，后者会迅速向前者变化。这就是自然过程方向性的微观机理，也就是热力学第二定律的微观解释。

玻耳兹曼把粒子系统的概率与熵联系起来，提出 $S = f(W)$，其中 W 是宏态所对应的微态数，等于状态的概率与粒子全部微态之积，波尔兹曼称之为热力学概率❶。考虑两个子系统 1、2 构成一个复合系统，子系统有 $S_1 = f(W_1)$ 和 $S_2 = f(W_2)$。复合系统的熵应为 $S = f(W) = S_1 + S_2 = f(W_1) + f(W_2)$，而两个事件同时发生的概率应该是 $W = W_1 \cdot W_2$，于是

$$f(W) = f(W_1)(W_2) = f(W_1) + f(W_2)$$

只有假定 $S = f(W)$ 是对数函数，才能满足上述关系。波尔兹曼确定：

$$S = k\ln W \tag{5-21}$$

式中，k 是玻耳兹曼常数。

Ludwig Boltzmann（图 5-13），第一个对热力学第二定律做出了统计性解释，但是遭到其他物理学家和数学家的激烈反对。1900 年 21 岁的爱因斯坦在写给女友的信中说，玻耳兹曼"是一位高明的大师，我坚信他的理论原则是对的"。

图 5-13　维也纳大学校园中的玻耳兹曼墓

玻耳兹曼的理论为人们广泛认可是在爱因斯坦关于布朗运动和分子计数的研究，以及培林在苏黎世对此所做的实验验证完成之后，那时他已经去世有几个年头了。

---

❶ 熵 S 是广延量，系统内物质量越多，S 越大，数学概率体现不了这个性质，所以玻耳兹曼定义了热力学概率 W。在老一点的文献中称为热力学几率。

玻耳兹曼首先提出了熵的微观统计解释。回答了下列问题：

◆ 在一定条件下，系统有从非平衡状态过渡到平衡状态的倾向，这种倾向在宏观上为什么总是单向的？

◆ 有没有可能自动出现相反的现象？

◆ 为什么与热相联系的一切宏观过程都是不可逆的？

◆ 为什么孤立系统中自发过程会使系统的熵增大，其物理实质何在？

◆ 熵的物理意义究竟是什么？——（粒子）系统无序（混乱）程度的量度。

实际上，玻耳兹曼的成果要丰富得多。1872 年，他公布了把刘维方程用于气体中大量分子集合的结果，分析了处理热力学平衡的途径。他的研究终于使时间在微观层次上有了方向，他得到了一个时间不对称的演化方程——玻耳兹曼方程，构造了一个新函数——H 函数。

5.6.2 对称和吉布斯公式

前面仅仅谈到动能在粒子系统的分布，实际上还应该包括运动方向、粒子间距等的分布。与动能分布最均匀的思路相同，粒子间距（宏观为密度）的均匀表现在各种间距数值都存在和各个数值的间距的数目都存在，例如间距有 1m 的、2m 的、3m 的，1m 长的间距有一个，2m 长的间距有两个，3m 长的间距有三个之类的。可以联想广场散步人群的状况，如果所有间距都相等就成了队列了。

应该注意到，粒子系统时刻处于热运动之中，所以系统中每点的动能、运动方向、粒子间距等参数都在时刻变化，对于含有大量粒子的宏观系统，总体上的状况却不会变化，即保持平衡状态。这时我们观察系统中任意两点，可以发现它们的物理图景极其相似。一定时间段内，每个点上粒子出现的几率，粒子运动呈现的方向分布、动能分布等在另一点上也会呈现出来，当然呈现时刻次序不会相同，但它们的物理机理完全相同。

改变观察点或观察角度，观察对象呈现出的特征不发生变化；或者对观察对象实施某种操作，而观察对象呈现出的特征不发生变化，称为操作不变性，或称为对称。通常人们更熟悉几何对称（几何操作不变性）。操作不变性种类和数目越多，对称性越强。圆的对称性强于正方形，因为轴对称圆的对称轴比正方形多，旋转对称圆的对称中心也比正方形多。阅兵分列式整齐划一，秩序井然，结构分明，但是其对称性不高，队列的节点上与节点间明显不同。而广场上混乱无序的散步人群，由于其处处与物理图景相似而具有很高的对称性。

对称性是理论物理一个重要的基本概念，是描述我们所在宇宙基本构建规则的术语之一。杨振宁、李政道获诺奖的成果就与此有关。

前面的讨论把对称、无序、混乱、大概率、熵和平衡状态联系起来。确切地说平衡状态是给定条件下系统与外界无能量和质量传递时熵最大、微观粒子分布概率最大、最混乱、最无序、对称性最高的状态。不平衡时熵小于最大值，其差值可以作为衡量不平衡程度的量度。

玻耳兹曼的公式适用于平衡状态熵的计算，吉布斯聆听玻耳兹曼的课程后对不平衡时的熵进行了分析并提出了如下公式：

$$S \equiv -k\sum_i p_i \ln p_i \qquad (5-22)$$

式中，p_i 是系统演化过程中某一时刻各个宏态出现的概率。利用吉布斯的公式可以对系统演化过程中的熵进行计算，雷诺兹等人设计了一套计算机模拟实验方法，对此做了验证[12]。设有由 A，B，C，…，J 等 10 个粒子组成孤立系统，限定每个粒子至多拥有 4 份能量，系统拥有的总能量为 30。该系统可能有许多种状态，其中一些示于图 5-14 中。分析所有可能的组合，知道有 72403 种可能的微态。若粒子不可辨（如把 A，B，C，…都改为 *），就把 72403 种微态划分成为 23 个组，即宏态。每组包含微态数不同，图 5-14 左一的微态单独一组，右二、右三所在组共有 12600 个微态。试验假定系统从左一组开始，每步有任意两个粒子交换能量（为使变化简单一些，限定交换一个能量或不换），粒子的选择和能量是否交换由计算机随机选择。试验进行 40 步，反复 10000 次，记录下变化过程后用吉布斯的公式计算熵的变化。图 5-15、图 5-16 是作者十几年前所做的结果。图 5-15 纵坐标"组的编号"是按所含微态数（即宏态的概率）从大到小排列的，23 号是左一组，1 号是右二右三组。图 5-16 很好地符合了孤立系熵增原理。

$e=4$	——————	A—————	B—————	ABCD————	GHIJ————	GHIJ————
$e=3$	ABCDEFGHIJ	CDEFGHIJ—	CDEFGHIJ—	EFG————	DEF————	CDEF————
$e=2$	——————	B—————	A—————	HI—————	BC—————	B—————
$e=1$	——————	——————	——————	J—————	A—————	A—————
$e=0$	——————	——————	——————	——————	——————	——————

图 5-14　试验系统可能存在的微观状态

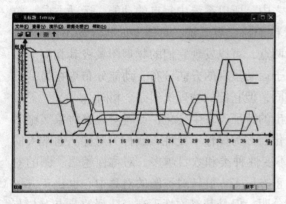

图 5-15　实验集内的几次实验

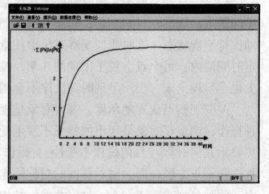

图 5-16　10000 次实验计算出的熵

5.6.3　涨落、对称破缺与自组织现象

图 5-15 显示，系统变化并不在概率最大的宏态停止，而是常常离开该宏态，甚至可以达到概率很小的宏态。这个现象体现了热运动的随机性，粒子和能量经常发生小规模的聚集，运动方向也会发生小规模的集中。这个机理是爱因斯坦在解释布朗运动时提出的，他把这个现象称为涨落。热平衡是一种动态平衡，微观上不断发生离开平衡的涨落，随即又迅速恢复。涨落也是个很重要的物理学概念，在多种物理学理论中应用。如著名的黑洞蒸发（也称霍金蒸发）理论。量子力学认为，纯真空也会发生运动和变化（跟辩证唯物主义的运动绝对学说很相符），不断地随机产生一对"虚"粒子，大部分随即湮灭。霍金判断，在黑洞视界附近的虚粒子之一可能掉进黑洞，另一个虚粒子就会化成实粒子并被高

速抛离黑洞。真空中虚粒子对的产生与湮灭就符合涨落的特征。

5.6.1 节中的两粒子系统通过涨落可以很容易达到概率最小的宏态，而图 5 - 15 系统能从概率最大的宏态变化到概率很小的宏态，但达到概率最小的宏态就很难了。对于实际宏观系统，通过涨落达到概率最小的宏态的可能性趋近于无穷小。这意味着热力学第二定律并不禁止违反克劳修斯说法的过程发生，只是发生的可能性趋近于无穷小。

1900 年，法国学者 Henri Bérnard 观察到，如果在一个水平容器中放一薄层液体，然后在底部均匀缓慢地加热，开始没有任何液体的宏观运动。加热到一定程度，液体中会突然出现规则的多边形图案（图 5 - 17）[13]。

图 5 - 17　扁圆容器中 Bérnard 格子俯视图

容器内液体在加热之前处于热平衡状态，系统内处处各个状态参数相等，或者说对称，没有过程发生，也没有熵的产生。加热开始后，热流还不大时，底部温度升高，靠传导向顶部传递热量，系统内产生由底到顶的热流线和与底面平行的等温面，底顶之间的对称性被破坏。微观上底部分子平均运动速度高，向上依次降低，即分子依速度大小大致排列有序。据分析可知底部加热进入的熵流小于顶部放热释出的熵流，系统内有熵产生。

如果逐渐加大热流，相应底部温度也需要升高。当该温度和热流提高到某一值时，Bérnard 格子出现。显然此时对称性进一步降低（被称为对称破缺），有序程度显著增加，而且呈现宏观有序和结构，微观粒子的运动不再是完全杂乱无章，它们被一定程度上组织起来，共同进行有规律的宏观运动，当然熵产生量也增大。在 Bérnard 格子出现以前，传热量与温度梯度成线性关系（导热基本定律——傅里叶定律）。Bérnard 格子标志着发生了对流传热，传热量与温度梯度的关系是非线性的。

Bérnard 格子出现时的温度和热流值往往是一个范围，称为阈值。阈值具有不能准确确定的最小值和最大值，最小值时有一个很低的概率会出现 Bérnard 格子（可人为选定为 1% 或其他数值），温度和热流高于最小值后出现格子的概率会提高，超过最大值则必然出现。这里的不确定性来源于涨落的不确定性：足够大的涨落可以被一定的温差和热流放大，产生对流格子，而该温差和热流不足以放大小一点的涨落，涨落过后依然回到单纯导热。更大的温差和热流则可以把小一点的涨落放大成对流传热。这里可以看到确定性与随机性的统一：大尺度上 Bérnard 格子必然出现，小一点尺度上不能保证出现，也不能保证不出现。不仅如此，Bérnard 格子出现的几何位置（即坐标）也具有这种确定性与随机性的统一：大尺度上的确定性，小尺度上某坐标点这次是上升流，下次可能是下降流。我们可以用微分方程组来描述温度、热流与运动（速度矢量）的关系，该方程的解必然会反映物理实际，于是这次得到一个解，下次得到另一个解，解与解相距不远，多次的解汇聚在一起好像是围着一个中心随机移动，学者们称这个中心为奇怪吸引子（strange attractors，图 5 -18）。

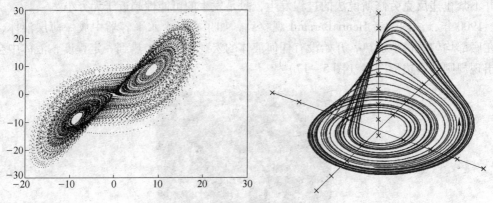

图 5 -18　奇怪吸引子

普利高津（Ilya Prigogine）[1] 建立的耗散结构理论指出：对于一个远离平衡状态的开放系统，通过不断输入能量并将之耗散，再向外界放出，可以维持甚至产生稳定有序的组织结构。单从其结果来看似乎与第二定律的结论不同，然而耗散结构的产生正是热力学第二定律发挥作用的结果。关键在于耗散结构对能量的耗散：这种耗散作用的实质是不断地向系统输入含熵少的高品质能量，同时不断地向系统外排放含熵多的低品质能量（一般为低温废热），即形成一个负熵流，把系统内不断产生的熵排出去，从而维持组织结构的稳定和发展。

自组织现象或耗散结构的产生，根本原因是在"不断与外界交换物质或能量"过程中系统内部熵减少了，导致对称破缺，产生有序和结构。进入系统的能量和物质能够带给系统一定的熵，离开系统的能量和物质也能带走一定的熵，当离开系统的熵多于进入系统的熵时，就会造成熵的减少。熵可以理解为系统无序程度的量度或者接近完全热力学平衡的程度，所以熵的减少导致差异、有序和结构的产生。因此，凡是可能出现熵减少（也称为负熵流）的系统，无论是封闭的还是开放的，都可能产生自组织现象。即使总熵只能增加的孤立系统，只要它足够大，它的能够发生局部负熵流的子系统也有可能产生自组织现象。

地球表面的大气、海洋、土壤和生活在其中的生物组成了生物圈，这个生物圈构成了一个生态系统，经过几亿年的发展，它从简单到复杂，吐故纳新，发展成为一个稳定的耗散系统。太阳辐射给这个耗散系统提供了高品质的能量，生物圈内的各种过程、活动将这些能量耗散成为废热，然后通过长波辐射将废热释放到寒冷的外太空中去。依靠这样一系列能量转化与传递作用，该系统获得了负熵流。负熵流充足时，生物大进化，大发展，并且不断形成各种矿产资源的储藏，如煤炭、石油等；有时也有各种自然灾害，造成临时或

---

[1]　普利高津（Ilya Prigogine），比利时布鲁塞尔自由大学教授，1977 年诺贝尔化学奖获得者，最小熵产生原理（1947）、耗散结构理论（自组织理论）创立者，1917 年出生于莫斯科，1927 年随家人迁居布鲁塞尔。

者局部的熵增，就会出现生物的大批死亡甚至灭绝。人类的一切活动都是由能源来推动的，从这个意义上讲，环境的污染是与能源的消费成正比的。大自然有能力对污染物质进行自洁净，该过程是在太阳辐射作用下和绿色植物光合作用中进行的，即需要消耗一定的太阳能。按照热力学的观点，无论是人类的生产与生活活动还是大自然的自洁净过程，都会使生物圈系统的熵产增加。为此，地球一方面提高长波辐射强度以加速排熵过程，反映出来的宏观效应就是温室效应；另一方面，以部分生态系统（耗散系统）的崩溃——即荒漠化和物种灭绝等来容纳生物圈系统内部熵的积存。即使我们看不见垃圾遍地、污水横流等表观污染的存在，却仍可以直接感受生物圈系统熵增的全球性后果。

复习思考题与习题

5-1 热力学第二定律是否可以表述如下：

（1）机械能可以全部变成热能，而热能不可能全部变成机械能。

（2）热量可以从高温物体传递给低温物体，而不能从低温物体传递给高温物体。

（3）由于自发过程是不可逆过程，所以非自发过程就是可逆过程。

这些说法如果不确切，应怎样改变？

5-2 理想气体的等温膨胀过程热力学能和焓的变化量都等于零，意味着该过程可以从外界吸热并将之全部转变成为机械能对外输出。这是否表明热力学第二定律不适用于理想气体的等温膨胀过程？为什么？

5-3 同一种工质的两条可逆绝热过程线在状态参数坐标图上可以相交吗？为什么？

5-4 卡诺定理是否意味着"热效率愈高的循环，其不可逆性就愈小"？为什么？

5-5 在两个恒温热源之间运行的可逆热机 A、B，若热机 A 的热效率大于热机 B，那么会有什么结果呢？试推算之。

5-6 某封闭热力系统经历一熵增的可逆过程，则该热力系统能否再经历一绝热过程回复原态？若开始时进行的是熵减的可逆过程呢？

5-7 有人说，非自发过程可以通过消耗功来实现，如制冷。这种非自发过程可以看成是由自发过程构成的。请分析制冷是由哪些自发过程构成的。

5-8 试利用熵方程 $dS = \dfrac{dQ}{T} + \dfrac{dW_1}{T}$（即熵的变化量等于熵流加熵产的关系）来说明对于不可逆循环必然存在克劳修斯不等式 $\oint \left(\dfrac{dQ}{T} \right) < 0$。

5-9 系统在完全与外界孤立的条件下，其状态能否发生变化？若能发生变化，这种变化有什么特征？

5-10 某企业开发出一种柴油发电机，每小时消耗 1kg 发热量为 42000kJ/kg 的柴油，可提供 10kW 的电力。你对此发电机如何评价？

5-11 一桶河水（约 25kg）与一杯开水（约 0.5kg）相比，所具有的热能谁多？能的可用性谁大？

5-12 热力学概率与数学概率有何不同？热力学概率相同，数学概率一定相同吗？请写出熵的吉布斯定义，并简要说明式中各项符号的意义。

5-13 下述说法是否正确：（1）熵增大的过程必定为吸热过程；（2）熵减小的过程必为放热过程；（3）定熵过程必为可逆绝热过程；（4）熵增大的过程必为不可逆过程；（5）使系统熵增大的过程必为不可逆过程；（6）熵产 $S_g > 0$ 的过程必为不可逆过程。

5-14 下述说法是否有错误：（1）不可逆过程的熵变 ΔS 无法计算；（2）如果从同一初始态到同一终态

有两条途径，一为可逆，另一为不可逆，则 $\Delta S_{不可逆} > \Delta S_{可逆}$，$\Delta S_{f,不可逆} > \Delta S_{f,可逆}$，$\Delta S_{g,不可逆} > \Delta S_{g,可逆}$；（3）不可逆绝热膨胀终态熵大于初态熵 $S_2 > S_1$，不可逆绝热压缩终态熵小于初态熵 $S_2 < S_1$；（4）工质经过不可逆循环 $\oint ds > 0$，$\oint \dfrac{\delta q}{T_r} < 0$。

5–15　有人提出一循环 1—3—2—1：1—3 是可逆定温吸热过程，3—2 是可逆绝热过程，2—1 为不可逆绝热过程，如图 5–19 所示，其中 1、2、3 分别为三个平衡状态。试问此循环能否实现，为什么？

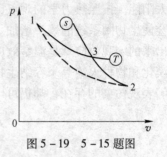

图 5–19　5–15 题图

5–16　燃料电池可以直接将燃料的化学能转变为电能，其基本原理与普通的电池差不多。目前以氢或甲烷为燃料（阴极），以氧或空气为氧化剂（阳极）的燃料电池已经可以工业化生产。请分析，燃料电池的发电效率是否受热力学第二定律的限制？

5–17　温度为 T、体积为 V 的理想气体混合物，它的焓等于各个组成气体在温度 T 下单独处于体积 V 里面时焓的总和。它的熵也等于各个组成气体在温度 T 下单独处于体积 V 时熵的总和吗？

5–18　自然界的一切过程都是自发的，不可逆的，都会带来孤立系统熵增。实际工作中的热机也不能例外。所以热机的熵必然增加。这种说法对吗？

5–19　举例说明孤立系统熵增与系统内过程进行方向的联系。

5–20　利用热能可以驱动制冷机制冷，如图 5–20 所示。试用热力学第一定律和热力学第二定律，在可逆的条件下推出 $\dfrac{Q_L}{Q_H}$ 的表达式。三个热源温度均为恒定。

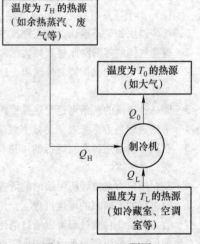

图 5–20　5–20 题图

5–21　按照热力学第一定律和热力学第二定律的要求，一个长期稳定运行的系统（如热机系统，或者复杂一些的如生物体系统、生态系统）的能量传递与变化有什么特点？这种系统可以是孤立系统吗？

5–22　有人给出烟的定义：当系统由一任意状态可逆地变化到与给定环境相平衡的状态时，理论上可以无限转换为任何其他能量形式的那部分能量，称为烟，又叫有效能。这个定义有什么缺陷？

5–23　环境条件是影响烟值大小的重要因素。而有些系统的烟值与环境条件的变化关联不大，可以用给定环境条件来计算。试讨论工业生产中哪些过程符合这个情况，又有哪些过程不可忽视环境条件的变化。

5–24　百度贴吧永动机吧有个帖子（http：//tieba. baidu. com/p/4253255873）："我发明的永动机，大家看我能拿诺贝尔奖不？"楼主贴出了一个永动机设计图（图 5–21），周围环境的热量通过辐射进入下腔，把水加热汽化，下腔的热被镜面反射层和真空隔热层封闭而不外溢。蒸汽上升至上腔后向外面环境散热而冷凝，冷凝后的水靠重力落下驱动水力发电机发电。这显然是一个第二类永动机，违反了热力学第二定律的开尔文说法。请分析，楼主的描述的各个过程能够进行的可能性❶。

---

❶　热力学第二定律指明了自然过程进行的方向性，同时也是判断工程设计能否实现的判据。第二定律判据只根据系统与外界的相互作用关系进行判断，而不讨论系统内部的复杂结构和状况。就像本章题头语中爱丁顿的说法，第二定律判定不行的，肯定要完蛋。第二定律这种不管内部三七二十一的判断方式不免令人心疑，而认真分析系统内部运行机理，找出其中的具体谬误，是解除心疑，切实掌握第二定律的有效方法。百度贴吧的永动机吧为此提供了很好的试练场，其中的狡辩、诡辩、以骂代辩比比皆是；如果能够心平气和地用科学赢得辩论，是对自己的很好锻炼。

5-25 永动机吧的另一个帖子（http：//tieba．baidu．com/p/4261619370？pn＝1#82465295895l）："盐水永动机，求破解"楼主贴出了一个永动机设计图（图5-22）。请分析其不能实现的机理。

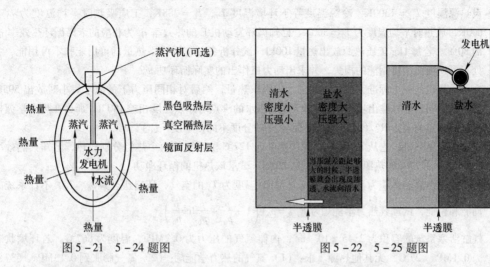

图5-21 5-24题图　　　　　　　　图5-22 5-25题图

5-26 两台卡诺热机串联工作。A热机工作在700℃和t℃之间，B热机工作在t℃和0℃之间。试计算下述情况下的t值：

（1）两热机输出相同的功；

（2）两热机的热效率相同。

5-27 一可逆热机工作于温度不同的三个热源之间，如图5-23所示，若热机从温度为400K的热源吸热1600kJ，对外界作功250kJ，试求：

（1）另两热源的传热量，并确定传热方向；

（2）热机与热源系统的总熵变量。

图5-23 5-27题图

5-28 一个质量为M的与外界绝热的金属棒，初始时一端温度为T_1，另一端温度为T_2，$T_1 > T_2$，中间温度从T_1到T_2均匀分布。当到达均匀的终温$T_f = \dfrac{T_1 + T_2}{2}$后，其不可逆损失为多少？（环境温度为$T_0$）

5-29 可逆热机分别从两个恒温热源T_1和T_2吸收同样的热量，并向一个恒温冷源T_3排放热量。试用T_1、T_2及T_3写出可逆机热效率的表达式（最简式），若$T_1 = 1000K$，$T_2 = 500K$，$T_3 = 293K$，则$\eta_t = ?$

5-30 有1000kg温度为0℃（即$T_{冰} = 273K$）的冰，在温度为20℃（即$T_0 = 293K$）的大气环境中融化成0℃的水（冰的融解热为335kJ/kg），这时热量的作功能力损失了。试求：

（1）大气和冰不等温传热时的熵增量和作功能力损失，并用$T-s$图定性地表示出来；

（2）如果在大气与冰块之间放入一个可逆热机，求该热机能作出的功量，并用数值结果验证可逆热机的作功量就等于不等温传热时的作功能力损失。

5-31 某热机工质的平均吸热温度为$T_1 = 1600K$，平均放热温度$T_2 = 300K$；而提供热量的燃气热源其温度为$T_H = 1800K$，而冷源为大气环境，其温度为$T_0 = 280K$，每循环工质吸热量为$Q_1 = 200kJ$，试问：

（1）由燃气热源取出$Q_1 = 200kJ$中所具有的可用能是多少？

（2）该热机的热效率及每个循环的放热量Q_2和循环功W_0各是多少？

（3）取燃气热源、热机和环境冷源为孤立系，其中有哪些不可逆过程？每个不可逆过程中的熵产和作功能力损失各为多少?

(4) 孤立系的总熵增及总作功能力损失为多少?

5 – 32　设热源温度 $T_H = 1300K$,冷源温度等于环境温度 T_0,$T_0 = 288K$,工质吸热时平均温度为 $T_1 =$ 600K,放热时平均温度为 $T_2 = 300K$。已知循环发动机 E 的热效率 η_t 为相应的卡诺循环热效率 η_K 的80%。若每1kg工质热源放出热量100kJ。试分析各相应温度下热量的可用能和不可用能,各处不可逆变化中可用能的损失,并求出动力机作出的实际循环功 w'_t。

5 – 33　一可逆热机从一个标准大气压下的沸水中吸取热量,然后对相同压力下的冰水每小时放出595kJ的热量,同时对外输出功率0.0605kW。如果水的沸点与冰点温度相差 $180°R$,那么在热力学温标上水的冰点为多少 $°R$?(此热力学温标与SI的分度不同,本质一样)

5 – 34　设有一可逆热机,它从227℃的热源吸热并向127℃和77℃的两个热源分别放热,已知其热效率为26%,向77℃的热源放热的热量为420kJ,试求该热机的循环净功。

5 – 35　密闭的刚性容器体积为 V,内储有压力为 p、温度为 T_0 的空气,环境状态为 p_0、T_0,不计系统的动能和位能,试证其热力学能㶲为 $E_{x,U} = p_0 V \left(1 - \dfrac{p}{p_0} + \dfrac{p}{p_0} \ln \dfrac{p}{p_0}\right)$。

5 – 36　气缸活塞系统的容积为 $2.45 \times 10^{-3}\,m^3$,内储氮气的压力为0.7MPa、温度为867℃。若环境状态为0.1MPa、27℃,无其他热源。求:(1) 氮气的热力学能㶲;(2) 氮气膨胀到0.13MPa、537℃时可能作出的最大有用功是多少?

5 – 37　空气稳定流过绝热良好的涡轮机,由0.4MPa、450K膨胀到0.1MPa、330K,入口速度30m/s,出口速度130m/s。若环境状态为0.1MPa、293K,不考虑位能变化。求比焓㶲及其变化。

I keep six honest serving men, They taught me all know;

Their names are What and Why and When, And How and Where and Who.

——拉迪亚德·吉卜林

摘引自 Rudolf P. Hommel，China at Work

6 实际气体的性质及热力学一般关系式

第4章中，对理想气体的热力过程进行了分析，确定了理想气体各种过程中状态变化、能量传递与转换的关系，并运用了热力学第一定律、理想气体状态方程以及关于功和热量的计算公式，其中只有理想气体状态方程是与工质有关的。那么实际气体与理想气体的差别到底有多大？请见表6-1，这是元素周期表的一部分，每个元素图谱的左下角写着该元素的氢合物的分子式，可以发现，在常温常压下除了水以外，其他的氢合物都是气体（PH_3，无色气体，性剧毒，有芥子气味。不稳定，加热即分解。磷化钙或其他磷化物进行水解即得。——《辞海》1979年版）。那么水为什么是液体呢？显然与水自身的特性有关，其中起主要作用的是水分子之间的作用力，而理想气体恰恰忽略了这些分子间的作用力。因此当工质为水以及氨、氢氟烃等时，不能当作理想气体处理。

表6-1 氧附近的元素周期表

AV		AVI		AVII	
5	N	6	O	7	F
氮		氧		氟	
NH_3	14.0067	H_2O	15.9994	HF	18.9984
13	P	14	S	15	Cl
磷		硫		氯	
PH_3	30.9738	H_2S	32.066	HCl	35.4527

理想气体假设中，忽略了分子的体积（大小）和分子间的作用力。对于远离液态的气体工质，由于分子间距离很大（至少10倍于其分子半径），因而采用理想气体假设与实际情形偏差不大；然而在离液态较近的气体工质中，这样的假设就与实际有较大的差距了。

在热物理学中，实际气体的性质研究是一个基础的、古老的，但至今仍处于学科前沿的课题，这方面的课题还能直接为工业生产和科学研究服务。

实际气体种类繁多，热工设备中就可以遇到几十种，扩展到各个工业生产部门（尤其是化工、石化），则达到成千上万种。工质的状态是无穷多的，不同的状态有一大堆状态参数，所以在研究工质的热物理性质时，必须按照一定的规律，采用合适的方法进行研究。

理想气体的性质主要由理想气体状态方程来体现

$$pv = R_g T \quad 和 \quad pV_m = RT$$

实际气体的性质也需要由实际气体状态方程来描述。所以，研究实际气体性质的主要目标之一是给出实际气体状态方程式。

实际气体的研究一般是采用理论分析与实验研究相结合的方法，以理论指导实验，以实验检验理论，并提出新的问题。分析的步骤是：

（1）将工质分类，性质相近的，归并在一起。

（2）利用理想气体的性质，根据某一类工质的实际情况，加以修正，找出大致的规律。

（3）按所找到的规律，对该工质进行实验研究。按已经确定的理论规律，确定一些实验点，测出所需的各项参数。

（4）将实验数据整理成规律，与按理论分析得到的结果相对照，分析他们的异同点，然后对理论进行修改。

（5）实验研究和理论研究交叉进行，最终得到正确的工质热物理性质的规律和数据，制成公式、图线、表格以及计算程序，供使用者查阅、参考。

气体状态方程是 p、v、T 三个基本状态参数之间的关系式。热力学一般关系式是由热力学第一定律和热力学第二定律建立的，具有普遍意义的，热力学能、焓和熵与可测量参数（基本状态参数和 c_p 等）之间的关系式。它们揭示了各种热力参数间的内在联系，对工质热力性质的理论研究和实验测试都有重要意义。热力学一般关系式结合任意气体的状态方程，可以直接求出热力学能、焓和熵的变化数值。结合 c_p 以及 p、v、T 的实验数据，既可以直接求出热力学能、焓和熵的变化数值，还可以推算和验证实验气体的状态方程。

6.1　实　际　气　体

6.1.1　气体分子间的相互作用力

气体分子相距较远时相互吸引，相距很近时相互排斥。范德瓦尔于 1873 年注意到了这个事实，提出了著名的范德瓦尔方程。为纪念他的功绩，人们把分子间的吸引力称为范德瓦尔引力。

6.1.1.1　范德瓦尔引力

分子间的引力主要包括三个方面，即静电力、诱导力和色散力。

（1）静电力（葛生力），极性分子的永久偶极矩间的相互作用，W. H. Keeson 于 1912 年提出。偶极矩是衡量分子极性的大小的物理量 Debye 于 1912 年提出，单位为 D（德拜），1D 等于 $10^{-18} eV \cdot cm$。

（2）诱导力（德拜力），被诱导的偶极矩与永久偶极矩间的相互作用，德拜注意到一个分子的电荷分布受到其他分子电场的影响，如一个诸如 HCl 之类的极性分子靠近 Ne 原子时，受 HCl 分子电场的影响，Ne 原子的电子云相对于原子骨架（原子核及内层电子）发生相对移动，原子骨架也发生变形，即 Ne 原子被诱导极化，产生了一个诱导偶极矩。

（3）色散力（伦敦力），诱导偶极矩间的相互作用，F. London 于 1930 年提出，如 Ne 分子，外层电子围绕核是对称分布的，因而不存在永久偶极矩，但这只是就时间平均效果而言的。在某一瞬间，电子环绕核可以是非对称分布的，于是产生瞬间偶极矩，它产生的电场会使邻近分子极化，从而产生色散力。

总之，范德瓦尔引力具有以下特性：

（1）作用势能在 0.41868 ~ 4.1868J/mol 之间（比化学键能小一两个数量级）。

（2）作用范围约为（3 ~ 5）×10^{-10} m。

（3）最主要的是色散力，而强极性分子的主要作用力则是静电力。

6.1.1.2 氢键

有些化合物中，氢可以同时和两个电负性很大而原子半径较小的原子相结合，其中一个结合键是共价键，另一个是特别强的范德瓦尔引力。共价键形成强烈的极化，使氢原子的另一侧几乎完全裸露出原子核，相应的范德瓦尔引力结合特别近，也特别强。其作用能在 41.868J/mol 以下，且氢键具有饱和性和方向性：一个氢原子只能形成一个氢键，共价键和氢键分别在氢原子两侧，且成一条直线。

6.1.1.3 相斥力

相斥力容易理解，主要有两种：电相斥力，即电子与电子间的相斥力，及原子核间的相斥力；根据泡利不相容原理，分子间外层轨道中的电子发生交换时，自旋同向电子相互回避，从而产生相斥力。

分子间的相互作用力常用相互作用势能函数来表示，如 Lennard – Jones 势能函数。

6.1.1.4 实际气体的区分

根据分子间的相互作用力性质的不同，可以把实际气体区分为极性气体、非极性气体和量子气体。

由极性分子组成的气体称为极性气体。分子有永久偶极矩，相互作用力有色散力、诱导力和静电力。强极性气体的静电力是主要作用力。氢键作用气体也可看成极性气体的一种形式。典型的有水蒸气、氨和某些氟利昂气体。

由非极性分子组成的气体称为非极性气体。分子没有永久偶极矩，相互作用力以色散力为主。有时称为简单流体。典型的有 Ar、Kr、Xe 等。

如 Ne、H_2、He、D_2 等轻气体，分子量很小，占有的能级很少（特别是低温时），因此其能量变化很明显是离散的，有显著的量子效应，不能看作连续型，称为量子气体。

6.1.2 实际气体与理想气体的偏差

理想气体与实际气体的不同在于理想气体的两个假设：其分子是一些弹性的、不占体积的质点，分子间无相互作用力。在宏观表象上，理想气体与实际气体最明显的不同是实际气体有凝聚形态的变化：固相、液相和气相。

6.1.2.1 实际气体压缩因子的变化规律

如果以 $\dfrac{pV_m}{RT}$ 为纵坐标，以 p 为横坐标，将某种实际气体的等温线绘于其上，如图 6 – 1 所示，能直观地从宏观角度看到实际气体与理想气体偏差的一般特性。

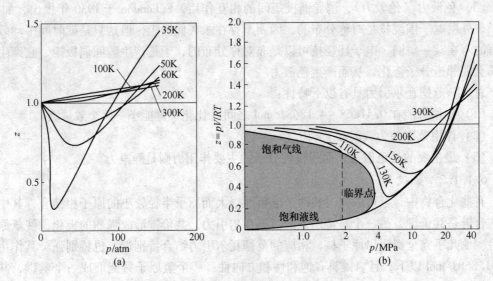

图 6-1　不同温度时压缩因子与压力的关系

（a）氢（$p_c = 1.30\text{MPa}$；$T_c = 33.4\text{K}$）；（b）氮（$p_c = 3.39\text{MPa}$；$T_c = 126.2\text{K}$）

为方便起见，令 $z = \dfrac{pV_m}{RT}$，可称 z 为压缩因子（也称为压缩性系数）。注意到理想气体的摩尔体积 $V_{m,ideal} = \dfrac{RT}{p}$，可知 $z = \dfrac{V_m}{V_{m,ideal}}$。

（1）当 $p \to 0$ 时，在所有温度下 $z = \dfrac{pV_m}{RT} \to 1$，即 $\lim\limits_{p \to 0} \dfrac{pV_m}{RT} = 1$，意味着在压力极低时所有气体都趋向于理想气体。

（2）临界等温线 T_c，从 $p = 0$、$z = \dfrac{pV_m}{RT} = 1$ 点开始，随着压力增加，$z = \dfrac{pV_m}{RT}$ 很快下降，在临界点（$p = p_c$、$T = T_c$ 处），$z = \dfrac{pV_m}{RT}$ 很小，一般小于 0.3。当压力大于 p_c 时，等温线斜率逐渐变为正，当压力足够高时，z 也可能大于 1。

$z < 1$，可认为是由于压力不高，密度不大时，分子间距离不算近，相互吸引力起主要作用，将分子相互之间拉得更近，使得实际气体的比体积小于同温同压下理想气体的比体积；当分子间距离足够近，排斥力开始起作用，部分抵消吸引力，z 下降变慢；排斥力超过吸引力，z 转而增加，体积变化率已不及压力变化率大；$z > 1$，可认为分子已经靠得相当近，以至排斥力起主要作用，阻止分子进一步相互靠近，使得实际气体的比体积大于同温同压下理想气体的比体积。z 的大小直接反映比体积的相对大小，因此称为压缩因子。

（3）当 $T < T_c$（如 $T = 0.9T_c$）时，等温线从 $p = 0$、$z = 1$ 点开始随着压力增加而下降，然后垂直穿过汽液两相区，再转而向上，并与临界等温线相交。由于液体密度大大地高于气体密度，分子间相互作用力使饱和液体的压缩因子 z 大大低于 1，而且比同温同压下的饱和蒸汽也小得多。

（4）当 $T > T_c$（如 $T = 1.2T_c$）时，等温线形状类似于等 T_c 线，但由于温度增加，吸引力影响减弱，因此实际气体比体积较理想气体比体积减小得少些。

（5）当 $T \approx 2.5T_c$ 时，在 $p \to 0$ 处等温线斜率为零，我们把这个温度称为波义耳温度 T_B。这时

$$\lim_{p \to 0}\left(\frac{\partial z}{\partial p}\right)_{T_B} = 0 \tag{6-1}$$

（6）当 $T > T_B$ 时，在 $p \to 0$ 处等温线斜率为正，且 $z > 1$，即实际气体由于分子占有体积，而且在高密度时分子间有排斥力，使得其比体积大于同温同压下的理想气体的比体积。随着温度升高，等温线斜率增加，直至 $T = 5T_c$。

（7）当 $T = 5T_c$ 时，等温线斜率达到最大，此时的温度称为转回温度（或折回温度）。

（8）当 $T > 5T_c$ 时，等温线斜率下降，但永远为正值，即 $z > 1$。

6.1.2.2 不同实际气体压缩因子的差异

将几种实际气体大于临界温度小于波义耳温度的等温线绘于 z–p 图上，如图 6–2 所示，可以从另一方面看到实际气体与理想气体偏差的另一些性质。

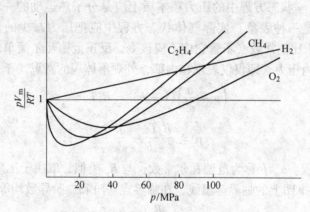

图 6–2 气体间压缩因子的差异

（1）p 越大，实际气体与理想气体的偏差越大。

（2）分子量越大，实际气体与理想气体的偏差越大。

（3）分子越复杂，实际气体与理想气体的偏差越大。

可以想到的是：

（1）压力越大，分子越密集，一方面分子间的作用也就越强烈，另一方面分子所占空间相对也就越大。

（2）分子量越大，分子间作用力也就越大，分子占据的空间也越大，同时分子振动等内部作用也开始呈现。

（3）分子结构越复杂，占据的空间也就越大，而分子的内部作用既强烈，又复杂，同时外部作用也可能变得很复杂。

显然，$z = \dfrac{pV_m}{RT} = z(p, T)$ 反映了实际气体与理想气体的偏差程度。$z = \dfrac{pV_m}{RT}$ 可以当作实际气体的状态方程。但该方程与理想气体状态方程相比，多了一个变量 z（z 不是状态参数，否则不会出现等温线相交的现象），使用起来不方便。

6.2　实际气体的状态方程式

6.2.1　范德瓦尔方程

迄今为止，已经有数以百计的理论的、经验的和半经验半理论的气体状态方程式，其中形式最简单、最早出现、物理意义最明确的是范德瓦尔方程。

针对理想气体的假设，范德瓦尔从理想气体状态方程出发，进行了两项修正：

（1）分子占有体积，因此分子实际活动的空间是总空间减去分子体积所占空间后所剩下的空间，即将 v 用 $(v-b)$ 代替，其中 b 为分子占有的体积，假定这个体积不变，即 b 是常数。

（2）分子间有作用力，仅考虑引力。压力是分子热运动对单位测压面的冲力的量度。一个分子想往容器壁上撞，后面的分子拉它，从而使它撞击的力量减小了，结果导致测得的实际气体的压力较理想气体的压力减少了一些，减少的数值与撞击容器壁的分子数成正比，也与吸引它们的分子数成正比（与两个密度成正比），从而与比体积成反比。p 为实际测得的绝对压力，（状态方程中的压力项本质上应是分子热运动的一个性质，作为撞击容器壁的冲击力只是一种表象）实际气体状态方程中应把压力减少的量补充上，即加上 a/v^2，其中 a 是一个比例常数（不管它应不应该变，反正范德瓦尔简单地把它当成常数），可以把这一项叫做内压力，即仅仅表现在内部，外观不体现的意思。于是，有：

$$\left(p + \frac{a}{v^2}\right)(v - b) = R_g T \qquad (6-2)$$

或

$$p = \frac{R_g T}{v - b} - \frac{a}{v^2} \qquad (6-3)$$

这就是范德瓦尔方程。a、b 称为范德瓦尔常数，与 R_g 类似，取决于工质的性质。

实际气体在 $p-v$ 图上的临界等温线，在临界点一阶和二阶导数均等于零。于是

$$\left(\frac{\partial p}{\partial v}\right)_{T_c,c} = -\frac{R_g T_c}{(v_c - b)^2} + \frac{2a}{v_c^3} = 0 \qquad (6-3a)$$

$$\left(\frac{\partial^2 p}{\partial v^2}\right)_{T_c,c} = \frac{2R_g T_c}{(v_c - b)^3} - \frac{6a}{v_c^4} = 0 \qquad (6-3b)$$

结合式（6-3），若已知临界点基本状态参数 p_c、v_c、T_c，就可以求得范德瓦尔常数 a 和 b。

$$a = \frac{64}{27}\frac{R_g^2 T_c^2}{p_c}, \qquad b = \frac{1}{8}\frac{R_g T_c}{p_c} \qquad (6-4)$$

或者反过来用已知的范德瓦尔常数 a 和 b 求临界点基本状态参数 p_c、v_c、T_c。联立式（6-3）、式（6-3a）、式（6-3b）三式还可以解出 $R_g = \frac{3}{8}\frac{p_c v_c}{T_c}$，该值偏差很大，不可取，而且式（6-4）也不使用临界比体积数据。这个气体常数值意味着临界点压缩因子为 $\frac{3}{8} = 0.375$，而实际气体的临界压缩因子在 2.7~2.8 左右。显然，用已知的范德瓦尔常数 a 和 b 求得的临界比体积会与实际的临界比体积有很大偏差。

【例6-1】　CO_2 的临界点数据为 304.1K、7.38MPa、0.00212kg。其范德瓦尔临界比体积是多少？标准状态下 1m³ 的 CO_2，按范德瓦尔方程计算，压力是多少？

解：CO_2 的气体常数

$$R_g = \frac{R}{M} = \frac{8314.5}{44} = 188.9 \text{J/(kg} \cdot \text{K)}$$

范德瓦尔常数

$$a = \frac{64}{27} \frac{R_g^2 T_c^2}{p_c} = \frac{64}{27} \times \frac{188.9^2 \times 304.1^2}{7.38 \times 10^6} = 1059.88 \text{m}^6 \text{Pa/kg}^2$$

$$b = \frac{1}{8} \frac{R_g T_c}{p_c} = \frac{1}{8} \times \frac{188.9 \times 304.1}{7.38 \times 10^6} = 0.0009730 \text{m}^3/\text{kg}$$

反算的临界比体积 $\quad v_c = 3b = 3 \times 0.000973 = 0.002919 \text{m}^3/\text{kg}$

比给定数值大 37.7%。

标准状态下 CO_2 的质量

$$m = \frac{pV}{R_g T} = \frac{101325 \times 1}{188.9 \times 273.15} = 1.964 \text{kg}$$

比体积

$$v = \frac{V}{m} = \frac{1}{1.964} = 0.5092 \text{m}^3/\text{kg}$$

按范德瓦尔方程计算，

$$p = \frac{mR_g T}{V - mb} - \frac{a}{v^2} = \frac{1.964 \times 188.9 \times 273.15}{1 - 1.964 \times 0.000973} - \frac{1059.88}{0.5092^2} = 97444.86 \text{Pa}$$

上式代入了体积和质量，而内压力项保持使用比体积，说明广延量应该处于的位置。

范德瓦尔方程作为状态方程是很不准确的：其原因在于，一是它未修正分子内部作用的影响；二来它仅考虑分子间的引力，未考虑分子间的斥力；三者它未考虑分子间的作用力随状态变化的情况。即便这样，在工程热力学的教学中，还是相当重视范德瓦尔方程，因为它具有其他状态方程所不具备的优点：

（1）范德瓦尔方程开了实际气体状态方程研究的先河，后续各种状态方程均沿袭了范德瓦尔的基本思路。

（2）范德瓦尔方程清楚地、定性地反映了工质热物理性质变化的趋势，尤其是充分反映了气液相变的基本趋势。

（3）形式简单，易于理解。

6.2.2 范德瓦尔方程的分析

6.2.2.1 对 $z-p$ 图的解释

将范德瓦尔方程化为：

$$pv = RT - \frac{a}{v^2}(v - b) + bp$$

当引力作用明显，分子体积影响较小时（分子间距离还不很近），忽略分子体积的影响，上式成为：

$$pv = RT - \frac{a}{v}$$

于是，$z = \dfrac{pv}{RT} = 1 - \dfrac{a}{vRT} < 1$，即 p 不太大，分子不太密集时的情形（易于压缩）；

当分子体积影响显著时，斥力也对引力产生对抗（分子间距离很近）。暂时忽略引力的作用，则有：

$$pv = RT + bp$$

于是，$z = \dfrac{pv}{RT} = 1 + \dfrac{bP}{RT} > 1$，即 p 很大，分子很密集时的情形（不易于压缩）。

6.2.2.2　等温线分析

将范德瓦尔方程按 v 展开，有：

$$pv^3 - (pb + RT)v^2 + av - ab = 0 \qquad (6-5)$$

在 T 一定的时候，式（6-5）表示一个 $p = f(v)$ 的三次曲线（等温线）。对应于每个 p 值，则成为关于 v 的三次代数方程式。由代数的知识可以知道，三次方程可以有一个实根两个虚根、三个不相等的实根、一个实根和另两个相等的实根或者三个相等的实根，如图 6-3 所示。

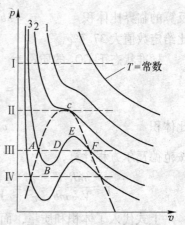

图 6-3　实际气体等温线的解

当压力取 I 的值时，对所有的等温线来说，v 都具有一个实根两个虚根，即，只有一个实数解；

对于等温线 1 来说，无论压力 p 取什么值，v 都只有一个实根两个虚根，即，只有一个实数解；

对于等温线 2 来说，除了当压力取 II 的值以外，无论压力 p 取什么值，v 都只有一个实根两个虚根，即，只有一个实数解；

当等温线 2 的压力取 II 的值时，v 具有三个相等的实根，即只有一个实数解（无虚根）。这是一个特殊的解，坐标图上这一点也是一个特殊的点，称为临界点。该点所有参数称为临界参数，用下脚标"c"表示，如：临界温度 T_c、临界压力 p_c、临界比体积 v_c 等。在数学上，该点是拐点，表达为：

$$\left(\frac{\partial p}{\partial v}\right)_{T_c} = 0 \qquad (6-6)$$

和

$$\left(\frac{\partial^2 p}{\partial v^2}\right)_{T_c} = 0 \qquad (6-7)$$

对于等温线 3 来说，当压力 p 取值 III 时，v 具有三个不相等的实根：此时压力、温度确定了，却不能确定一个状态——对应着三个比体积。由状态公理可知，当两个状态参数不能确定一个状态时，会出现另一种能量变化形式，此处就是相变。

安德鲁斯的 CO_2 实验说明了这个现象。他在各种温度下定温压缩 CO_2 测定 p 与 v。得到了 p-v 图上的一些定温线。与范德瓦尔方程的等温线相类似，其中 1、2 定温线完全相同，3 定温线以一段直线取代了范德瓦尔等温线的波浪部分，同时他观察到下列现象：若能除去可促进凝结的尘埃和电荷，定温线 3 右端的蒸气可被压缩至超过 F 点而不发生凝结，等温线可能延长至 E 点。类似地，在固液界面极光滑、液体十分纯净的前提下，A 点的液体可以缓慢平稳地减压至 B 点而不气化。E 点的气体称为过饱和蒸气或过冷蒸气，B 点的液体称为过热液体。此两种状态都不稳定，稍遇扰动就会恢复正常的气液共存状态，称为亚稳定状态。高能物理实验中使用的威尔逊云室是过冷蒸气的应用，烧水时在受热金属壁面初生的气泡必然处于过热液体之中。定温线 3 的 BE 段表示定温下增加压力使工质的体积增加，现实中不可能实现。

6.2.2.3 临界点

临界点也发生气液相变，直接的特征是饱和液线和饱和气线相交，气液气化潜热等于零。对于实际气体的临界等温线来说，在 $p-v$ 图上临界点一阶和二阶导数均等于零（式（6-6）和式（6-7））。

一般的气液相变称为一级相变，可以认为 $p-v$ 图上等温线的一阶导数等于零是其数学特征（实际上，在两相区是不连续的）。临界点相变是二级相变，数学特征是 $p-v$ 图上一阶和二阶导数均等于零，气液连续变化，也称为连续相变。

准确地，一级相变在相变点两相共存，组元在两相的化学势相等，但化学势对温度和压力的一阶导数（即比熵和比容）有突变（不连续）。二级相变在相变点化学势与化学势对温度和压力的一阶导数均连续，但化学势对温度和压力的二阶导数有突变，即定压比热 c_p、膨胀系数 α、压缩系数 κ_T 均有突变。典型的例子还有液氦 I 和氦 II 的转变，正常导体和超导体的转变，顺磁体和铁磁体的转变，合金的有序与无序的转变，等等。

一般地，n 级相变的特点是：两相的化学势和化学势的一阶、二阶直至 $(n-1)$ 阶偏导数分别相等，而 n 阶偏导数不全相等。（王竹溪，《热力学简程》）

二级相变的有关理论是从苏联科学家朗道（L. Landau，1937）开始的。他以解释顺磁体和铁磁体的转变为切入点：顺磁体和铁磁体转变的临界温度称为居里温度（居里夫人的丈夫居里先生首先提出的），铁磁体中一些电子的自旋磁矩有序排列，温度升到居里点以上后，变成无序排列，铁磁体变成顺磁体。这样把二级相变和物质的对称性变化相联系起来。相关状态参数有温度 T、磁场强度 H（外参量）、磁化强度 M（内参量），后者还表示了自旋磁矩排列的有序化程度，又称序参量。

二级相变中化学势对温度和压力的二阶导数有突变，使得定压比热 c_p、膨胀系数 α、压缩系数 κ_T、黏度 μ 和导热系数 λ 等二阶导数的函数均有突变。这些物性参数的突变可导致一系列奇异的现象发生，临界乳光现象就是其中之一（图 6-4）。临界点物性参数的突变使得临界点密度极其不稳定，微观的自发涨落就可以使其发生很大改变，从而使临界流体的光学折射率不停地快速变化，流体不再清晰透明，而是混浊不辨。

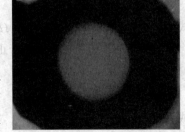

图 6-4 HCFC22 的临界乳光现象

6.2.3 实际气体状态方程的一般热力学特征

（1）在 $p \to 0$ 时的任何温度下，都能简化成理想气体状态方程，即要满足：

$$\lim_{p \to 0} \frac{pV_m}{RT} = 1 \qquad (6-8)$$

（2）对于实际气体的临界等温线来说，在 $p-v$ 图上临界点是拐点。数学上表达为式（6-6）和式（6-7）。

（3）理想气体在 $p-T$ 图上的等容线是直线，其斜率随密度的增加而增加。实际气体的等容线除了高密度及低温情况外，基本上是直线（图 6-5）。因此实际气体状态方程的等容线也应满足图 6-5 所显示的形状，且降低密

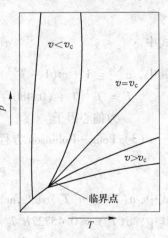

图 6-5 等容线的 $p-T$ 图

度或增加温度时所以等容线趋于直线，即

$p \rightarrow 0$ 时 $\qquad \left(\dfrac{\partial^2 p}{\partial T^2} \right)_V = 0 \qquad\qquad (6-9)$

$T \rightarrow \infty$ 时 $\qquad \left(\dfrac{\partial^2 p}{\partial T^2} \right)_V = 0 \qquad\qquad (6-10)$

（4）当 p 趋近于零时，状态方程式在 $z-p$ 压缩性系数（压缩因子）图上等温线斜率低温下为负值，高温下变成正值，其转折点为波义耳温度；最后，状态方程式应能预示出焦耳 – 汤姆逊系数，尤其是转回状态。

（5）倘若状态方程要同时适用于气相及液相的体积计算，并能应用于相平衡计算，则必须满足纯物质在气相及液相中的化学势相等，即

$$\mu_{\text{vapor}} = \mu_{\text{liquid}} \qquad\qquad (6-11)$$

6.2.4　其他实际气体状态方程

（1）Redlich – Kwong 方程（1949）：

$$p = \frac{RT}{v-b} - \frac{a}{T^{0.5} v(v+b)} \qquad\qquad (6-12)$$

式中，a、b 是和物质种类有关的常数，其值最好从 p、v、T 实验数据用最小二乘法拟合求得，当缺乏实验数据时，可从式（6-13）求得：

$$a = \frac{\Omega_a R^2 T_c^{2.5}}{p_c}, \qquad b = \frac{\Omega_b R T_c}{p_c} \qquad\qquad (6-13)$$

式中，$\Omega_a = \left[9 \times (2^{\frac{1}{3}} - 1) \right]^{-1}$，$\Omega_b = (2^{\frac{1}{3}} - 1)/3$。

（2）R – K 方程的 Soave 修正式（1972）：

$$p = \frac{RT}{v-b} - \frac{a(T)}{v(v+b)} \qquad\qquad (6-14)$$

或者 $\qquad p = \dfrac{RT}{v-b} - \dfrac{\Omega_a R T b}{\Omega_b v(v+b)} F \qquad\qquad (6-15)$

$$z = \frac{v}{v-b} - \frac{\Omega_a b}{\Omega_b (v+b)} F \qquad\qquad (6-16)$$

式中 $\qquad a(T) = \dfrac{\Omega_a R^2 T_c^{2.5}}{p_c} \alpha, \qquad b = \dfrac{\Omega_b R T_c}{p_c} \qquad\qquad (6-17)$

其中，$\alpha^{0.5} = 1 + m(1 - T_r^{0.5})$，$m = f(\omega) = 0.480 + 1.574\omega - 0.176\omega^2$，

$\qquad F = T_r^{-1} \left[1 + (0.480 + 1.574\omega - 0.176\omega^2)(1 - T_r^{0.5}) \right]^2$，

$\qquad \omega$ 为偏心因子。

（3）Peng – Robinson 方程（1976），也是 R – K 方程的一种修正形式：

$$p = \frac{RT}{v-b} - \frac{a(T)}{v(v+b) + b(v+b)} \qquad\qquad (6-18)$$

式中，$a(T) = a(T_c) \alpha(T_r, \omega)$，$b = b(T_c)$。$\qquad\qquad (6-19)$

其中，$a(T_c) = 0.45727 R^2 T_c^2 / p_c$，$b(T_c) = 0.07780 R T_c / p_c$

$\qquad \alpha^{0.5} = 1 + \kappa(1 - T_r^{0.5})$，$\kappa = 0.37464 + 1.54226\omega - 0.26992\omega^2$

（4）Beattie – Bridgeman 方程（1928）：

$$p = \frac{RT\left(1 - \frac{c}{vT^3}\right)}{v^2}\left[v + B_0\left(1 - \frac{b}{v}\right)\right] - \frac{A_0}{v^2}\left(1 - \frac{a}{v}\right) \qquad (6-20)$$

五个常数 A_0、a、B_0、b、c 由实验数据拟合，可见 Beattie – Bridgeman 方程常数表。

（5）Benedict – Webb – Rubin 方程（1940）：

$$p = \frac{RT}{v} + \left(B_0RT - A_0 - \frac{C_0}{T^2}\right)\frac{1}{v^2} + (bRT - a)\frac{1}{v^3} + \frac{a\alpha}{v^6} + \frac{c\left(1 + \frac{\gamma}{v^2}\right)}{T^2}\frac{1}{v^3}e^{-\frac{\gamma}{v^2}} \quad (6-21)$$

（6）Martin – Hou 方程，1955 年提出，1959 年 Martin 做了修改：

$$p = \frac{RT}{v-b} + \frac{A_2 + B_2T + C_2e^{-\frac{KT}{T_c}}}{(v-b)^2} + \frac{A_3 + B_3T + C_3e^{-\frac{KT}{T_c}}}{(v-b)^3} + \frac{A_4}{(v-b)^4} + \frac{A_5 + B_5T + C_5e^{-\frac{KT}{T_c}}}{(v-b)^5} \quad (6-22)$$

式中，$K = 5.475$。此方程被国际制冷学会选定作为制冷剂热力性质计算的状态方程。1981 年，侯虞均进一步做了改进。

计算饱和水蒸气在 $p = 1 \sim 184$atm 范围内的 14 个状态点的比容表明，M – H 方程、R – K 方程和范德瓦尔方程的平均误差相应为 0.8%、7.4% 和 53.8%。在 $T = 560$K，$p = 101325 \sim 30397500$Pa 范围内，用上述方程分别计算了 8 个状态点的氨的容积，平均误差相应为 0.29%、0.9% 和 30.4%[14]。

尽管多常数方程可以用于较宽的温度和压力范围，但并不是多常数方程就一定比简单方程更好。多常数方程一方面计算繁难，另一方面需要更多的实验数据。状态方程的发展方向之一是根据分子结构特性和统计热力学理论开发强极性或缔合分子极性的方程。

6.2.5 对应态原理与通用压缩因子图

前述实际气体的状态方程含有多项与物质本身性质有关的常数，需要利用该物质的大量 p、v、T 实验数据拟合得出。而对于诸如化工新产品等物质，既不知道其状态方程常数，又没有足够的 p、v、T 实验数据，计算其热力性质与过程就很不方便了。因此需要一种不需要常数与大量 p、v、T 数据就能近似计算热力性质的方法。

6.2.5.1 对应态原理

各种关于气体性质的研究表明，在临界点附近，大多数流体的性质都很接近。因此很自然地就会考虑能否利用已知的物质性质来近似计算未知的物质性质。还可以预计，同类物质的近似程度会更高。由于不同物质的临界点参数相去甚远，所谓性质接近是一种相对的接近，因此需要定义性质的相对值。

定义对比参数，包括但不限于对比压力（reduced pressure）p_r、对比温度（reduced temperature）T_r 和对比比体积（reduced special volume）v_r：

$$p_r = \frac{p}{p_c}, \qquad T_r = \frac{T}{T_c}, \qquad v_r = \frac{v}{v_c}$$

显然，对比参数的量纲均为 1，习惯上称量纲等于 1 的参数为无量纲数❶。p_r、T_r 和 v_r

---

❶ 无量纲数普遍应用于热科学的各个学科，尤其是传热学和流体力学。

也可称为无量纲压力、无量纲温度和无量纲比体积。

范德瓦尔首先注意到在相同的对比压力和对比温度下，不同气体的对比比体积近似相同，于是他对所有的气态和液态的物质提出

$$v_r = f_1(p_r, T_r) \tag{6-23}$$

这就是对应态原理（principle of corresponding states，也称对应态定律、对比态原理）。

根据 v_r 和 z 的定义：

$$v_r = \frac{v}{v_c} = \frac{zRT}{p} \Big/ \frac{p_c}{z_c RT_c} = \frac{z}{z_c} \frac{T_r}{p_r}$$

结合式（6-23），有

$$z = f_2(p_r, T_r, z_c) \tag{6-24}$$

z_c 的实验值对于大多数物质都落在 $0.2 \sim 0.3$ 的狭窄范围内，典型的数据是 0.27。作为近似，可以近似地认定 z_c 是常数，于是式（6-24）可以简化为

$$z = f_3(p_r, T_r) \tag{6-25}$$

将对比参数代入范德瓦尔方程，结合式（6-4），可得

$$\left(p_r + \frac{3}{v_r^2}\right)(3v_r - 1) = 8T_r \tag{6-26}$$

此为范德瓦尔对比态方程。式中没有任何气体的常数，因而直接适用于大多数气体。

6.2.5.2　通用压缩因子图

根据式（6-25）绘出 z 的曲线图，它适用于大多数气体，可称为通用压缩因子图（图6-6）。考虑 z_c 的变化，也可绘制多张不同 z_c 的压缩因子图以补足单张通用压缩因子图的不够精确。

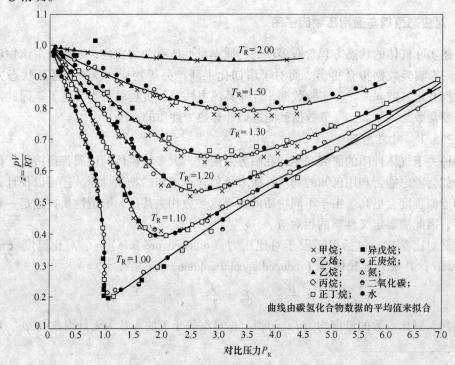

图6-6　通用压缩因子图

6.2.6 维里方程

Kammerlingh Onnes 于 1901 年用幂级数展开式来表达气体的 $p-v-T$ 关系式。通常将 pv 乘积展开成密度的幂级数：

$$pv = A(1 + B\rho + C\rho^2 + D\rho^3 + \cdots) = A\left(1 + \frac{B}{v} + \frac{C}{v^2} + \frac{D}{v^3} + \cdots\right)$$

密度为零时实际气体必须趋向于理想气体，所以必有 $A = R_g T$，于是：

$$\frac{pv}{R_g T} = z = 1 + \frac{B}{v} + \frac{C}{v^2} + \frac{D}{v^3} + \cdots \tag{6-27}$$

式（6-27）就是维里（Virial）方程，系数 B、C、D 等称为第二、第三、第四…维里系数。

维里系数是温度的函数。它们可以由统计力学导出，并被给予了明确的物理意义。第二维里系数表示两个气体分子（或粒子）间相互作用的效果，第三维里系数表示三个粒子间的相互作用。通常维里系数由实验测定。

维里方程也可以用压力的幂级数表示：

$$z = 1 + B'p + C'p^2 + D'p^3 + \cdots \tag{6-28}$$

两组维里系数间的关系是：

$$B' = \frac{B}{R_g T}, \quad C' = \frac{C - B^2}{(R_g T)^2}, \quad D' = \frac{D + 2B^3 - 3BC}{(R_g T)^3}, \quad \cdots \tag{6-29}$$

6.3 热力学一般关系式

热力学一般关系式表达的是热力学能、焓和熵等状态参数与可测量的基本状态参数之间的关系。状态参数与过程无关，因而以下讨论的都是可逆过程。简单可压缩系统是工程热力学范围内涉及最多、研究最多的热力系统。其可逆功是体积变化功：

$$dW = pdV$$

该系统的主要热力学状态参数有 p，v，T，H，S，U，G，A，…其状态方程的形式是：

$$F(p,v,T) = 0$$

6.3.1 特性函数、麦氏关系及热系数

6.3.1.1 热力学特性函数

确定纯物质简单可压缩系统状态需要两个独立状态参数，所以任一状态参数都可以表示成另外两个独立状态参数的函数。其中某些状态参数若表示成两个特定独立状态参数的函数，就可以依次确定系统的其他状态参数，这样的函数就是热力学特性函数。

由热力学第一定律的第一表达式（3-2c）及过程是可逆的，能量方程可写成：

$$Tds = du + pdv \tag{6-30}$$

于是热力学能可以表达为：

$$du = Tds - pdv \tag{6-31a}$$

形成了函数 $u = u(s, v)$。两个自变量（独立状态参数）是自然形成的，称为自然独立变

量。这个函数就是热力学特性函数，可以依次确定其他状态参数。考虑焓的定义式 $h = u + pv$，可以得到焓的自然表达式 $h = h(s, p)$，也就是焓的热力学特性函数：

$$dh = Tds + vdp \tag{6-31b}$$

还有吉布斯自由能（吉布斯函数）的热力学特性函数 $g = g(T,p)$ 和亥姆霍兹自由能（亥姆霍兹函数）的热力学特性函数 $a = a(T,v)$：

$$dg = -sdT + vdp \tag{6-31c}$$

$$da = -sdT - pdv \tag{6-31d}$$

上述各函数的自变量都是自然形成的，都是自然独立变量。热力学能 u 等只与其自然独立变量构成热力学特性函数，与其他变量构成的函数不是。如 $u = u(p, v)$ 就不是热力学特性函数。

6.3.1.2　麦克斯韦关系式

函数 $u = u(s, v)$ 的全微分可以表示为

$$du = \left(\frac{\partial u}{\partial s}\right)_v ds + \left(\frac{\partial u}{\partial v}\right)_s dv$$

对比式（6-31a），有 $T = \left(\frac{\partial u}{\partial s}\right)_v$ 和 $p = -\left(\frac{\partial u}{\partial v}\right)_s$。由于数学上点函数的二阶混合偏导数相等，于是

$$\left(\frac{\partial T}{\partial v}\right)_s = -\left(\frac{\partial p}{\partial s}\right)_v \tag{6-32a}$$

类似地

$$\left(\frac{\partial T}{\partial p}\right)_s = \left(\frac{\partial v}{\partial s}\right)_p \tag{6-32b}$$

$$\left(\frac{\partial s}{\partial p}\right)_T = -\left(\frac{\partial v}{\partial T}\right)_p \tag{6-32c}$$

$$\left(\frac{\partial s}{\partial v}\right)_T = \left(\frac{\partial p}{\partial T}\right)_v \tag{6-32d}$$

以及偏导数 $T = \left(\frac{\partial h}{\partial s}\right)_p$，$v = -\left(\frac{\partial u}{\partial p}\right)_s$，$v = \left(\frac{\partial g}{\partial p}\right)_T$，$s = -\left(\frac{\partial g}{\partial T}\right)_p$，$p = -\left(\frac{\partial a}{\partial v}\right)_T$ 和 $s = -\left(\frac{\partial a}{\partial T}\right)_v$

（连同 $T = \left(\frac{\partial u}{\partial s}\right)_v$，$p = -\left(\frac{\partial u}{\partial v}\right)_s$ 两个一共是八个）。

式（6-32）是麦克斯韦（J. C. Maxwell）首先认识到的，称为麦克斯韦关系式。这些关系式建立了不可测量的熵参数与可测量的基本状态参数 p、v、T 的联系。

6.3.1.3　热系数

几个由基本状态参数 p、v、T 构成的偏导数有明显的物理意义，也易于通过实验测定它们的数值，通常被称为热系数。还有几个热系数不完全由 p、v、T 构成，物理意义也很重要。

（1）体积膨胀系数。表示物质在定压下比体积随温度的相对变化率，单位为 K^{-1}。该系数反映了物质的热胀冷缩性质。

$$\alpha_V = \frac{1}{v}\left(\frac{\partial v}{\partial T}\right)_p \tag{6-33}$$

（2）等温压缩率。也称等温压缩系数，表示物质在定温下比体积随压力的相对变化率，单位为 Pa^{-1}。

$$\kappa_T = -\frac{1}{v}\left(\frac{\partial v}{\partial p}\right)_T \qquad (6-34)$$

（3）定容压力温度系数。也称压力温度系数，表示物质在体积不变时压力随温度的相对变化率，单位为 Pa^{-1}。压力温度系数反映了体积受限的物质由于温度变化而产生的热应力大小。

$$\alpha = \frac{1}{p}\left(\frac{\partial p}{\partial T}\right)_V \qquad (6-35)$$

这三个热系数之间的关系是

$$\alpha_V = p\alpha\kappa_T \qquad (6-36)$$

（4）等熵压缩率。也可称为绝热压缩系数，表示物质在可逆绝热过程中比体积随压力的相对变化率，单位为 Pa^{-1}。

$$\kappa_s = -\frac{1}{v}\left(\frac{\partial v}{\partial p}\right)_s \qquad (6-37)$$

（5）焦耳－汤姆逊系数。也称为节流的微分效应，即气流在节流中压力微小变化时温度的变化情况。在低温制冷与空气液化工程中十分重要。下一章将予以讨论。

$$\mu_J = \left(\frac{\partial T}{\partial p}\right)_h \qquad (6-38)$$

6.3.1.4 比热容

依据热力学第一定律，考虑过程可逆，定压比热容和定容比热容的定义式可写为

$$c_p = \left(\frac{\partial h}{\partial T}\right)_p = T\left(\frac{\partial s}{\partial T}\right)_p \qquad (6-39)$$

$$c_V = \left(\frac{\partial u}{\partial T}\right)_V = T\left(\frac{\partial s}{\partial T}\right)_V \qquad (6-40)$$

将式（6-39）改写为 $c_p = T\left(\frac{\partial s}{\partial v}\right)_p\left(\frac{\partial v}{\partial T}\right)_p$，结合麦克斯韦关系第二式可得：

$$c_p = T\left(\frac{\partial p}{\partial T}\right)_s\left(\frac{\partial v}{\partial T}\right)_p \qquad (6-41)$$

类似地，由式（6-40）和麦克斯韦关系第一式可得：

$$c_V = T\left(\frac{\partial s}{\partial p}\right)_V\left(\frac{\partial p}{\partial T}\right)_V = -T\left(\frac{\partial v}{\partial T}\right)_s\left(\frac{\partial p}{\partial T}\right)_V \qquad (6-42)$$

式（6-41）和式（6-42）可用于测量物质的比热。例如需要测量处于状态 $[p, v, T]$ 时的定压比热，我们可以采取下列步骤进行测量：（1）准确测量 p、v、T 数值；（2）在绝热条件下，微微压缩被测物质，然后测量其压力和温度；（3）使被测物质恢复状态 $[p, v, T]$，或在第二步时，只提取一部分物质进行实验，其余物质仍保留在原状态；（4）在等压条件下，微微加热被测物质，然后测量其比体积和温度；（5）根据测量结果，计算比热值。

也可以利用定压比热 c_p 的实验数据推算定容比热 c_V，为此可建立 c_p 和 c_V 的关系式。式（6-41）除以式（6-42）可得比热容比

$$\kappa = \frac{c_p}{c_V} = \left(\frac{\partial p}{\partial v}\right)_s \bigg/ \left(\frac{\partial p}{\partial v}\right)_T = \frac{\kappa_T}{\kappa_s} \qquad (6-43)$$

6.3.2　热力学一般关系式

6.3.2.1　熵的一般关系式

简单可压缩系统中两个独立状态参数可以确定一个状态。选择 v、T 为独立变量，则熵就是它们的函数，$s = s(v, T)$。函数 $s = s(v, T)$ 的全微分为：

$$ds = \left(\frac{\partial s}{\partial T}\right)_V dT + \left(\frac{\partial s}{\partial v}\right)_T dv$$

利用麦克斯韦关系第四式（6-32d）和定容比热定义式（6-40），可得第一 ds 方程式（第一 ds 关系式）：

$$ds = \frac{c_V}{T}dT + \left(\frac{\partial p}{\partial T}\right)_V dv \qquad (6-44)$$

选择 p、T 为独立变量，利用函数 $s = s(p, T)$ 的全微分、麦克斯韦关系第三式（6-32c）和定压比热定义式（6-39），可得第二 ds 方程式：

$$ds = \frac{c_p}{T}dT - \left(\frac{\partial v}{\partial T}\right)_p dp \qquad (6-45)$$

选择 p、v 为独立变量，利用函数 $s = s(p, v)$ 的全微分、比热定义演化式 $c_p = T\left(\frac{\partial s}{\partial v}\right)_p \cdot \left(\frac{\partial v}{\partial T}\right)_p$ 和 $c_V = T\left(\frac{\partial s}{\partial p}\right)_V \left(\frac{\partial p}{\partial T}\right)_V$，可得第三 ds 方程式：

$$ds = \frac{c_V}{T}\left(\frac{\partial T}{\partial p}\right)_V dp + \frac{c_p}{T}\left(\frac{\partial T}{\partial v}\right)_p dv \qquad (6-46)$$

6.3.2.2　热力学能的一般关系式

将第一 ds 方程式代入式（6-31a），合并同类项可得第一 du 方程式：

$$du = c_V dT + \left[T\left(\frac{\partial p}{\partial T}\right)_V - p\right]dv \qquad (6-47)$$

类似地，分别将第二、第三 ds 方程式代入式（6-31a），整理可得第二 du 方程式和第三 du 方程式：

$$du = \left[c_p - p\left(\frac{\partial v}{\partial T}\right)_p\right]dT - \left[p\left(\frac{\partial v}{\partial T}\right)_T + T\left(\frac{\partial v}{\partial T}\right)_p\right]dp \qquad (6-48)$$

$$du = c_V\left(\frac{\partial T}{\partial p}\right)_V dp + \left[c_p\left(\frac{\partial T}{\partial v}\right)_p - p\right]dv \qquad (6-49)$$

6.3.2.3　焓的一般关系式

同理，分别将第一、第二、第三 ds 方程式代入式（6-31b），整理可得第一、第二、第三 dh 方程式：

$$dh = \left[c_V + v\left(\frac{\partial p}{\partial T}\right)_V\right]dT + \left[T\left(\frac{\partial p}{\partial T}\right)_V + v\left(\frac{\partial p}{\partial v}\right)_T\right]dv \qquad (6-50)$$

$$dh = c_p dT + \left[v - T\left(\frac{\partial v}{\partial T}\right)_p\right]dp \qquad (6-51)$$

$$dh = \left[v + c_V \left(\frac{\partial T}{\partial p} \right)_V \right] dp + c_p \left(\frac{\partial T}{\partial v} \right)_p dv \qquad (6-52)$$

6.3.2.4　比热容的普遍关系式：

式（6-41）和式（6-42）相减可得：

$$c_p - c_V = - T \left(\frac{\partial v}{\partial T} \right)_p^2 \left(\frac{\partial p}{\partial v} \right)_T = - \frac{T \left(\frac{\partial v}{\partial T} \right)_p^2}{\left(\frac{\partial v}{\partial p} \right)_T} = Tv \frac{\alpha_V^2}{\kappa_T} \qquad (6-53)$$

将理想气体状态方程 $pv = R_g T$ 代入式（6-35），可以得到迈耶公式。

由第二 ds 方程式以及点函数的二阶混合偏导数相等的性质可得：

$$\left(\frac{\partial c_p}{\partial p} \right)_T = - T \left(\frac{\partial^2 v}{\partial T^2} \right)_p \qquad (6-54)$$

类似地，由第一 ds 方程式以及点函数的二阶混合偏导数相等的性质可得：

$$\left(\frac{\partial c_V}{\partial v} \right)_T = T \left(\frac{\partial^2 p}{\partial T^2} \right)_V \qquad (6-55)$$

根据热力学一般关系式和状态方程式以及补充数据，可以利用已知性质推出未知性质，并求出能量转换关系。如当计算单位质量气体由参考状态 p_0、T_0 变到某一其他状态 p、T 后焓的变化时，可利用 dh 方程式，即式（6-51）。由于焓是状态参数，所以 dh 为恰当微分，其线积分只是端态的函数，与路径无关。这样就可以在两个端态之间选择任意一个过程或几个过程的组合。两种简单的组合如图 6-7 所示。

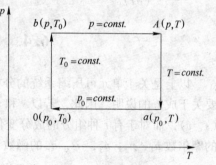

图 6-7　能量组合

对于图 6-7 中由线 $0aA$ 所描述的过程组合，将式（6-51）先在等压 p_0 下由 T_0 积分到 T，随后在等温 T 下由 p_0 积分到 p，其结果为：

$$h_a - h_0 = \left[\int_{T_0}^{T} c_p dT \right]_{p_0}$$

$$h - h_a = \left\{ \int_{p_0}^{p} \left[v - T \left(\frac{\partial v}{\partial T} \right)_p \right] dp \right\}_T$$

将上两式相加，就可得到：

$$h - h_0 = \left[\int_{T_0}^{T} c_p dT \right]_{p_0} + \left\{ \int_{p_0}^{p} \left[v - T \left(\frac{\partial v}{\partial T} \right)_p \right] dp \right\}_T \qquad (a)$$

对于 $0bA$ 的过程组合，将式（6-51）先在等温 T_0 下由 p_0 积分到 p，随后在等压 p 下由 T_0 积分到 T，由这种组合可以得到：

$$h - h_0 = \left\{ \int_{p_0}^{p} \left[v - T \left(\frac{\partial v}{\partial T} \right)_p \right] dp \right\}_{T_0} + \left[\int_{T_0}^{T} c_p dT \right]_p \qquad (b)$$

上式（a）需要在 p_0 压力下特定温度范围内的 c_p 数据，而上式（b）则需要较高压力 p 时的 c_p 数据。由于比热的测量相对地在低压下更易进行，所以选上式（a）更为合适。

如果状态方程写成 $v = f(p, T)$ 的形式，则上式（a）中第二项积分原则上可以用解析法积分出来，其中偏导数 $\left(\dfrac{\partial v}{\partial T}\right)_p$ 可通过对状态方程求导而得，变量 v 可以被替换。但由于动力学的原因，大多数状态方程都写成 $p = f(v, T)$ 的形式，使得上式（a）中第二项的积分难于处理。此时，可做如下变换：

由 $\mathrm{d}(pv) = p\mathrm{d}v + v\mathrm{d}p$，所以：

$$\left[\int_{p_0}^{p} v\mathrm{d}p\right]_T = (pv - p_0 v_0) - \left[\int_{v_0}^{v} p\mathrm{d}v\right]_T$$

式中，v 是 p 和 T 时的比体积，v_0 是 p_0 和 T 时的比体积。又因为：

$$\left(\frac{\partial v}{\partial T}\right)_p = -\left(\frac{\partial v}{\partial p}\right)_T \left(\frac{\partial p}{\partial T}\right)_V$$

则

$$\left[\int_{p_0}^{p} \left(\frac{\partial v}{\partial T}\right)_p \mathrm{d}p\right]_T = -\left[\int_{v_0}^{v} \left(\frac{\partial p}{\partial T}\right)_V \mathrm{d}v\right]_T$$

于是变为

$$h - h_0 = \left[\int_{T_0}^{T} c_p \mathrm{d}T\right]_{p_0} + (pv - p_0 v_0)_T - \left\{\int_{v_0}^{v} p - \left[\left(\frac{\partial p}{\partial T}\right)_v\right] \mathrm{d}v\right\}_T$$

这回偏导数 $\left(\dfrac{\partial p}{\partial T}\right)_V$ 可通过对状态方程求导而得，变量 p 可以被替换。

6.4   多元复相系统浅窥

以上是关于单元可压缩系统的分析，而多元简单可压缩系统由于成分变化，所以还需要关于成分的说明。因此，若以 s 和 v 为独立变量，则成分不变的系统的热力学能为 $u = u(s, v)$，而对于有 r 种组分的成分变化的系统来说，热力学能还应该表示成这些不同组分的摩尔数 $n_1, n_2, n_3, \cdots, n_r$ 的函数，因此：

$$u = u(s, v, n_1, n_2, n_3, \cdots, n_r)$$

u 的全微分为：

$$\mathrm{d}u = \left(\frac{\partial u}{\partial s}\right)_{v, n_i} \mathrm{d}s + \left(\frac{\partial u}{\partial v}\right)_{s, n_i} \mathrm{d}v + \sum_{i=1}^{r} \left(\frac{\partial u}{\partial n_i}\right)_{s, v, n_j(j \neq i)} \mathrm{d}n_i \tag{6-56}$$

式（6-56）中，$\left(\dfrac{\partial u}{\partial n_i}\right)_{s, v, n_j(j \neq i)}$ 与 $T = \left(\dfrac{\partial u}{\partial s}\right)_{v, n_i}$，$p = \left(\dfrac{\partial u}{\partial v}\right)_{s, n_i}$ 类似，为与组分扩散有关的势函数，称为化学位。化学位（或化学势）定义为：当改变某一组分而其他组分的摩尔量保持不变的时，若与热力学能、大气、亥姆霍兹自由能、吉布斯自由能等特性函数有关的自然独立变量也保持不变，则这些函数对该组分的摩尔数的偏导数就称为该组分的化学位。化学位代表某组分在一定条件下从某相中逸出的能力，它对于研究多相系统和单相系统中进行的过程及其平衡起着巨大的作用。利用化学位，式（6-56）成为：

$$\mathrm{d}u = T\mathrm{d}s - p\mathrm{d}v + \sum_{i=1}^{r} \mu_i \mathrm{d}n_i \tag{6-57}$$

其他特性函数还有：

$$\mathrm{d}h = T\mathrm{d}s + v\mathrm{d}p + \sum_{i=1}^{r} \mu_i \mathrm{d}n_i \tag{6-58}$$

$$\mathrm{d}a = -s\mathrm{d}T - p\mathrm{d}v + \sum_{i=1}^{r} \mu_i \mathrm{d}n_i \tag{6-59}$$

$$dg = -sdT + vdp + \sum_{i=1}^{r} \mu_i dn_i \qquad (6-60)$$

关系式（6-57）~式（6-60）叫吉布斯关系式，是多元系统的热力学基本关系式。

相平衡问题是一类很重要的热力学问题，它广泛存在于各种自然现象之中。简单可压缩系统的复相平衡是这类问题的代表，其他还有如金属学中的合金相变，低温状态氦的相特性，超导体—常导体之间的相变，等等。以简单可压缩系统的复相平衡为例，其热力学研究的主要问题是找出为确保化学平衡因而也就是达到完全平衡的条件。对每一相应用吉布斯方程，将它们总和起来，得：

$$dg = -sdT + vdp + \sum_{\alpha=1}^{\phi} \left(\sum_{i=1}^{r} \mu_i^{(\alpha)} dn_i^{(\alpha)} \right) \qquad (6-61)$$

吉布斯函数是判断在等温等压下过程平衡的热力学特性函数，其平衡条件是：

$$(dg)_{T,p} = 0$$

用于式（6-61）可得：

$$\sum_{\alpha=1}^{\phi} \left(\sum_{i=1}^{r} \mu_i^{(\alpha)} dn_i^{(\alpha)} \right) = 0 \qquad (6-62)$$

由于系统封闭且无化学反应产生，所以不同相内某种组分的总和不变，即

$$\sum_{\alpha=1}^{\phi} n_i^{(\alpha)} = const., \qquad i = 1, 2, \cdots, r \qquad (6-63)$$

式（6-62）、式（6-63）都是所要建立的平衡关系的条件。应用 Lagrange 待定因子法，对式（6-63）微分并乘以不同的拉氏常数，可得：

$$\sum_{\alpha=1}^{\phi} \lambda_i dn_i^{(\alpha)} = const., \qquad i = 1, 2, \cdots, r$$

上式与式（6-62）相加得：

$$\sum_{\alpha=1}^{\phi} \sum_{i=1}^{r} (\mu_i^{(\alpha)} + \lambda_i) dn_i^{(\alpha)} = 0$$

因此可以得到一组方程，它意味着当一个非均质系统在定温定压下处于平衡时，任何给定组分的化学位在所有各相中必定具有相同的数值，即

$$\mu_i^{(1)} = \mu_i^{(2)} = \mu_i^{(3)} = \cdots = \mu_i^{(\phi)}, \qquad i = 1, 2, \cdots, r \qquad (6-64)$$

式（6-64）共有 $(\phi-1) \cdot r$ 个方程式，它们就是复相平衡问题的平衡条件，叫相平衡方程。

$\mu_i^{(\alpha)}$ 的数目共有 $\phi \cdot r$ 个，其中独立的有 $\phi \cdot (r-1)$ 个，加上温度、压力两个独立参数，一个 r 元 ϕ 相简单可压缩系统共有 $\phi \cdot (r-1) + 2$ 个变量确定其强度状态。相平衡方程有 $(\phi-1) \cdot r$ 个，因此，确定 r 元 ϕ 相系统平衡状态所需的独立强度量个数应为：

$$F = [\phi(r-1) + 2] - (\phi-1) \cdot r = r - \phi + 2 \qquad (6-65)$$

这就是吉布斯相律。

复习思考题与习题

6-1 什么样的气体是理想气体？理想气体的特性是什么？实际气体与理想气体有什么不同？在什么情

况下实际气体可以作为理想气体处理？

6-2　为什么说压缩因子的定义式 $z = \dfrac{pV_m}{RT}$ 可以当作实际气体的状态方程？有了它作为实际气体状态方程，为什么还要研究其他的实际气体状态方程？

6-3　压缩因子的物理意义是什么？

6-4　与马丁-侯方程等相比，范德瓦尔方程的误差很大，但是在实际气体状态方程的研究中大家都推崇范德瓦尔方程，讲课时不分中外都要讲它，为什么？

6-5　过临界点的定温线的一阶、二阶导数均连续且等于0。已知水的临界点参数为：$p_c = 22.1297\text{MPa}$，$t_c = 374.15℃$，$v_c = 0.00326\text{m}^3/\text{kg}$。试求其范得瓦尔常数 a 和 b。

6-6　图6-8是 CO_2 的 $p-v$ 图，上面标注了范德瓦尔方程等温线。请在图上读出 CO_2 的临界点参数并借此求出 CO_2 的范德瓦尔常数。

6-7　氮的临界参数为 3.39MPa、126.2K 和 0.0899m^3/kmol。试计算其范德瓦尔常数值，并反算其临界摩尔体积，再分别用理想气体状态方程和范德瓦尔方程计算其标准状态下的比体积。

6-8　已知制冷工质 HFC134a（氟利昂134a，CH_2F-CF_3，属于不对大气臭氧层具有破坏作用的环保型制冷工质）的分子量为 102.031，临界温度为 101.15℃，临界压力为 4.064MPa，试求它的临界比体积。

6-9　在 $T-s$ 图或 $p-v$ 图上，水蒸气的三相共存状态是一条线，为什么叫做三相点？

6-10　如图6-9所示水的相图（$p-T$ 图），若对图中 A 点施加上几百倍的压力，会出现什么现象？生活中有什么应用？

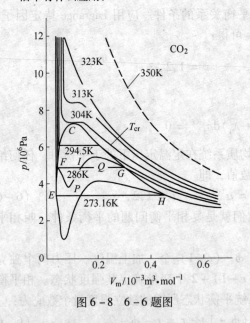
图6-8　6-6题图

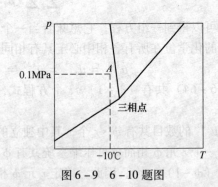
图6-9　6-10题图

6-11　冰箱冷冻室中是否含有水蒸气？为什么？

6-12　水蒸气的定压比热容与定容比热容之差等于水蒸气的气体常数吗？

6-13　常用的热系数有哪些？它们的共同性质是什么？

6-14　什么是热力学特性函数？特性函数的特点是什么？

6-15　关于热力学能、焓和熵的一般关系式可否用于不可逆过程？

6-16　试利用热力学参数间的微分关系证明理想气体内能（热力学能）与比容无关。

6-17　试根据比熵的第二关系式导出以温度 T 和压力 p 为独立变量的比焓关系式。

6-18 已知 $c_p - c_V = -T\left(\dfrac{\partial v}{\partial T}\right)_p^2\left(\dfrac{\partial p}{\partial v}\right)_T$，试证明迈耶公式，并说明迈耶公式的适用范围。

6-19 具有两种可逆功的系统，它的独立变量增加到三个，特性函数增加到八个，麦克斯韦关系式增加到 24 个，热力学一般关系式就更多了。试以可压缩磁系统为例，导出其特性函数和麦克斯韦关系式。

6-20 试证明：(1) $\dfrac{c_p}{c_V} = \dfrac{\kappa_T}{\kappa_s}$；(2) $\left(\dfrac{\partial T}{\partial p}\right)_s = \dfrac{Tv\alpha_V}{c_p}$。

6-21 试证明：遵守范德瓦尔方程的气体绝热自由膨胀时，气体的温度会下降，且 $T_1 - T_2 = \dfrac{a}{c_V}\dfrac{v_2 - v_1}{v_2 \cdot v_1}$。

6-22 根据对某气体的定压膨胀系数 α_V 和定温压缩系数 κ_T 测量的结果，得出以下方程：

$$\left(\frac{\partial v}{\partial T}\right)_p = \frac{R_g}{p} + \frac{a}{T^2} \quad \text{和} \quad \left(\frac{\partial v}{\partial p}\right)_T = -Tf(p)$$

其中 a 是常数，$f(p)$ 仅是 p 的函数。在低压下 1mol 气体的定压比热容为 $\dfrac{5}{2}R_g$。试证明：

(1) $f(p) = \dfrac{R_g}{p^2}$；(2) 状态方程为 $pv = R_g T - \dfrac{ap}{T}$；(3) $c_p = \dfrac{2ap}{T^2} + \dfrac{5}{2}R_g$。

6-23 因为水分子往往借助非常强的氢键结合成为分子链，使得它在常温常压下呈液态而与周围元素格格不入（表6-1）。现在的问题是：水的气体常数该如何确定？一种想法是，与其他气体一样，由其单个分子的相对分子质量确定；另一种想法是，水的气体常数与它所缔合成的分子链大小有关，从而不能称其为常数，如果非要确定一个值的话，可以借助试验等手段给出一个平均值。请谈谈你的看法、你的理由。

矛盾的主要和非主要的方面互相转化着，事物的性质也就随着起变化。在矛盾发展的一定过程或一定阶段上，主要方面属于甲方，非主要方面属于乙方；到了另一发展阶段或另一发展过程时，就互易其位置，这是依靠事物发展中矛盾双方斗争的力量的增减程度来决定的。

——毛泽东：《矛盾论》

 7 气体与蒸汽的流动——可压缩流体流动的热力学分析

工质的主要特征之一就是其流动性，许多能量转换过程也是伴随着工质（即流体）流动过程完成的。如汽轮机中高温高压蒸汽的膨胀作功过程整体上可以看作是一个绝热过程，而细节上则是蒸汽通过动静叶片之间的通道流动并发生状态变化的过程。本章研究气体和蒸汽流动过程中的能量转换规律，但不涉及流动过程中流体微团之间、流体与壁面之间的相互作用，及有关阻力、黏性作用、流态、涡旋等，那些是流体力学的任务。

为了集中注意力，仅考虑一维可压缩流体流动。一维流动也可称为管内流动，工程上经常遇到的管内流动有三类：一是轴功为零，且管道短、流速高，可以忽略摩擦和传热的变截面等熵流，常见于蒸汽轮机、燃气轮机等原动机中；二是等截面长距离输送管道，无轴功和热量进出，摩擦是主要因素；三是等截面加热管或冷却管，无轴功出入，摩擦也可以忽略，如换热器管和锅炉水冷壁。第一类流动中气体的内部储存能或焓与外部储存能（主要是动能）具有显著的相互转换，后两类流动极少存在热能与机械能的转换，因此本章以第一类流动为主要研究对象。

7.1 稳定流动的基本方程

热力设备正常运行时，内部发生的热力过程都是稳定流动过程。忽略黏性摩擦和传热的影响，流体流动的同一横截面上不同点状态完全相同。

7.1.1 连续性方程

稳定流动过程中，任一截面的一切参数均不随时间而变，故流经任一截面的质量流量应为定值，不随时间而变；且进入系统的质量流量、离开系统的质量流量及系统内任一截面的质量流量均相等。具有多个进出口的稳定流动系统在每两个相邻的进口或出口之间管段上质量流量保持不变，且总进口质量流量等于总出口质量流量。

$$q_{\mathrm{m}} = \frac{Ac_{\mathrm{f}}}{v} = \mathrm{const.} \tag{7-1a}$$

微分形式：

$$\frac{\mathrm{d}A}{A} + \frac{\mathrm{d}c_{\mathrm{f}}}{c_{\mathrm{f}}} - \frac{\mathrm{d}v}{v} = 0 \tag{7-1b}$$

连续性方程体现的是质量守恒原理。

对于不可压缩流体（即体积不随压力变化的流体，工程上把体积随压力变化极小的流体归于此类，如几乎所有的液体和表压力在几百帕范围内变化的气体），可以认为 $dv = 0$。式（7-1b）表明，不可压缩流体的流通截面积变化率与速度变化率成反比。

7.1.2 能量方程

处在稳定流动中的气体或蒸汽服从稳定流动能量方程式：

$$q = \Delta u + \Delta(pv) + g\Delta z + \frac{1}{2}\Delta c_f^2 + w_s$$

一般情况下，气体流动所经过的路径高低变化不大，流道截面的尺度也有限，因此气体的位能改变也极小，可以忽略不计。单纯的流动不输出轴功，也尽可能避免气体与外界的传热，则上式可以简化为

$$0 = \Delta u + \Delta(pv) + \frac{1}{2}\Delta c_f^2 \Rightarrow \Delta h + \frac{1}{2}\Delta c_f^2 = 0$$

即

$$h_2 + \frac{1}{2}c_{f_2}^2 = h_1 + \frac{1}{2}c_{f_1}^2 = h + \frac{1}{2}c_f^2 = \text{常数} \tag{7-2a}$$

微分形式：

$$dh + d\left(\frac{c_f^2}{2}\right) = 0 \tag{7-2b}$$

令 $h + \frac{1}{2}c_f^2 = h_0$，则 h_0 相当于 $c_f = 0$ 时的焓，被称为滞止焓。

滞止焓对应的温度称为滞止温度。温度测量时，滞止效应将影响测试的准确性。

7.1.3 过程方程式

对于理想气体定比热容可逆绝热稳定流动过程，过程方程式如下。

积分形式：
$$pv^k = p_1v_1^k = p_2v_2^k = \text{常数} \tag{7-3a}$$

微分形式：
$$\frac{dp}{p} + k\frac{dv}{v} = 0 \tag{7-3b}$$

变比热容时，k 可取过程范围内的平均值。水蒸气等实际气体的可逆绝热稳定流动分析也可以近似采用式（7-3），此时 k 不具有比热容比的意义。

7.1.4 音速方程[❶]

发声体发生振动，并对周围物质产生周期性压迫，这种周期性压迫向外传播，构成了压力波（纵波），这就是声音。声音在连续介质中的传播速度为音速，即微弱扰动在连续介质中所产生的压力波的传播速度。在不同介质中音速不同。

如图7-1所示，在一维管道中，膜向右发生一个微小的位移（膜的移动速度由零变为 dc_f——一个微小的增量），导致气体中产生一个压力波并迅速向右传播。在某一时刻，压力波的前沿（术语为"前阵面"、"波前"）到达某一位置，此时波前移动速度为音速 a，波前右边气体未受扰动保持原始状态，气体流速为零，波前的左边（后边）气体状态

---

❶ 音速方程不是一个独立的方程，只是为了叙事方便而引进一个参量——音速。

由于扰动而发生微小变化，气体流速为 dc_f。

为将音速引入方程，以波前为参照系（图 7-2），此时波前不动，波前右侧气体以音速 a 向波前移动，状态为原来状态，波前左侧气体以速度（$a-dc_f$）离开波前，状态为扰动后的参数值。

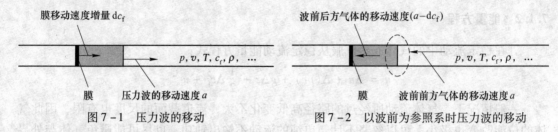

图 7-1 压力波的移动   图 7-2 以波前为参照系时压力波的移动

于是波前前后气体能量守恒方程为

$$h + \frac{a^2}{2} = (h + dh) + \frac{(a - dc_f)^2}{2}$$

展开

$$h + \frac{a^2}{2} = h + dh + \frac{a^2}{2} - a \cdot dc_f + \frac{(dc_f)^2}{2}$$

⇒

$$dh - a \cdot dc_f + \frac{(dc_f)^2}{2} = 0$$

略去高阶无穷小量，得：

$$dh - a \cdot dc_f = 0 \tag{7-4}$$

质量守恒：

$$\rho A a = (\rho + d\rho) A (a - dc_f)$$

展开

$$\rho A a = \rho A a - \rho A dc_f + d\rho \cdot A a - d\rho \cdot A dc_f$$

略去高阶无穷小量，得：

$$a d\rho - \rho dc_f = 0 \tag{7-5}$$

由式（7-4）和式（7-5）消去 dc_f，得

$$dh = \frac{a^2 d\rho}{\rho} \tag{7-6}$$

假定过程是可逆绝热的，即定熵过程，$ds = 0$。（声音的压力波传播速度很快，同一时间与外界的传热微乎其微；声音的压力波是很微弱的扰动，其中的摩擦等作用相当小，可以忽略不计。）由热力学第一定律：

$$T ds = dh - v dp$$

得

$$dh = v dp = \frac{dp}{\rho}$$

结合式（7-6）

$$a^2 = \frac{dp}{d\rho}$$

注明等熵条件

$$a^2 = \left(\frac{\partial p}{\partial \rho}\right)_s$$

于是

$$a = \sqrt{\left(\frac{\partial p}{\partial \rho}\right)_s} = \sqrt{-v^2 \left(\frac{\partial p}{\partial v}\right)_s} \tag{7-7}$$

式（7-7）表明，音速与气体的状态等有关。

由对于理想气体等熵过程的过程方程式（7-3b）可得

$$\left(\frac{\mathrm{d}p}{\mathrm{d}v}\right)_s = -k\frac{p}{v}$$

从而得到

$$a = \sqrt{-v^2\left(-k\frac{p}{v}\right)} = \sqrt{kpv} = \sqrt{kR_g T} \tag{7-8}$$

可见，理想气体的音速只与气体的热力学温度有关。对于实际气体，式（7-7）表明音速总是状态参数的函数，因而音速也是热力学状态参数。不同的状态有不同的音速，状态变化音速也变化。我们强调某一状态下的音速为当地音速。

流体的流动速度与当地音速的比值，称为马赫数，用符号 Ma 表示。

$$Ma = \frac{c_f}{a} \tag{7-9}$$

流速小于当地音速，$Ma < 1$，称为亚音速流动；流速大于当地音速，$Ma > 1$，称为超音速流动。

7.2　促使流速改变的条件

由热力学第一定律：$\mathrm{d}q = \mathrm{d}h + \mathrm{d}w_t$，对于可逆绝热过程有

$$\mathrm{d}h = v\mathrm{d}p$$

结合式（7-2b）得

$$c_f \mathrm{d}c_f + v\mathrm{d}p = 0 \Rightarrow \frac{\mathrm{d}c_f}{c_f} = -\frac{v}{c_f^2}\mathrm{d}p = -\frac{kpv}{kc_f^2}\frac{\mathrm{d}p}{p} = -\frac{1}{kM^2}\frac{\mathrm{d}p}{p}$$

即

$$\frac{\mathrm{d}c_f}{c_f} = -\frac{1}{kMa^2}\frac{\mathrm{d}p}{p} \tag{7-10}$$

为速度-压力关系，表明气体流速变化率与压力变化率成反比：压力减小，速度就增大；压力增大速度就减小。将式（7-10）代入式（7-1b），再将式（7-3b）代入，得到截面积-压力关系：

$$\frac{\mathrm{d}A}{A} = \frac{1 - Ma^2}{kMa^2}\frac{\mathrm{d}p}{p} \tag{7-11}$$

表明气体亚音速流动（$Ma < 1$）时，流通截面积的变化率与压力变化率成正比，压力减小时流通截面积也减小；超音速流动（$Ma > 1$）时，流通截面积的变化率与压力变化率成反比，压力减小时流通截面积要增大。式（7-11）与式（7-10）联立，消去 $\frac{\mathrm{d}p}{p}$，得到截面积-速度关系：

$$\frac{\mathrm{d}A}{A} = (Ma^2 - 1)\frac{\mathrm{d}c_f}{c_f} \tag{7-12}$$

表明气体亚音速流动（$Ma < 1$）时，流通截面积的变化率与速度变化率成反比，速度增加时流通截面积要减小；超音速流动（$Ma > 1$）时，流通截面积的变化率与速度变化率成正比，速度增加时流通截面积也增大。将式（7-12）代入式（7-1b），得到比体积-速度

关系和截面积 – 比体积关系：

$$\frac{\mathrm{d}v}{v} = Ma^2 \frac{\mathrm{d}c_f}{c_f} \tag{7-13}$$

$$\frac{\mathrm{d}A}{A} = \frac{(Ma^2 - 1)}{Ma^2} \frac{\mathrm{d}v}{v} \tag{7-14}$$

比体积 – 速度关系表明气体亚音速流动（$Ma < 1$）时，比体积变化没有速度变化快，根据连续性方程需要流通截面积变化来帮助比体积变化跟上速度变化；气体超音速流动（$Ma > 1$）时，比体积变化比速度变化快，根据连续性方程需要流通截面积变化来帮助速度变化跟上比体积变化。

　　上面的分析意味着，当流速达到 $Ma = 1$ 时，一维可压缩流体流动的流通截面积变化特征将改变。

　　归纳起来，导致流速改变的主要原因是压力变化（力学条件），保证流体流速按速度 – 压力关系平稳变化的条件是截面积的合理变化（几何条件）。

　　如果压力降低，则比体积增大，速度增加。我们称这种管道为喷管（nozzle）。

　　当 $Ma < 1$ 时，比体积的变化率小于速度的变化率，所以截面积就需要变小（截面积的变化率小于 0），流通管道呈收缩形状，是为收缩喷管或渐缩喷管，如图 7 – 3 所示。

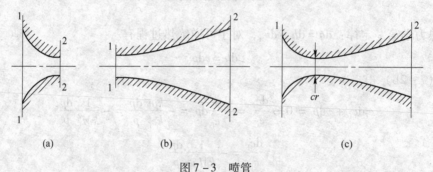

图 7 – 3　喷管
（a）渐缩喷管；（b）渐扩喷管；（c）缩扩喷管（拉法尔喷管）

　　当 $Ma > 1$ 时，比体积的变化率大于速度的变化率，所以截面积就需要变大（截面积的变化率大于 0），流通管道呈扩张形状，叫做扩张喷管或渐扩喷管。

　　在 Ma 从小于 1 增加到大于 1 的过程中，流通管道的截面积需要从收缩状变成扩张状，即形成先收缩后扩张形状。被称为缩扩喷管或拉法尔喷管（Laval nozzle）。

　　渐缩喷管的最小截面处是速度最大的部位，速度最高可达到当地音速；渐扩喷管的最小截面处是速度最小的部位，速度最低可能是当地音速；缩扩喷管的最小截面处的速度是当地音速（$Ma = 1$），该部位称为喉部（throat），也称为临界截面、转捩点。

　　如果压力增加，则比体积减小，速度减小，称这种管道为扩压管。如离心式水泵或离心式压气机的蜗壳（图 7 – 4 所示压气机进口是渐缩喷管）。

　　扩压管的各种参数变化与喷管完全相反。即当 $Ma < 1$

图 7 – 4　离心式风机

时，管道形状为渐扩（截面积增大）；当 $Ma > 1$ 时，管道形状为渐缩（截面积减小）。当 Ma 从大于 1 减小到小于 1，管道形状为缩扩形。

前面得出结论，导致流速改变的主要原因是压力变化（力学条件），保证流体流速按速度-压力关系平稳变化的条件是截面积的合理变化（几何条件）。按照有关一切事物都是矛盾运动的观点，力学条件就是一维变截面等熵流动之矛盾运动的主要矛盾方面，几何条件则是矛盾运动的次要矛盾方面。没有压力变化，流动不可能发生；没有截面积的合理变化，喷管内气体不会顺畅地流动、加速。离心式风机蜗壳（扩压管）则体现了矛盾双方的转化：高速气流在几何条件约束下减速增压，即使得力学条件发生变化。几何条件成为矛盾主要方面，力学条件不仅退为次要条件，甚至被迫改变，但这是有条件的。高速气流是前提，风机出口外还必须有能够承接压力变化的受体，即管网。制冷一章所提及的喷射器是矛盾主次方面转化的典范。

7.3 喷管与扩压管的计算

7.3.1 流速的计算

由式（7-2a）：

$$c_{f_2} = \sqrt{2(h_0 - h_2)} = \sqrt{2(h_1 - h_2) + c_{f_1}^2} \qquad \text{（适用于一切气体和蒸汽）}$$

$$= \sqrt{2c_p(T_0 - T_2)} = \sqrt{2c_p T_0 \left(1 - \frac{T_2}{T_0}\right)} \qquad \text{（理想气体）}$$

$$= \sqrt{\frac{2k}{k-1} R_g T_0 \left(1 - \left(\frac{p_2}{p_0}\right)^{\frac{k-1}{k}}\right)} = \sqrt{\frac{2k}{k-1} p_0 v_0 \left(1 - \left(\frac{p_2}{p_0}\right)^{\frac{k-1}{k}}\right)} \qquad (7-15a)$$

以及：

$$c_{f_2} = \sqrt{\frac{2k}{k-1} R_g T_1 \left(1 - \left(\frac{p_2}{p_1}\right)^{\frac{k-1}{k}}\right) + c_{f_1}^2}$$

$$= \sqrt{\frac{2k}{k-1} p_1 v_1 \left(1 - \left(\frac{p_2}{p_1}\right)^{\frac{k-1}{k}}\right) + c_{f_1}^2} \qquad (7-15b)$$

若 $c_{f_1} = 20\text{m/s}$，$c_{f_2} = 300\text{m/s}$，可以计算出忽略 c_{f_1} 仅使 c_{f_2} 减少为 299.333m/s。所以对于出口流速很高的喷管，式（7-15b）可以忽略 c_{f_1}。

式（7-15）表明当进口参数（或滞止参数，实际上滞止参数取决于进口参数）一定时，正常情况下出口压力越低，出口流速越高。当 p_2 趋近于零（且喷管口径可以随意变化）时，出口流速达到最大值，该值取决于滞止参数：$c_{f_2} = \sqrt{\frac{2k}{k-1} p_0 v_0} = \sqrt{\frac{2k}{k-1} R_g T_0}$。实际上该速度不可能达到。

7.3.2 临界压力比

喷管各截面压力与滞止压力（近似可取为进口截面压力）之比称为该处的压力比，如出口截面处为出口压力比，临界截面处则称为临界压力比（特别地，出口截面外称为背压比）。

临界截面上的流速等于当地音速，也可以用式（7-15）计算，于是：

$$c_{\mathrm{f,cr}} = a_{\mathrm{f,cr}} = \sqrt{kp_{\mathrm{cr}}v_{\mathrm{cr}}} = \sqrt{\frac{2k}{k-1}p_0v_0\left(1-\left(\frac{p_{\mathrm{cr}}}{p_0}\right)^{\frac{k-1}{k}}\right)}$$

即

$$p_{\mathrm{cr}}v_{\mathrm{cr}} = \frac{2}{k-1}p_0v_0\left(1-\left(\frac{p_{\mathrm{cr}}}{p_0}\right)^{\frac{k-1}{k}}\right)$$

由于

$$p_{\mathrm{cr}}v_{\mathrm{cr}}^k = p_0v_0^k$$

所以

$$\frac{p_{\mathrm{cr}}}{p_0} = v_{\mathrm{cr}} = \left(\frac{2}{k+1}\right)^{\frac{k}{k-1}} \tag{7-16}$$

对于分子结构对称的双原子气体，$k=1.4$，$v_{\mathrm{cr}}=0.528$。

且

$$c_{\mathrm{f,cr}} = \sqrt{\frac{2k}{k-1}p_0v_0\left(1-\left(\frac{p_{\mathrm{cr}}}{p_0}\right)^{\frac{k-1}{k}}\right)}$$

$$= \sqrt{2\frac{k}{k+1}p_0v_0} = \sqrt{2\frac{k}{k+1}R_{\mathrm{g}}T_0} \tag{7-17}$$

也可以近似按照进口参数计算。

讨论水蒸气流动的临界参数也可借用上述分析，其中 k 不再有比热容比的含义，而纯为一经验数据：对于过热蒸汽，取 $k=1.3$，$v_{\mathrm{cr}}=0.546$；对于干饱和蒸汽，取 $k=1.135$，$v_{\mathrm{cr}}=0.577$。

7.3.3　流量的计算

由连续性方程：

$$q_{\mathrm{m}} = \frac{Ac_{\mathrm{f}}}{v} = constant$$

流量可以按照任意截面的速度、比体积和截面积进行计算。

如果流动过程中，流体状态变化不连续（如存在激波），则计算流量时最好按照最小截面（往往是喉部或临界截面）来计算。

对于渐缩喷管，随着背压的变化，喷管内部各点状态也发生变化，相应地流量也会发生变化。但如果背压比小于临界压力比，则喷管出口截面压力将维持临界压力不变，流量也保持不变。此时的流量是喷管的最大流量，对于理想气体有：

$$q_{\mathrm{m,max}} = \frac{A_{\mathrm{cr}}c_{\mathrm{f,cr}}}{v_{\mathrm{cr}}} = \frac{A_{\mathrm{cr}}}{v_{\mathrm{cr}}}\sqrt{2\frac{k}{k+1}p_0v_0} = A_{\mathrm{cr}}\sqrt{2\frac{k}{k+1}\frac{p_0}{v_0}\left(\frac{v_0}{v_{\mathrm{cr}}}\right)^2}$$

$$= A_{\mathrm{cr}}\sqrt{2\frac{k}{k+1}\frac{p_0}{v_0}\left(\frac{p_{\mathrm{cr}}}{p_0}\right)^{\frac{2}{k}}} = A_{\mathrm{cr}}\sqrt{2\frac{k}{k+1}\left(\frac{2}{k+1}\right)^{\frac{2}{k-1}}\frac{p_0}{v_0}}$$

$$= A_{\mathrm{cr}}\sqrt{k\left(\frac{2}{k+1}\right)^{\frac{k+1}{k-1}}\frac{p_0}{v_0}} \tag{7-18}$$

【例7-1】　假如进入渐缩喷管的气流有一定的不可忽略的速度，喷管出口外的压力又足够低，出口截面的压力与进口截面压力之比值是否等于临界压力比？出口速度是否等于当地音速？

答：如果进入渐缩喷管的气流有一定的不可忽略的速度，喷管出口外的压力又足够低，出口截面的压力与进口截面压力之比值将高于临界压力比。出口速度仍然等于当地音速。

【例 7-2】 已知通过喷管的空气压力 $p_1 = 0.5\text{MPa}$，温度 $T_1 = 600\text{K}$，流量 $\dot{m} = 1.5\text{kg/s}$，若必须保证喷管出口截面处压力 $p_2 = 0.1\text{MPa}(k = 1.4)$，试问：(1) 采用什么形式的喷管；(2) 略去喷管进口速度，即 $c_{f_1} \approx 0$，求喷管出口速度 c_{f_2}；(3) 若工质在喷管内是不可逆绝热流动，喷管效率 $\eta_{oi} = 0.95$，求喷管实际出口速度 c'_{f_2}？实际出口截面 $A_{2'}$？

解：(1) $v_2 = \dfrac{p_2}{p_1} = \dfrac{1}{5} = 0.2 < v_{cr} = 0.528$，应当采用缩放形式的喷管（即拉伐尔喷管）。

(2) $c_{f_2} = \sqrt{\dfrac{2k}{k-1}R_g T_1\left(1 - v_2^{\frac{k-1}{k}}\right)} = \sqrt{\dfrac{2 \times 1.4}{1.4 - 1} \times 287 \times 600 \times \left(1 - 0.2^{\frac{1.4-1}{1.4}}\right)} = 666.58\text{m/s}$

(3) 一般用"速度系数"或"流动系数" φ 来表示气流出口速度的下降，它等于实际出口流速 c'_{f_2} 与理想可逆流动的出口流速 c_{f_2} 之比。用"能量损失系数" ζ 来表示动能的减少，它等于损失的动能与理想动能之比，且

$$\zeta = 1 - \varphi^2$$

喷管效率 η_{oi} 可以定义为喷管出口的实际流动动能与定熵流动的出口流动动能之比（也称为实际焓降与理想焓降之比）：

$$\eta_{oi} = \frac{c'^2_{f_2}}{c^2_{f_2}} = \frac{h_0 - h'_2}{h_0 - h_2}$$

且有 $$\eta_{oi} = \varphi^2$$

所以 $$\zeta = 1 - \varphi^2 = 1 - \eta_N$$

$$c'_{f_2} = \varphi c_{f_2} = \sqrt{\eta_{oi}}\, c_{f_2} = \sqrt{0.95} \times 666.58 = 649.70\text{m/s}$$

$$h_0 - h'_2 = \frac{1}{2}c'^2_{f_2} = c_p(T_0 - T'_2)$$

$$T'_2 = T_0 - \frac{c'^2_{f_2}}{2c_p} = 600 - \frac{649.70^2}{2 \times 1004} = 389.78\text{K}$$

$$v'_2 = R_g \frac{T'_2}{p_2} = 287 \times \frac{389.78}{100000} = 287 \times 389.78/100000 = 1.1186686\text{m}^3/\text{kg}$$

出口截面积 $$A'_2 = \frac{\dot{m}v}{c'_{f_2}} = \frac{1.5 \times 1.1186686}{649.70} = 0.002583\text{m}^2$$

【例 7-3】 压力为 1MPa、温度为 200℃ 的水蒸气，以 20m/s 的速度在一绝热喷管内作稳定流动，喷管出口蒸气压力为 0.6MPa，温度为 170℃。已知：1MPa、200℃ 时，$h_1 = 2827.3\text{kJ/kg}$，$v_1 = 0.2059\text{m}^3/\text{kg}$；0.6MPa、170℃ 时，$h_2 = 2782.6\text{kJ/kg}$，$v_2 = 0.3257\text{m}^3/\text{kg}$。试求：(1) 出口处气流速度；(2) 当进口速度近似取作零时，出口速度为多少？百分误差多少？(3) 进出口截面面积比 A_1/A_2。

解：$v_2 = \dfrac{p_2}{p_1} = \dfrac{0.6}{1} = 0.6 > v_{cr}$，为渐缩喷管。

(1) $c_{f_2} = \sqrt{2(h_1 - h_2) + c_1^2} = \sqrt{2(2827.3 - 2782.6) \times 10^3 + 20^2} = 299.667\text{m/s}$

(2) $c'_{f_2} = \sqrt{2(h_1 - h_2)} = \sqrt{2(2827.3 - 2782.6) \times 10^3} = 298.998\text{m/s}$，相差 0.669m/s，相

对误差为 $0.669/299.667 = 0.22\%$。

（3）因为 $\dfrac{A_1 c_1}{v_1} = \dfrac{A_2 c_2}{v_2}$，所以 $\dfrac{A_1}{A_2} = \dfrac{c_2 v_1}{c_1 v_2} = \dfrac{298.988 \times 0.2059}{20 \times 0.3257} = 9.472$，即进口截面积是出口截面积的 9.472 倍。

【例 7-4】　某企业拟将残余表压为 0.08MPa 的废氮气用于烟气余热回收装置吹灰清扫。已知氮气在输送管内的温度为 300K，流速为 20m/s。在仓库中找到两支进口直径均为 52mm 的废弃喷嘴，一支为渐缩喷嘴，出口直径 16.25mm，另一支为缩扩喷嘴，喉部直径 16.25mm，出口直径 54mm。问应当选取哪只喷嘴，出口流速是多少？假定大气压力为 0.1MPa。

解： 可以简单地认定，吹灰清扫时气流速度越快越好。故希望气流在喷嘴中能够完全膨胀到可能的最低压力，即大气压力。

氮气的气体常数约为 $R_g = \dfrac{R}{M} = \dfrac{8314.5}{28} \approx 297\text{J/(kg·K)}$，定压比热容 $c_p = \dfrac{k}{k-1} R_g = \dfrac{1.4}{1.4-1} \times 297 = 1039.5\text{J/(kg·K)}$。

氮气流的滞止参数：

$$T_0 = T_1 + \frac{c_{f_1}^2}{2c_p} = 300 + \frac{20^2}{2 \times 1039.5} = 300.19\text{K}$$

$$p_0 = p_1 \left(\frac{T_0}{T_1} \right)^{\frac{k}{k-1}} = 0.18 \times 10^6 \times \left(\frac{300.19}{300} \right)^{\frac{1.4}{1.4-1}} = 0.1804 \times 10^6\text{MPa}$$

$$v_0 = \frac{R_g T_0}{p_0} = \frac{297 \times 300.19}{0.1804 \times 10^6} = 0.4942\text{m}^3/\text{kg}$$

背压比 $v_b = \dfrac{p_b}{p_0} = \dfrac{0.1}{0.1804} = 0.554 > v_{cr} = 0.528$，应当选用渐缩喷嘴。若选用缩扩喷嘴气流有可能在扩张段被压缩，导致速度降低，或者产生激波，造成不可逆损失。

气流在喷嘴内可以充分膨胀，$p_2 = p_b$，$v_2 = v_b$，出口流速：

$$c_{f_2} = \sqrt{2c_p T_0 \left(1 - v_2^{\frac{k-1}{k}} \right)} = \sqrt{2 \times 1039.5 \times 300.18 \times \left(1 - 0.554^{\frac{1.4-1}{1.4}} \right)} = 311.18\text{m/s}$$

出口比体积　　$v_2 = \left(\dfrac{p_0}{p_2} \right)^{\frac{1}{k}} v_0 = \left(\dfrac{0.1804}{0.1} \right)^{\frac{1}{1.4}} \times 0.4942 = 0.7532\text{m}^3/\text{kg}$

出口流量　　$q_m = \dfrac{A_2 c_{f_2}}{v_2} = \dfrac{\frac{\pi}{4} \times 0.01625^2 \times 311.18}{0.7532} = 0.08568\text{kg/s}$

讨论： 输送管内氮气比体积：$v_1 = \dfrac{R_g T_1}{p_1} = \dfrac{297 \times 300}{0.18 \times 10^6} = 0.495\text{m}^3/\text{kg}$。按进口截面计算流量，得 $q_m = \dfrac{A_1 c_{f_1}}{v_1} = \dfrac{\frac{\pi}{4} \times 0.052^2 \times 20}{0.495} = 0.08581\text{kg/s}$，略小于按出口截面计算的流量，意味着入口截面积不足。实际中喷嘴入口与输送管相接，不足部分由输送管内空间弥补，入口截面流速稍快于 20m/s。入口相接处几何形状不好，会产生二次流动和较大的局部阻力，流体力学理论会详细予以讨论。

7.4 背压变化时喷管内流动现象简析

实际运行中，喷管的力学条件不可能完全符合设计工况，所以有必要讨论压力改变对喷管流动的影响。

7.4.1 收缩喷管

滞止参数恒定的气流经过进口截面积足够大的收缩喷管，排入背压为 p_b（可由阀门调节）的空间，现分析背压 p_b 变化对收缩通道内压力分布、出口截面压力 p_{out} 以及流量和流速的影响。

起始，背压 p_b 等于喷管前压力（滞止压力），即 $v_b = \dfrac{p_b}{p_0} = 1$，则整个喷管内压力出处相等，不发生流动（图 7 – 5 中的状态 1）。

若将 p_b 降低，出口截面压力随之降低，$p_{out} = p_b$，管内产生低速流动，流速和流量随 p_b 降低而增加（图 7 – 5 中的状态 2、3）。

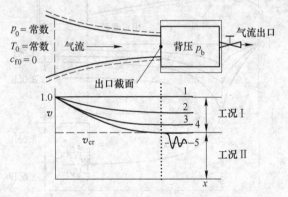

图 7 – 5　渐缩喷管工况与背压的关系

当 p_b 降低到 $v_{cr}p_0$，即 $v_b = v_{cr}$ 时，出口截面压力 $p_{out} = p_b = p_{cr}$，出口流速达到当地音速，流量也增加到最大（图 7 – 5 中的状态 4）。

继续降低 p_b，出口截面压力 p_{out} 保持原来数值不再变化，即 $p_{out} = p_{cr} > p_b$，及 $v_{out} = v_{cr} > v_b$，出口流速和流量维持状态 4 时的数值不变（图 7 – 5 中的状态 5）。注意到出口流速达到当地音速也就是等于压力波传播速度，背压变化信息向上游传递的速度显然是音速，逆流行船，p_b 的变化无法向前传递。

气流离开喷管后，自由膨胀到 p_b。自由膨胀时，气流中心可以保持一直向前的姿态并有所加速，气流外缘则与背压空间气体摩擦卷吸而逐渐向四面散开并减速，最终还要拖累中心气流直到中心气流也减速、卷吸、停滞。

在最小截面上，当等熵流流速等于声速时，流动发生壅塞，或称等熵流壅塞。

7.4.2 缩放喷管

起始，背压 p_b 等于喷管前压力（滞止压力），即 $v_b = \dfrac{p_b}{p_0} = 1$，则整个喷管内压力出处相等，不发生流动。

当 p_b 只略小于 p_0 时，流动呈文丘里流动形态。在喉部最小截面前气体一路膨胀，喉部压力低于背压，然后气体扩压降速，到达出口截面时压力正好等于背压，$p_{out} = p_b$（图 7–6 中的状态 1）。

p_b 继续降低，出口截面压力、喉部压力均随之降低，$p_{out} = p_b$，喉部压力 $p_{th} < p_b$，流速和流量随 p_b 降低而增加（图 7–6 中的状态 2、3）。其中状态 3 表示喉部压力比 $v_{th} = v_{cr}$，该点流速达到当地音速，流量也增加到最大（已经等熵流壅塞，喉部以后的变化与前面不再有关）。

图 7–6 中的状态 7 时背压 p_b 等于喷管的设计出口压力，从进口到喉部喷管内流动状况与状态 3 完全相同，喉部以后气体继续膨胀，气流超过声速继续加速，气压继续降低，直至出口截面 $p_{out} = p_b$，流量则保持与状态 3 完全相同。

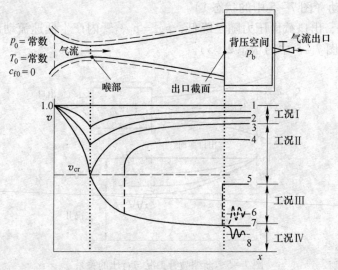

图 7–6　缩扩喷管工况与背压的关系

与背压空间状态 3 和状态 7 之间对应的流动（状态 4、5、6）已经不再满足等熵流和一维流动的条件，而是在通道内某处发生有熵产的激波不连续面。状态 4 表示喉部之后短距离内气流继续膨胀加速达到超音速，然后发生一正激波使流动减速而压力提高，正激波后气体等熵扩压减速至出口截面压力等于背压（$p_{out} = p_b$）。若再减小 p_b，正激波向下游移动，直到出口截面，激波前后压力从 p_7 跃升至 $p_{out} = p_b$，不再发生等熵扩压（状态 5）[❶]。

当背压再降低，$p_b < p_5$，喷管的出口截面压力保持 p_7，出口外发生一斜激波使其压力激增至背压（图 7–6 中的状态 6）。

状态 7 时流动中的任何地方都没有激波。如果背压低于 p_7，与收缩喷管背压低于临界压力的情况类似。

从状态 3 到状态 7 以及低于状态 7，流动都是壅塞的（壅塞是在喉部发生的，与后面

---

❶　有关理论分析表明，正激波总是导致气流从超音速流动突变为亚音速，同时压力上升，但滞止压力减少，熵增加。而有关实验也表明，状态 3 到状态 7 之间出口截面压力等于背压。因此文中关于状态 4～5 之间的描述并不准确，但由于测量本身的干扰，正激波及正激波之后一小段区间内气流的行为缺乏实验证据。

无关），流量是最大值，没有变化。

7.5 摩擦阻力与传热的影响

7.5.1 摩擦阻力对绝热流动的影响

在普通的工程流动中，摩擦阻力耗散流体的动能，并将之转化为热能由流体吸收。当流动系统的进出口压力确定时，表现为出口动能减少而焓增加，动能损失导致熵产，因而出口熵也增加。参见例 7 - 2，题中喷管效率又称为（绝热膨胀过程的）相对内效率。

有摩擦阻力的等截面绝热流中，过程方程式（7 - 3）不再适用，但连续性方程（7 - 1）、能量方程（7 - 2）和状态方程都是适用的（注意连续性方程中 $dA = 0$）。此处仅考虑理想气体，那么还有 $dh = c_p dT$、$c_p = \frac{k}{k-1} R_g$ 以及 $T ds = dh - v dp$。最后面的式子是指工质内部的能量守恒：$T ds$ 是指由于摩擦耗散而获得的热量，ds 就是熵产。综合各式可以导出：

$$\frac{s - s_1}{R_g} = \ln \left[\left(\frac{T}{T_1} \right)^{\frac{1}{k-1}} \left(\frac{T_0 - T}{T_0 - T_1} \right)^{\frac{1}{2}} \right] \qquad (7 - 19)$$

式（7 - 19）为范诺曲线方程，是理想气体有摩阻绝热过程的方程。

进一步分析的结论是：对于亚声速流动，摩擦作用使速度和马赫数增大，焓和压力减小。反之，若流动起始是超声速流，则摩擦使得速度和马赫数减小，焓和压力增大。这两种流动都趋于 $Ma = 1$，熵产值趋于最大值。

对应于一定的进口状态，有摩阻的绝热管流能够采用的最大可能管长就是使出口马赫数等于 1 的那个长度，此时流动发生壅塞。若管长大于最大管长，那么管内流动会自动调整到使出口处保持 $Ma = 1$。亚声速流一般是自动减少流量，超声速流通常伴有激波。

7.5.2 传热对等截面管内稳定流动的影响

无摩擦的等截面管道内流体与外界有热量交换时，流体的滞止温度会改变。这种仅由换热引起滞止温度改变的流动过程称为纯 T_0 变化过程。实际的纯 T_0 变化过程并不存在，但当单位管长的摩擦效应比换热效应小得多时，可以忽略摩擦的影响。

类似于范诺方程，也可以导出一个瑞利方程，其曲线形态也与范诺曲线类似，但其熵的变化是由传热引起的，不是熵产。瑞利线也称为纯 T_0 变化过程线。沿瑞利线进行的过程可以当作可逆过程。

进一步分析的结论是：对于亚声速流动，加热使速度和马赫数增大，冷却使马赫数减小；超声速时加热，马赫数减小，冷却马赫数增大。即加热的影响与摩擦相同，总使马赫数趋近于 1；冷却则总是使马赫数离开 1。当只有加热或只有冷却时，流动均不能连续变化到超越 $Ma = 1$。若加热到 $Ma = 1$ 时随即冷却，流动就会连续地穿过 $Ma = 1$。这与等熵流中管道截面积采用收缩扩张组合相类似。

对应于一定的进口状态，存在一个相应于管道出口处 $Ma = 1$ 的最大加热量。若加热量超过该值，流动发生壅塞。亚音速流动的起始马赫数将降低到与所给定加热量相适应的数值。超声速时，给定的加热量和进口状态下，进口处有一个最小马赫数，只有大于或等于此马赫数时，定常流动（无激波）才是可能的。

7.6　绝热节流

　　流体在管道内流动时，经常流经阀门、孔板等设备。这些设备的局部阻力会使流体压力显著降低，这种现象称为节流。如果在节流过程中流体与外界没有传热，就称为绝热节流。

　　节流是典型的不可逆过程，流体在孔口附近发生强烈的扰动及涡流，处于极端不平衡状态，不能确定其状态。但在离孔口稍远的地方流体仍然处于或恢复了平衡状态（如图 7-7 中截面 1、2），取截面 1 和截面 2 之间的管段为系统，应用稳定流动能量方程式：

$$q = \Delta h + g\Delta z + \frac{1}{2}\Delta c_f^2 + w_s$$

其中：$q=0$，$w_s=0$，忽略 $g\Delta z$，所以绝热节流的能量方程式为：

$$\Delta h + \frac{1}{2}\Delta c_f^2 = 0 \qquad\qquad (7-20)$$

　　通常情况下，节流前后的流速变化很小，即 $c_{f_1} \approx c_{f_2}$。于是

$$\Delta h = 0 \quad 或 \quad h_1 = h_2 \qquad\qquad (7-21)$$

即节流前后焓相等。由于节流是不可逆过程，故节流之中状态不能确定，焓也要发生变化，式（7-21）表明，经节流后流体焓值回复到原值（不是定焓过程）。

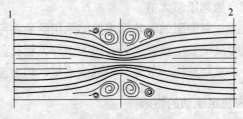

图 7-7　绝热节流

　　由于过程不可逆，现仅仅考虑截面 1 和截面 2 上状态参数变化情况。

　　对于熵，由于不可逆，所以：

$$s_2 > s_1 \qquad\qquad (7-22)$$

因为绝热，所以这意味着有作功能力的损失和熵的产生。

　　对于理想气体，$h = f(T)$，所以：

$$T_1 = T_2 \qquad\qquad (7-23)$$

由 $\Delta s = c_p \ln\dfrac{T_2}{T_1} - R_g \ln\dfrac{p_2}{p_1}$，可得：

$$p_2 = p_1 e^{-\frac{\Delta s}{R_g}} \qquad\qquad (7-24)$$

可以看出，式中 $e^{-\frac{\Delta s}{R_g}} < 1$，所以 $p_2 < p_1$。其他状态参数可以依此求得。

　　对于实际气体，由第二 dh 关系式：

$$dh = c_p dT + \left[v - T\left(\frac{\partial v}{\partial T}\right)_p\right]dp$$

得：

$$\left(\frac{\partial T}{\partial p}\right)_h = \frac{T\left(\frac{\partial v}{\partial T}\right)_p - v}{c_p} \qquad (7-25)$$

令 $\mu_J = \left(\dfrac{\partial T}{\partial p}\right)_h$，称为焦耳－汤姆逊系数。$\mu_J$ 也称为节流的微分效应，即气流在节流中压力变化为 dp 时的温度变化。μ_J 对压力的积分称为节流的积分效应，即压力变化一定数值时产生的温度变化：

$$T_2 - T_1 = \int_1^2 \mu_J dp \qquad (7-26)$$

因为 $dp < 0$，所以 μ_J 决定了温度变化方向。

$T\left(\dfrac{\partial v}{\partial T}\right)_p - v > 0$，$\mu_J$ 取正值，节流后温度降低；

$T\left(\dfrac{\partial v}{\partial T}\right)_p - v < 0$，$\mu_J$ 取负值，节流后温度升高；

$T\left(\dfrac{\partial v}{\partial T}\right)_p - v = 0$，$\mu_J = 0$，节流后温度不变。

影响 μ_J 的因素有气体的状态方程式（性质）和气体的状态。

在某一温度下节流后温度不变，这个温度叫转回温度 T_i。利用 $T\left(\dfrac{\partial v}{\partial T}\right)_p - v = 0$，求得不同压力下的转回温度，并绘在 $T-p$ 图（图 7-8(a)）上，就形成了转回曲线。

根据 $\mu_J = \left(\dfrac{\partial T}{\partial p}\right)_h$，$\mu_J$ 就是 $T-p$ 图上等焓线的斜率，$\mu_J = 0$ 就是等焓线取得极值的点。利用节流前后焓不变的特点，可以通过实验得到许多 $T-p$ 图上的等焓线（见图 7-8(b)），同样的起始状态，不同程度的节流可以得到不同的节流后压力和温度，将所有等焓线的 $\mu_J = 0$ 的极值点连接起来，就形成了转回曲线。

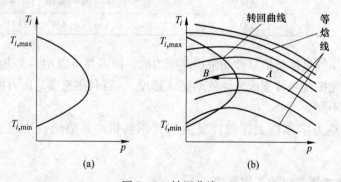

图 7-8　转回曲线

很清楚，转回曲线把 $T-p$ 图划分成两个区域：在转回曲线与温度坐标轴所围成的区域里，$\mu_J > 0$，节流后温度降低，此区域称为节流冷效应区；冷效应区以外，$\mu_J < 0$，节流后温度升高，此区域称为节流热效应区。

初始状态位于冷效应区的气体（如 B 点），节流后温度总是下降，且压力下降越大温度降低越多；初始状态位于热效应区的气体（如 A 点），轻度节流（即节流后压力下降不大）后，温度会上升，只有当节流后压力下降很大时（如 $\Delta p > p_A - p_B$），温度才会下降。此外，当温度高于最大转回温度 $T_{i,\max}$ 或低于最小转回温度 $T_{i,\min}$ 时不可能发生节流冷效应。

节流冷效应是节流的一个重要作用。由于小流量及液相大量存在时膨胀机制造困难，所以制冷行业大量采用节流以取得冷效应。

H_2 和 He 的最大转回温度较低，约为 $-80℃$ 和 $-236℃$。

7.7 气体压缩机的热力过程

气体压缩机，简称为压气机，即用来产生压缩气体的机器。

广义地，能够使流体与设备之间相互传递能量（主要指机械能）的装置均可称为流体机械。由于所包含的内容过于庞大，故约定俗成地将原动机（流体向设备传递能量）称为动力机械，学科划分时也同样处理。于是，流体机械专指将能量传递给流体以提高流体的速度（动能）或压力的设备。流体机械及工程二级学科就是专门研究流体机械的学科。流体机械除了压气机之外还包括液体泵和真空泵。

表 7 - 1 为气体压缩机的分类。

表 7 - 1 气体压缩机的分类

按工作原理分	容积式压气机	往复式	均有多级和单级之分
		旋转式	
	叶轮式压气机速度式	轴流式	
		离心式	
	引射式压气机		
按气体的压力分	气体压缩机	$p_g = 0.2 \sim 10^2 \text{MPa}$	
	鼓风机	$p_g = 0.1 \text{MPa}$ 左右	
	通风机	$p_g = 10 \sim 10^4 \text{Pa}$（$1 \sim 10^3 \text{mmHg}$）	
	真空泵	$p_g < 0 \text{Pa}$（进口）	

总的来说，压气机都是依靠外功来提高压力的，因而都可以用一类方法来计算。但叶轮式和引射式是先把外功转变成气体的动能（速度），再利用速度 - 压力关系实现压缩的，细节上与容积式不同。

我们仅仅从热力学原理上探讨往复活塞式压气机。其结论也适用于其他形式的压气机。

7.7.1 单级活塞式压气机的工作原理

压气机的共同特征是消耗外功，提高被压缩气体的压力。制冷压缩机例外。

最简单的压气机是我们用来给自行车打气的打气筒，下面就以打气筒为例来说明气体的压缩过程。

活塞式压气机有四个部件：活塞、气缸、进气阀和排气阀。对于打气筒来说皮碗既是活塞又是进气阀。进排气时，取打气筒内壁与活塞底侧为系统，这是一个变边界的流动系统。压缩时，打气筒里面的气体量不变，相当于一个闭口系统。

吸气：开始时，活塞在气筒底部，系统内没有空气（图7-9中状态a）；提起活塞，系统内压力减小，空气在外界压力（大气压力）p_1作用下，推开皮碗（进气阀）进入气缸（状态b）；活塞到达气缸顶部（上止点），吸气过程完成（状态c）。

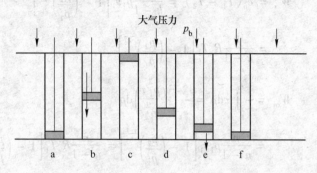

图7-9　打气筒的工作过程

吸气过程是在定压p_1作用下进行的，总共吸气m（质量），体积为V_1，同时系统扩张了V_1，所以系统对外作功p_1V_1。吸气过程工质的状态不发生变化。

压缩：在活塞上施加压力，将气体压缩。此时，进、排气阀都处于关闭状态。气体的压力相应增加，直至气体压力达到目标压力p_2，系统的体积只剩下V_2（状态d）。这一过程，外界对系统作功，$W = \int_1^2 p\mathrm{d}V$。

排气：系统内气体达到所需压力p_2后，再增加压力，排气阀将被打开（对于自行车，是气密芯被胀开的压力——要克服气密芯的弹力与胎内气体的压力之和），气体向外排出，排气压力几乎不变（状态e）。

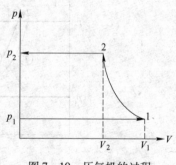

图7-10　压气机的过程

活塞一直压到底，打气结束了一个循环，系统体积重新变为0（状态f）。排气过程中，外界对系统作功$-p_2V_2$。排气过程气体的状态看作不发生变化。

整个打气过程中，系统作功量（过程功）（图7-10）为：

$$W_c = p_1V_1 + \int_1^2 p\mathrm{d}V - p_2V_2 = -\int_1^2 V\mathrm{d}p \qquad (7-27)$$

对于单位质量工质，

$$W_c = -\int_1^2 v\mathrm{d}p \qquad (7-28)$$

正好等于1→2过程的技术功。

在一段时间内（例如一个小时），单级活塞式压气机可以看成是连续稳定工作的开口系统。

7.7.2　单级活塞式压气机所需的功

压气机压缩气体所需的功W_c与压缩过程的过程特性有关。理论上压缩过程有三种：定温压缩（$n=1$）、绝热压缩（$n=k$）以及多变指数n介于（1，k）之间的多变压缩。

定温压缩：

$$W_{cT} = -\int_1^2 v\mathrm{d}p = -\int \frac{p_1 v_1}{p}\mathrm{d}p = -p_1 v_1 \ln\frac{p_2}{p_1} = R_g T_1 \ln\frac{p_1}{p_2} \qquad (7-29)$$

绝热压缩：

$$W_{cs} = c_p(T_1 - T_2) = \frac{k}{k-1}p_1 v_1\left[1 - \left(\frac{p_2}{p_1}\right)^{\frac{k-1}{k}}\right]$$

$$= \frac{k}{k-1}R_g T_1\left[1 - \left(\frac{p_2}{p_1}\right)^{\frac{k-1}{k}}\right] \qquad (7-30)$$

多变压缩：

$$W_{cn} = -\int_1^2 v\mathrm{d}p = -\int_1^2 \frac{p_1^{\frac{1}{n}}v}{p^{\frac{1}{n}}}\mathrm{d}p$$

$$= \frac{n}{n-1}p_1 v_1\left[1 - \left(\frac{p_2}{p_1}\right)^{\frac{n-1}{n}}\right] = \frac{n}{n-1}R_g T_1\left[1 - \left(\frac{p_2}{p_1}\right)^{\frac{n-1}{n}}\right] \qquad (7-31)$$

三个公式中都有 $\frac{p_2}{p_1}$ 项，我们称 $\pi = \frac{p_2}{p_1}$ 为增压比。

从图 7-11 可以看出从同一状态出发的三种不同的压缩过程，有：

$$\left|W_{cs}\right| > \left|W_{cn}\right| > \left|W_{cT}\right|$$

$$T_{2s} > T_{2n} > T_{2T}$$

$$v_{2s} > v_{2n} > v_{2T}$$

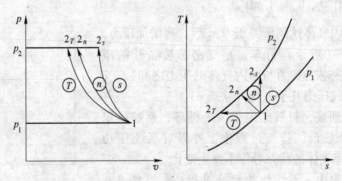

图 7-11　不同压缩过程的比较

一般地，除了某些特殊工艺要求（如制冷、热风等等）外，压缩气体只要求压力升高，温度等不作要求，所以定温压缩耗功最少，最合理。

7.7.3　余隙容积的影响

实际的压气机在排气终了时活塞不可能顶到头，从而会留下一部分气体没有被排出去。在随后的吸气过程中，这部分气体要首先膨胀，占据一定的气缸空间，使吸入的气体减少，进而使压气机压缩气体的速度减慢。所以活塞不到头是很不利的，我们把活塞不到头剩下的容积称为余隙容积（clearance volume）（图 7-12），$V_c = V_3$。并定义几个术语：

活塞排量（swept volume，又称扫气量、扫气体积）。活

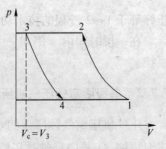

图 7-12　余隙容积

塞的运动空间，$V_h = V_1 - V_3$。

有效容积。气缸的有效吸气容积，$V = V_1 - V_4$。

容积效率。活塞排量中有效容积的比例，$\eta_v = \dfrac{V}{V_h}$，其余是没有吸气作用的无效容积。

存在余隙容积时，压气循环消耗的总压缩功为：

$$W_c = W_{t,12} + W_{t,34} = \frac{n}{n-1}p_1 V_1\left[1 - \left(\frac{p_2}{p_1}\right)^{\frac{n-1}{n}}\right] + \frac{n}{n-1}p_3 V_3\left[1 - \left(\frac{p_4}{p_3}\right)^{\frac{n-1}{n}}\right]$$

$$= \frac{n}{n-1}p_1 V_1\left[1 - \left(\frac{p_2}{p_1}\right)^{\frac{n-1}{n}}\right] - \frac{n}{n-1}p_4 V_4\left[1 - \left(\frac{p_3}{p_4}\right)^{\frac{n-1}{n}}\right]$$

由于 $p_3 V_3 p_3^{\frac{1-n}{n}} = p_4 V_4 p_4^{\frac{1-n}{n}}$

故 $$W_c = \frac{n}{n-1}p_1(V_1 - V_4)\left[1 - \left(\frac{p_2}{p_1}\right)^{\frac{n-1}{n}}\right] = \frac{n}{n-1}p_1 V\left[1 - \left(\frac{p_2}{p_1}\right)^{\frac{n-1}{n}}\right] \qquad (7-32)$$

可见，压缩功与被压缩气体总体积成正比，压缩一定体积的气体，无论有无余隙存在，均需耗费同样的功。余隙使每次压缩循环中被压缩的气体的量少了，所需的理论压缩功也少了。考虑每次压缩循环中摩擦等损失是不变的，实际耗功还是有所增加。

容积效率：

$$\eta_v = \frac{V}{V_h} = \frac{V_1 - V_4}{V_1 - V_3} = 1 - \frac{V_4 - V_3}{V_1 - V_3}$$

$$= 1 - \frac{V_3}{V_1 - V_3}\left(\frac{V_4}{V_3} - 1\right) = 1 - \frac{V_3}{V_1 - V_3}\left[\left(\frac{p_2}{p_1}\right)^{\frac{1}{n}} - 1\right]$$

$$= 1 - \frac{V_3}{V_1 - V_3}\left(\pi^{\frac{1}{n}} - 1\right) \qquad (7-33)$$

当 V_1、V_3、n 为定值时，增压比 π 愈大，η_V 愈小，当 $\pi = \left(\dfrac{V_1 - V_3}{V_3} + 1\right)^n$ 时，$\eta_V = 0$。若取 $\dfrac{V_3}{V_1 - V_3} = \dfrac{V_c}{V_h}$（余隙容积比）$= 5\%$ 时，这个 π 不大于 70（称之为极限增压比，n 取 $k = 1.4$ 时 $\pi = 70.98$）。在这种情况下，压气机无法对外输出压缩空气。事实上，当 $n = 1.3$，$\pi = 20$ 时，$\eta_V = 54.91\%$。这么低的容积效率是不可容忍的。从另一面来说，降低增压比可以改善容积效率。

7.7.4 多级压缩与中间冷却

因为定温压缩过程比绝热压缩合理，而工程上的压缩大都接近于绝热过程，所以应采取各种方法使压缩过程尽可能向定温过程靠近。多级压缩与中间冷却就是这样一个方法。多级压缩还可以改善压气机的容积效率。

以两级压缩中间冷却为例，如图 7-13 所示，假定压气机的压缩过程为多变过程，多变指数为 n。从图上看，$1—3_n—3_T—2$ 过程的耗功量比 $1—3_T—2_T$ 等温过程多，比 $1—2_n$ 多变过程少（面积 $3_n—3_T—2—2_n—3_n$）。这就是两级压缩中间冷却方案，即由两套汽缸活塞来完成把气体从 p_1 压缩到 p_2 的工作。

　　两级压缩是：$1—3_n$ 为第一级压缩，$3_T—2$ 为第二级压缩，它们都是接近于绝热过程的多变过程。

　　中间冷却是：$3_n—3_T$，第一级压缩完了，第二级压缩之前，两级之间进行的冷却，一般是将第一级压缩后气体的温度降到压缩前的温度（通常取环境状态）。

　　若采用四级压缩，从图上看，可以节省更多的压缩功（但二级变四级压缩节省功的幅度不如一级变二级节省功的幅度大）。理论上讲，若是使用无穷多级压缩中间冷却技术，可以将整个压缩过程完全按定温过程进行。

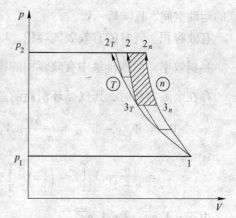

图 7 – 13　多级压缩与中间冷却

　　多级压缩的另一个好处是可以降低每一级压缩的压缩比，从而提高容积效率 η_V，减弱余隙容积的影响。

　　采用两级压缩后，如何选择中间压力 p_3？

　　假定中间压力为 p_3，那么消耗的压缩功为：

$$W_c = W_{t,13n} + W_{t,3T2} = \frac{n}{n-1}RT_1\left[1 - \left(\frac{p_3}{p_1}\right)^{\frac{n-1}{n}}\right] + \frac{n}{n-1}RT_1\left[1 - \left(\frac{p_2}{p_3}\right)^{\frac{n-1}{n}}\right]$$

$$= \frac{n}{n-1}RT_1\left[2 - \left(\frac{p_3}{p_1}\right)^{\frac{n-1}{n}} - \left(\frac{p_2}{p_3}\right)^{\frac{n-1}{n}}\right]$$

令 $\dfrac{\mathrm{d}W_c}{\mathrm{d}p_3}=0$，即：

$$\frac{n}{n-1}RT_1\left[\frac{n-1}{n}\left(\frac{p_3}{p_2}\right)^{-\frac{n-1}{n}-1}\frac{1}{p_2} - \frac{n-1}{n}\left(\frac{p_3}{p_1}\right)^{\frac{n-1}{n}-1}\frac{1}{p_1}\right] = 0$$

可得

$$\left(\frac{p_3}{p_2}\right)^{-\frac{2n-1}{n}}\frac{1}{p_2} = \left(\frac{p_3}{p_1}\right)^{-\frac{1}{n}}\frac{1}{p_1}$$

经整理，最后得

$$p_3^2 = p_1 \cdot p_2 \tag{7-34}$$

即 $p_3 = \sqrt{p_1 p_2}$，以及 $\dfrac{p_3}{p_1} = \dfrac{p_2}{p_3}$ 和 $W_{t,13n} = W_{t,3T2}$。

　　以此类推，m 级压缩时，初终态压力分别为 p_A、p_B，则中间压力分别为：$p_1 = \sqrt[m]{p_A^{m-1}p_B}$，$p_2 = \sqrt[m]{p_A^{m-2}p_B^2}$，$p_3 = \sqrt[m]{p_A^{m-3}p_B^3}$，$\cdots$，$p_k = \sqrt[m]{p_A^{m-k}p_B^k}$，$\cdots$，$p_{m-1} = \sqrt[m]{p_A p_B^{m-1}}$

及 $\dfrac{p_1}{p_A} = \dfrac{p_2}{p_1} = \cdots = \dfrac{p_B}{p_{m-1}} = \pi$

【例 7 – 5】　如图 7 – 14 所示，空气初参数为 0.09807MPa，20℃，经过三级压缩达到 12.26MPa。若空气进入各级气缸时的温度相同，且各级过程指数均为 1.25，试求单位质量压缩空气所消耗的功，和各级气缸的排气温度。若

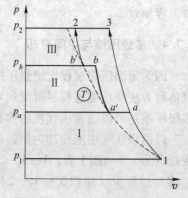

图 7 – 14　例 7 – 5 图

使用单级压缩，所消耗的功和排气温度又为多少？

解：三级压气机各级最佳增压比为：

$$\frac{p_a}{p_1} = \frac{p_b}{p_a} = \frac{p_2}{p_b} = \frac{\sqrt[3]{p_1^2 p_2}}{p_1} = \sqrt[3]{\frac{p_2}{p_1}} = \sqrt[3]{\frac{12.26}{0.09807}} = 5$$

最佳增压比时，各级压缩功相等，故：

$$W_c = W_{c\text{I}} + W_{c\text{II}} + W_{c\text{III}} = 3W_{c\text{I}}$$

$$= 3\frac{n}{n-1}RT_1\left[1 - \left(\frac{p_a}{p_1}\right)^{\frac{n-1}{n}}\right]$$

$$= 3 \times \frac{1.25}{1.25 - 1} \times 0.287 \times 293.15 \times \left(1 - 5^{\frac{1.25-1}{1.25}}\right)$$

$$= -478\text{kJ/kg}$$

各级气缸排气温度为：

$$T_a = T_1\left(\frac{p_a}{p_1}\right)^{\frac{n-1}{n}} = 293.15 \times 5^{\frac{1.25-1}{1.25}} = 404\text{K}$$

$$T_b = T_{a'}\left(\frac{p_b}{p_a}\right)^{\frac{n-1}{n}} = T_1\left(\frac{p_a}{p_1}\right)^{\frac{n-1}{n}} = T_a = 404\text{K}, \text{ 以及 } T_2 = T_a = 404\text{K}$$

若为单级压缩，则耗功为：

$$W_{c'} = \frac{n}{n-1}RT_1\left[1 - \left(\frac{p_2}{p_1}\right)^{\frac{n-1}{n}}\right] = \frac{1.25}{1.25 - 1} \times 0.287 \times 293.15 \times \left[1 - \left(\frac{12.26}{0.09807}\right)^{\frac{1.25-1}{1.25}}\right]$$

$$= -682\text{kJ/kg}$$

单级压缩机排气温度为：

$$T_3 = T_1\left(\frac{p_2}{p_1}\right)^{\frac{n-1}{n}} = 293.15 \times \left(\frac{12.26}{0.09807}\right)^{\frac{1.25-1}{1.25}} = 768\text{K}$$

复习思考题与习题

7-1 导致气流流速改变的主要原因是气体状态变化（力学条件）还是气流通道形状的变化（几何条件）？

7-2 音速与气温有什么关系？

7-3 渐缩喷管内的流动情况，在什么条件下不受背压变化的影响？什么条件下受背压变化的影响？

7-4 一个渐缩渐放管道是喷管还是扩压管取决于什么？

7-5 当忽略进口流速时，根据能量方程喷管出口流速总是等于2倍焓降再开平方的关系。显然，有摩擦的绝热流动与无摩擦的绝热流动相比，总是会带来损失的。试仅仅对于当进口焓值相同并维持相同的出口压力时，画出 $h-s$ 示意图，并指明摩擦损失表现在哪里？

7-6 假如进入渐缩喷管的气流有一定的不可忽略的速度，喷管出口外的压力又足够低，出口截面的压力与进口截面压力之比值是否等于临界压力比？出口速度是否等于当地音速？

7-7 压力变化和截面变化都可以影响气体流动过程，两者的关系应如何评价？

7-8 空气由同一初态1开始，经可逆绝热膨胀、定温膨胀和多变膨胀到同一终压：

    （1）哪一个过程膨胀功最小（　　　　　　　　）；

    （2）哪一个过程膨胀技术功最大（　　　　　　　）；

    （3）哪一个过程熵变最大（　　　　　　　　）。

7-9   空气由同一初态 1 开始，经可逆绝热压缩、定温压缩和多变压缩到同一终压：

    （1）哪一个过程熵变最大（　　　　　　　　）；

    （2）哪一个过程压缩终态温度最高（　　　　　）；

    （3）哪一个过程压缩技术功最小（　　　　　　）。

7-10   当升压比很大时，活塞式压气机必须采取多级压缩和级间冷却。试说明其原因。

7-11   如果由于应用气缸冷却水套以及其他冷却方法，气体在压气机气缸中已经能够按定温过程压缩，这时是否还需要采用分级压缩？

7-12   一般地，对压气机我们都喜欢采用定温过程（尽管难以实现），因为它的耗功较小。但是，制冷工艺中的压气机却不欢迎定温过程，为什么？

7-13   电冰箱的压缩机采用分级压缩、中间冷却技术可以节省多少压缩功？

7-14   其他条件相同的情况下，气体压缩机活塞行程长短与容积效率的关系是怎样的？

7-15   其他条件相同的情况下，压气机的容积效率与增压比有什么关系？

7-16   定性地说明绝热节流的主要特征和状态参数（包括焓、压力、熵和焓㶲）的变化趋势。

7-17   某厂压缩空气管道中有一个测量空气流量用的孔板，请问流经孔板前后空气的温度如何变化。

7-18   请由理想气体音速的计算公式和喷管的速度计算公式导出喷管喉部处于临界状态（速度达到音速）时的临界压力比公式。

7-19   密度 $\rho = 1.3\text{kg/m}^3$ 的空气，以 4m/s 的速度稳定地流过进口截面积为 0.2m^2 的管道。出口处密度为 2.84kg/m^3。试求：（1）出口处气流的质量流量（用 kg/s 表示）；（2）出口速度为 6m/s 时，出口截面积为多少（以 m^2 表示）？

7-20   内燃机排气速度为 120m/s，排气温度为 450℃，压力为 0.25MPa，若将之引入渐缩喷管，喷管出口射入大气时速度是多少？若在喷管出口处有一小金属棍，气流在金属棍迎风面绝热滞止，那么滞止处气流温度是多少？假定内燃机排气性质等同于空气。

7-21   压力为 1MPa、温度为 200℃的水蒸气，以 20m/s 的速度在一绝热喷管内作稳定流动，喷管出口蒸气压力为 0.6MPa，温度为 170℃。已知：1MPa、200℃ 时，$h_1 = 2827.3\text{kJ/kg}$，$v_1 = 0.2059\text{m}^3/\text{kg}$；0.6MPa、170℃ 时，$h_2 = 2782.6\text{kJ/kg}$，$v_2 = 0.3257\text{m}^3/\text{kg}$。试求：（1）出口处气流速度；（2）当进口速度近似取作零时，出口速度为多少？百分误差多少？（3）进出口截面面积比 A_1/A_2。

7-22   如图 7-15 所示，一维变截面管中 A 处截面积是 B 处截面积的 70%（图中有所夸张），下部 U 形细管与变截面管在 A、B 两处连通，U 形细管内装有水，其左右两侧水平面相差 20cm。已知 B 处气体压力为 0.1MPa，密度为 1.2207kg/m^3，水的密度是 998kg/m^3，求 B 处气体的流速（提示：气体从 B 流到 A 的过程是连续且绝热的）。

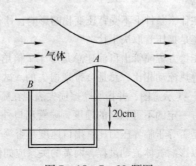

图 7-15   7-22 题图

7-23 一台气体压缩机按等温过程运行，如果采用二级压缩中间冷却，可以节省多少功？

7-24 某厂有两条压缩空气管道，工作压力分别为 1MPa 和 0.5MPa，如果需要 0.7MPa 的压缩空气用于锅炉省煤器吹扫，怎样获得该参数压缩空气比较节能？（过程均视为可逆过程）

7-25 一台气体压缩机，余隙容积占总容积的 15%。那么，由于余隙容积的影响，压缩机耗功增加了百分之几？

7-26 将初态压力为 98066.5Pa、温度为 30℃ 的 1kg 质量的空气，在汽缸内定温压缩至原来容积的 1/15。若比热容为定值，求压缩所需的过程功，压缩时传递的热量，内能（热力学能）变化量，压缩后的压力、温度；并表示在 p-v 图和 T-s 图上。

7-27 余隙容积比为 0.04 的压气机空气进口温度为 17℃，压力为 0.1MPa，每分钟吸入空气 5m³，经不可逆绝热压缩后其温度为 207℃，压力为 0.4MPa。若室内温度为 17℃，大气压力为 0.1MPa，求：（1）压气机压缩过程的绝热效率；（2）压气机实际耗功率；（3）压缩过程的作功能力损失。

7-28 空气在某压缩机中被压缩。压缩前空气的参数为 $p_1 = 0.1MPa$、$v_1 = 0.845m^3/kg$；压缩后的参数为 $p_2 = 0.8MPa$、$v_2 = 0.175m^3/kg$。在压缩过程中，每 1kg 空气的内能（热力学能）增加 140kJ，同时向外界放出热量 48kJ。压气机每分钟生产压缩空气 10kg。求：（1）压缩过程中对每 1kg 空气是作的功；（2）每生产 1kg 压缩空气所需的轴功；（3）带动此压气机所需的功率。

古人所谓"运用之妙，存乎一心"，这个"妙"，我们叫做灵活性，这是聪明的指挥员的产品。灵活不是妄动，妄动是应该拒绝的。灵活，是聪明的指挥员，基于客观情况，"审时度势"（这个势，包括敌势、我势、地势等项）而采取及时的和恰当的处置方法的一种才能，即是所谓"运用之妙"。

——毛泽东：《论持久战》

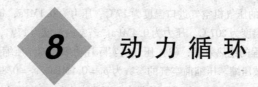

8 ◆ 动 力 循 环

将自然界的能源（主要指一次能源和热能形式的二次能源）转换成机械能并拖动其他机械进行工作的机械称为动力机械，又称为原动机（也可称为发动机）。动力机械是在完成动力的产生、传递和输出的动力系统中最主要的设备。按照作功物质分，动力机械分为蒸汽动力机（汽轮机、蒸汽机）、燃气动力机（汽油机、柴油机、煤气机、燃气轮机、喷气发动机等等）和水动力机（水轮机）三类；按加热方式分为内燃动力机（汽油机、柴油机、煤气机等内燃机和喷气发动机，特点是燃烧与热能向机械能转换在同一设备中进行）、外燃动力机（汽轮机、燃气轮机、蒸汽机等，特征是燃烧在专用燃烧设备中进行，与热能转换机械能的设备分开）和非热力发动机（水轮机、风力机等）。

广义地，除了原动机以外，还有另外一类动力机械，就是用其他动力机械驱动的发电机、泵和气体压缩机（将机械能转换为电能、液体或气体的压力能的机械），以及将电能转换成机械能的机械（电动机）。这类动力机械可称为二次动力机，它们的作用是实现机械能、电能等高品质二次能源的相互转换。相应地原动机可称为一次动力机。一般情况下动力机械是指原动机。发电机和电动机归类于电工机械，各种泵（水泵、油泵、液压泵等）和各种气体压缩机（通风机、鼓风机、压气机等）归类为流体机械（其中水泵和风机又可称为通用机械）。

热能向机械能转换需要通过工质的循环，称为动力循环（power cycles）。理想的动力循环是卡诺循环，但卡诺循环并不实用，其中的等温过程就难以实现。利用相变过程固然可以实现等温过程，但在吸热温度、压力方面却不遂人愿，所以实际循环与卡诺循环的差异比较大。但实际循环与卡诺循环并不是一点关系也没有，实际循环与卡诺循环一样，也由吸热、作功、放热、压缩四种过程组成，其中吸热常常伴随燃料燃烧放热。

为了提高动力循环能量转换的经济性，必须依照热力学基本定律对动力循环进行分析，以寻求提高经济性的方向及途径。

实际动力循环都是不可逆的，为提高循环的热经济性而采取的各种措施又使循环变得非常复杂。为使分析简化，突出热功转换的主要过程，一般采用下述手段：首先将实际循环抽象概括成为简单可逆理论循环，分析该理论循环，找出影响其循环热效率的主要因素和提高热效率的可逆措施；然后分析实际循环与理论循环的偏离之处和偏离程度，找出实际损失的部位、大小、原因及改进办法。本课程主要关心循环中的能量转换关系，减少实际损失是具体设备课程的任务，因此我们主要论及前者。

8.1 内燃动力循环

内燃机的燃料燃烧（吸热）、工质膨胀、压缩等过程都是在同一设备——气缸 - 活塞装置中进行的，结构紧凑。由于燃烧是在作功设备内进行的，所以称为内燃机。

汽车最常用的动力机是内燃机，但是随着技术的进步、环境保护标准的提高与石油天然气资源紧缺，使用蓄电池、燃料电池或太阳能电池的电动汽车已经呼之欲出。目前提到汽车发动机仍然主要是指内燃机。

内燃机具有结构紧凑、体积小、移动灵活、热效率高和操作方便等特点，广泛用于交通运输、工程机械、农业机械和小型发电设备等领域。它是仿照蒸汽机的结构发明的，最初使用煤气作为燃料。随着石油工业的发展，内燃机获得了更合适的燃料——汽油和柴油。德国人奥托（Nicolaus A. Otto）首先于 1877 年制成了实用的点燃式四冲程内燃机，狄塞尔（Rudoff Diesel）随后于 1897 年制成了压燃式内燃机。20 世纪 30 年代出现的增压技术，使内燃机性能得到大幅度提高。目前内燃机在经济性能（主要指燃料和润滑油消耗）、动力性能（主要指功率、转矩、转速）、运转性能（主要指冷起动性能、噪声和排气质量）和耐久可靠性能等方面均有了长足的进步。

8.1.1 四冲程内燃机的工作原理

四冲程（行程）内燃机（图 1 - 3）是指由进气、压缩、作功和排气等四个冲程组成一个工作循环的往复式内燃发动机，其工作原理如图 8 - 1 所示。

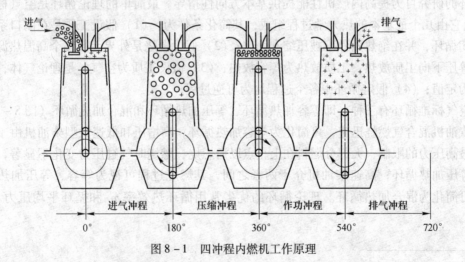

图 8 - 1 四冲程内燃机工作原理

（1）进气冲程。内燃机工作循环的第一个冲程。开始时进气门打开，曲轴旋转 180°，活塞由上止点运动到下止点，新鲜空气被吸入气缸。

（2）压缩冲程。进、排气门全部关闭，气缸形成封闭系统，曲轴旋转 180°，活塞由下止点运动到上止点，将气缸内的充量压缩。

（3）作功（膨胀）冲程。气缸内高温、高压气体膨胀作功，推动活塞由上止点运动到下止点，曲轴旋转180°，对外作功。

（4）排气冲程。膨胀冲程结束后，排气门打开，曲轴旋转180°，推动活塞由下止点运动到上止点，将燃烧后的废气经排气门排出气缸。

四冲程内燃机经历上述工作循环，曲轴共旋转720°。四个冲程中仅有作功冲程是活塞对外作功，其他三个冲程都需要外界驱动活塞运动。四冲程柴油机和汽油机的工作过程都包括上述四个冲程，两者在工作原理上的区别是：柴油机压缩的是单一气体（空气），当活塞到达上止点附近时，缸内空气的压力温度很高，适时地喷入柴油，在缸内形成可燃混合气并自行着火燃烧，所以称为压燃式内燃机；汽油机则是在气缸外形成可燃混合气，然后充入气缸，压缩终了时靠火花塞打火点燃（其压缩终了时压力温度比压燃式内燃机低得多），所以称为点燃式内燃机❶。

显然活塞的往复运动必然产生很大的振动，所以单缸内燃机需要一个又重又大的飞轮来减轻振动对曲轴及轴端输出功产生的冲击并提供活塞在进气、压缩和排气冲程的动力。实际上，单缸内燃机仅用于为小型设备提供动力，如手扶拖拉机、应急用的小型柴油发电机等。汽车一般采用多缸内燃机，将各缸的作功冲程均匀错开，就可以将振动抵消或降到最小程度，也相互提供了进气、压缩和排气冲程的动力。最初天津产的夏利车是三缸发动机，而最高级的豪华车则采用八缸发动机。

8.1.2　内燃机的理论热力循环及性能指标

8.1.2.1　内燃机的三种基本循环

内燃机理论循环是将实际工作过程抽象简化，以便于进行一些简易的定量分析。对理论循环的研究可为提高内燃机性能提供基本方向性指导。最简单的理论循环是空气标准循环❷，它由几个最基本的热力学过程组成，其简化条件为：（1）假设工质是在闭口系统中作封闭循环，并在绝热条件下被压缩和膨胀；（2）假设燃烧是外界无数多个高温热源在等容或等压下向工质放热，工质放热为等容放热；（3）假设工质为空气，是理论气体，其比热容为定值；（4）假定循环中各个过程均为可逆过程。

空气标准循环有三种，即等容加热循环、等压加热循环和混合加热循环（图8-2）。

汽油机混合气燃烧迅速，可简化为等容加热循环；高增压和低速大型柴油机由于受到燃烧最高压力的限制，大部分燃料在上止点以后燃烧，燃烧时气缸压力变化不显著，可简化为等压加热循环；高速柴油机介于两者之间，其燃烧过程可视为等容、等压加热的组合，可简化为混合加热循环。理论循环的优劣常用循环热效率 η_t 和循环平均压力 p_m 来评价。

---

❶　由于汽油机里被压缩的是燃料和空气的混合物，受混合气体自燃温度的限制，不能采用大压缩比，不然混合气体就会"爆燃"，使发动机不能正常工作。实际汽油机的压缩比大都在 5～12 的范围内。柴油机压缩的仅仅是空气，不存在爆燃的问题，其压缩比多在 14～20 的范围内。这是由汽油和柴油的燃烧特性所决定的，汽油燃烧速度比柴油快得多，压力越高，密度越大，火焰传播越快（正常点燃时，火焰传播速度为 30～70m/s，而爆燃时可达 800～1000m/s）。如果汽油机也像柴油机一样先压缩空气再喷油自燃，依然会出现爆燃。

❷　实际气体动力循环在简化抽象为理论循环时，一般采用"空气标准"假设：假定工作流体是一种理想气体；假设它具有与空气相同的热力性质；将排气过程和燃烧过程用向低温热源的放热过程和自高温热源的吸热过程来取代。

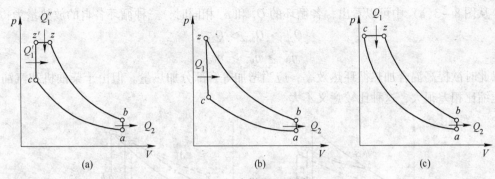

图 8 - 2　内燃机理论循环

（a）混合加热循环；（b）等容加热循环；（c）等压加热循环

8.1.2.2　循环热效率

可用循环热效率评定理论循环的经济性，它是工质所作循环功 W 与循环加热量 Q_1 之比，即：

$$\eta_{\mathrm{t}} = \frac{\left| W_{\mathrm{net-output}} \right|}{\left| Q_{\mathrm{input}} \right|} = 1 - \frac{\left| Q_2 \right|}{\left| Q_1 \right|} \tag{8-1}$$

按上述定义，由理想气体热力过程相关计算可导出混合加热循环热效率为：

$$\eta_{\mathrm{tm}} = 1 - \frac{1}{\varepsilon_{\mathrm{c}}^{k-1}} \frac{\lambda_p \rho^k - 1}{(\lambda_p - 1) + k\lambda_p(\rho - 1)} \tag{8-2}$$

式中，ε_{c} 为压缩比；k 为等熵指数；λ_p 为定容增压比；ρ 为定压预胀比（或定压初胀比）。

等容加热循环（$\rho = 1$）热效率：

$$\eta_{\mathrm{t}V} = 1 - \frac{1}{\varepsilon_{\mathrm{c}}^{k-1}} \tag{8-3}$$

等压加热循环（$\lambda_p = 1$）热效率：

$$\eta_{\mathrm{t}p} = 1 - \frac{1}{\varepsilon_{\mathrm{c}}^{k-1}} \frac{\rho^k - 1}{k(\rho - 1)} \tag{8-4}$$

8.1.2.3　循环平均压力

循环平均压力 p_{m} 定义为单位气缸工作容积（排量）所作的循环功，用来评价循环的对外作功能力。由工程热力学知识可导出混合加热循环平均压力为

$$p_{\mathrm{mm}} = \frac{\varepsilon_{\mathrm{c}}^k}{\varepsilon_{\mathrm{c}} - 1} \frac{p_{\mathrm{a}}}{k - 1} \left[(\lambda_p - 1) + k\lambda_p(\rho - 1) \right] \eta_{\mathrm{t}} \tag{8-5}$$

式中，p_{a} 为压缩起始点压力（kPa）。

等容加热平均压力：

$$p_{\mathrm{m}V} = \frac{\varepsilon_{\mathrm{c}}^k}{\varepsilon_{\mathrm{c}} - 1} \frac{p_{\mathrm{a}}}{k - 1} (\lambda_p - 1) \eta_{\mathrm{t}} \tag{8-6}$$

等压加热平均压力：

$$p_{\mathrm{m}p} = \frac{\varepsilon_{\mathrm{c}}^k}{\varepsilon_{\mathrm{c}} - 1} \frac{p_{\mathrm{a}}}{k - 1} k(\rho - 1) \eta_{\mathrm{t}} \tag{8-7}$$

8.1.2.4　三种理论循环的比较

图 8 - 3 给出了加热量 Q_1 相同时三种理论循环的比较。

从图 8 – 3（a）中可以看出，各循环的 Q_1 和 ε_c 相同时，三种循环各自的放热量为：

$$Q_{2p} > Q_{2m} > Q_{2V}$$

则

$$\eta_{tV} > \eta_{tm} > \eta_{tp}$$

所以此时欲提高混合加热循环热效率，应当增加等容部分加热量。但由于柴油机和汽油机的压缩比相差很大，这种比较意义不大。

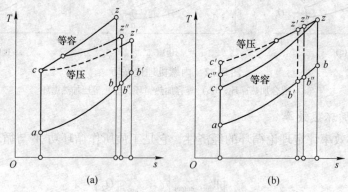

图 8 – 3　三种理论循环的比较

（a）压缩比 ε_c 相同；（b）最高压力 p_z 相同

$aczb$—等容加热循环；$ac'z'b'$—等压加热循环；$ac''z''b''$—混合加热循环

从图 8 – 3（b）中可以看出，各循环的 Q_1 和 p_z 相同时，三种循环各自的放热量为：

$$Q_{2V} > Q_{2m} > Q_{2p}$$

则

$$\eta_{tp} > \eta_{tm} > \eta_{tV}$$

所以对于高增压等一类受机件强度限制，循环最高压力不能过大的情况，提高 ε_c，同时增大等压部分加热量对提高循环热效率有利。

柴油机的压缩比远高于汽油机，其限制因素主要就是循环最高压力。由上述分析可以推知，柴油机的效率一般高于汽油机，所以柴油车要比汽油车省油。

8.1.3　汽车发动机的动力经济性能指标

提高和改善动力经济性能始终是发动机产品持续发展的主要技术关键。汽车发动机产品质量的优劣，是由一系列工作性能指标来综合评定的。这些指标包括以下 4 个。

（1）发动机在整个运转范围内的动力性能指标，主要指各个工况的功率、转矩和运行速度（活塞平均速度或转速）。实用时，常用典型工况（如标定工况、最大转矩工况）的指标或实际使用运行工况的指标的加权平均数值来表示。

（2）发动机在整个运转范围内的燃料消耗率（有时考虑润滑油消耗率）的经济性能指标。

（3）除了动力、经济性外的其他运转性能，如有害排放量、噪声和冷起动等性能指标。

（4）可靠性、耐久性、维修方便性等使用指标。

上述中，前三类与发动机的工作过程有关。

汽车发动机的动力经济性能指标分有效性能指标和指示性能指标。前者是以曲轴输出功为计算基准的指标，简称有效指标，这类指标用于直接评定发动机实际工作性能的优劣，因而在生产实践中获得广泛应用。后者是以工质对活塞所作之功为基准的指标，简称指示指标，它们不受动力输出过程中机械摩擦和附件消耗等各种外来因素的影响，直接反映由燃烧到热功转换工作循环进行的好坏，因而在工作过程的分析研究中得到广泛应用。

由发动机的循环示功图可直接求出循环净指示功，而每循环由曲轴输出的单缸功量则是循环有效功。循环功的绝对性能指标——平均压力则是可相对比较的性能指标。其中平均指示压力定义为单位气缸工作容积所作的循环指示功，因为其量纲恰好是压力的量纲；平均有效压力定义为单位气缸工作容积所作的循环有效功，也是一个作用于活塞上的假想平均压力，此力作用于活塞的一个冲程之功正好等于循环有效功。其他一些性能指标见表 8 –1。

表 8 –1 内燃机常用的动力、经济性能指示指标、有效指标和机械损失指标

指标名称	单 位	指示指标	有效指标	机械损失指标	各指标间关系
循环功（单缸）	kJ	W_i	W_e	W_m	$W_e = W_i - W_m$
平均压力	MPa	$p_{mi} = W_i/V_s$（平均指示压力）	$p_{me} = W_e/V_s$（平均有效压力）	$p_{mm} = W_m/V_s$（平均机械损失压力）	$p_{me} = p_{mi} - p_{mm}$
功率	kW	P_i	P_e	P_m	$P_e = P_i - P_m$
转矩	N·m		T_{tq}		
升功率	kW/L(单位排量发出功率)		$P_L = P_e/(V_s \cdot I)$		
比质量	kg/kW(单位有效功率所占质量)		$m_e = m/P_e$		
比体积	m³/kW(单位有效功率所占体积)		$V_e = V/P_e$		
能量转换效率		$\eta_{it} = \dfrac{W_i^{①}}{g_b H_u}$	$\eta_{et} = \dfrac{W_e}{g_b H_u}$	$\eta_m = \dfrac{W_e}{W_i}$	$\eta_{et} = \eta_{it}\eta_m$
单位功率燃油消耗率	g/(kW·h)(每千瓦小时功所消耗的燃料量)	$b_i = \dfrac{B}{P_i} \times 10^3$	$b_e = \dfrac{B}{P_e} \times 10^3$		$b_i = \eta_m b_e$

注：i—发动机缸数；m—发动机干质量，kg；V—发动机所占体积（长×宽×高），m³；g_b—单缸每循环燃料消耗量，kg；H_u—燃料低热值，kJ/kg；B—整机燃油消耗量，kg/h；V_s—单缸排量，L。

①对自然吸气机型，泵气损失归入机械损失后，W_i 应为动力过程功。对于增压机型，若仍将泵气损失归入机械损失，则 W_i 应为总指示功——动力过程功与理论泵气功之和。

8.1.4 斯特林发动机及其循环

1816 年伦敦牧师 Robert Stirling 提出了一种活塞式热气发动机——斯特林发动机的构想，这是一种外部加热的闭式循环发动机。该循环由两个等温过程和两个定容回热过程组成，属于概括性卡诺循环的一种。实现斯特林循环的关键在于实现完美回热。斯特林构想的热机由两个气缸 - 活塞夹一个蓄热式回热器组成。其制冷工作过程工作原理如下（图 8 –4）。

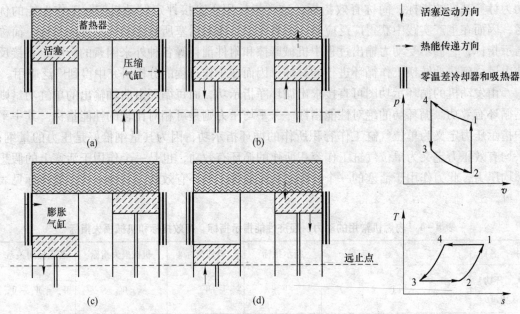

图 8-4　斯特林循环及其 $p-v$ 图和 $T-s$ 图

(a) 状态2；(b) 状态3；(c) 状态4；(d) 状态1

两个气缸-活塞系统为膨胀气缸-活塞系统和压缩气缸-活塞系统，分别对应于高温吸热和低温放热过程。两个气缸内工质气体通过蓄热式回热器连通，假定两个气缸缸套保持良好等温传热能力，以保证缸内气体温度各自始终不变（等温），稳态工作状况下，蓄热式回热器已经建立了从低温（膨胀气缸）到高温（压缩气缸）的稳定温度梯度。定义两个气缸-活塞系统中活塞靠近蓄热式回热器的行程止点为近止点，远离回热器的行程止点为远止点。选取循环开始时压缩活塞位于远止点，膨胀活塞位于近止点。此时工质气体完全处于压缩气缸中（假定理想情况下回热器内不存储气体），状态点编号为2。

循环开始后，压缩活塞向近止点运动，膨胀活塞不动，气体压力升高，比体积缩小（密度增大），是为等温压缩放热过程。当缸内气体压力达到额定压力，状态达到3点，膨胀活塞开始离开近止点向远止点运动，工质气体经蓄热式回热器流入膨胀气缸，蓄热器蓄热能力无限大且传热良好，从压缩缸到膨胀缸沿程各点温度保持稳定，工质经过蓄热器时沿程各点均为等温放热，于是工质密度不变，通过蓄热器后变化到状态点4。压缩活塞到达近止点，全部工质通过蓄热器到达膨胀气缸，也全部到达状态点4。而后压缩活塞保持不动，膨胀活塞继续向远止点运动，气体进入定温膨胀吸热过程。该过程中，工质从膨胀气缸缸套等温吸热，压力降低，密度减小（比体积增大）。膨胀活塞到达远止点，过程完成，终于状态点1。然后膨胀活塞从远止点出发，压缩活塞从近止点出发，分别在同一时刻到达近止点和远止点，期间工质气体全部通过蓄热器进入压缩气缸，同时在蓄热器内沿程各点等温吸取之前释入的热能，实现完美回热，并回到状态点2。

理想的斯特林循环只有膨胀气缸的等温吸热和压缩气缸的等温放热，因而其性能系数等于同温度范围的卡诺循环的性能系数，即：

$$\eta_c = 1 - \frac{T_2}{T_1} \qquad (8-8)$$

制约斯特林循环实际应用的因素有：高低温热源的等温吸热和等温放热难以实现、回热器完美回热难以实现、蓄热式回热器内部工质气体残留、蓄热式回热器阻力损失、活塞行程控制，等等。目前，玩具级的斯特林循环发动机和斯特林制冷机有很多产品出现，但是对实用级的斯特林机器上述制约因素的影响迅速变大，导致其竞争力快速下降。

8.2　燃气轮机装置循环

8.2.1　燃气轮机装置的工作原理

8.2.1.1　定压燃烧燃气轮机装置结构

燃气轮机（图8-5）装置是一种以空气和燃气为工质的旋转式热力发动机，主要结构有三部分：（1）燃气轮机（透平 turbine，或动力涡轮）；（2）压气机（空气压缩机）；（3）燃烧室。另有其他附属设备组成。和内燃机循环中各个过程都是在气缸内进行不同，燃气轮机装置中工质在不同设备间流动，一个设备完成一个过程，所有过程构成循环。

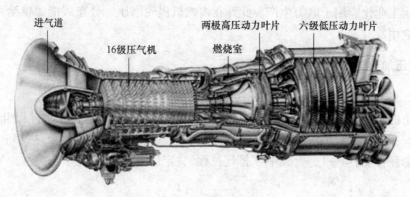

进气道　　　　16级压气机　　　两极高压动力叶片　　六级低压动力叶片　　燃烧室

图8-5　燃气轮机

8.2.1.2　工作原理

空气首先进入叶轮式压气机中，压缩后送入燃烧室。同时燃料（气体或液体燃料）也喷入燃烧室中与高温压缩空气混合，在定压下进行燃烧，产生高温高压燃气（温度可达1800~2300K）。如此高温不能直接与燃气轮机叶片接触，故将二次空气（约占空气总量的60%~80%）经通道壁面渗入与高温燃气混合，使混合后气体温度降低至叶片可以承受的程度，然后进入燃气轮机。燃气轮机中工质气体膨胀作功，作功完毕气体排向并消失在大气中。与内燃机循环一样，燃气轮机循环也是开式循环，若将废气排往大气看作放热过程，且忽略燃气与空气的差别，将大气包括在内，燃气轮机装置就构成了一个闭合循环。也可以用氦气、氮气或其他气体构成一个真正的闭合循环，采用余热锅炉等吸收外部的热量。

8.2.1.3　特点

该装置热能转变为机械能的过程是在燃气轮机中实现的。燃气轮机是旋转式的热力发动机，没有往复运动产生的不平衡惯性力，可以设计很高的转速，而且工作过程是连续的。燃气轮机中高速气流连续作功，运行平稳，体积流量大，可以在重量和尺寸较小的情况下，发出很大的功率。在大马力范围内，比活塞式内燃机优越。燃气轮机采用专用燃烧室燃烧，燃烧过程相对容易控制，燃烧效率较高，污染较少。其工作过程中不需要水做工质，可以在缺水或无水地区如沙漠、油田等使用。但是燃气轮机的喷管和叶片处于不间断高温工作条件下，对材料要求高。叶片在高速、高温气流中高速运转，因此其加工工艺要求极高。

8.2.1.4 应用领域与发展趋势

工业燃气轮机具有效率高、功率大、体积小、投资省、运行成本低和寿命周期较长等优点。主要用于发电、交通和工业动力。燃气轮机分为轻型燃气轮机和重型燃气轮机，轻型燃气轮机为航空发动机的转型，如 LM6000PC 和 FT8 燃气轮机，其优势在于装机快、体积小、启动快、简单循环效率高，主要用于电力调峰、船舶动力。重型燃气轮机为工业型燃机，如 GT26 和 PG6561B 等燃气轮机，其优势为运行可靠、排烟温度高、联合循环组合效率高，主要用于联合循环发电、热电联产。

第二次世界大战时期及以后，燃气轮机首先在军用飞机、水面舰艇和装甲车辆上应用，然后逐渐推广到民用飞行器和船舶，20 世纪后 20 年逐渐应用到化工、油田等工业领域，并开始工业化应用于电力生产。此外在内燃机涡轮增压、分布式能源供给系统等方面也有广泛应用。

8.2.2 定压加热理想循环——布莱顿循环

8.2.2.1 循环组成

燃气轮机装置循环的理想循环是布莱顿循环（Brayton cycle），由 4 个过程组成（图 8 - 6）：1—2，压气机内，绝热压缩；2—3，燃烧室与燃气通道内，定压吸热；3—4，涡轮机内，绝热膨胀作功；4—1，大气中（排气过程），定压放热。

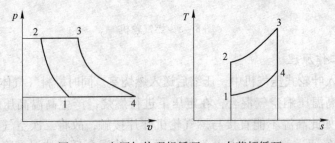

图 8 - 6 定压加热理想循环——布莱顿循环

8.2.2.2 循环热效率

通常的已知参数：压气机吸气参数，p_1、T_1，压气机循环增压比 $\pi = \dfrac{p_2}{p_1}$。

以上数据已经足够确定循环热效率，但确定循环还需要第 4 个参数，一般为燃气轮机进气温度（循环最高温度）T_3，或循环增温比 $\tau = \dfrac{T_3}{T_1}$。

四个过程均有功量变化，所以采用功来计算循环热效率比较麻烦。传热只在两个过程中发生，故采用传热过程来计算：

$$\eta_t = \frac{\text{循环净功}}{\text{循环吸热量}} = \frac{\text{循环吸热量数值} - \text{循环放热量数值}}{\text{循环吸热量数值}}$$

$$= \frac{|q_{23}| - |q_{41}|}{|q_{23}|} = 1 - \frac{|q_{41}|}{|q_{23}|}$$

定压过程：
$$|q_{23}| = |h_3 - h_2| = h_3 - h_2$$

$$|q_{41}| = |h_1 - h_4| = h_4 - h_1$$

$$\eta_t = 1 - \frac{h_4 - h_1}{h_3 - h_2} = 1 - \frac{c_p(T_4 - T_1)}{c_p(T_3 - T_2)} = 1 - \frac{T_4 - T_1}{T_3 - T_2}$$

由于 1—2 和 3—4 均为可逆过程，故：

$$\frac{T_4}{T_3} = \left(\frac{p_4}{p_3}\right)^{\frac{k-1}{k}}, \quad \frac{T_1}{T_2} = \left(\frac{p_1}{p_2}\right)^{\frac{k-1}{k}} \Rightarrow T_4 = T_3\left(\frac{p_4}{p_3}\right)^{\frac{k-1}{k}}, \quad T_1 = T_2\left(\frac{p_1}{p_2}\right)^{\frac{k-1}{k}}$$

且 $p_4 = p_1$，$p_3 = p_2$，

所以
$$T_4 - T_1 = (T_3 - T_2)\left(\frac{p_1}{p_2}\right)^{\frac{k-1}{k}}$$

于是
$$\eta_t = 1 - \frac{T_3 - T_2}{T_3 - T_2}\left(\frac{p_1}{p_2}\right)^{\frac{k-1}{k}} = 1 - \left(\frac{1}{\pi}\right)^{\frac{1-k}{k}} \tag{8-9}$$

8.2.2.3　循环净功 w_0

$$w_0 = \eta_t \cdot q_{23}$$

$$= \left[1 - \left(\frac{1}{\pi}\right)^{\frac{1-k}{k}}\right] c_p(T_3 - T_2)$$

$$= \frac{k}{k-1}R\left[T_3 - T_1 \cdot \left(\frac{1}{\pi}\right)^{\frac{k-1}{k}}\right] \cdot \left[1 - \left(\frac{1}{\pi}\right)^{\frac{1-k}{k}}\right]$$

可见循环净功与涡轮机进气温度 T_3 的大小有关：T_3 越高，w_0 越大，设备越紧凑。

8.2.3　定压加热实际循环

燃气轮机装置实际循环的各个环节都存在着不可逆因素，这里主要考虑压气机内压缩过程和涡轮机内膨胀过程的不可逆性（图 8-7）。因为燃气轮机装置中的压气机和涡轮机里面的工质流速很高，变化很大，故摩擦、级间漏气等原因造成的损失也比较大，对循环性能有显著的影响。

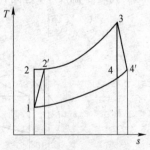

图 8-7　燃气轮机装置的
定压加热实际循环

（1）压气机部分。前面讲述压气机时已经定义了压气机的绝热效率：

$$\eta_{c,s} = \frac{\text{压气机理想耗功}}{\text{压气机实际耗功}} = \frac{h_2 - h_1}{h_2' - h_1}$$

$$w_c' = h_2' - h_1 = \frac{h_2 - h_1}{\eta_{c,s}}$$

（2）燃气轮机部分。燃气轮机的内部损耗以相对内效率 η_{oi} 计：

$$\eta_{\mathrm{oi}} = \frac{实际膨胀过程作出的功}{理想膨胀过程作出的功} = \frac{h_3 - h_{4'}}{h_3 - h_4} \tag{8-10}$$

$$w_t' = h_3 - h_{4'} = (h_3 - h_4)\eta_{\mathrm{oi}}$$

（3）燃气轮机装置的实际效率：

$$\eta_t' = 1 - \frac{实际工质放热}{实际工质吸热} = 1 - \frac{h_{4'} - h_1}{h_3 - h_{2'}} = \frac{h_3 - h_{2'} - h_{4'} + h_1}{h_3 - h_{2'}}$$

$$= \frac{(h_3 - h_4)\eta_{\mathrm{oi}} - (h_2 - h_1)/\eta_{\mathrm{c,s}}}{(h_3 - h_1) - (h_2 - h_1)/\eta_{\mathrm{c,s}}} = \frac{(T_3 - T_4)\eta_{\mathrm{oi}} - (T_2 - T_1)/\eta_{\mathrm{c,s}}}{(T_3 - T_1) - (T_2 - T_1)/\eta_{\mathrm{c,s}}}$$

$$= \frac{\left(1 - \dfrac{1}{\pi^{\frac{k-1}{k}}}\right)T_3\eta_{\mathrm{oi}} - T_1\left(\pi^{\frac{k-1}{k}} - 1\right)/\eta_{\mathrm{c,s}}}{(T_3 - T_1) - T_1\left(\pi^{\frac{k-1}{k}} - 1\right)/\eta_{\mathrm{c,s}}} = \frac{\dfrac{\tau\eta_{\mathrm{oi}}}{\pi^{\frac{k-1}{k}}} - \dfrac{1}{\eta_{\mathrm{c,s}}}}{\dfrac{\tau - 1}{\pi^{\frac{k-1}{k}} - 1} - \dfrac{1}{\eta_{\mathrm{oi}}}} \tag{8-11}$$

燃气轮机装置的实际效率除了与 π 有关以外，还与增温比 τ 有关。

（4）几点结论：

第一，τ 越高，η_t' 就越大。但涡轮机进气温度 T_3 受限于金属材料的耐热性能，普通燃气轮机装置的 T_3 最高也就是 1100℃ 左右。第二，当 τ、η_{oi}、$\eta_{\mathrm{c,s}}$ 一定时，$\eta_t' - \pi$ 关系有一个最大值。第三，提高 η_{oi}、$\eta_{\mathrm{c,s}}$ 也是提高 η_t' 的有效措施。

8.2.4　提高燃气轮机装置循环热效率和实际效率的措施

8.2.4.1　回热

在布莱顿循环的基础上采取回热，是提高燃气轮机装置热效率的有效措施之一。如图 8-8(a) 所示，利用 4~5 过程的放热加热从压气机出来的空气 2，极限情况下，加热到状态 6，可减少向低温热源放热（且这部分放热温度较高）和从高温热源吸热的过程 2~6（且这部分吸热温度较低）。显然可以提高循环热效率。

但此方法仅仅对于循环增压比 π 较小的循环适用。π 较大的循环，如图 8-8(b) 所示，压气终了温度 T_2 过高，无法进行有效回热。

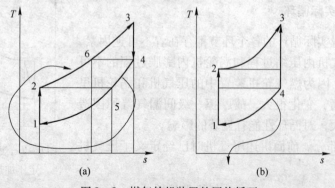

图 8-8　燃气轮机装置的回热循环

8.2.4.2　回热基础上的分级压缩、中间冷却（ICR，intercooled recuperated gas turbine）

π 较大的循环，压气终了温度 T_2 过高，无法进行有效回热。采用"分级压缩，中间冷却"可以降低压气终了温度 T_2，使得回热得以有效进行。如图 8-9 所示，压气机将气体从状态 1 压缩到状态 5 之后，进入中间冷却器冷却至状态 6，然后再进入第二级压气机压缩至状态 7，可以看到，压缩终了温度从 T_2 降到了 T_7，将使回热可以开展起来。如果压缩级数趋向无限多，每级压缩后均进行定压冷却，则压缩过程接近于定温过程。

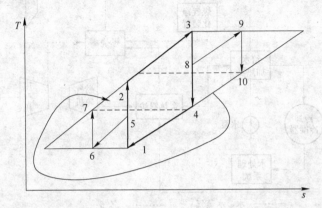

图 8-9　回热基础上的分级压缩，中间冷却与分级膨胀中间再热

分级压缩中间冷却可以节省压缩功，可以降低压缩终温，给回热留出余地。但是若不配合采取回热措施，则会增大加热量，反而浪费能源，降低效率。

8.2.4.3　在回热基础之上，分级膨胀、中间加热

与"分级压缩，中间冷却"相类似，分级膨胀，中间加热可以提高膨胀终了温度 T_4，使得回热得以有效进行。如图 8-9 所示的循环 1—2—3—8—9—10—1。

在循环中，8—9 过程高温再热，10—4 过程回热不损失，提高了平均吸热温度，当然提高了循环热效率。分级膨胀中间加热还提高了膨胀终温，为回热留出余地。但是若不配合采取回热措施，则增大 10—4 过程的放热量，因其温度较高，反而浪费能源，降低效率；喷气式战斗机的加力燃烧即属于这种情形。

8.2.4.4　注蒸汽燃气轮机循环（STIG 循环，steam injected gas turbine）

将燃气轮机排气引入余热锅炉加热高压水，并使之成为过热蒸汽，然后注入燃烧室，降低燃气温度使之达到涡轮机入口要求。排气离开余热锅炉后，经给水加热器和冷却冷凝器，将排气中的水蒸气冷凝回收使用。由美籍华人程大猷提出，故该循环也称为程氏循环（ACC）。相当于混合工质（燃气＋水蒸气）循环或双循环（燃气动力循环＋蒸汽动力循环），但原循环无排气中的水蒸气回收，故耗水量大，蒸气的潜热也不能予以利用。最高效率的前置回注循环系统是 GE 公司 LM5000 - STIG120 轻型燃气轮机，效率为 43.3%（2000 年）。

STIG 循环（图 8-10）的优点是：（1）一般燃气轮机燃烧室出来的燃气需掺入二次空气降温，STIG 用水蒸气降温，而水蒸气大部分可以冷凝回收，从而可提高循环热效率。（2）水蒸气在燃烧室掺入，可以控制燃烧温度，特别是富氧区的燃烧温度，从而抑制 NO_x 的生成。另外，烟气中的大量水蒸气可以吸附已经生成的 NO_x、SO_x，达到减少污染物质排放的目的。（3）水蒸气的最高温度比通常的蒸气动力循环高得多，但初压较低，蒸气排

气压力也较高。（4）注蒸气量允许在一定范围内变化而不影响热效率，从而使机组具有较好的调节性。

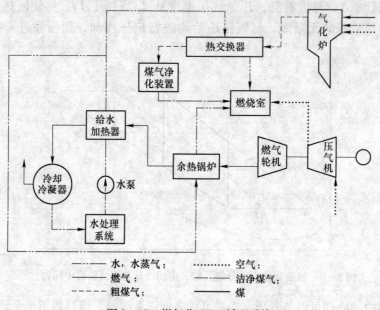

图 8 - 10　煤气化 STIG 循环系统

8.2.4.5　湿空气透平（HAT 循环，humid air turbine）

湿空气透平如图 8 - 11 所示，空气经低压压气机、中间冷却器、高压压气机、后冷却器进入饱和器底部，水在中间冷却器、后冷却器、热水器中加热升温后，从饱和器顶部进入。在饱和器中，空气和水逆流接触，空气被湿化成饱和空气，湿空气在回热器中吸热升温后进入燃烧室。

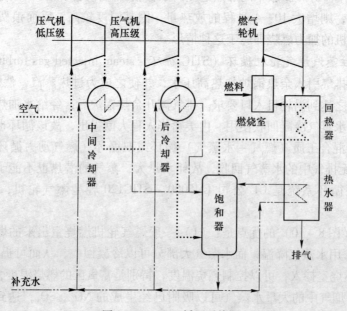

图 8 - 11　HAT 循环系统图

饱和器与 STIG 中的余热锅炉不同，水在这里变温蒸发，可以更充分地利用余热。中、后冷却器的使用使得压气机耗功减少，相当于回热基础上的分级压缩、中间冷却（ICR）。排气中的水蒸气依然如 STIG 一样回收利用。由于空气湿化可以利用较低温度的热水，不像 STIG 需要高温热产生蒸气，所以可更充分地利用系统中的各种低温热能，更充分地回收余热。

同 STIG 一样，水蒸气在燃烧室前掺入可以控制燃烧温度，特别是富氧区的燃烧温度，从而抑制 NO_x 的生成。另外，烟气中的大量水蒸气可以吸附已经生成的 NO_x、SO_x，达到减少污染物质排放的目的。

8.2.4.6 压气机湿压缩

向压气机内喷入雾化水，利用水的较大的汽化潜热来降低压缩过程温升，使其接近于等温压缩，达到与 HAT 相类似的目的，简单易行。喷入 0.5%～2% 水时，燃气轮机输出功率增加 7.5%～14%，效率相对增加 3.5%。

8.2.4.7 高温燃气轮机技术

目前燃气轮机技术发展的焦点之一就是如何提高涡轮机进气温度 T_3。目前通过综合设计、冷却、加工、材料等技术，可使进入透平的燃气温度达到 1500℃。主要的技术措施有：（1）采用热障涂层。如用铝化物 + 镍钴铬铝合金构成双层涂层，由氧化钇、氧化镁稳定的二氧化锆多孔层等。（2）蒸汽冷却技术。用于涡轮、叶片等的冷却，与空气冷却相比，具有更好的热物理性质，可显著减少压缩功的消耗。（3）采用耐温达 1204℃ 的定向结晶和单晶高温合金材料。

8.3 蒸气动力循环

8.3.1 朗肯循环：蒸气动力装置的理论循环

8.3.1.1 水蒸气的卡诺循环

热力学第二定律指出：在两个特定温度限制内运行的各种动力循环中，卡诺循环的热效率最高。实际动力循环中，与热源相匹配的"标准"卡诺循环不可能实现，进行抛开热源因素的"非标准"的卡诺循环也非常困难。气体工质难以进行定温过程，实际上不可能实现卡诺循环。蒸汽工质若实现卡诺循环，也有一系列局限性和困难。

使水和水蒸气实现卡诺循环有两种方式：一是临界点❶以下，在湿蒸汽区内实现；一是使循环超过临界点实现。下面分析它们的优缺点，以便找到合理的热力循环方式：

（1）运行于湿蒸汽区的卡诺循环（图 8 - 12 中的循环 Ⅰ—Ⅱ—Ⅲ—Ⅳ—Ⅰ）。

优点：湿蒸汽区内定压线与定温线重合，定压过程即为定温过程，可以很容易地实现定温吸热和定温放热。

缺点：1）Ⅱ—Ⅲ放热过程的终点Ⅲ难以控制；2）Ⅲ—Ⅳ过程是低温低压的湿蒸汽被压缩成水，但压缩这种比容比较大的汽水混合物，既费功，技术上也有困难；3）最高温

---

❶ 工程上说到临界点上下，一般是指温度高于或低于临界点温度。所以此处的意思是循环温度保持在临界点温度以下。

度太低，临界点才 374.15℃，效率不可能高；4）作功末了的Ⅱ点，蒸汽湿度很大，对汽轮机末级不利。

（2）运行于水蒸气临界点以上的卡诺循环（图 8–12 中的循环 12341）。

优点：解决了上一种循环的问题。

缺点：1）在超临界区，定压线与定温线不再重合，4—1 的定温吸热过程难以实现；2）3—4 压缩过程终点压力太高，技术上不可能实现（临界压力就已达 22.02MPa）。

8.3.1.2　蒸汽动力装置的理论循环——朗肯循环

尽管水蒸气的卡诺循环难以实现，但从中可以找到设计蒸汽动力循环的途径：

（1）利用超临界卡诺循环，解决湿蒸汽卡诺循环的问题。将放热终点在饱和水线上，容易控制，并避免压缩汽水混合物；使作功终点在饱和蒸汽线上或附近，可以避免动力机械受损；1 点的过热蒸汽状态可以提高温度上限，从而提高效率。

（2）避免超临界卡诺循环的两点困难：不追求定温加热，降低压缩比（压缩终了压力）以适应技术上的限制，这样就形成了朗肯循环（Rankine Cycle）（图 8–13 和图 8–14）。

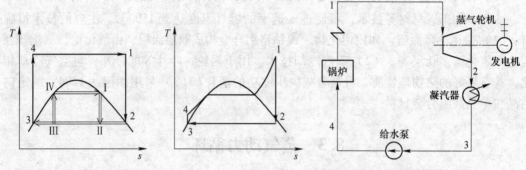

图 8–12　蒸气的卡诺循环　　　图 8–13　简单朗肯循环　　　图 8–14　简单朗肯循环装置

1→2：在汽轮机中绝热膨胀；2→3：凝汽器中定压放热；3→4：给水泵中绝热压缩；4→1：锅炉中定压加热。

朗肯循环的每个过程都在一个独立设备中完成。从 $T-s$ 图上看，朗肯循环的热效率要比同温度范围的卡诺循环（即那个超临界卡诺循环）的热效率低得多，因而实际蒸汽动力装置循环都是以朗肯循环为基础进行改进得到的。

8.3.1.3　蒸汽动力装置的热力性能指标

热效率：

$$\eta_t = \frac{|w_{\text{net-output}}|}{|q_{\text{input}}|} = 1 - \frac{|q_{23}|}{|q_{41}|} = 1 - \frac{h_2 - h_3}{h_1 - h_4} \tag{8–12}$$

其他指标，汽耗率 $d_0(\text{kg/kJ},\ \text{kg/(kW·h)})$。每作单位量的功所消耗的蒸汽量：

$$d_0 = \frac{1}{w_0} = \frac{1}{(h_1 - h_2) - (h_4 - h_3)} \tag{8–13a}$$

$$= \frac{3600}{(h_1 - h_2) - (h_4 - h_3)} \tag{8–13b}$$

热耗率 $q_0(\text{kJ/kJ},\ \text{kJ/(kW·h)})$。每作单位量的功所消耗的蒸汽含有的热量：

$$q_0 = \frac{q_{\text{input}}}{w_0} = \frac{1}{\eta_t} \qquad (8-14a)$$

$$= \frac{3600}{\eta_t} \qquad (8-14b)$$

标准煤耗率 b_s(kgce/(kW·h))。标准煤耗率由热耗率折算过来：

$$b_s = \frac{q_0}{29307.6} = \frac{0.1228}{\eta_t} \qquad (8-15a)$$

$$\approx \frac{123}{\eta_t} \qquad (8-15b)$$

8.3.2 改进朗肯循环热效率的方法

8.3.2.1 提高蒸汽初参数和降低排汽压力

A 提高蒸汽初温度

蒸汽初参数（parameters of fresh steam）指的是汽轮机进口蒸汽的压力和温度，也称为新蒸汽参数。在同样的初压力和排汽压力下，提高蒸汽初温度可以提高循环热效率。很明显，将蒸汽初温度从 t_1 提高到 t_{1^*}，增加了高温吸热段 1—1*（图 8-15），从而提高了循环的平均吸热温度，使循环热效率增加。

提高初温度还可以提高排汽点 2 的干度，这对于提高汽轮机相对内效率、改善汽轮机末级叶片工作条件、延长汽轮机的使用寿命都有利。

提高蒸汽初温度受材料耐热性能的限制。主要是锅炉的蒸汽过热器，其内部是高温蒸汽，外部是温度更高的烟气，所以其壁温比蒸汽温度还高，同时其工作压力也相当高。相比之下，内燃机的气缸壁有冷却水和周期性进入气缸的冷空气冷却，燃气轮机的燃烧室和叶片也都可以冷却；内燃机气缸体积与过热器相比很小，承压能力要大得多，燃气轮机的压力则小得多。于是，内燃机的最高温度可以达到 2000℃，燃气轮机的最高温度约为 1300℃，而蒸汽动力循环的最高蒸汽初温度仅有 600℃ 左右。我国蒸汽初温度在 20 世纪 70 年代达到 550℃；依据技术经济分析，80 年代稳定在 535℃；90 年代以来，随着材料技术和制造工艺的发展，初参数又逐步提高。

B 提高蒸汽初压力

在同样的初温度和排汽压力下，提高蒸汽初压力可以提高循环热效率（图 8-16）。

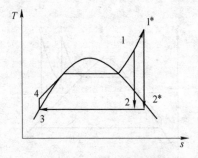 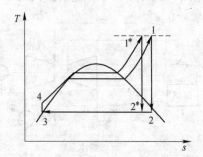

图 8-15 提高蒸汽初温度　　　　　　图 8-16 提高蒸汽初压力

提高蒸汽初压力使排汽干度降低，不利于汽轮机末级叶片的安全运行。提高蒸汽初压力还使得新蒸汽的比体积减小，相应的体积流量减少，若对应减小初级叶片尺寸，会增加漏汽损失和鼓风损失。因此，提高蒸汽初压力通常伴随着提高机组的容量（输出功率）。由于汽轮机末级蒸汽比体积很大，提高机组的容量要求增大汽轮机末级的通流面积，所以需要比较长的末级叶片。迄今长叶片制造技术仍然是限制机组容量增加的主要因素之一，见表8-2。

表8-2 热力发电厂的分类

电厂类型	蒸汽初压力/MPa		蒸汽初温度/℃		电厂的容量范围/MW	机组容量的大致范围/MW
	锅炉	汽轮机	锅炉	汽轮机		
低温低压电厂	1.4	1.3	350	340	10	1.5~3
中温中压电厂	4.0	3.5	450	435	10~200	6~50
高温高压电厂	10.0	9.0	540	535	100~600	25~100
超高压电厂	14.0	13.5	550	535	250	125~200
亚临界压力电厂	17.0	16.7	550	538	600	300~600
超临界压力电厂	25.0	24.5	570	565	1200	600~800
超超临界压力电厂	35.0	34.5	655	649	1200	600~1000

C 降低背压

背压即汽轮机排汽口以外的（凝汽器）压力，它决定了排汽口处蒸汽的压力（即排汽压力，又称为乏汽压力）。在同样的初温度和初压力下，降低背压可以提高循环热效率。

降低背压受到环境温度的限制。在监控机组运行时，应当密切注意汽轮机背压（工程上称之为凝汽器真空）是否保持在额定值。

8.3.2.2 再热循环

在朗肯循环的基础上进行再热，就构成了再热循环（reheat cycle）（图8-17和图8-18）。再热循环增加了工质在较高温度下的吸热量，从而提高了平均吸热温度，导致循环热效率的提高。再热循环的热效率为：

$$\eta_t = \frac{W}{Q} = 1 - \frac{Q_2}{Q_1} = 1 - \frac{h_2 - h_3}{h_1 - h_4 + h_b - h_a} \tag{8-16}$$

再热循环不仅可以提高循环热效率，还可以改善汽轮机排汽的干度，从而提高末级叶片运行的安全性。由于再热器和再热管道的投资和运行安全成本较高，所以一般热力发电厂仅仅采用一次再热循环。超临界机组（super-critical unit）有可能采用二次再热。

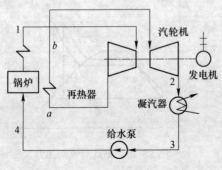

图8-17 再热循环的热力系统

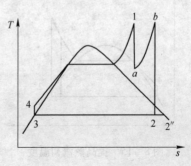

图8-18 再热循环

【例8-1】 如图8-19所示，按再热循环运行的蒸汽动力装置的新蒸汽参数为 $p_1 =$ 16.50MPa，$T_1 = 808.15K$；再热压力和温度是 $p_2 = 3.84MPa$，$T_2 = 808.15K$；排汽压力为 $p = 0.004MPa$，机组的输出功率300MW，机组每年运行8000h。已知每燃烧1kg煤可以释放23000kJ的热量，请计算机组的年发电量和燃料消耗量。锅炉效率和机电效率均取为1。

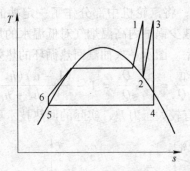

图8-19 例8-1图

已知：

当 $p = 4000Pa$，$t_s = 28.981℃$ 时，$h' = 121.41kJ/kg$，$h'' = 2554.1kJ/kg$，$s' = 0.4224kJ/(kg \cdot K)$，$s'' = 8.4747kJ/(kg \cdot K)$；

当 $p = 16.5MPa$ 和 $t = 535℃$ 时，$h = 3390.625kJ/kg$，$s = 6.4109kJ/(kg \cdot K)$；

当 $p = 16.5MPa$ 和 $t = 29.354℃$ 时，$h = 137.98kJ/kg$，$s = 0.4224kJ/(kg \cdot K)$；

当 $p = 3.84MPa$ 和 $t = 535℃$ 时，$h = 3526.07kJ/kg$，$s = 7.2118kJ/(kg \cdot K)$；

当 $p = 3.84MPa$ 和 $t = 304.17℃$ 时，$h = 2979.2kJ/kg$，$s = 6.4109kJ/(kg \cdot K)$。

解：

$$\eta_t = \frac{W}{Q} = 1 - \frac{Q_2}{Q_1} = 1 - \frac{h_4 - h_5}{h_1 - h_6 + h_3 - h_2}$$

$h_1 = 3390.625kJ/kg$

$h_2 = 2979.2kJ/kg$

$h_3 = 3526.07kJ/kg$

$$x_4 = \frac{s_4 - s_4'}{s_4'' - s_4'} = \frac{s_3 - s_4'}{s_4'' - s_4'} = \frac{7.2118 - 0.4224}{8.4747 - 0.4224} = 0.8432$$

$h_4 = x_4(h_4'' - h_4') + h_4'$

$\quad = 0.8432(2554.1 - 121.41) + 121.41 = 2172.56kJ/kg$

$h_5 = h_4' = 121.41kJ/kg$

$h_6 = 137.98kJ/kg$

$$\eta_t = 1 - \frac{2172.56 - 121.41}{3390.625 - 137.98 + 3526.07 - 2979.2} = 46.02\%$$

年发电量：

$$W_{total} = Time \cdot W = 8000 \times 300 \times 10^3 = 2.4 \times 10^9 = 24 \times 10^8 kW \cdot h$$

年热耗量：

$$Q_{total} = W_{total}/\eta_t = 2.4 \times 10^9 / 0.4602 = 5.215 \times 10^9 = 1.877 \times 10^{13} kJ$$

年煤耗量：

$$M = Q_{total}/Q_{dw} = 1.877 \times 10^{13}/23000 = 816.28 \times 10^{6} kg = 816280t$$

（816280/8000 = 102.035t/h 需要两节火车车皮装载）

8.3.2.3 回热循环

回热技术应用于朗肯循环就构成了回热循环（regenerative cycle）。如图 8 - 20 和图 8 - 21 所示的一次抽汽回热循环，将汽轮机中部分作了一定功的、压力和温度均较低的蒸汽抽出，用于加热给水，从而减少锅炉内高温烟气对低温水的加热，可降低加热温差带来的不可逆损失，提高循环热效率。图示一次抽汽回热循环的热效率为

$$\eta_t = \frac{W}{Q} = 1 - \frac{Q_2}{Q_1} = 1 - \frac{(1 - \alpha)(h_2 - h_3)}{h_1 - h_6} \tag{8 - 17}$$

由于给水与汽轮机抽汽之间有较大压力差，实际的回热技术更复杂。

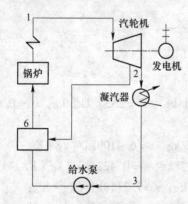

图 8 - 20　一次抽汽回热循环的热力系统　　　图 8 - 21　一次抽汽回热循环的热力过程

8.3.2.4 实际热力发电厂的热力系统

实际的热力发电厂热力系统是将再热循环和回热循环结合起来，同时考虑设备制造、系统连接等技术上的可行性、运行调节维护的便利与安全等因素组成的。

工程上常常将电厂热力系统绘制成电厂热力系统图来表示，所谓电厂热力系统图是指根据发电厂热力循环的特征，将发电厂热力部分主辅设备及其管道附件连接成一整体的线路图。电厂热力系统图分为原则性热力系统图和全面性热力系统图。

A　原则性热力系统图

以规定的符号表明工质在完成某种热力循环时所必须流经的各种热力设备之间的联系线路图，称为发电厂的原则性热力系统图。原则性热力系统图只表示工质流过时状态参数发生变化的各种必须的热力设备，故同类型同参数的设备在图上只表示一个；仅表明设备之间的主要联系，备用设备和管路、附属机构和设备都不画出；除额定工况时所必须的附件（如定压运行除氧器进汽管上的调节阀）外，一般附件均不表示。

原则性热力系统图实质上表明了工质的能量转换及热能利用的过程，它反映了发电厂热功能量转换过程的技术完善程度和热经济性。通过对发电厂原则性热力系统的计算，可以求得各处的汽水流量、参数和发电厂的热经济指标。

图 8 - 22 所示为国产 300MW（30 万千瓦）亚临界一次再热凝汽式发电机组的原则性热力系统（N300 - 16.18(165)/550/550，早期定型产品）。

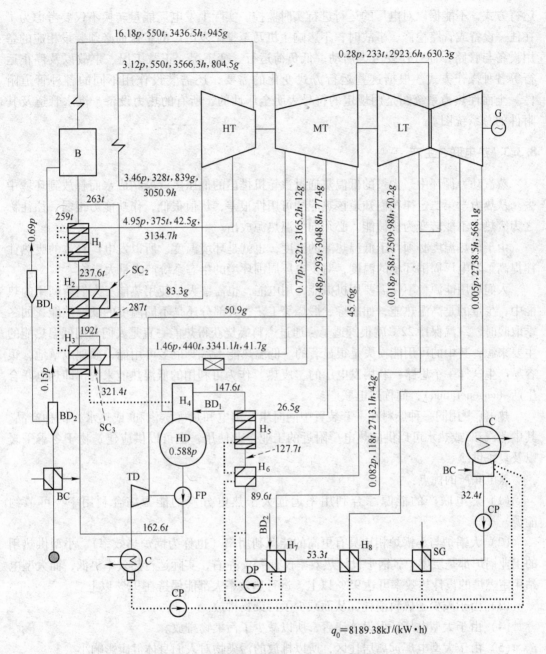

$q_0 = 8189.38 \text{kJ}/(\text{kW} \cdot \text{h})$

图 8-22　国产一次再热凝汽式机组的发电厂原则性热力系统

（N300-16.18(165)/550/550，早期定型产品）

B—锅炉；HT—汽轮机高压缸；MT—汽轮机中压缸；LT—汽轮机低压缸；G—发电机；C—凝汽器；
CP—凝结水泵；SG—轴封冷却器；H—回热加热器；DP—疏水泵；HD—高压除氧器；FP—给水泵；
SC—外置式蒸汽冷却器；TD—给水泵驱动汽轮机；BD—连续排污扩容器

B　全面性热力系统图

发电厂原则性热力系统图只涉及发电厂的能量转换及热能利用的过程，并没有反映电厂的能量转换的详细过程，也不能反映电厂的各种工况（运行状况）以及事故、检修时的运行方式，不能据以对电厂的运行进行实时监控。实际上发电厂能量转换不仅要考虑为了在任一设备或管路检修、事故时，不影响主机乃至整个发电厂的工作而必须装设相应的备用设备与管路，而且还要考虑启动、低负荷运行、变工况、正常工况、事故以及停止运行等各种操作方式。根据这些运行方式变化的需要，还需装设作用不同的各种管道附件。全面性热力系统图是用规定的符号表明全厂性的、所有的热力设备、汽水管道及其附件的总系统图。

8.3.3　热电联合生产

蒸汽动力循环中，大量的低温热通过汽轮机排出的低压蒸汽凝结成水而释放到环境中去。从热力学第二定律我们知道该热能的可用性很差，㶲值很低，作功能力很弱，往往称之为废热，不能转变为机械能，必须向低温热源放出。

由于放热温度必须高于低温热源的温度，也就是环境温度，所以发电厂释放的废热往往提高了发电厂周围环境的温度，对发电厂周围环境的生态系统产生重大影响。

人们利用能源，不仅需要用机械能，用电能，也需要大量使用热能。人们所利用的热能中，少量的是高温热能，如冶炼、煅烧等工艺；大部分还是不同温度的低温热能，如冬季取暖时，室温保持22℃就很舒适了。通过燃料燃烧获得热能一直是人们利用低温热能的主要来源，其中的可用能损失是很显著的。低温热能不需要很多可用能，顺理成章地，很容易产生这样一个思路：利用发电厂的"废热"作为可利用的低温热能来源，即热电联合生产（cogeneration），简称热电联产。

热电厂❶用同一种燃料在一套装置中同时生产出电和热（蒸汽和/或热水）两种产品。其中蒸汽和/或热水可以供应热电厂附近的工业企业使用，也可以供应建筑物于冬季采暖以及夏季供冷。

热电联产的优点：

（1）热电联产的能源综合利用率远远大于热电分产的能源综合利用率，可节约能源。

（2）大锅炉与小锅炉相比具有更高的能源利用率（也称为锅炉热效率）。小型供热用的工业锅炉都是层燃炉，锅炉设计热效率仅有75%左右，实际运行热效率更低；而大型电站用室燃炉的设计热效率可达95%以上，运行热效率大都能保持在92%以上。

（3）由于减少了燃料消耗，从而减少了污染物排放。

（4）由于大型电厂环保设施完善，所以减少了污染物排放。

（5）由于大型电厂远离居住区，所以排放的污染物对人们身体健康影响小。

（6）减少小锅炉、煤储存、灰储存占用的土地，尤其是中心城区的土地。

（7）减少总投资。总功率相同的单台大型装置比多台小型装置总造价要少得多，运行时的能源材料费用也低很多。

（8）减少人工费用。管理单台大型装置比管理多台小型装置需要配备的值班人员要少很多，人员的工作量往往是按设备台套数来计算的。

---

❶　Thermal electric plant，热力发电厂，也称为火力发电厂。Cogeneration plant，热电联合生产厂，简称热电厂。热电厂与热力发电厂不同，不能作为热力发电厂的简称。

（9）减少居民区布置锅炉和煤、灰运输带来的安全隐患。

推广热电联产的障碍，一是热能不可以过远距离输送，沿程各项损失太大；二是热用户用热负荷的波动性太大，影响热电联产的发电品质、设备的正常工况运行时数和设备利用率。

【例 8 - 2】 如果例 8 - 1 中汽轮机排汽压力为 0.1MPa，查表可知当压力为 0.1MPa 时，饱和温度为 $t_s = 99.63℃$，$h' = 417.51\text{kJ/kg}$，$h'' = 2675.7\text{kJ/kg}$，$s' = 1.3027\text{kJ/(kg·K)}$，$s'' = 7.3608\text{kJ/(kg·K)}$；当 $p = 16.5\text{MPa}$ 和 $t = 102℃$ 时，$h = 440\text{kJ/kg}$，$s = 1.3027\text{kJ/(kg·K)}$。求此时的循环热效率。如果锅炉出力不变，循环向低温热源放出的全部热能都用于建筑物采暖，采暖热负荷指标为 32W/m^2，那么该机组可以为多少平方米的建筑物提供采暖服务？

解： $\eta_t = \dfrac{W}{Q} = 1 - \dfrac{Q_2}{Q_1} = 1 - \dfrac{h_4 - h_5}{h_1 - h_6 + h_3 - h_2}$

$h_1 = 3390.625\text{kJ/kg}$

$h_2 = 2979.2\text{kJ/kg}$

$h_3 = 3526.07\text{kJ/kg}$

$x_4 = -\dfrac{s_4 - s_4'}{s_4'' - s_4'} = \dfrac{s_3 - s_4'}{s_4'' - s_4'}$

$= \dfrac{7.2118 - 1.3027}{7.3608 - 1.3027} = 0.9754$

$h_4 = x_4(h_4'' - h_4') + h_4'$

$= 0.9754(2675.7 - 417.51) + 417.51$

$= 2620.16\text{kJ/kg}$

$h_5 = h_4' = 417.51\text{kJ/kg}$

$h_6 = 440\text{kJ/kg}$

$\eta_t = 1 - \dfrac{2620.16 - 417.51}{3390.625 - 440 + 3526.07 - 2979.2} = 37.02\%$

循环热效率降低了 5 个百分点（未考虑热电联产）。

前面已经算出年发电量：$W_{total} = 24 \times 10^8 \text{kW·h}$；年热耗量：$Q_{total} = 5.215 \times 10^9 \text{kW·h}$于是

锅炉热功率：$P_{锅炉} = Q_{total}/8000\text{h} = 5.215 \times 10^9/8000 = 640625\text{kW}$

锅炉出力不变，所以在本题中，

供热热功率：$P_{采暖} = (1 - \eta_t)P_{锅炉} = (1 - 37.02\%) \times 640625 = 403465.625\text{kW}$

可供热面积：$A = \dfrac{403465.625\text{kW}}{32\text{W/m}^2} = 12608300.78125\text{m}^2$

发电功率：$P_{发电} = P_{锅炉} - P_{采暖} = 640625 - 403465.625 = 237159.375\text{kW}$

即凝汽式机组只能供电 300MW，而燃料消耗量相同的背压式热电联产机组可以供电 237.16MW 和供热 403.465MW。

例如，沈阳市的采暖季共 151 日。在此期间，背压式机组可发电 237.16MW × 151 × 24 = $8.59 \times 10^8 \text{kW·h}$，凝汽式机组可发电 300MW × 151 × 24 = $10.87 \times 10^8 \text{kW·h}$。沈阳市

的采暖费：28 元/m^2；沈阳市的居民电费：0.6 元/（kW·h）。可得背压式机组的产值为 $1260.83 \times 28 + 8.59 \times 10^4 \times 0.6 = 86843.24$ 万元，凝汽式机组的产值为 $10.87 \times 10^4 \times 0.6 = 65232$ 万元。

[讨论] 本题凝汽式发电机组的热力过程都很理想化，实际过程由于不可逆性的存在，作功能力损失很大，发电效益有所降低，联产效益更为鲜明。

另外，如果计算本题中背压式机组和凝汽式机组的㶲效率，还可以发现两者差异不大。因为蒸汽动力循环㶲损失最大的地方是锅炉的大温差传热，热电联产没有改善这一点，而改善的是㶲值很低的低品位热能的利用状况，故而㶲评价结果不好。这不是热电联产的错，而是㶲评价方法的缺陷。

8.3.4 复合循环以及其他新型循环

前面已经提到，利用内燃机排气推动动力涡轮并有意识地加大并优化动力涡轮作功量，就成为内燃机－燃气轮机联合循环。燃气轮机 STIG 循环和 HAT 循环中，燃气工质和水蒸气共同循环作功，相当于燃气－蒸汽复合循环。一般不区分复合循环和联合循环的差别，它们的不同在于联合循环是两个循环互为外界，循环温度范围不一样，以实现热能的梯级利用；复合循环则是两种工质循环嵌套在一起，工质进行的过程有相同有不同。复合循环和联合循环是目前电厂热能动力学科的研究热点，是未来大幅度提高热功转换效率的希望所在。

8.3.4.1 蒸汽－燃气联合循环

蒸汽－燃气联合循环是以燃气为高温工质、蒸汽为低温工质，由燃气轮机的排气作为蒸汽轮机装置循环中加热源的联合循环。

目前，燃气轮机装置循环中燃气轮机的进气温度虽高达 1000～1300℃，但排气温度在 400～650℃范围内，故其循环热效率较低。而蒸汽动力循环的上限温度不高，极少超过 600℃，放热温度约为 30℃，却很理想。若将燃气轮机的排气作为蒸汽动力循环的加热源，则可充分利用燃气排出的能量，使联合循环的热效率有较大的提高。

8.3.4.2 整体煤气化联合循环 IGCC

整体煤气化联合循环（integrated gasification combined cycle，IGCC）是针对我国以煤为主的能源生产结构实际，把煤通过气化炉进行气化，成为中热值煤气（10467～20943kJ/m^3）或低热值煤气（4187～10467kJ/m^3），然后通过净化设备，把煤气中的固体灰粒和含硫物质除净，再送到增压锅炉或燃气轮机的燃烧室中燃烧的一种工艺。IGCC 中的燃气轮机、余热（或增压）锅炉以及蒸汽轮机都是常规的和技术成熟的，只增加了煤的气化和净化设备。

IGCC 发电技术的优点有：（1）具有提高供电效率的最大潜在能力。目前为 42%～45%，未来可达 50%～52%；（2）宜大型化。单机已达 300～600MW；（3）优良的环保性能，可使用高硫煤，废物处理量最小；（4）充分利用煤炭资源，组成多联产系统，同时生产电、热、燃料气和化工产品；（5）耗水量较少，是常规同容量电站的 50%～70%，适宜于缺水地区、坑口电站；（6）基本技术趋于成熟，示范装置运行可用率达 80% 以上，能满足商业化运行的要求。

IGCC 发电技术的缺点：（1）比投资费用和发电成本较高，目前（2000 年）约为 1400～

1600 美元/kW。（2）必须采用先进的技术，如高效、大容量的气化炉，高性能的燃气轮机和高温净化技术，等等。（3）厂用电率高。主要是煤的气化耗电，若采用富氧制气（可提高煤气热值），厂用电率高达 10% ~ 13%。

IGCC 进一步发展，可以与 HAT 相结合形成 IGHAT – CC，与燃料电池相结合形成 IGFC – CC，与 STIG 相结合构成 IGCSTIG。

8.3.4.3 增压流化床燃烧联合循环 PFBC – CC

增压流化床燃烧联合循环 PFBC – CC 是把煤和吸收剂（石灰石或白云石，有效成分 CaO）以一定比例掺混，加到燃烧室的床层中，从炉底鼓风使床层上的物料悬浮，进行流态化燃烧。由于流化形成的湍流混合条件良好，能使煤与空气及物料间发生强烈的相对运动，使煤与氧气接触并增加逗留时间，能强化和稳定燃烧并提高燃烧效率。在煤燃烧的同时，吸收剂与 SO_2 反应生成硫酸钙，由溢流管道排出或送入再生装置。流化床燃烧分为鼓泡床燃烧和循环床燃烧，循环床燃烧分为常压床燃烧和增压床燃烧（0.6 ~ 1.6MPa）。增压流化床燃烧联合循环（PFBC – CC, pressurized fluidized bed combustion – combined cycle）中，煤经增压流化燃烧成为高压燃气，推动燃气轮机作功，排气在余热锅炉中加热给水，产生高温高压水蒸气，推动汽轮机作功。

PFBC – CC 特点：（1）适应的煤种广泛；（2）增压燃烧后结构紧凑，安装周期短，成本下降；（3）运行方式和常规电站接近，系统简单；（4）燃气轮机进口温度较低时也能获得较高的联合循环效率；（5）环保特性较好，由于床温只有 850 ~ 950℃，所以 NO_x 和 SO_x 生成量很小，不用附加设备就能达到较低的排放标准；（6）由于循环效率较高，所以单位功率 CO_2 排放量也较低。

由于床温限制，燃气轮机初温不能过高，供电效率只能达到 41% ~ 42%。所以又发展了第二代 PFGC – CC，增加了一个碳化炉（或部分气化炉）和燃气轮机的顶置燃烧室，使燃气初温提高到 1100 ~ 1300℃，效率可达 45% ~ 50%，功率也可提高。PFGC – CC 投资费用（美元/kW）比常规电站高近 10%。

8.4 能量的直接转换

到目前为止我们所讨论的所有装置和循环都需要在一个复杂的"原动机"（涡轮机、气缸活塞系统等）中把热源的热能传递给工质，然后通过热力循环和其他辅助过程将能量转换为电能。在能量直接转换系统中，燃料的能量直接转换为电能，不需要使用循环工质和涡轮活塞之类的运动部件。

8.4.1 热电转换

19 世纪初，人们在关于电磁能的科学实验中，发现了某些金属材料有热电效应。1821年塞贝克（T. J. Seebeck，德国，1770—1831）发现在两种不同金属构成的回路中，如果两个接头处的温度不同，其周围就会出现磁场。进一步实验之后，发现了回路中有一电动势存在，这种现象称为塞贝克效应（图 8 – 23）或温差电效应。这种电动势就称塞贝克电动势或温差电动势。珀尔帖（J. C. A. Peltier，法国，1785—1845）发现当直流电通过两种不同导电材料构成的回路时，结点上将产生吸热或放热现象，这个现象称为珀尔帖效应

（图 8-24）。一般认为其机理是电荷载体在导体中运动形成电流。由于电荷载体在不同的材料中处于不同的能量级，当它从高能级的材料向低能级的材料运动时，便释放出多余的能量；反之，从低能级的材料向高能级的材料运动时，需要从外界吸收能量。能量在交界面处以热的形式吸入或释放。热电偶测温的原理就是塞贝克效应，而珀尔帖效应则是热电制冷或称半导体制冷的原理。

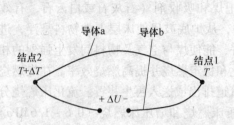 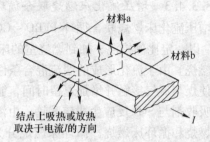

图 8-23　塞贝克效应的示意图　　　　图 8-24　珀尔帖效应的示意图

由于普通金属的热电效应很微弱，所以很长时期内没有引起重视。若不是热电偶的广泛应用，人们或许会忘了塞贝克效应和珀尔帖效应。红外成像技术为珀尔帖效应即热电制冷带来了曙光。直到 20 世纪 80 年代，红外热成像仪还扛着一个硕大的液氮罐。直到 20 世纪 80 年代，红外热成像仪还依靠液氮产生低温背景，因而需要扛一个硕大的液氮罐。热电制冷取代液氮提供低温背景，具有体积小、重量轻、便于移动的优点，而近 30 年热电制冷材料的发展也为塞贝克温差发电带来了福音。

热电材料的理想特性一般要求，内阻较低以减少内部电流产生的损耗（发热）；较低的导热系数（热导率）以减少从高温端向低温端的热传导；较高的热电动势（开路）。大多数物质的热电动势只有几微伏每度温差，不适宜作为热电材料。最适合的材料是半导体材料，如碲化铅、锗硅合金、碲化锗，等等。

热电转换器也是一种热机，它从高温热源吸热，向低温热源放热，并将部分热转换成为电功。因此它的理论最高效率仍然是卡诺循环效率。由于各种损失的存在，热电转换器的效率与卡诺循环限制相去甚远。理论分析表明热电转换器的效率能够大于 10%，但实际建成装置的效率大都远低于这个值。随着半导体材料的发展，热电转换器的效率接近 20% 是个合理的目标。至于应用，可在非洲偏远地区用油灯的余热为收音机供电，可在海洋上用海水温差驱动声纳浮标。

8.4.2　燃料电池

燃料电池与普通电池一样是一个电化学装置，是由正负两个电极以及电解质组成。与普通电池不同的是它不消耗自身电极，而是在电极处注入燃料和氧化剂，因而其容量不受限制，原则上可以连续工作，输出电能。由于燃料和氧化剂的存在状态不同，燃料电池组件和结构有很大的不同。一般除了电池单元以外，还包括反应剂供给系统、排热系统、排水系统、电性能控制系统及安全装置等。

燃料电池研发本着由简到繁的步骤，其燃料按照氢气、甲烷、天然气、城市煤气的顺序依次纳入研发行列，液态的燃料有甲醇等。氧化剂最初采用纯氧，现在主要用普通空气。有报道说 2014 年美国科学家开发出一种直接以生物质为原料的低温燃料电池。这种燃料电池只需借助太阳能或废热就能将稻草、锯末、藻类甚至有机肥料转化为电能。但目前有商业价值的仅有氢燃料电池和甲醇燃料电池。天然气等燃料能够规模化运行，只是维护成本过高。

表 8-3 为部分燃料电池类型。

表 8-3　燃料电池的部分类型

简称	燃料电池类型	电解质	工作温度/℃	电化学效率/%	燃料、氧化剂	功率输出
AFC	碱性燃料电池	氢氧化钾溶液	室温 - 90	60 ~ 70	氢气、氧气	300W ~ 5kW
PEMFC	质子交换膜燃料电池	质子交换膜	室温 - 80	40 ~ 60	氢气、氧气（或空气）	1kW
PAFC	磷酸燃料电池	磷酸	160 ~ 220	55	天然气、沼气、双氧水、空气	200kW
MCFC	熔融碳酸盐燃料电池	碱金属碳酸盐熔融混合物	620 ~ 660	65	天然气、沼气、煤气、双氧水、空气	2 ~ 10MW
SOFC	固体氧化物燃料电池	氧离子导电陶瓷	800 ~ 1000	60 ~ 65	天然气、沼气、煤气、双氧水、空气	100kW

由于燃料电池的原理系经由化学能直接转换为电能，没有燃烧过程摆脱不掉的不完全燃烧损失，也不经过热能转换，因而转换效率较高。不考虑燃料制备过程，现今利用碳氢燃料的发电系统转换效率可达 40% ~ 50%；直接使用氢气的系统效率更可超过 50%，约为车用内燃机的 3 倍以上。发电设施若与燃气涡轮机并用，则整体效率可超过 60%；若再将电池排放的废热加以回收利用，则燃料能量的利用率可超过 85%。燃料电池反应比较彻底，中间产物极少，尤其不存在高温合成物质，只排放水和二氧化碳，因而环境友好性极佳。

燃料电池的劣势也极为明显：如果考虑燃料制备与存储，则其效率与环保性就要大打折扣，或许还不如常规的能源利用系统。燃料电池中的质子交换隔膜、铂触媒、高温超薄绝缘隔热材料等价格昂贵，燃料制备与存储也所费不菲。此外，可靠性也是目前燃料电池的短板。燃料电池在常规固定式能源供给系统没有任何竞争优势，目前仅能在交通工具以及一些特殊场合应用。

燃料电池中反应热以及内电阻热导致相当大的废热损失。MCFC 和 SOFC 通常具有高温废热利用而能量转换效率较高。AFC、PEMFC 和 PAFC 工作温度较低，在交通工具上供热负荷很小，因而能量转换效率较低。可以考虑开发配套的低沸点工质循环（ORC）装置来利用其余热。

复习思考题与习题

8-1　分析动力循环的方法有哪些？这些方法如何分类？各种分析方法的特点是什么？能够说明动力循环的哪些性质？

8-2　动力循环的热经济性指标有哪些？各自的物理意义或者实际工程上的意义是什么？

8-3　比较气体动力循环和蒸汽动力循环的主要特点。各有什么优劣？是否可以取长补短？

8－4　混合加热活塞式内燃动力理论循环中 λ_p 和 ρ 的关系如何？热效率如何随 λ_p 和 ρ 变化？试就同一最大压力、同一压缩比和同一作功量分别讨论各种活塞式内燃动力理论循环的热效率变化规律。

8－5　动力循环中，什么是再热？有什么作用？

8－6　动力循环中，什么是回热？有什么作用？

8－7　分级压缩中间冷却与分级膨胀中间加热为什么必须配合采取回热措施？

8－8　现代航空发动机大都采用燃气轮机装置（或称为涡轮机装置），具体分为涡喷、涡桨、涡扇和涡轴等几种类型，请在网上查询它们的各自特征是什么？各适用什么样的航空器？

8－9　从燃料到动力输出，蒸汽动力循环经过哪些环节？在实际工程中各个环节是否有转换传输损失？各环节损失的能量与作功能力是否一致？整机的能量损失与作功能力损失是否一致？

8－10　哪些因素导致蒸汽动力循环的再热次数受到限制？

8－11　为什么机组的初参数与机组的功率要相互配合？试设想如果必须采用参数较高的小功率机组，应该提升什么方面的具体的技术要求？

8－12　什么是联合循环？联合循环的优点是什么？

8－13　为什么热电联产能节约能源？

8－14　热电联产从几个方面可以改善环境？

8－15　焦化工业中干熄焦技术采用高压氮气回收焦炭显热，用于推动气轮机作功。作完功的氮气经冷却压缩重新利用。请分析可否让高压氮气进入气缸推动活塞运动以作功？

8－16　蒸汽机是第一次工业革命的标志。请在网上查询蒸汽机的工作原理，分析它为什么效率不高从而被淘汰。内燃机是仿照蒸汽机的汽缸－活塞原理发明的吗？为什么内燃机的效率很高？

8－17　热电联产对外供出热、电两类产品，需要分别计算它们的生产成本。仅考虑比较简单的背压式机组，如果完全按照热力学第一定律热量平衡计算的结果来分摊成本会导致什么结果？如果完全按照㶲平衡计算的结果来分摊成本又会导致什么结果？

8－18　燃料电池的原理系由化学能直接转换为电能，没有通常的热力循环，是否要服从热力学第二定律？是否要服从卡诺定理？

8－19　如图 8－25 所示可逆的热力循环，空气在 1—2 的绝热压缩过程中的压缩比为 20，定容过程加热量为 250kJ/kg，定压过程加热量也为 250kJ/kg，4—5 过程为绝热作功过程，已知 $p_1 = 0.1$MPa、$t_1 = 27℃$，求其热效率，再计算同温度范围的卡诺循环热效率，比较两者的差别。

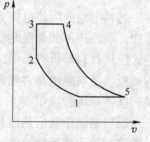

图 8－25　8－19 题图

8－20　某柴油机混合加热理想循环压缩开始的压力为 0.17MPa，排气压力是 0.398MPa，比体积是 0.562m³/kg，温度为 779K，设排气性质与空气完全相同，环境温度 20℃，大气压力 0.1MPa。以排气驱动涡轮机，以涡轮机带动压气机为柴油机供气，求涡轮机的理论功率，压气机的理论排气温度、比体积和压力，如果柴油机直接从大气进气，进气的密度是多大？目前的进气密度是多少？

8－21　某燃气轮机装置定压加热实际循环，其工质视为空气。工质进入压气机时，温度 $T_1 = 300$K，压力 $p_1 = 0.1$MPa，循环增压比 $\pi = \dfrac{p_2'}{p_1} = 6$，涡轮进口工质温度 $T_3 = 1000$K，压气机效率 $\eta_c = 0.82$，涡轮效率 $\eta_t = 0.85$。试分析该实际循环的加热量、放热量、循环功与循环效率 η_i。

8－22　已知一个热力循环由五个过程组成，依次是绝热压缩、定容加热、定压加热、绝热膨胀和定容放热过程，循环工质为空气，压缩前工质的状态为 0.17MPa、60℃，压缩后的压力为 7.18MPa，循环的最高压力为 10.3MPa，排气开始时的压力为 0.398MPa，求循环的热效率。

8－23　如图 8－26 所示可逆的热力循环 12341，空气在 1—2 的绝热压缩过程中的压缩比为 12，初始参数

为 $p_1 = 0.08\text{MPa}$、$t_1 = 27℃$、$V_1 = 1.6 \times 10^{-3}\text{m}^3$，定容过程 2—3
的最高温度为 1500℃，4—5 过程为绝热作功过程，每分钟进行
2500 次循环，请计算其热效率和净输出功率。如果让在气缸中
作完功的空气不立即定容排放，而是引入涡轮机继续膨胀作功
至 0.12MPa，请计算其作功量和功率。

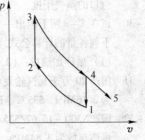

图 8 - 26　8 - 23 题图

8 - 24　某市 1 月某日气温 −10℃。假定此时大气压力为 0.1MPa，欲通
过可逆绝热压缩将空气温度提高到 90℃，求空气的终态压力与
比技术功。如果实际耗功量比理论耗功量多 35%，压缩终了压
力不变，求压缩终了的温度。实际工程中，让此压缩空气放热降
温到 50℃，由于阻力影响压力降为 0.3MPa，求压缩空气的放热量。将压缩空气向室外排放，其
间用涡轮机回收部分机械能。涡轮机出口压力 0.12MPa，求理论回收功量和出口温度。如果实际
输出功量仅为理论量的 90%，出口温度又是多少？循环净耗功量是多少？

8 - 25　如图 8 - 27 所示，空气连续进行四个过程，分别是定温压缩过程、定压吸热过程、绝热膨胀过程
和定容放热过程。所有的过程都是可逆的。已知：$p_1 = 0.1\text{MPa}$，$T_1 = 300\text{K}$，$p_2 = 5\text{MPa}$，$T_3 = 2300\text{K}$。需要解决的问题是：（1）在 $p - v$ 图上画出循环；（2）求吸热过程的吸热量；（3）求总
的对外作功量；（4）求各点的基本状态参数。

8 - 26　某涡喷发动机进气压力为 0.8MPa、温度为 −20℃。压气机增压比为 14。涡轮进口温度为 1500K，
涡轮机作功全部用于压气机。离开涡轮机的燃气进入尾喷管膨胀，出口外大气状态与压气机进口
相同，求燃气从尾喷管喷出的速度。

8 - 27　冲压发动机是一款既无压气机也无涡轮的燃气轮机装置（按说不能叫"轮机"了），它在高速
（$1.5 \sim 2Ma$）下启动，高速气流通过扩压管状进气道被压缩成高压后喷入燃料燃烧，所形成的高
温气体直接从尾喷管喷出。显然，冲压发动机结构简单，重量轻，工作温度不受叶片性能限制，
所以能够达到 $Ma = 8 \sim 10$ 的高速。假定大气状态为 0.8MPa、−20℃，发动机燃料为甲烷（1kg
甲烷完全燃烧所放出的热量为 50000kJ），冲压发动机处于稳定工作状态，飞行速度 8Ma，所有热
力过程均为理想可逆过程，求该发动机的热效率。

8 - 28　有一过热的理想朗肯循环（如图 8 - 28 所示）。其汽轮机的进汽压力 $p_1 = 3000\text{kPa}$，进汽温度 $t_1 = 500℃$，冷凝压力 $p_2 = 10\text{kPa}$，试求：

（1）乏汽的干度 x_2；

（2）每千克蒸汽在汽轮机中的作功量 w_i；

（3）理想朗肯循环的热效率 η_t。

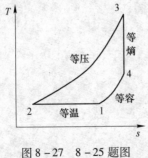

图 8 - 27　8 - 25 题图

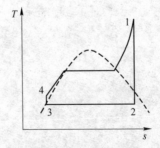

图 8 - 28　8 - 28 题图

8 - 29　某蒸气动力厂按朗肯循环工作，汽轮机每小时进汽量为 60t，蒸气参数为 $p_1 = 3\text{MPa}$、$t_1 = 450℃$，
排汽压力 $p_2 = 0.005\text{MPa}$，汽轮机的相对内效率 $\eta_I = 82\%$，略去水泵功。试求：（1）循环热效率
η_t；（2）每千克蒸气在汽轮机中产生的内部功 P_i；（3）汽轮机发出的内功率 w_i；（4）汽轮机排

汽口的蒸气干度。

8-30 试在 $T-s$ 图上画出一个具有一级回热、一次再过热的蒸汽动力循环,并根据图上所标字母写出下列各量的计算公式(忽略泵功):

(1) 循环加热量;(2) 循环作功量;(3) 循环热效率;(4) 理想汽耗率;(5) 抽汽量。

8-31 国产 20 万千瓦汽轮发电机组的新蒸汽参数为 13.24MPa、535℃,排汽参数为 5200Pa,再热参数为 2.16MPa、535℃。试求再热循环的循环热效率 η_t。

8-32 国产 N300-16.67/535/535 型汽轮发电机组新蒸汽参数为 16.67MPa、535℃,排汽参数为 4900Pa,再热参数为 3.84MPa、535℃。试求再热循环的循环热效率 η_t。

8-33 具有一级混合回热加热(忽略回热抽汽与给水之间的压力差,直接混合加热)的蒸汽动力循环,新蒸汽压力为 18MPa,温度 600℃,回热器出口温度为 300℃,回热器端差(回热抽汽饱和温度与回热器出口温度之差)为 0℃,排汽压力 0.005MPa。问题:(1) 新蒸汽的焓是多少?(2) 回热抽汽压力、温度和焓是多少?(3) 排汽焓是多少?(4) 回热抽汽率是多少?(5) 回热抽汽循环的热效率是多少?(6) 如果没有回热,循环热效率又是多少?(7) 水泵耗功为多少?

8-34 进入 21 世纪后,超临界机组成为热力发电厂的首选装备。某超超临界机组的汽轮机参数为 34.5MPa/649℃/649℃/649℃,假定再热压力为 10.35MPa 和 2.07MPa,排汽参数为 0.005MPa,试求该机组的理论热效率。如果该机组仅有一次再热,除了热效率低一些以外还会有什么坏处?

8-35 一个以水蒸气为工质的背压式蒸气再热动力循环装置的蒸气初参数为 $p_1=17.0MPa$,$T_1=580℃$,再热压力为 $p_2=8MPa$,$T_2=580℃$,排汽压力为 $p=0.2MPa$,排汽向供热热媒放热后凝结成为水,压力不变,回到锅炉继续循环。装置输出功率为 300MW,每年运行 8000h,试求其年发电量和不考虑供热收益的发电热效率。

8-36 某再热机组新蒸汽参数为 17MPa、550℃,排汽参数为 5000Pa,再热温度为 540℃。试求再热压力分别为 4.5MPa、4.0MPa、3.5MPa、3.0MPa 时热力循环的热效率并予以比较。

凌人掌冰正，岁十有二月，令斩冰，三其凌。春始治鉴。凡外内饔之膳羞，鉴焉。凡酒浆之酒醴，亦如之。祭祀，共冰鉴。宾客，共冰。大丧，共夷槃冰。夏，颁冰掌事，秋，刷。

——周礼·天官冢宰第一

9　制冷循环

9.1　制冷与热泵

在第 5 章中已经指出按照卡诺循环相同的过程，但以相反的方向进行的循环，叫做逆向卡诺循环。它的一切均与卡诺循环相反，因而它消耗外功 w_0，从低温热源吸热 q_2，向高温热源放热 q_1。它以消耗外功 w_0 为代价，达到制冷 q_2 的目的，不违反热力学第二定律（克劳修斯说法：热不可能自发地，不付代价地从低温物体传向高温物体）。评价逆向循环（制冷循环）的指标是制冷系数（或性能系数 COP, coefficient of performance），

$$\varepsilon = \frac{|q_2|}{|w_0|}$$

对于逆向卡诺循环，

$$\varepsilon_c = \frac{|q_2|}{|w_0|} = \frac{|q_2|}{|q_1| - |q_2|} = \frac{T_2}{T_1 - T_2}$$

逆向卡诺循环也是逆向循环性能研究的准绳。

制冷技术是为了适应人们对低温条件的需要而产生和发展起来的。生活中，人们需要冷量以保持食物新鲜和室内环境舒适。现代生产则更为广泛地应用着制冷技术。在沈阳故宫，陈列着一台古老的冰箱（图 9-1），它是一个带有夹层的箱子，使用时将冰放在夹层中，被冷却的食物放入箱内。至于冰，是三九天在浑河凿取的，储存在地下挖的冰窖里。这种方法显然很笨拙，不如现代家家户户都有的电冰箱方便。但是，在日益重视资源节约、生态平衡、环境保护和可持续发展的今天，这种充分利用自然冷源（也是一种资源）的思想重新被学术界关注起来。

用人工的方法在一定时间和一定空间内将特定物体或流体的温度降到环境温度以下，并保持这个低温，是为制冷（refrigeration）。专门用于制冷的全部设备就是制冷机（refrigerator）。

图 9-1　沈阳故宫里的老冰箱

按照所达到的温度范围，制冷分为普通制冷（普冷），120K 以上；深度制冷（深冷），120～20K；低温制冷，20～0.3K；超低温制冷，0.3K 以下。

制冷就是将热量从低温处（如电冰箱的冷冻室）向高温处（如电冰箱外边的空气——环境）传递的过程。如果将热量从温度较低的环境（如冬季的室外）向温度较高的用热处（如冬季的室内）传递，显然完全可以采用与制冷同样的方法。这时人们需要的是"热"，而不是"冷"，于是就称之为热泵（heat pump）。评价热泵性能的经济性指标是热泵系数（供热系数，也称为性能系数 COP）：

$$\varepsilon_t = \frac{|q_1|}{|w_0|} \tag{9-1}$$

制冷和热泵的基本热力学原理是按照热力学第二定律的克劳修斯说法，付出代价将热量从低温物体传向高温物体。制冷和热泵的具体工作原理有许多种，分别执行不同的逆向循环，所有这些逆向循环的性能系数都小于逆向卡诺循环。它们包括：蒸气压缩制冷循环、空气压缩制冷循环、蒸气喷射式制冷循环、吸收式制冷循环、吸附式制冷循环、热电制冷循环、气体涡流制冷循环、绝热去磁制冷循环，等等（虽称制冷循环，均可作为热泵循环。下面以讲制冷为主，暂不提热泵）。

制冷产品的正式标识必须采用国家法定计量单位 SI 制，一般是标定工况下的制冷量。出于历史习惯，制冷装置的制冷量在工程上有时以"冷吨"表示，1 冷吨定义为 1000kg 0℃的饱和水在 24h 内被冷冻为 0℃的冰所需要的制冷量，约等于 3.86kW（美国特殊，1 冷吨 = 3.517kW）。在目前国内购买空调时常使用"匹"做制冷量的单位，是指空调机输入电功率的马力数（1 马力等于 735W），由于设备性能和使用环境的不同，所对应的实际制冷量大概在（2000±300）W。

9.2　相　变　制　冷

组成物质的粒子具有相互作用，对应存在相互作用势能。相变时，相互作用发生变化导致相互作用势能增加或减少，宏观表现为相变潜热的吸收或释放。最常见的相变是物质凝聚态相变——气液固三相之间的相变。相变潜热远大于物质温度变化所吸收或放出的显热。例如 5℃时 1kg 水温度升高 1℃所吸收的热能大约是 4.187kJ，而 5℃时 1kg 水汽化所吸收的热能约为 2489kJ。因此，利用工质在低温处相变吸热来制冷，具有单位质量工质制冷量大的优点。且制冷负荷一定时，设备体积和重量较小。由于工质需要具有流动性，所以大都选择气液相变。但是在某些特定场合，其他类型的相变（包括固体相变）也可以用来制冷。如顺磁盐在磁场中的相变等。常见的相变制冷方式有蒸气压缩制冷、吸收式制冷、吸附式制冷、蒸气喷射式制冷等。

9.2.1　蒸气压缩制冷循环

目前应用最普遍的制冷方式是蒸气压缩制冷（the vapor-compression refrigeration cycles）。它采用低沸点工质❶作为制冷剂，经过蒸发、压缩、冷凝和膨胀四个过程，实现制

---

❶ 指沸点（一个大气压力下沸腾的温度点）与水相比比较低的工质。它们在制冷机的工作温度范围内不会凝结成固体，工作压力在 0.1～2.5MPa 上下，既不会出现高真空，也不会出现超高压。

冷（图 9 - 2）。

（1）蒸发。较低温度和压力的液体制冷剂在蒸发器中吸热蒸发气化，蒸发器放置在制冷空间内或者让被冷却流体流过蒸发器。（2）压缩。低温低压制冷剂气体进入压缩机被绝热压缩，气体被压缩后温度和压力均升高。当气体温度升高到所需要的温度（高于环境温度。用作热泵向室内供热时，则需要高于室内温度）时，从压缩机排向冷凝器。（3）冷凝。高温高压制冷剂气体在冷凝器里凝结成液体同时放热。热量被环境中的空气或水带走（制冷机），或者传递给室内空气（采暖用热泵）。（4）膨胀。离开冷凝器的制冷剂压力温度仍然较高，但已经是液态，将之在膨胀机构中绝热膨胀（这个过程与压缩过程相反），其温度和压力就都会降低到蒸发开始前的状态，再进入蒸发器继续新一轮循环。膨胀机构可以是膨胀机或者膨胀阀，前者目前技术上还存在一定的困难，所以都采用后者。但膨胀阀会产生较大的节流损失。

蒸气压缩制冷循环是朗肯循环的逆循环（图 9 - 3）。有差异的是 $a43b$ 过程改为 $a→b$ 直接节流，其好处是免去 $a4$ 段降温放热，使 $1a$ 段放热温度整体下移，降低了循环最高压力和最高温度，提高了循环的经济性（COP）。该循环的制冷系数为：

$$\varepsilon = \frac{|q_2|}{|w_0|} = \frac{h_2 - h_b}{h_1 - h_2} = \frac{h_2 - h_a}{h_1 - h_2} \tag{9-2}$$

式中，h 为各状态点的焓。式（9 - 2）使用了关系式 $h_a = h_b$，这是节流过程的特征公式。

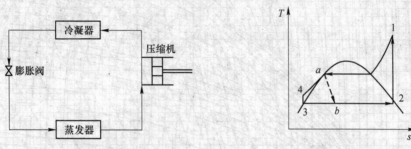

图 9 - 2　蒸气压缩制冷循环　　　　图 9 - 3　朗肯循环的逆循环

蒸气压缩制冷循环利用气液相变潜热吸放热，具有单位质量工质制冷能力大的特点。相变过程是等温过程，可有效地控制循环的最高温度和最低温度，从而使循环具有较大的制冷系数。另外，由于低沸点介质种类繁多，可以针对各种制冷或热泵工况选择工质，因而具有较大的灵活性和适应性。

制冷机的膨胀过程是从饱和液体状态开始，膨胀终了状态是大部分为液体的气液两相混合物。涡轮机适用于气体工质的膨胀，水轮机适用于纯液体工质的膨胀，它们用于气液两相流动膨胀会发生水击、气蚀等问题，所以制冷循环中仍采用膨胀阀的节流膨胀，相应也产生了很大的节流损失，使可能回收的膨胀功被放弃，导致循环净功增大，膨胀功耗散为热使蒸发过程吸热量（即制冷量）减少，于是 COP 遭到了双重减值。由于制冷工程规模的增大，这部分损失越来越具有潜在的利用价值。人们一直没有放弃制造适用于高液比气液两相流动的膨胀机，按螺杆压缩机、涡旋压缩机逆运行方式开发的螺杆膨胀机、涡旋膨胀机可能具有良好的前景，值得关注。

制冷工程习惯用来进行循环分析的往往是压焓图（$p - h$ 图，图 9 - 4），其中纵坐标

（p 坐标）一般采用对数分割，所以往往被称为 $\lg p - h$ 图。由于单位质量制冷剂循环的各个过程中功和热量的变化均可以用比焓的变化来计算，而 $p - h$ 图中，比焓变化值比较清晰，容易读出。图 9-5 是制冷剂 R134a 的 $p - h$ 图。

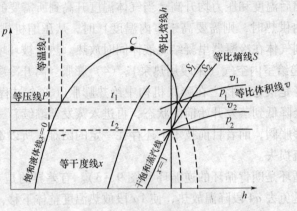

图 9-4　$p - h$ 图

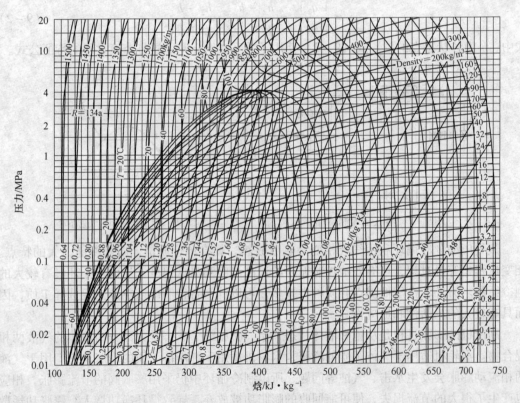

图 9-5　制冷剂 R134a 的 $p - h$ 图

图中纵横坐标的平行线分别为等比焓线和等压线。等温线为 S 形曲线，其中在液相区几乎为垂直线，进入两相区后为与等压线重合的水平线，进入过热蒸气区向右下方弯曲进而过渡成近乎垂直线。液相等温线、过热蒸气等温线与两相区等压等温折角相交处连接成相界线。同时两线还是 $x = 0$ 和 $x = 1$ 的等干度线。两线之间由临界点向下偏左引出若干条等干度线。比较陡峭的右上左下倾斜的实线是等熵线，比较平缓的右上左下倾斜的弯曲虚线是等体积线。

【例 9 – 1】 蒸发温度为 – 20℃，冷凝温度为 40℃，计算以 HFC134a 为工质的蒸气压缩制冷理论循环的性能系数（COP）。若蒸发温度为 5℃ 呢？

解：在 R134a 的 $p-h$ 图上标识出蒸气压缩制冷理论循环的各个过程（图 9 – 6），其中，1—2 为压缩过程，2—3 为冷凝过程，3—4 为膨胀阀节流过程，4—1 为蒸发器内工质蒸发制冷过程。

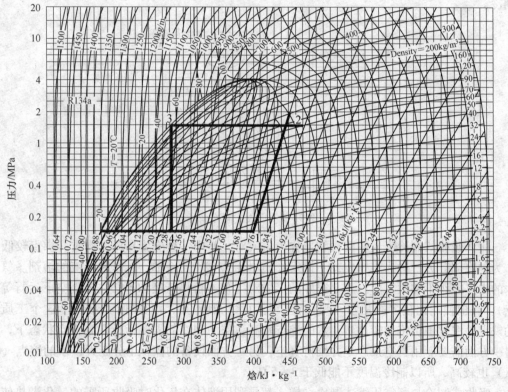

图 9 – 6　例 9 – 1 图

可以查得：$h_1 = 396\text{kJ/kg}$，$h_2 = 437\text{kJ/kg}$，$h_4 = h_3 = 263\text{kJ/kg}$

$$COP = \frac{h_1 - h_4}{h_2 - h_1} = \frac{396 - 263}{437 - 396} = 3.244$$

若蒸发温度为 5℃，可以查得：$h_1 = 407\text{kJ/kg}$，$h_2 = 428\text{kJ/kg}$，$h_4 = h_3 = 263\text{kJ/kg}$

$$COP = \frac{h_1 - h_4}{h_2 - h_1} = \frac{407 - 263}{428 - 407} = 6.857$$

蒸气压缩制冷理论循环没有考虑传热温差、蒸发器出口蒸气过热、冷凝器出口液体过冷、散热散冷损失以及沿程阻力损失和局部阻力损失，等等，与实际循环有较大偏差。但理论循环抛开前面这些因素影响，充分反映了循环本身与理想循环（可逆逆向卡诺循环）相比的完善程度，意义很重要。制冷界长期热衷于斯特林循环就是因为其理论循环十分完善，达到了与理想循环相同的程度。理论循环还可以用来对制冷剂在各种工况（工作状况）下的适宜性或制冷机性能的先进性进行评价。

9.2.2　吸收式制冷循环

图9-7所示为吸收式制冷循环的设备流程示意图。它利用溶质在溶液中的溶解度随温度变化的特性，使作为制冷剂的溶质在较低的温度和压力下被吸收剂（一般是稀溶液）吸收，生成浓溶液。浓溶液经泵提升压力后，在较高温度热源的加热下，蒸发分离出原来被吸收的溶质，溶质再进入冷凝器冷凝成液体，经节流阀降压降温后，进入蒸发器吸热气化，同时制冷。如我们可以氨为制冷剂（溶质），氨的水溶液作为吸收剂来进行氨吸收式制冷。

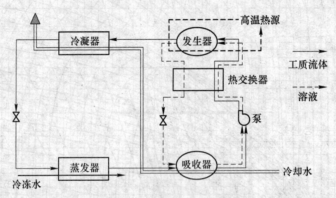

图9-7　吸收式制冷循环

用作吸收式制冷工质的两种物质称为工质对，其中一种应为易挥发物质（沸点较低），作为制冷剂，另一种为难挥发或不挥发物质（沸点较高或很高），作为溶液的溶剂。氨-水的沸点差距不够大，所以不是很好的工质对（但有价格低廉和不必在高真空下运行等优点）。目前使用比较多的是水-溴化锂，其中水为制冷剂，溴化锂为溶剂❶。这个工质对的缺点是溴化锂价格比较昂贵；水的沸点较高，作为制冷剂需要运行在高真空状态下，使得一方面需要专用真空泵产生并维持真空，另一方面设备的体积十分庞大；水的熔点（冰点）也较高，所以制冷温度不能低于3~5℃。

吸收式制冷与蒸气压缩式制冷一样，都是利用液体在气化时吸收所需的气化潜热使被冷却对象降温。不同点在于，蒸气压缩式制冷依靠机械能驱动压缩机作为代价，将热能从低温处转移到高温处，而吸收式制冷则是靠消耗温度较高的热能（发生过程，但只要几十摄氏度即可）来完成这种非自发过程的。与蒸气压缩式相比，吸收式并不能节能，但由于它可以充分利用低品位的热能，特别适合有工业余热和电厂余热可以利用的场合，也可直接利用太阳能、地热能等，适合应用于热电冷联产工程中作为热制冷装置。所以，吸收式制冷技术在工业企业余热利用，减少余热资源的浪费，降低其对环境的影响方面具有重要意义。使用高品质热能来驱动吸收式制冷机则是非常不合理的，如许多厂商生产了直接燃用轻油（柴油）或天然气的溴化锂吸收式制冷机（如所谓的远大直燃机），它的能源利用

---

❶　此处显然很别扭。我们习惯将水作为溶剂，其他物质作为溶质，这里反了。另外常温常压下溴化锂是晶体，与盐类似，呈淡黄色，称之为溶剂有点违反常规。这样叙述完全是为了和前面的氨吸收式制冷统一。如果单独对水-溴化锂吸收式制冷进行叙述，应当这样表述：溶剂水作为制冷剂在低温低压下被作为吸收剂的浓的溴化锂水溶液吸收变成稀溶液，然后泵入高压处被加热，原先被吸收的水蒸发出来，依次进入冷凝器、节流阀和蒸发器制冷，完成循环。

率、初投资和运行成本都要比柴油机拖动压缩式制冷高出许多。

9.2.3　气流引射式制冷循环

　　气流引射式制冷利用喷射器或引射器代替压缩机来实现对制冷剂蒸气的压缩，消耗的是较高压力的气体或蒸气的作功能力。制冷温度在 3℃ 以上时，可以采用 0.3～1.0MPa 的水蒸气作为动力（最佳压力约 0.7MPa），并采用水为制冷剂，称为蒸汽喷射式制冷。

　　图 9-8 所示是蒸汽喷射式制冷装置的示意图。喷射器由一个小拉伐尔喷管和一个大扩压管组成。作为动力的高压蒸汽在喷管里降压增速，出口速度可达数倍音速。喷管出口周围充满由蒸发器出来的水蒸气，靠高速动力蒸气流的摩擦卷吸作用，这些水蒸气被逐渐加速混入高速动力蒸气流中。然后，流量变大、速度有所降低的高速气流在扩压管中降速增压，实现了对制冷剂蒸汽的压缩。

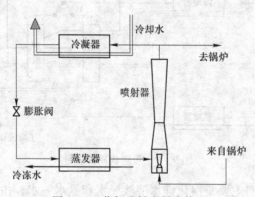

图 9-8　蒸气喷射式制冷装置

　　这种制冷方式的优点是：设备结构、制造技术都很简单；整个装置几乎没有运动部件，运行十分可靠，不需要备用且使用寿命长；内部工质流速极快，因而流量极大，制冷能力很大；几乎所有设备都是筒式结构，金属消耗量少，制造成本很低；工质是普通的软化水，价格低廉；除了少量水泵耗功以外，只需要一些水蒸气（这里说是高压动力蒸汽，实际上在工业中 0.7MPa 的水蒸气是归为低压蒸气的）；操作简单，维修和管理工作少（可以不设专职管理人员）；尽管是高真空设备，但喷射器本身就有抽真空的能力所以不需要专用真空泵，由于工质流速极快，所以相对于制冷能力其设备体积并不十分巨大（与溴化锂吸收式制冷不同）；除了噪声外，没有其他任何污染。

　　该制冷方式的缺点也很明显：喷射器内的高速气流会产生非常强烈的气动噪声，对周边环境影响很大；两种速度差别极大的气流进行混合，会产生相当大的作功能力损失，能量利用系数较低，冷却水消耗量也比较大；为了防止水结冰，制冷温度不能低于 3～5℃。

　　由于噪声的原因，一段时间里人们不再使用蒸汽喷射式制冷机。现在，人们重新对它产生了兴趣，尤其在现代计算机技术的帮助下，学者开始对引射过程的流体流动、混合和能量转换规律进行深入的分析，利用数控加工技术制造喷嘴和扩压管。这些措施的采用可使喷射器的气动噪声降低一多半，达到 70dB 左右，同时由于气动噪声引起的作功能力损失也大大降低，进而提高了它的能量利用系数（声能也是能量的一种形式）。

　　学术界还在研究以低沸点工质作为喷射介质的蒸气喷射式制冷机或热泵，以期用来进行低于水的冰点（0℃）的制冷（如利用低谷电制冰储能）或将低温余热升温回收利用。这种装置的工作原理还可以用于海水淡化和污水中水资源回收。

9.2.4　吸附式制冷

　　吸附式制冷类似于吸收式制冷，也是以热能为补偿动力的制冷方法，可以利用余热资源制冷。固体吸附剂往往在较高温度下吸附制冷剂气体的能力弱，而较低温度下吸附制冷剂气体的能力强，可以在冷却时吸附气体，加热时解吸，从而把制冷剂气体自低温处输运到高温处。由于固体吸附剂不能流动，所以连续工作的吸附式制冷机需要两组以上固体吸附剂交替吸附和解吸（图9-9）。不连续工作的吸附式制冷机可以采用单吸附器的方案。

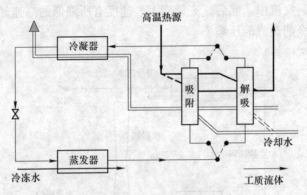

图9-9　吸附式制冷循环

　　吸收式制冷的工质对主要是溴化锂水溶液－水和氨水－水，由于水的存在使得吸收式制冷机无法制取0℃以下的冷量。吸附式制冷如采用氨等低沸点工质作为工质，就不存在0℃的限制。吸附式制冷维持真空也比吸收式制冷容易。

　　吸附剂吸附制冷剂的机理分为物理吸附和化学吸附两类。物理吸附一般是具有大量微细孔洞的固体吸附剂依靠微孔的毛细力吸附制冷剂气体，加热可以提高制冷剂气体热运动的剧烈程度，导致气体克服毛细力的束缚而解吸。已经研究过的物理吸附工质对有沸石－水、硅胶－水、活性炭－甲醇、金属氢化物－氢，等等。

　　化学吸附中的固体吸附剂与制冷剂气体在低温下能发生化合或合成、聚合、络合等类型的反应，温度升高后合成物分解释放出制冷剂气体。如氯化物（$BaCl_2$、$NiCl$ 等）与氨的反应体系。

　　不论是物理吸附还是化学吸附，固体吸附剂的吸附能力随着吸附次数的增加而逐渐下降，主要原因是微孔逐渐堵塞导致活性下降，因此固体吸附剂需要定期采取焙烧、化学清洗等方法进行处理以恢复其反应活性，这被称为再生。

9.2.5　绝热去磁制冷

　　原子的磁性来源于核子磁性和电子磁性的叠加。原子核磁性仅为电子磁性的1/2000或更低，讨论宏观磁性时大都予以忽略。粒子磁性的强弱用磁矩表示，电子的磁矩有两个部分：电子自旋磁矩和电子轨道磁矩。原子中成对的电子因自旋磁矩和轨道磁矩方向相反而相互抵消，叠加磁矩为零。成单的电子磁矩不能抵消，少量成对电子也会因种种原因不能完全抵消，留下残余磁矩。由这些原子组成的物质称为磁性物质。叠加磁矩为零的原子组成的（非磁性）物质在外加磁场作用下，会在磁场相反方向出现电子轨道磁矩，导致磁化率（磁化强度与磁场强度之比）为负，这种性质称为抗磁性。显然，所有的物质都具有抗磁性。磁矩不为零的原子或分子往往处于无序的热运动状态，导致磁性抵消而宏观不呈现磁性。这类物质受外加磁场作用时，磁性原子或分子的磁矩会转向磁场方向，使得其磁化率为正。这类物质称为顺磁性物质。

把顺磁性物质加上强磁场使之磁化，其原子磁矩会排列成为一定程度上较为有序的状态。从无序到有序，物质的熵减少，会有多余的能量释放出来，可以用冷却介质带走这些能量。再将该顺磁性物质置于绝热条件下去掉强磁场，热运动会使较为整齐有序的原子磁矩排列重新变成混乱无序。这种过程需要能量，绝热条件使之只能以降低原子的热运动能量来补充，结果是该物质的温度降低。这就是顺磁性物质的绝热去磁制冷，也称绝热消磁制冷和绝热退磁制冷。

如果对原子核系统采取绝热去磁制冷，可以获得更低的温度。

最近十几年，高温磁制冷（80K～室温）成为部分磁物理学工作者的热门话题。1976年美国国家宇航局的 Brown 以金属钆为磁制冷工质在 7T 磁场下首先实现了制冷温差达80K 的室温磁制冷。在高温区，磁制冷需要利用铁磁性材料在居里温度附近等温去磁以获得大的磁熵变来进行制冷。高温磁制冷不能采用处于顺磁状态的磁性物质，因为其磁自旋的热激发能量 kT 较大，为了达到制冷所需的大熵变，要有极强的外加磁场。居里点附近的铁磁状态磁性物质，因其磁熵变率和磁温变率很大，而受到了关注。在高温下，磁性工质中晶格系统的热容量显著增大，卡诺循环的效应会被较大的晶格热容破坏，而磁埃里克森循环可以克服大晶格热容的影响。另外，卡诺循环的制冷温度幅度小，一般不到 10K，不适于高温制冷的要求，而磁埃里克森循环制冷温度幅度大，可达几十开，所以在高温区的磁制冷适宜选用磁埃里克森循环。

重稀土元素具有很大的磁矩，所以重稀土及其合金的磁热效应（magnetocaloric effect，或译为磁卡效应）都很强。其中 Gd 的居里温度是 293K，所以 Gd 及其合金受到很大的关注。Gd 及其合金中，$Gd_5Si_{4-x}Ge_x$ 系列合金的磁热效应峰值异常大，表现比较突出。过渡金属 R、Co、Ni 的磁热效应较强，但由于居里温度太高，难以实用。$Fe_{51}Rh_{49}$ 合金是较理想的磁制冷工质，磁热效应显著，居里温度为 308K。$Fe_{51}Rh_{49}$ 在较宽的温区都保持较高的磁熵变，这在已研究的材料中很少见，且它所需的工作磁场仅为 1～2T。钙钛矿氧化物质具有多种特异功能，在高温磁制冷方面可能具有极强的潜力。

9.3 气体膨胀制冷

9.3.1 空气绝热膨胀制冷循环

空气作为制冷剂具有容易获得、完全环境友好、无安全隐患、廉价等优势。由于空气定温加热和定温放热不易实现，所以不能按逆向卡诺循环运行。空气绝热膨胀制冷循环（或称为空气等熵膨胀制冷。对应于蒸气压缩制冷循环，也称为空气压缩制冷循环）是由两个定压过程和两个绝热过程组成的，正好与燃气轮机循环——布莱顿循环的方向相反，故称为逆向布莱顿循环（图9-10和图9-11）。

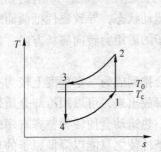

图9-10 空气绝热膨胀制冷循环

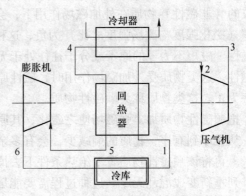

图9-11 回热式压缩空气制冷装置流程

空气绝热膨胀制冷的主要缺点：一是压缩终了温度 T_2 太高，膨胀结束的温度 T_4 太低，造成比较大的平均吸放热温差，使得其制冷系数较低。如当环境温度为20℃，制冷温度为 -20℃ 时，理论上逆向卡诺循环的制冷系数为6.33，蒸气压缩制冷循环的制冷系数约为3左右，而空气绝热膨胀制冷循环的制冷系数只有1.71。二是空气的比热容太小而比体积太大，导致单位制冷量空气流量巨大，相应设备庞大，不经济。

理论空气绝热膨胀制冷循环的 COP 表达式为：

$$COP = \frac{1}{\dfrac{T_2}{T_c} - 1} = \frac{1}{\pi^{\frac{k-1}{k}} - 1} \tag{9-3}$$

式中，$\pi = \dfrac{p_2}{p_c}$，称为循环增压比。式（9-3）表明，理论空气绝热膨胀制冷循环的 COP 与 π 成反比，而且单位制冷量越大（4—1过程吸热量），增压比越高，COP 越低。但是，如果单位制冷量过小，在实际循环中由于流动损失、传热损失以及设备利用率或单位设备成本等原因将使其经济性变得很差。

采用回热技术可以降低制冷循环增压比，虽然不能提高 COP，但可以大大降低设备投资和运行费用。在理想情况下，空气在回热器中的放热量（图9-12中面积 $45gk4$）恰等于被预热的空气在过程1—2中的吸热量（面积 $12nm1$）。工质自冷库吸取热量为面积 $61mg6$，排向外界环境的热量为面积 $34kn3$。这一循环效果显然与无回热的循环 $13'5'61$ 相同，所以它们的制冷系数也是相同的。但是循

环增压比 $\pi = \dfrac{p_3}{p_1}$ 要小于 $\dfrac{p_{3'}}{p_1}$，这为采用压力比不

宜很高的叶轮式压气机和膨胀机提供了可能。

空气绝热压缩和绝热膨胀导致压缩终点温度 T_2 太高和膨胀结束的温度 T_4 太低，进而使得其性能系数 COP 过低。所以，使空气按照接近于等温的多变过程进行压缩，可以大幅度降低 T_2，从而提高其 COP，使空气压缩制冷具有能与蒸气压缩制冷相竞争的能力。这应当不是

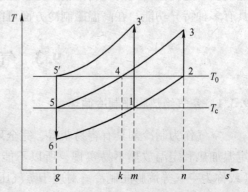

图9-12 回热式压缩空气制冷循环的 $T-s$ 图

很困难的，如采取空气湿压缩技术，即向压缩机中喷入雾化水，水汽化吸热，就可以实现降低压缩终温的目的。目前在燃气轮机装置循环中已经有人在进行理论和实验研究，以达到与 HAT(humid air turbine) 循环相类似的目的。据报道，当喷入 0.5% ~ 2% 水时，燃气轮机输出功率增加 7.5% ~ 14%，效率相对增加 3.5%。

9.3.2 气体节流膨胀制冷

气体绝热膨胀一般通过涡轮机进行，可以回收大量气体膨胀功。然而在空气分离工程等场合，涡轮机这类高速旋转机械不再适用。首先是缺乏在低温下仍能保持良好机械性能的材料来制造涡轮机，其次是没有合适的润滑剂为涡轮机提供润滑，再者此时气体膨胀过程往往进入气液两相区，也不适合涡轮机运行。

1852 年，焦耳和汤姆逊发现气体经节流后温度降低，产生了"焦耳 – 汤姆逊效应"。1895 年卡尔·林德利用"焦 – 汤效应"制成世界第一台 3L/h 高压空气液化装置并提出了"林德节流液化循环"。即采用绝热节流膨胀过程代替需要使用膨胀机的绝热膨胀过程实现降温降压的目的。

利用焦耳 – 汤姆逊效应进行节流膨胀制冷应当在节流冷效应区，而且应该选择焦耳 – 汤姆逊系数的绝对值 $|\mu_J|$ 较大的区域。一般地，最大转回温度约等于气体临界温度的 5 倍左右，大部分气体在常温下都处于冷效应区，但往往不在 $|\mu_J|$ 较大的区域，氢、氦、氖等气体临界温度很低，常温下处于热效应区，所以进行节流膨胀制冷大都需要预冷。

林德节流液化制冷循环是一种典型的绝热节流膨胀制冷循环。如图 9 – 13 所示，该循环由蒸发器（液化器）、回热器（逆流换热器）、压缩机、冷却器、节流阀等组成。气体从状态 A 在压缩机中绝热压缩后，压力、温度升高；经冷却器等压冷却至状态 B，其温度可等于、高于或低于 T_1，取决于冷却器的冷却能力和冷却介质的温度。由于工程上大都采用多级压缩和中间冷却，简要分析往往定义 A—B 过程为等温压缩。状态 B 的气体经逆流换热器冷却至状态 C，一般要求状态 C 的压力高于气体的临界压力，温度接近或略低于临界温度。然后气体进入节流阀节流膨胀，节流后气体呈气液两相混合状态 D，将其引入气液分离器即可获得液态气体 E，分离出来的气体 F 通过逆流换热器吸热升温，回复到状态 A 进入压缩机重新参与循环。如果把状态 D 的两相流体引入蒸发器，可以冷却其他物质，同时液体吸热气化到状态 F，再通过逆流换热器完成循环。

节流过程是高度的不可逆过程，具有很强的不可逆损失。实际的空气液化过程需综合利用各种手段，来提高其热经济性。

虽然林德的发明主要是为了液化气体，但是气体节流膨胀制冷的应用并不限于气体液化，所以节流效应也不一定非要进入气液两相区不可。由于组成简单，无低温运动部件，可靠性高，经济性与磁制冷等制冷相比有较大优势，气体节流膨胀制冷在 200K 以下具有独一无二的地位，且使用罐装压缩气体而没有

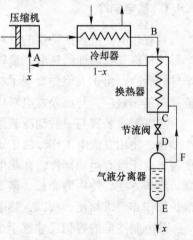

图 9 – 13 林德节流液化原理

压缩机的小型开式系统在军事、野外勘探等方面均有重要应用。

9.3.3 斯特林制冷循环

斯特林制冷循环是斯特林循环的逆循环（图9-14）。在图8-4所示的斯特林发动机中，加热膨胀气缸的热源温度如果低于冷却压缩气缸的冷源温度，就会在回热器中建立与发动机反向的温度梯度，进而实现反向的完美回热，压缩气缸耗功将大于膨胀气缸作功量，实现消耗机械能，把热能从低温处转移到高温处的目的。

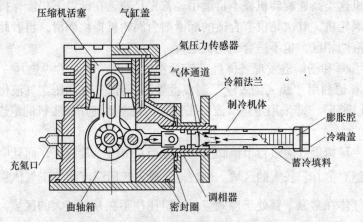

图9-14　整体式斯特林制冷机结构示意图

理想的斯特林制冷循环只有膨胀气缸的等温吸热和压缩气缸的等温放热，因而其性能系数等于同温度范围的逆向卡诺循环的性能系数，即：

$$\varepsilon_c = \frac{|q_2|}{|w_0|} = \frac{|q_2|}{|q_1| - |q_2|} = \frac{T_2}{T_1 - T_2} \qquad (9-4)$$

9.4 　其他制冷方法

9.4.1 热电制冷

具有热电能量转换特性的材料在通过直流电时有制冷功能，因而得名热电制冷。由于半导体材料具有最佳的热电能量转换特性，其应用真正使热电制冷实用化，所以也称之为半导体制冷。由于人们先发现了材料的温差电动势，然后再发现其反效应，即具有制冷功能的珀尔帖效应，与温差发电对应，故又把后者称为温差电制冷。

热电制冷装置与一般制冷装置的显著区别在于：不使用制冷剂，没有运动部件，宜于小型化，使用直流电工作。由于不使用制冷剂，消除了制冷剂漏泄对人体、对环境造成的危害；由于没有运动部件，在热电制冷器运行时，无噪声、无振动、无磨损，因此工作可靠，维护方便，使用寿命长。诸如潜艇等特殊工作环境，对噪声和振动有比较高的要求，维护操作亦力求简便，所以，热电制冷装置是比较理想的冷源。

热电制冷器的容积尺寸宜于小型化，这是一般制冷技术所办不到的。小型热电制冷器的产冷量一般在几瓦到几十瓦之间，它的效率与容量大小无关，只取决于热电堆的工作条件。微型热电制冷器的容积和尺寸是相当小的，如可以达到零摄氏度以下的四级覆叠式半导体制冷器，它的产冷量只有几十毫瓦，外形大小跟一个香烟盒相仿。

热电制冷装置可以通过调节工作电压来改变它的产冷量和制冷温度。作为仪器仪表的小型冷源，易于实现连续精密的控制。如热电制冷的零点仪可以达到 ±0.001K 的精度。大型的热电空调装置，改变电路的连接方式可以调节产冷量，低负荷时效率随工作电流的减小而提高，超负荷时产冷量可以成倍增加。热电制冷装置的这种机动性比较适合车辆、船舶的使用要求。

在不能使用一般制冷剂和制冷装置的特殊环境以及小容量、小尺寸的制冷条件下，热电制冷显示出它的优越性，成为现代制冷技术的一个重要组成部分。但是，目前半导体材料的成本比较高，热电制冷的效率比较低，再加上制造工艺比较复杂，必须使用直流电等因素，都在一定的程度上限制了热电制冷的推广和应用。

热电偶的性能系数 COP 可以表示为

$$COP = \frac{\alpha I T_0 - \frac{1}{2} I^2 R - k\Delta T}{I^2 R + \alpha I \Delta T} \quad (9-5)$$

式中，α 为热电偶的塞贝克系数；k 为半导体的传热系数；T_0 为冷接点温度；ΔT 为制冷温差；I 为热电偶回路中的电流；R 为回路的电阻。

要使热电偶具有最佳运行经济性，应使热电偶具有最大的 COP_{opt}，通过优化分析可知：

$$COP_{opt} = \frac{T_0}{\Delta T} \frac{M - \frac{T_H}{T_0}}{M + 1} \quad (9-6)$$

式中，T_H 为热端温度；$M = \sqrt{1 + ZT_m}$；T_m 为冷热端平均温度。

在冷热端温度确定以后，COP_{opt} 只与 Z 有关。Z 称为优值系数，其值只与热电偶材料的物理性质有关，因此半导体制冷的主要任务之一就是提高材料的优值系数。

通过研究人员的不断努力，近 30 年来半导体材料的优值系数得到了大幅度的提高。目前工业应用的半导体制冷材料都是以铋的碲化物（如 Bi_2Te_3）为基体。寻找和制造优值系数更高的半导体材料的工作主要从以下三个方面着手，一是功能性非均质材料；二是含有 $CoAs_3$ 类结构的材料，包括 $RbAs_3$、$IrSb_3$、$CoSb_3$ 等；三是带量子空穴的超晶格（quantum well super lattice，QWSL）材料。其中 QWSL 材料的优值系数已经提高到原材料的 3 ~ 5 倍。有专家预计，在不远的将来 ZT 会突破 4，届时制冷量小于 200W 的场合，半导体制冷比蒸汽压缩制冷在各个方面都具有无可争辩的优越性；制冷量在 200 ~ 500W 之间时，两者在经济上也相差无几[19]。

9.4.2 热声制冷

声波在空气中传播时会产生压力及位移的波动，声波的传播也会引起温度的波动。当声波所引起的压力、位移及温度的波动与一固体边界相作用时，就会发生明显的声波能量与热能的转换。热声效应（thermo acoustic effect）是由热在弹性介质（常为高压惰性气体）中引起声学自激振荡的物理现象。

如图 9-15 所示装置，当热量施加到热端换热器上，热端换热器所包围的气体被加热，气体膨胀（理想情况下等温膨胀）并产生首个压力扰动波前，向两端以声速传播。同时由于膨胀后的气体被推入回热器板叠层的空隙中，气体通过回热器时向回热器传热，同时温度逐渐降低，体积收缩，收缩的气体有向回运动的倾向。同时，第一个压力波前传播到谐振腔的端部而反射回来，反射波与气体收缩运动相叠加。在某一频率（由谐振管长度与声速度决定）上产生正反馈加强，经若干个周期的重复加强后，达到饱和而形成持续的谐振波动。这个过程完成了热到声波形式的机械能的转换，这一过程就是"热声正效应"。这个热声装置就是最简单的"热声发动机"。

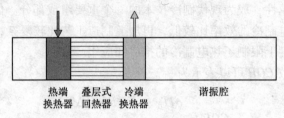

图 9-15　热声效应

离开回热器的气体在冷端换热器中放出残余热量后在驻波的推动下反向流动通过回热器，并从回热器吸热。如果回热器材质沿回热器纵向的导热系数很小而热容量很大（各向异性），气流在其中的吸放热在每一点上可近似于等温过程从而形成完美回热，所以热声动力循环的热力学完善程度可能相当好。

如果在谐振管中利用电声振荡装置产生声压力波，"热声逆效应"的结果就会使得两个换热器间产生温差，即泵热过程（图 9-16）。利用这个泵热过程，就可以制作由声波进行制冷的"热声制冷机"。目前的热声制冷机已可轻易地实现 -200℃ 以下的低温。此外，将上述两套系统连接在一起。一个系统加热，产生声振荡，另一个系统吸收声振荡进行制冷。这样的系统可以实现完全无机械运动部件，由热直接驱动的制冷机。

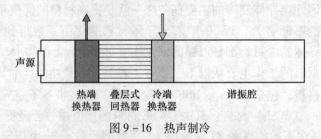

图 9-16　热声制冷

热声制冷无需使用污染环境的制冷剂，而是使用惰性气体或其混合物作为工质，因此不会导致使用的 CFCs 或 HFCs 破坏臭氧层和温室效应而危害环境；其基本机构非常简单和可靠，无需贵重材料，成本上具有很大的优势；它们无需振荡的活塞和油密封或润滑，无运动部件的特点使得其寿命大大延长，可成为下一代制冷新技术的一个重要发展方向。图 9-17 所示为宾州州立大学的 Steven 博士和美国海军研究院联合研制的制冷量达 400W 的热声制冷机 Thermoacoustic Cooling。

Thermoacoustic Cooling 工作时一个大功率扬声器通过高振幅驱动惰性气体（氦），这也是制冷器的无害能源。但声音必须达到 173dB 才能制造出高压气体，经过研究人员的努力，这台热声制冷机的噪声已经可以维持在 60dB 以下了[20]。

9.4.3 气体涡流管制冷

图 9 – 17 热声制冷机

气体涡流管制冷技术（图 9 – 18）是法国工程师兰克（Georges J. Ranque）在 1933 年提出的，主要由一根两端开口的管子及喷嘴、涡流室、分离孔板、调节阀组成。在涡流室的一侧装有一个分离孔板，其中心孔径约为管子内径的一半或稍小一些，它与喷嘴中心线的距离大约为管子内径之半。分离孔板之外即为冷端管子。热端装在分离孔板的另一侧，在其外端装有一个控制阀，控制阀离开涡室的距离约为管子内径的 10 倍，其开度可以调节。

具有一定压力的压缩空气在喷嘴内膨胀加速，加速后的气体流入涡流发生器产生高速旋转气流，每分钟近百万转的旋转气流沿管壁进入热端管内部，管内气流经涡流交换后产生能量的分离，气流被分割成两股气流———一股是热气流，另一股是冷气流。在热端管的终端，一部分空气通过控制阀作为热空气泄出，其余的空气以较低速度在发生器中心区域形成回流，并通过分离孔板形成低温冷气汇集到冷气端排出。

在涡流室内气体的分离过程相当复杂，高压气体在喷嘴中膨胀，在进入涡流室时速度已接近音速，对某些缩放型的喷嘴，速度将超过音速。这样高速的气流沿切线方向进入涡流室，便在涡流室的周边部分形成自由涡流，其旋转质量角速度在涡流室边缘部分较小，接近轴心部分则越来越大，于是在涡流室中沿半径方向形成了不同角速度的气流层。由于气流层之间的摩擦，内层的角速度要降低而外层的角速度要提高，因而内层气流便将一部分动能传给外层气流。涡流室中心部分的气体当经孔板流出时便具有了较低的温度，而边缘部分的热气体当流经热端管子时，由于摩擦的存在，使动能又转化为热能，因而，经控制阀流出时便具有了较高的温度。

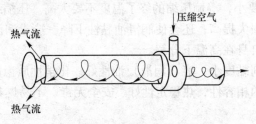

压缩空气

热气流

热气流

图 9 – 18　气体涡流管制冷

9.5　制　冷　剂

制冷剂是制冷系统中的工作介质，是制冷机赖以进行能量转换与传递的物质。制冷机的结构、工作参数、运行经济性和可靠性很大程度上取决于制冷剂的热力性质，所以制冷剂研究与开发是制冷技术研究的一个重要方面。20 世纪 80 年代以来，制冷与低温工程学科遇到的困境与高速发展正是源于制冷剂。

可以用作制冷剂的物质很多，往往笼统地分为天然工质和合成工质两类。天然工质包括无机物，如氨、水、二氧化碳与二氧化硫，等等，和烃类（碳氢化合物，HC，HCs），如丁烷、丙烯，等等；合成工质是指氟利昂（卤代烃），主要包括甲烷和乙烷的卤代物。

两种或两种以上制冷剂按一定比例混合就构成了混合制冷剂。按混合制冷剂定压气液相变过程特征可分为共沸混合工质（包括近共沸混合工质）和非共沸混合工质。共沸混合工质在定压气液相变过程中体积成分和温度不发生改变，犹如单质工质一样。非共沸混合工质在定压气液相变过程中体积成分和温度不断变化，可较好地适应冷热源温度变化。

9.5.1　对制冷剂热力性质的要求

（1）对应于装置的工作温度（蒸发温度和冷凝温度），要有适中的压力和压力比。若蒸发压力过低，即使密封要求很高，仍容易漏进空气，导致传热恶化、设备腐蚀，对于易燃制冷剂还会有燃烧爆炸的危险；冷凝压力过高，要求冷凝系统材料的耐压强度提高，增加了成本，并对焊接等工艺提出了更高的标准；压力比过大则会使往复式压缩机容积效率下降。最好蒸发压力略大于大气压力，冷凝压力低于 1MPa。

（2）在工作温度下汽化潜热要大，使单位质量工质具备较大的制冷能力，制冷工质的循环量可以少一些。

（3）临界温度要高于环境温度，使冷凝过程能更多地利用相变定温放热。

（4）制冷剂在 $T-s$ 图上的上下界限要陡峭，以便使冷凝过程更加接近等温过程，并可减少节流导致的制冷能力下降。

（5）工质的三相点温度要低于制冷循环的下限温度，以免凝固阻塞。

（6）蒸气的比体积要小，使得单位容积制冷量 q_V 较大，且工质的传热特性要好，以使装置更紧凑。

（7）单位质量所消耗的功 w 和单位容积压缩功 w_V 要小，循环效率高，经济性好。

（8）绝热压缩指数要小，等熵压缩的终了温度不要太高。压缩终了温度高会使过热区冷却温差增大，不可逆损失提高；还会使润滑油黏性下降，造成润滑条件恶化，甚至润滑油结焦、碳化或制冷剂自身在高温下分解。

此外，还要求制冷剂黏度小、溶（润滑）油性好、化学性质稳定，与金属材料及压缩机中密封材料等有良好的相容性，热稳定性好、安全无毒、不易燃易爆、价格低廉、容易获取，等等。

9.5.2　制冷剂命名

目前的制冷剂命名方法来源于美国的 ASHRAE—67 标准❶。

该标准规定用 refrigerant 的第一个字母 R 表示制冷剂，用一些数字按一定规则排列来表示具体物质，排列规则以卤代饱和烃为基础。

---

❶　American Society of Heating, Refrigerating & Air - Conditioning Engineers，美国采暖、制冷和空调工程师协会。

卤代饱和烃的化学分子式可写成 $C_mH_nF_xCl_yBr_z$，其中 $2m+2=n+x+y+z$。其代号可以规定为，$R(100m+10n+x-90)Bz$，即把碳的原子数作为百位数，氢的原子数作为十位数，氟的原子数作为个位数构成一个数字再减去90，氯不予以表示，溴以B加上其原子数。例如，R12表示 CF_2Cl_2，按上述规则，$m=1$，$n=0$，$x=2$，有 $102-90=12$。氟乙烷（CF_3CH_2F），代号为R134a。最后的字母a表示同素异构体。

饱和烃也按上述规则表示。但丁烷特别表示为R600，异丁烷为R600a。

环状化合物在R后面再加字母C表示，如八二氯环丁烷表示为RC318。

非饱和烃及其卤族元素衍生物在R后面先写上1，再按上述规则编制，如乙烯表示为R1150，三氟一氯乙烯表示为R1113。

无机物除空气外，在R后面先写上7，接着写上相对分子质量的整数部分，如水为R718。

共沸混合工质在R后面先加上5，其后用两位数按应用的先后顺序表示。

非共沸混合工质在R后面先加上4，其后用两位数按应用的先后顺序表示。近年新开发的很多无公害混合工质都属于非共沸混合工质，所以都采用"R4"系列命名，甚至包括一些非氟利昂混合工质（具体怎么编由国际同行商量。这一条不是ASHRAE—67的内容，而是近年来随着无公害混合工质的发展而设立的，丁烷改号码也源于此）。

为了明确表示卤代烃对大气臭氧层的破坏能力，现在更喜欢用所含元素符号的第一个字母组成代号。如R12含氯氟元素，记为CFC12，属于氯氟烃；R134a含氢氟元素，记为HFC134a，为氢氟烃；R22（CHF_2Cl）含氯氟氢元素，记为HCFC22，为氢氯氟烃；碳氢化合物用HC表示。

9.5.3　环境问题与制冷剂替代

1930年，受通用公司（General Motors）的委托，杜邦公司（Du Pont）的Thomas Midgley研发出来安全制冷剂二氟二氯甲烷（F12），代替有腐蚀性和毒性的二氧化硫和氨。Du Pont把F12以及其他卤代烃制冷剂冠以Freon（氟利昂）商标进行销售❶。Freon引导了蒸气压缩式制冷技术快速发展，使家用冰箱和空调市场迅速扩大。

1974年9月加利福尼亚大学的Molina和Rowland在《自然》杂志发表的论文《环境中的氟氢烃》中指出，由于氟利昂类物质相当稳定（R12的稳定性和毒性与水相等），进入大气后能逐渐穿越对流层而进入同温层。在紫外线的照射下，氟利昂中的氯元素游离成为氯离子 Cl^-，可与臭氧（O_3）发生连锁反应，使之转变成普通氧（O_2），导致臭氧浓度急剧减少。同温层中的臭氧阻挡和吸收了太阳辐射中大部分对生物体有害的高能紫外线，其减少对人类及其他生命的生存带来极大的威胁。同时，氟利昂还属于温室气体，在高空的积聚可以加剧温室效应，因此，1987年在Montreal召开的联合国环境计划会议签署了"关于臭氧层衰减物质的蒙特利尔协定"，其后协定各方陆续又举行了一系列会议来具体落实。协定规定要禁止或逐步淘汰这类化合物（如规定发达国家1995年停止使用R12，2029年停止使用R22等）。我国于1992年8月签署了该协定，并承诺2010年以前禁止生

---

❶　氟利昂，英文为Freon：［F（LUORINE）+ RE（FRIGERANT）+ - ON］a trademark for any of a series of gaseous or low - boiling，inert，nonflammable derivatives of methane or ethane[21]。

产与使用 CFC 类物质，该承诺后来提前实现。

最初选用 CFC 做制冷剂是因为其良好的制冷性能和化学稳定性。在寻求适应《蒙特利尔议定书》的 CFC 替代工质时，人们仍是遵循这两项指标，且已初见成效。但后来的《京都议定书》则使这些努力付诸东流，它把 HFC 物质也列入了温室气体清单，因为它们的 GWP[①] 大都高于 1000，如为替代 CFC12 而发展的无氯氟利昂 R134a 的 GWP 为1300。

制冷剂替代的基本思路有两个，一是以 HFC 替代；二是以由 C、N、H、O 等元素组成的天然工质替代。制冷行业内有这样一种观点：由于制冷系统的运行需要消耗电能或化石燃料，而电力生产与化石燃料燃烧均会产生 CO_2，进而影响全球变暖，所以，制冷系统对全球变暖的作用就不是 GWP 所能表达的，而应以变暖影响总当量 TEWI（total equivalent warming impact）为指标，它考虑了制冷剂排放的直接效应和能源利用引起的间接效应。美国近年来提出了寿命期气候性能 LCCP（life cycle climate performance）指标，以考虑产品寿命期内温室气体排放和产品耗能所产生的两方面的效应。以 TEWI 或 LCCP 的视角，解决系统泄漏、工质回收再利用、采用高效节能设备，与采用低 GWP 工质同样重要。另外，HFC 占温室效应的比例很小，1997 年在所有温室气体排放中，HFC 的作用约为 1%；天然工质还存在可燃性或毒性等问题，对现场和当地环境具有危害性，解决这些问题势必要提高成本费用。因此一定条件下，HFC 也是可以使用的。但是天然工质支持者认为 HFC 已经列入温室气体清单，这是不可逆转的；HFC 还可能有其他不可预知的危害性，从而造成另外一次危机；天然工质具有成本优势，HFC 仍属于过渡期替代，长久考虑还应立足于天然工质。目前来看，这场争论以 CO_2 为代表的天然工质占了上风。

取缔 HFC 是政治家们正确的抉择，但他们还没有停下脚步。近几年我国连续发生多起氨制冷剂泄漏事故，导致火灾、爆炸、中毒等事故，造成人员伤亡和财产损失。因此，舆论界和安监系统极力主张限制乃至取缔氨制冷剂。氨属于天然工质，制冷性能优良，价格低廉，工业应用 100 多年，技术十分成熟。而涉氨企业安全事故无一是氨本身的原因：20% 的事故原因是设计违反规范，40% 是施工的问题，还有 40% 属于违章操作。其他天然工质包括丁烷、丙烯和 CO_2。丁烷、丙烯的易燃易爆性比氨大许多，CO_2 的工作压力要达到 70 个大气压，它们一旦发生事故将比氨严重几十上百倍。所以，控制好各个环节，通过完善的设计、合格的施工、优质的选材、完备的防护、正确的操作、严格的监管，才可以实现天然工质制冷系统的安全运行，而不能一禁了之。

9.5.4 载冷剂与蓄冷剂

9.5.4.1 载冷剂

载冷剂用来将制冷机制取的冷量输送给用冷对象。在小型制冷设备中，制冷剂在蒸发器中通过蒸发管壁与被冷物质直接接触吸热释冷。在大型制冷工程中，则往往采用载冷剂来输送冷量。采用载冷剂的优点是：（1）减小制冷机系统的容积及制冷剂的充灌量；（2）载冷剂热容量大，蓄冷能力大，被冷却对象的温度易于保持稳定；（3）便于机组的运行管理，便于安装和维护。其缺点是：（1）增加了动力消耗，可能增加设备费用；（2）加大

---

① Global Warming Potential，某气体温室效应强度与 CO_2 温室效应强度的比值。

了被冷却物与制冷剂之间的传热温差，需要较低的制冷机蒸发温度，总的传热不可逆损失增大。

中央空调系统一般以水做载冷剂。水在蒸发器传热给制冷剂，其温度最低可降至 3 ~ 5℃，经管道送到建筑物的各个房间，经过风机盘管中的盘管吸热，再返回蒸发器。风机盘管上配有风机，吹动室内空气流过盘管放热降温。在冬季让水改道经过冷凝器或锅炉等加热，就可以对室内供暖。商业冷库需要 −40 ~ 10℃ 范围内的多个温度的储存区，所用的载冷剂也多种多样，包括冰浆、盐冰浆、无机盐溶液（以 $CaCl_2$ 溶液为主）、乙二醇、丙三醇，等等，各种载冷剂能够载冷的最低温度受其凝固点的限制。

制冷工程上对载冷剂的一般要求是，载冷剂在工作温度下应处于液体状态；其凝固温度应低于工作温度，沸点应高于工作温度；热容要大，黏度要小，传热性能要好；化学的稳定性好，对设备和管道无腐蚀，不燃烧，不爆炸，无毒无臭，对人体无害；价格便宜，容易获得。

由于水价格便宜、易于获得、热容量大、传热性能好、安全性很好，因此在空调装置及某些 0℃ 以上的冷却过程中广泛地用作载冷剂。缺点是只适合于载冷温度在 0℃ 以上的使用场合。

根据溶液的依数性定律，无机盐水溶液的凝固温度低于纯水的凝固温度，且在一定范围内随溶质浓度的增加而降低，因此盐水溶液适合于在中、低温制冷装置中载冷。常用的有氯化钙、氯化钠、氯化镁等的水溶液，价格低廉。盐水溶液的密度和比热容都比较大，传递一定的冷量所需盐水溶液的体积循环量较小。盐水溶液具有腐蚀性，尤其是略呈酸性且与空气相接触的稀盐溶液对金属材料的腐蚀性很强，为此需要采取一定的缓蚀措施。

9.5.4.2 蓄冷剂

当所需低温状态不允许改变而制冷机不能连续运行时，就需要蓄冷剂（亦称储冷剂）释冷来保持低温。利用后半夜低谷廉价电制冷并将之储存到白天工作时使用也需要蓄冷剂。利用余热等非稳定能源制冷也需要蓄冷作为缓冲。而将冬季冷能储存到夏季使用也是蓄冷技术的一种应用。常用的蓄冷剂主要是冰，空调蓄冷时也有使用卵石和土壤的。共晶冰则是可以在很低温度下工作的高档蓄冷剂。

无机盐水溶液的另一种用途是作为共晶冰的使用。逐渐提高盐水溶液浓度可使其冰点逐渐下降，但是盐的浓度有一定限值，超过此值盐不再被溶解。此盐水属于共晶溶液，降温至其冰点时盐与水形成固溶体而不会析出盐或冰。共晶温度是溶液不出现结冰或析盐的最低温度。$CaCl_2$、$NaCl$ 和 $MgCl_2$ 水溶液的共晶温度分别是 −55℃，−21℃ 和 −34℃。共晶冰的熔点较低，在需要制冷温度比一般水冰低的场合，可以用共晶冰来蓄冷。在四周封闭的夹层板中充入共晶物质，把制冷机的蒸发器管通入板的夹层之间，制成所谓的"共晶板"（又称"冷板"）。制冷机工作时，由于制冷剂蒸发吸热，使冷板中的共晶物质结冰，以共晶冰的形式储存冷量。当制冷机停止工作时，共晶冰熔化吸热使被冷却物冷却。共晶板很适宜在运送冻结食品的冷藏车上使用。白天车辆行驶时，利用共晶冰熔化为冷藏车提供冷量，由于熔化过程恒温，使车内温度变化不大；夜间冷藏车停止行驶入库时，只要将车底座上的制冷机电源插到供电干线上，制冷机便可以工作。通过一夜的制冷使冷板中重新形成共晶冰，为第二天白天运输时提供冷量储备。

复习思考题与习题

9-1　安装冰箱、冰柜、商用冷藏冷冻展示柜时，为什么要与墙壁保持一定的距离？

9-2　在能良好地保存食物的前提下，冰箱的温度控制器设置温度高一点好，还是低一点好？

9-3　发电厂汽轮机排汽温度一般设计成32℃左右，如果设计成0℃，再用制冷机创造低温环境，是不是可以提高循环热效率？

9-4　蒸气压缩制冷循环可以看作朗肯循环的逆循环。为什么不采用完全的朗肯循环逆循环，而是将冷凝饱和液直接送入节流阀膨胀，导致制冷量大幅度减少（参见图9-3，制冷量 (h_2-h_3) 变为 (h_2-h_b)）？

9-5　如图9-19所示蒸气压缩制冷循环中，4—5过程为绝热节流降压过程。与可逆膨胀过程相比，对制冷循环的性能有什么影响？

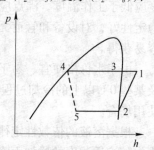

图9-19　9-5题图

9-6　学习压气机理论时，我们讲多级压缩中间冷却使压缩总过程靠近等温过程而节省压缩功。为什么没有人把这个技术用于制冷压缩机？

9-7　蒸气压缩制冷循环、吸收式制冷循环、吸附式制冷循环、蒸气喷射式制冷循环、气体绝热膨胀制冷循环等，它们的共同特点是什么？不同之处又是什么？

9-8　找一台使用中的家用空调和电冰箱，寻找判断它们的冷凝器和蒸发器之所在，用温度计测量和手指触碰相结合，估计它们的蒸发温度和冷凝温度。如果同一室内既有冰箱又有空调，在夏季它们同时启动时会导致能源浪费，为什么？

9-9　家用空调在冬季可以向室内供热，此时它的冷凝器和蒸发器在何处？尝试判断冷凝温度和蒸发温度是多少。冬夏之间，空调压缩机的工作状况是否有很大变化？尝试分析或网上查询空调冬夏工况是如何切换的。

9-10　某一空气压缩制冷循环，冷藏室温度为-10℃，大气环境温度20℃，空气的最高压力 5.884×10^5 Pa。若膨胀与压缩过程均为绝热可逆，求膨胀机出口处的空气温度、压缩机出口处的空气温度、空气的单位制冷量、单位质量空气放热量与循环功、制冷系数和在同一温度范围内的最大制冷系数。

9-11　某以水和水蒸气为工质的制冷机按卡诺逆循环工作，工作温度范围为 5~30℃。运行时，水蒸气在定熵压缩后干度为80%，然后等温冷凝为饱和水。求：循环的最高压力和最低压力、制冷系数、膨胀机作功量、膨胀机作功量与压缩机耗功量之比。若将膨胀过程改为绝热节流，制冷系数减少多少？若将工质改为R134a，上述数据为多少？

9-12　用20℃的自来水制取-10℃的冰，制冷剂采用R134a的制冷机蒸发温度为-20℃，冷凝温度为30℃。进入冷凝器的循环冷却水温度为20℃，离开时温度升到25℃。求制冷机的电机功率、制冷功率、每小时R134a的循环量和循环冷却水的循环量。

9-13　根据WHO的资料，30岁男子的基础代谢率约为 $(0.0485m+3.67)$ MJ/d，女子约为 $(0.0364m+3.47)$ MJ/d，式中 m 为人的质量（体重）。设室内有体重70kg的男子一名，体重平均50kg的女子两名，平均功耗100W的计算机三台，平均功耗450W的冷热饮水机一台，照明灯具功耗80W。若室内维持24℃，室外气温30℃，暂不计室内外传热，换热器传热温差大于10℃，请以R134a为工质计算该房间所需要的空调机的电功率。

9-14　印染厂需要用沸水漂洗染色织物，目前采用长30m、截面 $0.5m^2$ 见方的漂洗槽流水漂洗，漂洗槽一端通入20℃的干净冷水和锅炉产生的0.3MPa饱和蒸汽形成沸水，另一端向污水处理车间排出温度不低于80℃的废水。若锅炉系统的热效率为80%，1kg煤可以产生20000kJ的热量。煤的价格为600元/吨，电价为0.7元/(kW·h)。试比较改用热泵生产沸水的经济性。

春雨惊春清谷天，夏满芒夏暑相连，

秋处露秋寒霜降，冬雪雪冬小大寒。

——《二十四节气歌》

10　湿空气及其热力过程

在空调、通风、干燥、汽化冷却、储藏等工程中，经常会遇到有关湿空气的问题。由于在上述各种过程中，除了水蒸气外空气的各种成分都不会发生量的变化和气液转变，为了表达和计算方便，人们人为地把空气中的水蒸气与其他组成气体区分开来，即将湿空气表述成干空气与水蒸气的混合物。在制冷空调与干燥工程中，通常所说的空气就是湿空气。湿空气的状态参数也有其自己的特点。

10.1　湿空气及其状态参数

10.1.1　湿空气

湿空气是由干空气和水蒸气组成的。那么，所谓的干空气就是氮、氧、二氧化碳及稀有气体（氩、氖、氙、氪、氦等）组成的混合气体，且不含水蒸气。在地球的表面，海洋、湖泊、河流占了大约70%的面积，土壤中也含有大量的水分，水蒸发进入大气，使得空气含有水蒸气成为湿空气。许多工程实际，如干燥、加湿、采暖通风、空气调节、电绝缘等都与空气中所含水蒸气的状态和含量有关，此时的空气必须按湿空气处理。

湿空气与一般理想混合气体相比，最大的特点是水蒸气的成分可能变化。在湿空气中水蒸气的含量不多，大都处于过热状态，但水蒸气含量的变化将引起空气许多热力性能的显著变化。一般地，湿空气的总压力等于当地当时的大气压力，在沈阳地区约等于 0.1MPa 左右。其中所含水蒸气的分压力大约在 1~6kPa，说明在湿空气中水蒸气的含量仅仅为 1%~6%。这里的水蒸气本身相对很稀薄，水分子间作用很弱，可以近似作为理想气体计算。通常把干空气当作理想气体，所以可将两者的混合物湿空气作为理想气体混合物处理。湿空气遵守道尔顿分压定律，即：

$$p = p_a + p_v \tag{10-1}$$

式中，下标"a"为 air 的缩写，下标"v"为 vapor 的缩写。

湿空气中干空气的组成不变，可以当做单一的理想气体。由第 4 章可知其折合摩尔质量约为 29kg/kmol，气体常数约为 287J/(kg·K)。湿空气中水蒸气的状态参数可以按理想气体的性质来计算，但最好还是从水蒸气热力性质图表查取。另外，假定湿空气中水蒸气的凝聚相（水或冰）中不含空气；作为理想气体，空气也不影响水蒸气与其凝聚相的相平衡。

大气压力是从地表到大气层上界面（大约 $(2\sim4)\times10\mathrm{km}$，更高处大气极度稀薄，对大气压力几乎无影响）的大气柱与地球之间引力产生的、作用于地表的压力。影响大气压力的因素有海拔高度、局地特征和气候。大气在云层上界面各处产生的压力相差无几，云层下方由于绝对湿度不同，导致大气密度不同，重力作用产生的压强也不同，从而导致地表大气压力随气候变化而发生变化（表 10 – 1）。

表 10 – 1　海拔高度对大气压力的影响

海拔高度/m	大气压力/kPa	海拔高度/m	大气压力/kPa	海拔高度/m	大气压力/kPa
0	101. 325	3000	70. 108	10000	26. 436
500	95. 461	5000	54. 020	12000	19. 284
1000	89. 875	6000	47. 181	16000	9. 632
2000	79. 495	9000	30. 742	20000	4. 328

10.1.2　绝对湿度

单位体积的湿空气中所包含水蒸气的质量称为湿空气的绝对湿度。绝对湿度与水蒸气单独处于该体积中时的密度相同。根据理想气体的分子之间没有相互作用的观点，该参数与水蒸气是否单独处于该体积中无关，它就是水蒸气的密度，所以我们就用水蒸气密度的符号 ρ_v 来表示绝对湿度。

根据理想气体状态方程

$$p_\mathrm{v} = \rho_\mathrm{v} R_\mathrm{gv} T$$

在温度一定的情况下，p_v 与 ρ_v 成正比。

由式 (10 – 1)，

$$\begin{aligned}
p = p_\mathrm{a} + p_\mathrm{v} &= \rho_\mathrm{a} R_\mathrm{ga} T + \rho_\mathrm{v} R_\mathrm{gv} T \\
&= \rho T + \rho_\mathrm{v} (R_\mathrm{gv} - R_\mathrm{ga}) T
\end{aligned} \tag{10 – 2}$$

由于 $R_\mathrm{ga} < R_\mathrm{gv}$，意味着在压力 p、温度 T 一定的情况下，绝对湿度 ρ_v（及 p_v）越大，$\rho = \rho_\mathrm{a} + \rho_\mathrm{v}$ 越小，即一定体积内湿空气的总质量越小。

10.1.3　湿空气的饱和状态

一般情况下，湿空气中水蒸气处于过热状态，其温度为湿空气的温度 t，其压力为湿空气中水蒸气的分压力 p_v，低于湿空气的温度所对应的饱和压力 p_s，如图 10 – 1 中 a 点所示。

湿空气能够吸收水蒸气，所以我们能晾干衣服，吹干湿发。当向 a 状态的湿空气等温注入水蒸气时❶，湿空气中包含的水蒸气质量逐渐加大，水蒸气的分压力逐渐提高，在图 10 – 1 中状态点沿等温线向左移动。当水蒸气的状态移动到 b 点后，水蒸气的分压力提高到湿空气的温度所对应的饱和压力 p_s，此时继续加入水蒸气，因为其分压力无法继续提

---

❶　由于水蒸气含量与湿空气总量相比很小，当缓慢注入与湿空气温度稍有偏差的水蒸气时，可以认为湿空气温度不变。如晾衣服时一般不会改变周围的空气温度，除非是在封闭房间内晾大量湿衣服。

高，所以水蒸气不能融入湿空气。如果有温度稍低的固体表面存在，水蒸气会在固体表面凝结成为水珠。此状态的湿空气不再能够吸收水蒸气，所以我们称之为饱和湿空气——吸收水蒸气吸饱了。相应地，a 点状态的湿空气就是未饱和湿空气。

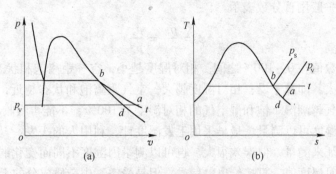

图 10-1 湿空气中水蒸气的状态

(a) 水蒸气的 $p-v$ 图；(b) 水蒸气的 $T-s$ 图

显然，饱和湿空气之饱和与饱和水蒸气之饱和无关，但是却有一定的联系：饱和湿空气中水蒸气处于饱和状态。

饱和湿空气的绝对湿度等于湿空气温度下水蒸气的饱和密度 ρ_s。

向湿空气等温注入水蒸气，可称为等温加湿，未饱和湿空气 a 变成了饱和湿空气 b。如果保持湿空气总压力不变而放热，使其温度降低，即定压降温，水蒸气的分压力也不会变化，水蒸气的状态点沿等压线向左下移动。当水蒸气的状态移动到 c 点时，湿空气的温度降低到水蒸气的分压力 p_v 所对应的饱和温度 T_s，此后若继续降温，部分水蒸气的状态沿饱和蒸汽线向右下方移动，但是它们的分压力低于原来的分压力 p_v，意味着湿空气中水蒸气含量减少，剩余的水蒸气凝结成水析出。

这种定压降温导致湿空气中水蒸气凝结析出的现象叫做结露。结露时的湿空气温度叫做露点温度，或简称露点，记为 T_d，下标"d"为 dew 的缩写。对于状态 a 的湿空气来说，它的露点温度等于其水蒸气分压力 p_v 所对应的饱和温度 T_s。

向空气中大量喷水，水的汽化会吸收汽化潜热导致空气温度下降，同时汽化了的水又可以增加空气含有的水蒸气，提高水蒸气的分压力 p_v 和湿空气的绝对湿度 ρ_v。极限情况下湿空气也可以达到饱和状态 d。湿空气掠过极冷固体表面，其温度下降的同时部分水蒸气会在固体表面快速凝结、凝固或凝华，使得水蒸气的分压力 p_v 和湿空气的绝对湿度 ρ_v 下降，可使湿空气迅速到达饱和状态 e。

10.1.4 相对湿度

图 10-2 中 ac 线各点的绝对湿度是一样的，但人们的感觉不会一样，而且 c 点状态的空气也不会把湿衣服晾干，所以绝对湿度描述不了人们对空气潮湿程度的感觉，也不能衡量空气干燥吸湿的能力。经验表明，空气的潮湿程度对人体感觉和健康的影响、对设备的影响，以及对工业过程的影响，主要取决于空气接近饱和状态的程度。因此，常用湿空气的绝对湿度

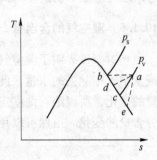

图 10-2 湿空气的饱和之路

ρ_v 与同温度下饱和空气的绝对湿度 ρ_s 的比值来衡量空气的潮湿程度。这个比值称为相对湿度（relative humidity of air），用符号 φ 表示。

相对湿度的准确含意是单位体积空气中实际包含的水蒸气量与同温度下最多能包含的水蒸气量之比，一般用百分数表示。

$$\varphi = \frac{\rho_v}{\rho_s} = \frac{p_v}{p_s} \qquad (10-3)$$

相对湿度的数值在 $0 \sim 100\%$ 之间。相对湿度越小，空气距离饱和状态越远[●]，空气吸收水分的能力越大，即越干燥；相对湿度越大，空气距离饱和状态越近，空气吸收水分的能力越小，即空气越潮湿。饱和湿空气的相对湿度为 100%，不能再吸收水分。

空气的相对湿度可以测量。最早采用毛发湿度计，利用人的头发、马的尾毛等长度随湿度而变化的特征来测量，但误差很大。也可以测量因湿度不同而变化的空气介电常数或电导率来获得相对湿度值，直接给出电信号，但易受空气中杂质成分的干扰。

使用较多的测量相对湿度的方法是干湿球温度计法。由两支温度计或由两个其他的温度敏感元件组成干湿球温度计（图 10-3），其中一支的感温包裹上脱脂棉纱布，纱布的下端浸入盛有蒸馏水的玻璃小杯中，在毛细作用下纱布经常处于润湿状态，将此温度计称为湿球温度计。使用时，在热湿交换达到平衡，即稳定的情况下，所测得的温度称为湿球温度；另外未包纱布的温度计相应地称作干球温度计，它所测得的温度称为空气的干球湿度，也就是实际的空气温度。

湿球温度计感温包上处于润湿状态的纱布中的水分会向空气蒸发，蒸发所需的能量从周围物质吸取，导致纱布及感温包的温度下降。水分蒸发量与空气的相对湿度有关，相对湿度越小，蒸发量越大。实际上，蒸发量 $m_e = -DA\varphi$，其中 D 为蒸发扩散系数，与空气流动速度、温度等影响因素有关。由于纱布及感温包的温度下降，低于周围空气温度，热就从周围空气向纱布及感温包传递。稳定的情况下，这个传热量足以弥补水蒸发吸收的热

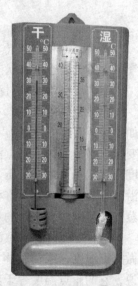

图 10-3　干湿球温度计

量，纱布及感温包的温度就不再继续下降，而是稳定在某一温度（即湿球温度）上。传热量与干湿球温度差成正比，即 $Q_e = hA(t - t_w)$，其中 h 为对流表面传热系数，与表面作用关系、温度等有关。显然 $m_e r = Q_e$，从而在相对湿度 φ 与干球温度 t、干湿球温度差（$t - t_w$）之间建立了联系。D 和 h 可以由传热传质学分析得出。

10.1.5　湿空气的含湿量

相对湿度表明了湿空气接近饱和状态的程度。但是工程上常常需要定量计算加入空气或从空气中除去的水量，此时相对湿度无能为力。由于水分含量的变化直接导致湿空气总量的变化，所以绝对湿度定义式分子分母同时变化，使得绝对湿度的增量不能准确表示水分含量的变化。虽然可以用水分含量变化与湿空气总量相比极小的理由来忽略其间的误

[●]　空气中水蒸气距离饱和状态也越远（过热度越高）。注意此饱和与彼饱和之别。

差，但这是不负责任的做法。为此，热工界以单位质量干空气为基准来考虑水分含量的变化。由于干空气量与水分含量无关，所以这个参数的增量可以准确表示水分含量的变化。

湿空气中包含的水蒸气质量 m_v 与干空气质量 m_a 之比值称为含湿量（humidity ratio），用符号 d 表示，其单位为 kg/kg(a) 或 g/kg(a)，其中 kg(a) 表示每千克干空气。

$$d = \frac{m_v}{m_a} = \frac{\dfrac{p_v V}{R_{gv} T}}{\dfrac{p_s V}{R_{ga} T}} = \frac{p_v R_{ga}}{p_s R_{gv}} = \frac{p_v M_v}{p_s M_a} = \frac{18 p_v}{29 p_s}$$

$$d = 0.622 \frac{p_v}{p_s} = 0.622 \frac{p_v}{p - p_v} = 0.622 \frac{\varphi p_s}{p - \varphi p_s} \tag{10-4}$$

或

$$d = 622 \frac{\varphi p_s}{p - \varphi p_s} \tag{10-4a}$$

其中 p_s 为空气温度对应的饱和压力。

10.1.6 湿空气的焓

与含湿量同样，湿空气的焓也以单位质量干空气为基准。1kg(a) 及对应的全部水蒸气的焓之和，构成了该湿空气的"比"焓。

含湿量 d 以 kg/kg(a) 计量时， $\qquad h = h_a + d h_v$ $\qquad\qquad$ (10-5)

含湿量 d 以 g/kg(a) 计量时， $\qquad h = h_a + 0.001 d h_v$ $\qquad\quad$ (10-5a)

工程上主要关注湿空气焓的变化量，可以规定 0℃ 时湿空气焓等于 0。由于湿空气涉及的温度变化不大，压力变化也很小，所以比热容可以按定值计算。干空气的定压比热容为 1.005kJ/(kg·K)。焓是状态参数，其变化与变化过程无关，可以假定水在 0℃ 下汽化，然后水蒸气再从 0℃ 加热到计算温度。水在 0℃ 下汽化潜热为 2501kJ/kg，定压比热容为 1.85kJ/(kg·K)，于是

$$h_v = 2501 + 1.85 t \, \text{kJ/kg}$$

代入式（10-4a），得湿空气的焓计算式

$$h = 1.005 t + 0.001 d (2501 + 1.85 t) \, \text{kJ/kg(a)} \tag{10-5b}$$

【例 10-1】 空气的温度为 32.9℃，相对湿度为 60%，大气压力为 0.1MPa。求其露点、绝对湿度、含湿量、干空气的密度、湿空气的焓。

解：（1）露点。查水蒸气表可知，温度为 32.9℃ 时，水的饱和压力为 0.005MPa。由水蒸气分压力与相对湿度的关系（式（10-3））可得：

$$p_v = \varphi p_s = 0.6 \times 0.005 = 3000 \text{Pa}$$

查水蒸气表得，当 $p_v = 3000$Pa 时，饱和温度也就是露点温度为：

$$t_d = 24.08\text{℃}$$

（2）绝对湿度。绝对湿度就是水蒸气的密度，按 $p_v = 3000$Pa、$t = 32.9$℃ 查过热水蒸气表可得 $v = 70.88 \text{m}^3/\text{kg}$，于是绝对湿度等于：

$$\rho_v = v^{-1} = 70.88^{-1} = 0.0141$$

或者，温度为 32.9℃ 时，饱和水蒸气的比体积 $v'' = 28.19 \text{m}^3/\text{kg}$，对应饱和密度为 $\rho_s =$

$v''^{-1} = 28.19^{-1} = 0.03547 \text{kg/m}^3$，于是绝对湿度为：

$$\rho_v = \varphi \rho_s = 0.6 \times 0.03547 = 0.02128 \text{kg/m}^3$$

或者，采用理想气体状态方程：

$$\rho_v = \frac{p_v}{R_v T} = \frac{3000}{461.9 \times (273.15 + 32.9)} = 0.02122 \text{kg/m}^3$$

（3）含湿量：由式（10-4a）：

$$d = 622 \frac{p_v}{p - p_v} = 622 \frac{3000}{100000 - 3000} = 19.24 \text{g/kg(a)}$$

（4）干空气的密度：

$$\rho_a = \frac{p_a}{R_a T} = \frac{p - p_a}{R_a T} = \frac{100000 - 3000}{287 \times 306.05} = 1.1043 \text{kg/m}^3$$

（5）湿空气的焓：由式（10-4b）：

$$h = 1.005t + 0.001d(2501 + 1.85t)$$
$$= 1.005 \times 32.9 + 0.001 \times 19.24 \times (2501 + 1.85 \times 32.9)$$
$$= 82.355 \text{kJ/kg(a)}$$

10.2　湿空气的焓湿图与变化过程

10.2.1　湿空气的焓湿图

在工程中，我们可以根据上述概念的定义以及湿空气变化的过程特征进行推理和计算，更方便更普遍的是采用各种线算图进行计算，其中最常见的是焓湿图（图10-4）。焓湿图上既可以表示湿空气的状态，确定其状态参数，又可以清晰地表示湿空气的状态变化过程。

焓湿图是以一定大气压力下单位质量干空气中湿空气的焓和含湿量为坐标而绘制的，且为使图面开阔清晰，将纵坐标（焓坐标）顺时针旋转45°，等焓线不再平行于横轴，而是与横轴成135°夹角。

焓湿图由五种线群组成：等湿线群、等焓线群、等温线群、等相对湿度线群和水蒸气分压力线。

含湿量是焓湿图的横坐标，等湿线群（等d线）就是垂直线群，从左到右数值上从小到大。等焓线群（等h线）与横轴成135°夹角，数值是从下往上（或从左下至右上）逐渐增加。等温线群（等T线）是近似平行于横轴的直线群，由式（10-5b）可知温度不变时，h和d间呈直线关系，其斜率$0.001(2501 + 1.85t)$随温度提高而小幅度变大，即温度越高，等T线越上扬。等相对湿度线群（等φ线）是图中唯一一组特征鲜明的曲线，从左上至右下相对湿度从小到大，最终止于100%。$\varphi = 100\%$线也称为焓湿图的下界限。

$\varphi = 0$意味着不含水蒸气，即干空气，$d = 0$，与纵坐标重合。

每张$h-d$图都是在一定的大气压力（总压力）下计算绘制的，水蒸气的分压力不可能高于总压力。当空气温度不小于总压力对应的饱和温度时（即水蒸气的饱和压力不小于总压力），单位体积空气在同温度下最多能包含的水蒸气量不再是饱和压力所对应的水蒸

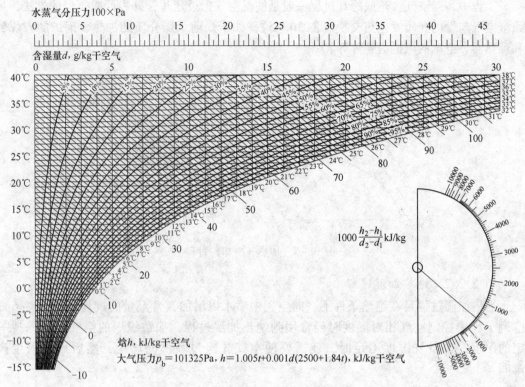

图 10-4　标准气压下湿空气焓湿图

气量，而是总压力所对应的水蒸气量，于是修改定义 $\varphi = \dfrac{p_v}{p}$，而 $d = 0.622 \dfrac{\varphi p}{p - \varphi p} = 0.622$

$\dfrac{\varphi}{1 - \varphi}$，显然等 φ 线成了等 d 线。等 φ 线与总压力对应的饱和温度线相交后，向上折转与等 d 线合并。

含湿量计算式（10-4）表示了一定总压力下水蒸气分压力 p_v 与含湿量 d 的关系：

$$p_v = \frac{pd}{0.622 + d} \tag{10-6}$$

当 $d \ll 0.622$ 时，p_v 与 d 近似成直线关系。有些焓湿图在饱和线（$\varphi = 100\%$ 线）右下方空白处画出 $p_v - d$ 曲线。

10.2.2　湿空气的变化过程

对湿空气变化过程主要关注其能量的传递量，含湿量、温度和相对湿度的变化，等等。

10.2.2.1　加热或冷却过程

单纯地对湿空气进行加热或冷却，湿空气的含湿量不会发生变化，温度会升高或降低，相对湿度则减小或增大。忽略宏观动能和位能的变化，加热或冷却过程传热量可以由过程前后湿空气的焓确定：

$$q = \Delta h = h_2 - h_1 \, \text{kg/kg(a)} \tag{10-7}$$

工程中，湿空气加热或冷却过程一般是使湿空气掠过翅片管外表面或类似的方法，导致湿空气与管内介质发生热交换（图10-5）。如干燥前干燥介质的加热、锅炉的省煤器和预热器、空调的风机盘管等等。

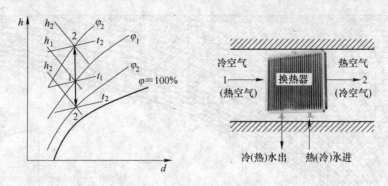

图10-5　加热（冷却）过程

10.2.2.2　绝热加湿过程

绝热加湿过程是在绝热条件下，向空气中喷水以增加其含湿量的过程（图10-6）。空调工程中控制空气相对湿度时经常用到绝热加湿过程，如纺织厂的空气必须保持一定的湿度，当空气湿度不足时，就需要使空气先经过喷淋间增湿，然后再进入生产车间。

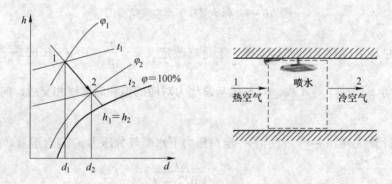

图10-6　绝热加湿过程

依然略去宏观动能和位能的变化，该过程的能量平衡方程为：

$$h_2 - h_1 = (d_2 - d_1)h_w \tag{10-8}$$

式中，$d_2 - d_1$ 为空气含湿量的增量，也就是每千克干空气所加入的水量；h_w 为水的焓值。

空调增湿过程温度不高，一般也就20多摄氏度，此种情形下水的总焓值比干空气的总焓值小得多，所以也可以认为 $h_2 \approx h_1$，即将绝热加湿过程看成湿空气焓值不变的过程。此时湿空气的温度有所降低。

如果加入湿空气的水的温度较高，水蒸气的饱和分压力就会很大，于是空气含湿量的增量（$d_2 - d_1$）也会很大，同时湿空气的温度有显著提高，湿空气温度提高和水蒸发潜热均需从水中吸取，于是未进入湿空气的多余的水温度就会有一个明显的下降。工程上称这种过程为蒸发冷却过程，在热力发电厂和制冷工程的冷却塔中有广泛应用。

10.2.2.3 冷却除湿过程

湿空气的冷却过程有一个限度。随着温度的下降，湿空气的相对湿度会逐渐增加。当相对湿度达到100%即露点后，就会发生结露现象，湿空气的含湿量就会减少。随着冷却继续进行，湿空气中的水分就会不断凝结析出，从而构成湿空气的除湿过程。包含预冷在内，该过程的能量平衡方程为（略去宏观动能和位能的变化）：

$$q = (h_2 - h_1) - (d_1 - d_2)h_w \qquad (10-9)$$

式中，h_w 为凝结水的焓。夏季家用空调器内经常发生这种过程。在干燥工程和人工超洁环境工程中，冷却除湿过程（图10-7）是一个重要环节。

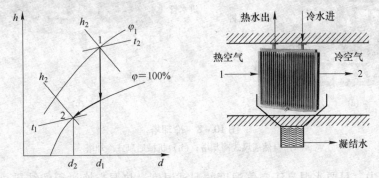

图 10-7 冷却除湿过程

10.2.2.4 放热吸湿过程

实际干燥过程往往是放热吸湿过程。之所以放热，是因为被干燥物料需整体被加热到干燥温度，其中除了被干燥空气吸收的水分外，其余的被干燥物料包括残余水分均需吸收热量，这些热量均需作为干燥介质的气体提供。直接计算放热吸湿过程不太方便，根据状态参数与过程无关的性质，可以把该过程分解为绝热吸湿过程和冷却过程的组合来计算。忽略水蒸气压力变化对传热的影响，传热的过程量性质也就可以不考虑了。

10.3 湿空气理论的应用

10.3.1 冷却塔的热湿过程

冷却塔将热了的冷却水与大气进行热湿交换，使其降低温度后重复用于电厂、化工、冶金、冷库或空调工程中的冷却冷凝器。冷却塔中热湿交换过程主要是蒸发冷却，该方式可以将冷却水温度降到接近大气的湿球温度。

冷却塔（图10-8）中，热水由上部进入，通过喷嘴向下喷淋。空气由冷却塔底部进入，靠引风机或自然抽力向上流动，与热水相遇充分接触而进行热湿交换过程。过程中部分水汽化吸收大量热能混入空气，其余的水放出热量供给水蒸气汽化从而降低温度并汇聚于底部集水池，由水泵送回冷凝器重复使用。空气吸收水蒸气并提高温度两种作用均使其密度降低（式（10-2）和理想气体状态方程）而产生浮升力。自然循环冷却塔高达几十到上百米，浮升力足以使湿空气排向大气，且依赖高度除去气流所裹挟的细小水滴。空调工程等使用的冷却塔受空间限制没有足够的高度，故需要引风机帮助湿空气排向大气，且风机与喷水嘴之间加装气水分离器以截留气流所裹挟的细小水滴。

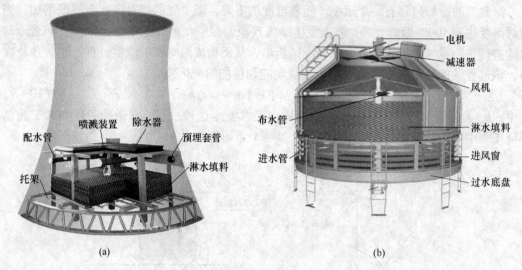

(a)   (b)

图 10 - 8   冷却塔

(a) 自然通风式冷却塔；(b) 机械通风式冷却塔

在冷却塔中，只要水温高于空气温度的湿球温度，热湿交换过程的结果总是使热量由水传递给空气，使水温下降，其极限是水温降低到空气的湿球温度。但是当水温过低或空气温度与湿球温度相当接近时，冷却塔的工作效果很差。

蒸发式冷凝（冷却）器（图 10 - 9）是机械通风式冷却塔的演化版本，可以用于待凝结气体冷凝或不宜与外界直接接触的液体冷却，如石油分馏气体的冷凝、制冷剂气体的冷凝以及导热油的冷却、软化水的冷却等。以制冷剂气体冷凝为例，一方面由于增加了室内制冷机到室外蒸发式冷凝器的输送管道，所需要的制冷剂充填量大幅度增加，且制冷剂沿程阻力损失增加会使制冷机耗功增加；另一方面换热时水侧带相变的对流换热可比纯液相对流换热强度高出数倍。如何取舍需要进行严谨的技术经济分析。

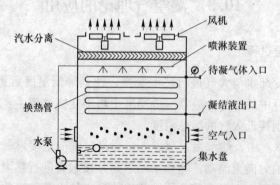

图 10 - 9   蒸发式冷凝（冷却）器（塔）

冷却塔中的冷却水需要定期更换新水。陈水随着时间的推移所含杂质的浓度会越来越高，根据溶液的依数性定律，其蒸汽压会逐渐下降。一定程度后，水就难以蒸发，导致冷却塔的效能恶化。

若忽略冷却塔散热和冷却水动能与位能变化，空气和冷却水之间的能量守恒关系为：

$$q_{ma}(h_2 - h_1) = q_{mw,in}h_{w,in} - q_{mw,out}h_{w,out}$$

质量守恒关系为：

$$q_{mw,in} - q_{mw,out} = q_{ma}(d_2 - d_1) \times 10^{-3}$$

于是：

$$q_{ma} = \frac{q_{mw,in}(h_{w,in} - h_{w,out})}{(h_2 - h_1) - h_{w,out}(d_2 - d_1) \times 10^{-3}}$$

式中 h_1，h_2——进入及离开冷却塔的湿空气的焓，kJ/kg(a)；

$\quad\quad d_1$，d_2——进入及离开冷却塔的湿空气的含湿量，g/kg(a)；

$\quad\quad q_{ma}$——干空气的质量流量，kg(a)/h；

$h_{w,in}$，$h_{w,out}$——进入及离开冷却塔的水的焓，kJ/kg；

$q_{mw,in}$，$q_{mw,out}$——进入及离开冷却塔的水的质量流量，kg/h。

【例 10 – 2】 35℃的热水以 20t/h 的流量进入冷却塔，降温到 20℃后离开。咨询气象台得知当日当地大气压力为 101325Pa，空气温度为 20℃，相对湿度为 60%。空气进入冷却塔后在 30℃时以饱和状态离开。求湿空气的质量流量及水的蒸发量。

解：查 $h-d$ 图，$t_1 = 20℃$、$\varphi_1 = 60\%$ 时，$h_1 = 42.4$kJ/kg(a)、$d_1 = 8.6$g/kg(a)。

$\quad\quad\quad\quad t_2 = 30℃$、$\varphi_2 = 100\%$ 时，$h_2 = 100$kJ/kg(a)、$d_2 = 27.3$g/kg(a)。

取水的平均定压比热容为 4.1868kJ/(kg·K)，则水的焓为：

$$h_{w,in} = 4.1868 \times 35 = 146.54\text{kJ/kg}$$

$$h_{w,out} = 4.1868 \times 20 = 83.74\text{kJ/kg}$$

进入冷却塔的湿空气中干空气质量流量：

$$q_{ma} = \frac{q_{mw,in}(h_{w,in} - h_{w,out})}{(h_2 - h_1) - h_{w,out}(d_2 - d_1) \times 10^{-3}}$$

$$= \frac{20 \times 10^3 \times (146.54 - 83.74)}{(100 - 42.4) - 83.74 \times (27.3 - 8.6) \times 10^{-3}}$$

$$= 29.1 \times 10^3 \text{kg(a)/h}$$

进入冷却塔的湿空气质量流量：

$$q_{m,in} = q_{ma}(1 + 0.001d_1) = 29.1 \times 10^3 \times (1 + 0.001 \times 8.6) = 29.35 \times 10^3 \text{kg/h}$$

离开冷却塔的湿空气质量流量：

$$q_{m,out} = q_{ma}(1 + 0.001d_2) = 29.1 \times 10^3 \times (1 + 0.001 \times 27.3) = 29.894 \times 10^3 \text{kg/h}$$

蒸发损失的水量：

$$\Delta q_{mw} = q_{ma}(d_2 - d_1) \times 10^{-3} = 29.1 \times 10^3 \times (27.3 - 8.6) \times 10^{-3} = 544\text{kg/h}$$

或$\quad\quad\quad\quad\quad\quad \Delta q_{mw} = q_{m,out} - q_{m,in} = 29.894 \times 10^3 - 29.35 \times 10^3 = 544\text{kg/h}$

计算结果表明，蒸发水量与冷却水量的比例大约是 1:40。一台 600MW 火力发电机组的锅炉蒸发量约为 2000t/h，可以认为冷却水循环部分仅仅起到热量迁移作用，则对应冷却水蒸发量也应该是 2000t/h 左右。在淡水缺乏地区，这是一个很大的数。

10.3.2 热泵干燥过程

通常的干燥工艺过程是放热吸湿过程，如图 10 – 10 中过程 1—2 所示。该过程进行时干燥介质气体❶的含湿量上升，焓下降。可以分解为绝热吸湿过程和冷却过程的组合来计算其状态参数的变化。

如果将完成吸湿过程的干燥介质气体引入热泵蒸发器继续放热，气体降温到 3 点达到饱和状态，然后沿 $\varphi =$ 100%线变化到 4 点，期间含湿量从 d_2 减少为 d_4，凝结水可以放出大量的热。除湿后气体进入热泵冷凝器被加热升温（过程 4—1），然后再进入干燥器重复吸湿。

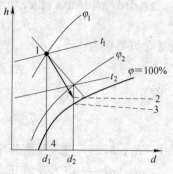

图 10 – 10   干燥与热泵干燥

热泵干燥通过消耗压缩功实现了热能的重复利用，节省了燃料，减少了燃烧带来的污染。进一步地，可以利用回热、干物料冷却和湿物料预热等措施来更多地回收余热，减少压缩机增温比，节省压缩机耗功。

复习思考题与习题

10 – 1   为什么阴雨天大气压力比晴天低？

10 – 2   为什么阴雨天晾衣服不容易干，而晴天容易干？

10 – 3   夏天从冰箱里拿出来的雪糕上会冒"白雾"，为什么？空气静止时，此"白雾"为何向下飘动？

10 – 4   冬季人在室外呼吸时同样可以看到白雾，此白雾的飘动方向如何？

10 – 5   湿蒸汽中的水蒸气和相对湿度 $\varphi < 100\%$ 的湿空气中的水蒸气所处热力状态有何不同？

10 – 6   湿空气在饱和状态下露点温度、干球温度、湿球温度哪个大？未饱和状态下呢？

10 – 7   吉林市以雾凇闻名，雾凇是怎么形成的？

10 – 8   含湿量与绝对湿度有什么不同？

10 – 9   湿空气进行绝热加湿过程，若湿空气温度较高，那么水蒸气的饱和分压力会怎样？如果湿空气的相对湿度较小，气流通过喷淋间会发生什么较为明显的变化？若相对湿度较大呢？

10 – 10   大气压力为 0.1MPa，温度为 30℃，相对湿度为 80%。若利用空调制冷装置将其温度降低到 10℃，再升温至 22℃。求最终空气的相对湿度。

10 – 11   刚刚收获的玉米温度为 30℃，含水率 25%，不利于保存，需将其含水率降到 12%。若空气的温度为 25℃，相对湿度 50%，用热风炉将其温度提升到 130℃，然后进入干燥机干燥玉米。如果干燥后玉米和空气的温度均为 70℃，求每处理 1t 玉米需要消耗多少热能？

10 – 12   压力为 0.1MPa，温度为 30℃，相对湿度为 60% 的湿空气进入容积式压缩机内被压缩后，压力升至 0.2MPa。在等温压缩和绝热压缩两种情况下，压缩气体的相对湿度 φ 和含湿量 d 各是多少？

10 – 13   压力为 0.1MPa，温度为 30℃，相对湿度为 60% 的湿空气进入容积式压缩机内被压缩后，压力升至 1.0MPa。压缩终了空气的温度是多少？压缩功是多少？如果压缩过程中向空气喷入 20℃ 的水 50g/kg(a)，那么压缩终了温度是多少？压缩功又是多少？

10 – 14   《采暖与空气调节设计规范》（GB 50019—2003）3.1.9 条规定人员长期停留的住宅、办公、客

---

❶   干燥工艺采用什么气体作为介质，与被干燥物料有关，而不仅仅是空气。非空气介质在干燥过程中的行为特点与空气是一样的，差异仅仅在于各个数据有些偏差。本章也采用"空气标准"假定（参见 8.1.2 节）。

房等房间，每人所需最小新风量推荐值为 $30m^3/h$。一间有四人办公的房间，在冬季室外温度 $-20℃$、室内温度 $22℃$ 的情况下，想要保持室内空气湿度为 55%，需每小时加湿多少克的水？

10-15 使空气冷却到露点温度以下可以达到去湿的目的，而将湿空气进行等温压缩，能否达到去湿的目的？

10-16 分析湿空气问题时，为什么不用每单位质量湿空气，而选用每单位质量干空气作为计量单位？

发展独立思考和独立判断的一般能力，应当始终放在首位，而不应当把获得专业知识放在首位。如果一个人掌握了他的学科的基础理论，并且学会了独立地思考和工作，他必定会找到他自己的道路，而且比起那种主要以获得细节知识为其培训内容的人来，他一定会更好地适应进步和变化。

——爱因斯坦

化学热力学基础

热力学的基本定律是自然界的基本规律。化学是研究物质结构与性质的科学，而决定物质结构与性质的最小单元是分子，所以化学也是研究原子之间相互关系及其所构筑的分子性质的科学。化学也需要遵守自然界的基本规律，原子之间相互作用必须符合热力学基本定律。所谓化学热力学就是对化学反应过程中的能量传递、转换规律进行研究。本章的目的则是对热力学基本定律在化学中的表述进行探讨。

热工领域接触最多的化学反应过程是燃烧过程，因此本章讨论主要以燃烧过程为例，但基本原理普适于所有化学反应过程。

11.1 热力学第一定律

第3章在热力学第一定律中已经指出，系统内工质具有的热力学能包括化学能。热力学能是组成物质的各个层次的粒子间相互作用而具有的能量，原子之间相互作用而具有的能量就是化学能，是原子之间因电子交换（化学键）产生的势能。通常状态下化学能与物质的热状态无关，但是由于分子振动动能与温度成正比，当温度足够高时，分子振动动能的数量级与化学键的键能的数量级相当，实际物质的化学键就会变得不稳定。若分子振动动能大于化学键键能，实际物质的化学键就无法存在，此时无法单独讨论化学能。

11.1.1 化学反应系统

为了避免讨论化学反应体系时受内热能和内动能的影响，我们往往对化学反应体系的状态给予限制。从能量守恒原理可以推论出，状态变化导致的能量变换可以单独分析，然后与化学反应导致的能量变换合成（代数和）。具有化学反应的热力系统通常是由数种不同物质组成的混合物。且在化学反应过程中各组分分数可以变化。这种变化可以依据化学反应方程式中组成物质各元素的原子数守恒来确定。

分析具有化学反应的热力过程，首先要列出化学反应方程式。以甲烷（天然气的主要成分）燃烧为例，其化学反应方程式为：

$$CH_4 + 2O_2 \Longrightarrow CO_2 + 2H_2O$$

该式表示 1mol CH_4 与 2mol O_2 反应，生成了 1mol CO_2 与 2mol H_2O，即反应前后碳、氧、

氢原子数的守恒关系。为了使反应方程式左右原子数相等，各化学组分前需乘以相应的系数，这些系数称为化学计量系数。对于一般的化学反应

$$a_1A_1 + a_2A_2 \xleftrightarrow{\quad} b_1B_1 + b_2B_2 \tag{11-1}$$

式中，A_1、A_2、B_1、B_2 分别为反应物与生成物；a_1、a_2、b_1、b_2 分别为反应物与生成物的化学计量系数。

　　具有化学反应的热力系统，其平衡条件除了满足热与力的平衡外，还要达到化学平衡。简单可压缩系统有两个独立状态参数，对应于作功和传热两种能量传递形式，保持某一状态参数不变，就形成了便于讨论的定（状态参数）值过程。具有化学反应的热力系统，化学键的形成与破坏伴随着化学能的变化，呈现出化学反应的热效应，因而需要增加一个参数❶才能确定其状态。此时单独一个参数定值不足以使过程分析简化（还有两个参数可变），所以讨论化学反应过程，往往固定两个参数（只要能够讨论清楚，也可以仅固定一个参数。固定两个参数往往就为了限制内热能和内动能的影响）。如定温定压过程、定温定容过程、定容绝热过程或定压绝热过程，等等。具体分析化学反应时，以取定温定压和定温定容过程最为常见。通过热力学第一定律和第二定律的分析，可以确定化学反应热力系统的能量转换关系、过程进行的方向和限度。

11.1.2　化学反应系统中的热力学第一定律

　　对于任何一个热力系统，热力学第一定律可以表达成：

　　　　进入系统的能量 − 离开系统的能量 = 系统储存能量的变化

　　在忽略外部储存能的前提下，系统储存能量就是热力学能 U。具有化学反应的热力系统，热力学能包括内动能、内位能和化学能。

　　热力系统通过边界与外界进行功（W）和热量（Q）的传递，同时化学反应也可能产生功的效应（如电池反应形成电流或反过来的电致反应）。于是化学反应系统的能量守恒定律可以表示为：

$$Q = (U_2 - U_1) + W_V + W_e \tag{11-2}$$

式中，Q 为化学反应过程中系统与外界交换的热量，称为反应热，Q 不是系统内部化学反应本身（化学键的破坏和生成）的能量效应；U_1 是化学反应系统中反应物的总热力学能，反应物都是理想气体时，反应物就是理想气体混合物，U_1 就等于各反应物热力学能的总和；U_2 是化学反应系统中生成物的总热力学能；W_V 是容积变化功；W_e 是以电池电能为代表的化学反应功效应（或称有用功），$W_V + W_e = W$。

　　式（11-2）表明化学反应前后系统工质热力学能的变化量（释放的能量）用于对外做功和放出反应热。可逆反应过程向外界传递的功最大，相应反应热最小。不可逆反应功效应减小，反应热增大。如果反应功效应为零，则反应热达到最大。显然，即使是可逆过程，只要存在反应热，化学能就不会全部转化为机械能。一般的燃烧反应不会获得功效应，所以转换过程存在可用能损失（所得少于所可得）。燃料电池同时存在反应热和功效

---

❶　需要反应物分数（浓度）作为增加的参数。两种反应物参与的化学反应，需要增加一个反应物分数，另一个反应物分数可以由反应平衡确定。三种反应物参与的化学反应，实际需要增加两个反应物分数。如果反应过程中还有物质聚集形态的变化（即相变），还需要考虑物质聚集形态数目的因素。

应，如果能够充分利用反应热，应该能获得较高的㶲效率。

系统在定温条件下进行化学反应，除容积变化功以外不作其他功，此时系统所吸收或放出的热量称为该反应过程的热效应。显然，反应热效应就是反应热的最大值。

工程上，化学反应大都在定容或定压下进行。定温定容条件下反应热效应为：

$$\Delta U = U_2 - U_1 = -W_V - W_e + Q_V = Q_V \tag{11-3}$$

定温定压条件下 $$U_2 - U_1 = p(V_1 - V_2) - W_e + Q_p$$

从而 $$H_2 - H_1 = \Delta H = Q_p \tag{11-3a}$$

式（11-3）和式（11-3a）意味着定温定容条件下反应热效应为生成物总热力学能与反应物总热力学能之差；定温定压条件下反应热效应为生成物总焓与反应物总焓之差。

用下标"R"表示反应物，下标"P"表示生成物，式（11-3）和式（11-3a）可以分别写成：

$$Q_V = U_P - U_R \tag{11-4}$$

$$Q_p = H_P - H_R \tag{11-4a}$$

两个热效应相比较，可得：

$$Q_p - Q_V = (H_P - H_R)_p - (U_P - U_R)_V = (U_P - U_R)_p + p(V_P - V_R)_p - (U_P - U_R)_V$$

对于固体、液体等压缩性很小的物质，$p(V_P - V_R)_p \approx 0$，$U_{P,p}$ 与 $U_{P,V}$ 的差别也不大，所以定压反应热效应与定容反应热效应大致相等。对于理想气体，定温过程热力学能相等，上式写成：

$$Q_p - Q_V = p(V_P - V_R)_p$$

由理想气体状态方程得 $$Q_p - Q_V = (n_P - n_R)_p RT$$

上式表明理想气体的两个反应热效应之间的关系依反应温度和反应前后（气态）物质总摩尔数的变化而定。很多情形中，$(n_P - n_R)_p RT$ 很小或等于零（如反应 $C + O_2 = CO_2$，$\Delta n = 1 - 1 = 0$），则定压反应热效应与定容反应热效应相等。

化学学科以 $p = 101325Pa$、$T = 298.15K$ 为标准状态，该状态下的反应热效应称为标准反应热效应或标准热效应。在化学反应方程式中，人们往往在反应物和生成物分子式的右下角注明其聚集态，气态用（g），液态用（l），固态用（s）；在 Q_p 或 Q_V 的右下角注明反应温度的数值（以 K 计）。

在燃料的燃烧反应中，标准反应热效应称为发热量或热值。按标准热效应的定义，燃烧产物中的 H_2O 应以液态水的形式存在。但实际工程中 H_2O 是以气态随烟气排出，故实际发热量比标准热效应低，称为低位发热量，相应地标准热效应称为高位发热量。两个发热量相差 H_2O 的气化潜热。

气化潜热、熔化潜热、升华潜热以及溶解热等也属于反应热效应。

11.1.3 盖斯定律

盖斯定律指出：只要反应前系统的状态与反应后系统的状态相同，不管反应中间经过什么路径或经历几个阶段，它们的反应热效应必然相等。

以 C 与 O_2 结合生成 CO_2 为例，直接一步反应生成 CO_2，则

$$C + O_2 = CO_2 + Q$$

如先不完全反应生成 CO，然后 CO 再与 O_2 反应生成 CO_2，则

$$C + \frac{1}{2}O_2 = CO + Q_1$$

$$CO + \frac{1}{2}O_2 = CO_2 + Q_2$$

盖斯定律确定： $Q = Q_1 + Q_2$

当某个反应的热效应难以测定时，我们可以通过测定相关反应链上其他反应的热效应来推算需要测定的反应热效应。

11.2 反应热与反应热效应的计算

复杂物质的反应热效应（如各种燃料的发热量）可以根据某些简单反应的热效应的实测数据来计算。

11.2.1 生成焓

由元素单质 C、H_2、O_2 等在定温下生成化合物 CO_2、CO、H_2O 等的反应叫生成反应。生成反应中，生成 1kmol 的化合物的反应热效应称为该化合物的生成焓，可表示为 h_f。在标准状态下进行的生成反应，所测定的标准热效应称为标准生成焓 h_f°。

元素单质 C、H_2、O_2 等不是化合物，规定它们的标准生成焓为零。

如果反应是在非标准状态下进行，相应的生成焓等于标准生成焓加上反应状态与标准状态之间的物理焓差。

标准反应热效应可以用标准生成焓计算：

$$Q_p = (H_f^\circ)_P - (H_f^\circ)_R = \sum n_P (h_f^\circ)_P - \sum n_R (h_f^\circ)_R \qquad (11-5)$$

11.2.2 非标准状态下反应热效应与反应热的计算

基尔霍夫定律反映了反应热效应和温度的关系：

$$\left(\frac{\partial Q_P}{\partial T}\right)_p = \Delta \sum n_i C_{pi} \qquad (11-6)$$

$$\left(\frac{\partial Q_V}{\partial T}\right)_V = \Delta \sum n_i C_{Vi} \qquad (11-7)$$

基尔霍夫定律和盖斯定律实质就是热力学第一定律。历史上它们都在热力学第一定律之前提出，但没有涉及热的能量本质，也没有与能量的普遍性联系起来，因而没有发展成为能量守恒与转换定律。有了热力学第一定律后，它们仅仅是热力学第一定律的推论而已。

如果反应是在非标准状态下进行，反应热效应可以直接用该状态的生成焓仿照式（11-5）计算。

如果反应前后状态不同，如燃烧前燃料和助燃空气的温度低而燃烧后温度很高，我们可以按照反应前的状态计算对应的反应热效应，然后再计算生成物从反应前状态变化到反应后状态的物理焓变化量，两者之差就是所要求的反应热。或者按照反应前状态计算反应物的生成焓，按照反应后的状态计算生成物的生成焓，然后仿照式（11-5）计算反应热：

$$Q_p = (H_f)_P - (H_f)_R = \sum n_P (h_f^\circ + \Delta h_{0,P})_P - \sum n_R (h_f^\circ + \Delta h_{0,R})_R \qquad (11-8)$$

式中，$\Delta h_{0,P}$ 表示从标准状态到生成物状态（反应后状态）的物理焓变，括号外的脚标"P"表示生成物；$\Delta h_{0,R}$ 表示从标准状态到反应物状态（反应前状态）的物理焓变。

11.2.3   理论燃烧温度

燃料燃烧产生的热效应分为两部分：一部分通过热交换传递给外界，即反应热；另一部分使燃烧产物温度升高。燃烧过程中如果不向外界传递热量，即绝热燃烧，则全部热效应均用于提高燃烧产物的温度，该温度称为理论燃烧温度。

如果燃料与空气是在标准状态下进入系统进行绝热燃烧，则反应物的物理焓变 $\Delta h_{0,R} = 0$，由式（11-8）得：

$$\sum n_P (h_f^\circ + \Delta h_{0,P})_P = \sum n_R (h_f^\circ)_R$$

进而
$$\sum n_P (\Delta h_{0,P})_P = \sum n_R (h_f^\circ)_R - \sum n_P (h_f^\circ)_P \qquad (11-9)$$

式中右侧是燃料燃烧所释放的热（即标准反应热效应），全部用于增加燃烧产物的物理焓，使其温度由 298K 上升到理论燃烧温度。

实际燃烧过程往往有过量的空气供给以保证燃料完全燃烧，其燃烧产物包括未参与燃烧的空气。绝热燃烧后增加燃烧产物的温度会低于理论燃烧温度，称为绝热燃烧温度。

11.3   热力学第二定律

前面讨论了化学反应过程中的能量平衡关系，本节利用热力学第二定律讨论化学反应进行的方向、限度（化学平衡的条件）和条件（外界条件变化对平衡的影响）。

11.3.1   化学反应方向判据与平衡条件

热力学第二定律表明，过程总是自发地、不可逆地朝着使孤立系统熵增加的方向进行，即：

$$\mathrm{d}s_{\text{孤立系}} = \mathrm{d}s_g \geqslant 0$$

孤立系统包括化学反应系统及其环境，于是：

$$\mathrm{d}S_{\text{孤立系}} = \mathrm{d}S + \mathrm{d}S_0 \geqslant 0$$

式中，$\mathrm{d}S$ 为化学反应系统的熵增；$\mathrm{d}S_0$ 为环境熵增。

若化学反应系统从环境可逆地吸热 $\mathrm{d}Q$，则 $\mathrm{d}S_0 = -\dfrac{\mathrm{d}Q}{T}$，故：

$$\mathrm{d}S_{\text{孤立系}} = \mathrm{d}S - \frac{\mathrm{d}Q}{T} \geqslant 0$$

系统不作其他功（有用功），由式（11-2）：

$$\mathrm{d}S_{\text{孤立系}} = \mathrm{d}S - \frac{\mathrm{d}U + \mathrm{d}W_V}{T} \geqslant 0$$

或
$$T\mathrm{d}S_{\text{孤立系}} = T\mathrm{d}S - (\mathrm{d}U + \mathrm{d}W_V) \geqslant 0 \qquad (11-10)$$

对于定温定容过程，$S\mathrm{d}T = 0$，式（11-10）变为：

$$TdS + SdT - (dU + pdV) \geq 0$$

即
$$d(U - TS) = dA \leq 0 \qquad (11-11)$$

过程自发进行时，$dA < 0$；过程达到平衡时，$dA = 0$，$d^2A > 0$。

在定温 - 定容条件下，化学反应向亥姆霍兹自由能 A 减小的方向进行，一旦亥姆霍兹自由能达到最小值，就不再变化，反应停止，系统达到化学平衡状态。因此，亥姆霍兹自由能可以作为判断定温定容过程进行方向的判据。

对于定温定压过程，$SdT = 0$，$Vdp = 0$，式（11-10）变为：
$$TdS + SdT - (dU + pdV + Vdp) \geq 0$$

即
$$d(U + pV - TS) = dG \leq 0 \qquad (11-12)$$

过程自发进行时，$dG < 0$；过程达到平衡时，$dG = 0$，$d^2G > 0$。

在定温 - 定压条件下，化学反应向吉布斯自由能 G 减小的方向进行，一旦吉布斯自由能达到最小值，就不再变化，反应停止，系统达到化学平衡状态。因此，吉布斯自由能可以作为判断定温定压过程进行方向的判据。

若系统作其他功（有用功），式（11-10）应写为：
$$TdS_{孤立系} = TdS - (dU + dW_V + dW_e) \geq 0$$

对于可逆的定温定容过程，上式取等号，不可逆损失最小，总功最大，而容积功等于零，所以其他功（有用功）等于总功，也为最大。
$$dW_e = -d(U - TS) + SdT - dW_V = -dA$$

积分可得
$$W_{e,12} = A_1 - A_2 \qquad (11-13)$$

即在可逆的定温定容条件下，过程的最大有用功等于亥姆霍兹自由能的减少量。将式（11-13）代入式（11-2），有：
$$Q_V = (U_2 - U_1) + A_1 - A_2 = T(S_2 - S_1)$$

意味着系统总的热力学能变化（主要是释放的化学能）中最多可以获得等于亥姆霍兹自由能变化量的有用功，其余部分作为反应热离开系统。所以，A 被称为自由能，相应的 TS 可称为束缚能。

类似地，在可逆的定温定压条件下，系统总的焓变化中最多可以获得等于吉布斯自由能变化量 ΔG 的有用功，其余部分作为反应热 Q_p 离开系统。所以，G 被称为自由能，TS 称为束缚能。

11.3.2 化学平衡与平衡常数

化学反应过程是反应物分子化学键破裂，分解成原子和原子团，再重新组合成生成物分子的过程。同时，生成物分子的化学键也会破裂，原子和原子团重组也会形成反应物分子。反应物多，破裂的分子数多，反应物就趋于减少；重组形成生成物比形成反应物容易，形成生成物就多一些。综合这两个因素，就构成了定向反应速度。

简单的化学反应过程方程式为：
$$A_1 + A_2 \Longrightarrow B_1 + B_2$$

式中，A_1、A_2 是反应物；B_1、B_2 为生成物。A_1、A_2 生成 B_1、B_2 是正向反应，反过来是逆向反应。反应进行的程度要看双向反应速度的博弈。正向反应速度与反应物 A_1、A_2 的浓度 C_{A1}、C_{A2} 成正比，也与重组形成生成物的难易程度 k_1 成正比；逆向反应速度与生成

物 B_1、B_2 的浓度 C_{B1}、C_{B2} 成正比，也与重组形成反应物的难易程度 k_2 成正比。即

正向反应速度： $$v_1 = k_1 C_{A1} C_{A2}$$

逆向反应速度： $$v_2 = k_2 C_{B1} C_{B2}$$

k_1、k_2 为正、逆向反应速度常数。当反应达到化学平衡时，以小写字母表示平衡时的物质浓度，即 c_{A1}、c_{A2}、c_{B1}、c_{B2}。此时 $v_1 = v_2$，于是

$$k_1 c_{A1} c_{A2} = k_2 c_{B1} c_{B2}$$

写作

$$\frac{k_2}{k_1} = \frac{c_{A1} c_{A2}}{c_{B1} c_{B2}}$$

令 $K_c = \dfrac{k_2}{k_1}$，称为反应平衡常数，一般与反应温度有关：

$$K_c = \frac{c_{A1} c_{A2}}{c_{B1} c_{B2}} \tag{11-14}$$

式（11-14）称为质量作用定律，它表明了一定的化学反应平衡时各物质的数量关系，可用来衡量一定条件下化学反应进行的程度。若在平衡物系中添加或去除某物质（增加或减少其浓度），从而破坏了平衡，系统将使化学反应向外界影响减弱的方向进行，直至恢复平衡。实践中，我们往往不断加入反应物同时不断排出生成物，反应就连续进行下去。

更一般的化学反应过程方程式可表示为式（11-1）的形式：

$$a_1 A_1 + a_2 A_2 \Longleftrightarrow b_1 B_1 + b_2 B_2$$

式中的化学计量系数 a_1、a_2、b_1、b_2 为各物质的摩尔数。$a_1 A_1$ 相当于 a_1 个 A_1 相加，于是质量作用定律中就有 a_1 个 A_1 相乘，即 $c_{A1}^{a_1}$。以此类推，质量作用定律可写为：

$$K_c = \frac{c_{A1}^{a_1} c_{A2}^{a_2}}{c_{B1}^{b_1} c_{B2}^{b_2}} \tag{11-15}$$

质量作用定律是从单相气态物质化学反应得出的，隐含着物质均匀混合分布的要求，所以在工程上（如炉内燃烧）使反应物进入并均匀混合以及使生成物离开反应区域等过程都对化学反应有影响。很多参与化学反应的物质是固态或液态，情况就更为复杂。大多数时候固体或液体需要升华或蒸发成气体才能参与反应，此时固体或液体反应物的浓度就可以取蒸气的浓度。固体或液体升华或蒸发的速度以及蒸气从固体液体表面扩散到反应区域的速度控制着蒸气的浓度，进而影响反应速度。还有一些固体或液体在反应温度下不能或很微弱地升华或蒸发，此时反应主要在固体或液体表面进行，反应速度本身意义不大，控制反应进行的是气态反应物到达固体或液体表面与生成物离开表面的速度。综上所述，实际的化学反应过程集热力学、流体流动、传热传质等诸多过程为一体，单纯的热力学分析不足以完成对其控制。但热力学分析揭示了化学反应过程能否进行的根本原因和条件，流体流动和传热传质分析的目的是提供这个原因和条件。

11.4 热力学第三定律

11.4.1 能斯特热定理

化学反应前后系统中物质的成分发生变化，各种物质的熵不宜再用各自的基准点各异

的相对值，而应是绝对值。于是就需要确定熵的零点。1882 年前后亥姆霍兹、吉布斯提出自由能时就设想过物质在绝对零度时熵的绝对值等于零，两个自由能函数中的 S 就应是绝对值。

1906 年能斯特（W. H. Nerst）根据 1902 年理查德对原电池的实验数据，提出了能斯特热定理：凝聚系统的熵在可逆等温过程中的变化随温度趋近于绝对零度而趋近于零。即：

$$\lim_{T \to 0} \Delta S_T = 0 \qquad (11-16)$$

能斯特热定理意味着趋近于绝对零度时，化学反应前后物质种类成分的变化不能导致熵的变化，即各种物质的比熵相等。不变的熵应是一常数，1911 年普朗克认为，聪明而简单的选择是假定该常数等于零。一种较严谨的表述是：绝对零度时任何纯粹物质完整晶体的熵等于零。

11.4.2　绝对零度不可能达到

1912 年能斯特根据他的热定理推论：不可能用有限的步骤使物体的温度降到绝对零度。物体降温方法有非绝热放热和绝热（膨胀、节流、去磁等）两类。放热需要温度比绝对零度更低的冷源，因而不可能实现。而能斯特热定理表明趋近于绝对零度时，等熵线和等温线重合，绝热过程不能使温度下降。

能斯特热定理、绝对零度时物质熵等于零、绝对零度不可能达到都可以作为热力学第三定律的说法。第三定律不阻止人们接近绝对零度的努力，只要温度不是绝对零度，理论上就有可能进一步降低。绝对零度不可能达到的原理不可能由实验验证，其正确性是由其一切推论均与实际观测相符而保证的。在宏观热力学体系内，热力学第三定律也是一个基本公理。

辩证唯物主义的观点：运动是物质不可分割的属性。海森堡不确定性原理（Werner Heisenberg, uncertainty principle, 1927）表明，粒子的位置与动量不可同时被确定，位置的不确定性 Δx 与动量的不确定性 Δp 遵守不等式 $\Delta x \Delta p \geqslant \dfrac{h}{4\pi}$（$h$ 是普朗克常数）。"物质完整晶体的熵等于零"与不确定性原理有冲突，因此绝对零度不能达到。

复习思考题与习题

11-1　讨论理想气体热力过程时，若两个独立的状态参数保持不变，过程就无法进行。化学反应系统也受此限制吗？

11-2　化学反应过程中系统的热力学能、作功等的意义与非化学反应过程中它们的意义有何区别和联系？

11-3　为什么氢的热值须分高低，而碳的热值却不必？你认为在生产生活中更有用的是高热值还是低热值？

11-4　化学反应过程中的有用功是㶲吗？反应热中有㶲吗？

11-5　如何理解化学平衡是动态平衡？

11-6　闭口系统里面的化学反应平衡时，各物质浓度是否继续变化？

11-7   一个管式反应器，反应物从一端输入，生成物从另一端排出。化学反应平衡点设在反应器的什么部位好？出口物质全是生成物吗？

11-8   正向反应和逆向反应是同时进行还是先后进行？它们是可逆反应吗？

11-9   已知 1000K 时反应式 $2C + O_2 \rightarrow 2CO$ 的定压反应热效应 $Q_p = -223106kJ/kmol$，试求定容反应热效应。

11-10   已知化学反应式为 $C(s) + 2H_2O(g) \rightarrow CO_2(g) + 2H_2(g)$，求标准定容反应热效应。

11-11   试计算反应 $H_2 + 10O_2 \rightarrow H_2O(g) + 9.5O_2$ 在 $T = 500K$，$p = 101325Pa$ 时系统焓及热力学能的变化。如该反应在绝热刚性容器中进行，问反应过程中系统的温度升高多少度？（水蒸气的平均定容比热为 $30kJ/(kmol \cdot K)$；氧的平均定容比热为 $25kJ/(kmol \cdot K)$）。

附　　录

附表1　常用气体的摩尔质量、气体常数和临界参数

物质	分子式	摩尔质量 M /kg·kmol^{-1}	气体常数 R_g /kJ·(kg·K)$^{-1}$	临界参数		
				温度 T_c/K	压力 p_c/MPa	比体积 v_c/m^3·kmol^{-1}
空气	—	28.97	0.2870	132.5	3.77	0.0883
氨	NH_3	17.03	0.4882	405.5	11.28	0.0724
氩	Ar	39.948	0.2081	151	4.86	0.0749
苯	C_6H_6	78.115	0.1064	562	4.92	0.2603
溴	Br_2	159.808	0.0520	584	10.34	0.1355
正丁烷	C_4H_{10}	58.124	0.1430	425.2	3.80	0.2547
二氧化碳	CO_2	44.01	0.1889	304.2	7.39	0.0943
一氧化碳	CO	28.011	0.2968	133	3.50	0.0930
四氯化碳	CCl_4	153.82	0.05405	556.4	4.56	0.2759
氯	Cl_2	70.906	0.1173	417	7.71	0.1242
氯仿	$CHCl_3$	119.38	0.06964	536.6	5.47	0.2403
R12	CCl_2F_2	120.91	0.06876	384.7	4.01	0.2179
R21	$CHCl_2F$	102.92	0.08078	451.7	5.17	0.1973
乙烷	C_2H_6	30.070	0.2765	305.5	4.48	0.1480
乙醇	C_2H_5OH	46.07	0.1805	516	6.38	0.1673
乙烯	C_2H_4	28.054	0.2964	282.4	5.12	0.1242
氦	He	4.003	2.0769	5.3	0.23	0.0578
正己烷	C_6H_{14}	86.179	0.09647	507.9	3.03	0.3677
氢	H_2	2.016	4.1240	33.3	1.30	0.0649
氪	Kr	83.80	0.09921	209.4	5.50	0.0924
甲烷	CH_4	16.043	0.5182	191.1	4.64	0.0993
甲醇	CH_3OH	32.042	0.2595	513.2	7.95	0.1180
氯甲烷	CH_3Cl	50.488	0.1647	416.3	6.68	0.1430
氖	Ne	20.183	0.4119	44.5	2.73	0.0417
氮	N_2	28.013	0.2968	126.2	3.39	0.0899
氧化二氮	N_2O	44.013	0.1889	309.7	7.27	0.0961
氧	O_2	31.999	0.2598	154.8	5.08	0.0780
丙烷	C_3H_8	44.097	0.1885	370	4.26	0.1998
丙烯	C_3H_6	42.081	0.1976	365	4.62	0.1810
二氧化硫	SO_2	64.063	0.1298	430.7	7.88	0.1217
R134a	CF_3CH_2F	102.03	0.08149	374.3	4.067	0.1847
R11	CCl_3F	137.37	0.06052	471.2	4.38	0.2478
水蒸气	H_2O	18.015	0.4615	647.3	22.09	0.0568
氙	Xe	131.30	0.06332	289.8	5.88	0.1186

附表 2 -1　常用气体在理想气体状态的比热容

（a）温度为 300K

气体	分子式	气体常数 R_g /kJ·(kg·K)$^{-1}$	比定压热容 c_p /kJ·(kg·K)$^{-1}$	比定容热容 c_V /kJ·(kg·K)$^{-1}$	$k=\dfrac{c_p}{c_V}$
空气	—	0.2870	1.005	0.718	1.400
氩	Ar	0.2081	0.5203	0.3122	1.667
正丁烷	C_4H_{10}	0.1433	1.7164	1.5734	1.091
二氧化碳	CO_2	0.1889	0.846	0.657	1.289
一氧化碳	CO	0.2968	1.040	0.744	1.400
乙烷	C_2H_6	0.2765	1.7662	1.4897	1.186
乙烯	C_2H_4	0.2964	1.5482	1.2518	1.237
氦	He	2.0769	5.1926	3.1156	1.667
氢	H_2	4.1240	14.307	10.183	1.405
甲烷	CH_4	0.5182	2.2537	1.7354	1.299
氖	Ne	0.4119	1.0299	0.6179	1.667
氮	N_2	0.2968	1.039	0.743	1.400
辛烷	C_8H_{18}	0.0729	1.7113	1.6385	1.044
氧	O_2	0.2598	0.918	0.658	1.395
丙烷	C_3H_8	0.1885	1.6794	1.4909	1.126
水蒸气	H_2O	0.4615	1.8723	1.4108	1.327

（b）其他温度条件

温度 T/K	空气 c_p /kJ·(kg·K)$^{-1}$	空气 c_V /kJ·(kg·K)$^{-1}$	空气 k	二氧化碳 CO_2 c_p /kJ·(kg·K)$^{-1}$	二氧化碳 CO_2 c_V /kJ·(kg·K)$^{-1}$	二氧化碳 CO_2 k	一氧化碳 CO c_p /kJ·(kg·K)$^{-1}$	一氧化碳 CO c_V /kJ·(kg·K)$^{-1}$	一氧化碳 CO k
250	1.003	0.716	1.401	0.791	0.602	1.314	1.039	0.743	1.400
300	1.005	0.718	1.400	0.846	0.657	1.288	1.040	0.744	1.399
350	1.008	0.721	1.398	0.895	0.706	1.268	1.043	0.746	1.398
400	1.013	0.726	1.395	0.939	0.750	1.252	1.047	0.751	1.395
450	1.020	0.733	1.391	0.978	0.790	1.239	1.054	0.757	1.392
500	1.029	0.742	1.387	1.014	0.825	1.229	1.063	0.767	1.387
550	1.040	0.753	1.381	1.046	0.857	1.220	1.075	0.778	1.382
600	1.051	0.764	1.376	1.075	0.886	1.213	1.087	0.790	1.376
650	1.063	0.776	1.370	1.102	0.913	1.207	1.100	0.803	1.370
700	1.075	0.788	1.364	1.126	0.937	1.202	1.113	0.816	1.364
750	1.087	0.800	1.359	1.148	0.959	1.197	1.126	0.829	1.358
800	1.099	0.812	1.354	1.169	0.980	1.193	1.139	0.842	1.353
900	1.121	0.834	1.344	1.204	1.015	1.186	1.163	0.866	1.343
1000	1.142	0.855	1.336	1.234	1.045	1.181	1.185	0.888	1.335

温度 T/K	氢 H_2 c_p	氢 H_2 c_V	氢 H_2 k	氮 N_2 c_p	氮 N_2 c_V	氮 N_2 k	氧 O_2 c_p	氧 O_2 c_V	氧 O_2 k
250	14.051	9.927	1.416	1.039	0.742	1.400	0.913	0.653	1.398
300	14.307	10.183	1.405	1.039	0.743	1.400	0.918	0.658	1.395
350	14.427	10.302	1.400	1.041	0.744	1.399	0.928	0.668	1.389
400	14.476	10.352	1.398	1.044	0.747	1.397	0.941	0.681	1.382
450	14.501	10.377	1.398	1.049	0.752	1.395	0.956	0.696	1.373

温度 T/K	氢 H_2			氮 N_2			氧 O_2		
	c_p /kJ·(kg·K)$^{-1}$	c_V /kJ·(kg·K)$^{-1}$	k	c_p /kJ·(kg·K)$^{-1}$	c_V /kJ·(kg·K)$^{-1}$	k	c_p /kJ·(kg·K)$^{-1}$	c_V /kJ·(kg·K)$^{-1}$	k
500	14.513	10.389	1.397	1.056	0.759	1.391	0.972	0.712	1.365
550	14.530	10.405	1.396	1.065	0.768	1.387	0.988	0.728	1.358
600	14.546	10.422	1.396	1.075	0.778	1.382	1.003	0.743	1.350
650	14.571	10.447	1.395	1.086	0.789	1.376	1.017	0.758	1.343
700	14.604	10.480	1.394	1.098	0.801	1.371	1.031	0.771	1.337
750	14.645	10.521	1.392	1.110	0.813	1.365	1.043	0.783	1.332
800	14.695	10.570	1.390	1.121	0.825	1.360	1.054	0.794	1.327
900	14.822	10.698	1.385	1.145	0.849	1.349	1.074	0.814	1.319
1000	14.983	10.859	1.380	1.167	0.870	1.341	1.090	0.830	1.313

(c) 温度函数（摩尔定压热容关系式）

$$C_{mp} = a_1 + a_2 T + a_3 T^2 + a_4 T^3 \qquad \text{kJ/(kmol·K)}$$

物质	分子式	a_1	a_2	a_3	a_4	温度范围/K	误差/%	
							最大	平均
氮	N_2	28.90	-0.1571×10^{-2}	0.8081×10^{-5}	-2.873×10^{-9}	273-1800	0.59	0.34
氧	O_2	25.48	1.520×10^{-2}	-0.7155×10^{-5}	1.312×10^{-9}	273-1800	1.19	0.28
空气	—	28.11	0.1967×10^{-2}	0.4802×10^{-5}	-1.966×10^{-9}	273-1800	0.72	0.33
氢	H_2	29.11	-0.1916×10^{-2}	0.4003×10^{-5}	-0.8704×10^{-9}	273-1800	1.01	0.26
一氧化碳	CO	28.16	0.1675×10^{-2}	0.5372×10^{-5}	-2.222×10^{-9}	273-1800	0.89	0.37
二氧化碳	CO_2	22.26	5.981×10^{-2}	-3.501×10^{-5}	7.469×10^{-9}	273-1800	0.67	0.22
水蒸气	H_2O	32.24	0.1923×10^{-2}	1.055×10^{-5}	-3.595×10^{-9}	273-1800	0.53	0.24
一氧化氮	NO	29.34	-0.09395×10^{-2}	0.9747×10^{-5}	-4.187×10^{-9}	273-1500	0.97	0.36
氧化二氮	N_2O	24.11	5.8632×10^{-2}	-3.562×10^{-5}	10.58×10^{-9}	273-1500	0.59	0.26
二氧化氮	NO_2	22.9	5.715×10^{-2}	-3.52×10^{-5}	7.87×10^{-9}	273-1500	0.46	0.18
氨	NH_3	27.568	2.5630×10^{-2}	0.99072×10^{-5}	-6.6909×10^{-9}	273-1500	0.91	0.36
硫	S_2	27.21	2.218×10^{-2}	-1.628×10^{-5}	3.986×10^{-9}	273-1800	0.99	0.38
二氧化硫	SO_2	25.78	5.795×10^{-2}	-3.812×10^{-5}	8.612×10^{-9}	273-1800	0.45	0.24
三氧化硫	SO_3	16.40	14.58×10^{-2}	-11.20×10^{-5}	32.42×10^{-9}	273-1300	0.29	0.13
乙炔	C_2H_2	21.8	9.2143×10^{-2}	-6.527×10^{-5}	18.21×10^{-9}	273-1500	1.46	0.59
苯	C_6H_6	-36.22	48.475×10^{-2}	-31.57×10^{-5}	77.62×10^{-9}	273-1500	0.34	0.20
甲醇	CH_4O	19.0	9.152×10^{-2}	-1.22×10^{-5}	-8.039×10^{-9}	273-1000	0.18	0.08
乙醇	C_2H_6O	19.9	20.96×10^{-2}	-10.38×10^{-5}	20.05×10^{-9}	273-1500	0.40	0.22
氯化氢	HCl	30.33	-0.7620×10^{-2}	1.327×10^{-5}	-4.338×10^{-9}	273-1500	0.22	0.08
甲烷	CH_4	19.89	5.024×10^{-2}	1.269×10^{-5}	-11.01×10^{-9}	273-1500	1.33	0.57
乙烷	C_2H_6	6.900	17.27×10^{-2}	-6.406×10^{-5}	7.285×10^{-9}	273-1500	0.83	0.28
丙烷	C_3H_8	-4.04	30.48×10^{-2}	-15.72×10^{-5}	31.74×10^{-9}	273-1500	0.40	0.12
正丁烷	C_4H_{10}	3.96	37.15×10^{-2}	-18.34×10^{-5}	35.00×10^{-9}	273-1500	0.54	0.24
异丁烷	C_4H_{10}	-7.913	41.60×10^{-2}	-23.01×10^{-5}	49.91×10^{-9}	273-1500	0.25	0.13
正戊烷	C_5H_{12}	6.774	45.43×10^{-2}	-22.46×10^{-5}	42.29×10^{-9}	273-1500	0.56	0.21
正己烷	C_6H_{14}	6.938	55.22×10^{-2}	-28.65×10^{-5}	57.69×10^{-9}	273-1500	0.72	0.20
乙烯	C_2H_4	3.95	15.64×10^{-2}	-8.344×10^{-5}	17.67×10^{-9}	273-1500	0.54	0.13
丙烯	C_3H_6	3.15	23.83×10^{-2}	-12.18×10^{-5}	24.62×10^{-9}	273-1500	0.73	0.17

附表 2 –2　常用气体在理想气体状态的平均摩尔定压热容

（a）平均定压热容表 $C_{mpav,0t}$　　　　　　　　　　　　　　　　　　　　　　　　　kJ/(kmol·℃)

温度/℃	气　体							
	N_2	O_2	空气	H_2	CO	CO_2	H_2O	SO_2
0. 01	29. 02	29. 12	28. 97	28. 87	28. 97	36. 14	33. 48	38. 94
100	29. 14	29. 68	29. 18	28. 88	29. 19	38. 16	33. 85	40. 79
200	29. 31	30. 20	29. 42	28. 92	29. 43	40. 00	34. 26	42. 45
300	29. 50	30. 69	29. 67	28. 97	29. 68	41. 67	34. 72	43. 92
400	29. 71	31. 14	29. 93	29. 04	29. 95	43. 19	35. 20	45. 23
500	29. 95	31. 56	30. 21	29. 13	30. 23	44. 55	35. 72	46. 38
600	30. 21	31. 94	30. 49	29. 24	30. 51	45. 78	36. 26	47. 39
700	30. 47	32. 30	30. 77	29. 36	30. 80	46. 88	36. 82	48. 27
800	30. 75	32. 63	31. 05	29. 49	31. 09	47. 87	37. 39	49. 04
900	31. 03	32. 94	31. 34	29. 63	31. 38	48. 76	37. 97	49. 70
1000	31. 31	33. 22	31. 61	29. 78	31. 66	49. 55	38. 56	50. 27
1100	31. 58	33. 48	31. 88	29. 95	31. 93	50. 27	39. 13	50. 76
1200	31. 84	33. 72	32. 14	30. 12	32. 19	50. 91	39. 71	51. 18
1300	32. 09	33. 95	32. 38	30. 29	32. 43	51. 50	40. 26	51. 56
1400	32. 33	34. 16	32. 61	30. 47	32. 65	52. 04	40. 80	51. 89
1500	32. 54	34. 36	32. 81	30. 66	32. 85	52. 54	41. 31	52. 20
1600	32. 72	34. 55	33. 00	30. 84	33. 02	53. 02	41. 79	52. 49
1700	32. 87	34. 73	33. 15	31. 03	33. 16	53. 48	42. 24	52. 79

根据附表 2 – 1（c）计算而得

（b）平均定压热容的直线关系式　　　　　　　　　　　　　　　　　　　　　　　　kJ/(kmol·℃)

空气	$C_{mp,av} = 28.65 + 0.0009835t$
O_2	$C_{mp,av} = 29.63 + 0.0076t$
H_2	$C_{mp,av} = 28.59 - 0.000958t$
H_2O	$C_{mp,av} = 32.77 + 0.0009615t$
N_2	$C_{mp,av} = 28.47 - 0.0007855t$
CO	$C_{mp,av} = 28.62 + 0.0008375t$
CO_2	$C_{mp,av} = 38.60 + 0.029905t$
SO_2	$C_{mp,av} = 41.61 + 0.028975t$

根据附表 2 – 1（c）计算而得

附表 3−1　常见液体、固体和食品的性质（液体）

(a) 液体

物质	1 标准大气压下的沸腾数据		凝结数据		液体性质		
	标态沸点 /℃	气化潜热 γ /kJ·kg^{-1}	凝固点 /℃	熔化潜热 γ /kJ·kg^{-1}	温度 /℃	密度 ρ /kg·m^{-3}	比热容 c_p /kJ·(kg·℃)$^{-1}$
氨	−33.3	1357	−77.7	322.4	−33.3	682	4.43
					−20	665	4.52
					0	639	4.60
					25	602	4.80
氩	−185.9	161.6	−189.3	28	−185.6	1394	1.14
苯	80.2	394	5.5	126	20	879	1.72
盐水（氯化钠比例为20%）	103.9	—	−17.4		20	1150	3.11
正丁烷	−0.5	385.2	−138.5	80.3	−0.5	601	2.31
二氧化碳	−78.4	230.5(0℃)	−56.6		0	298	0.59
乙醇	78.2	838.3	−114.2	109	25	783	2.46
酒精	78.6	855	−156	108	20	789	2.84
乙二醇	198.1	800.1	−10.8	181.1	20	1109	2.84
甘油	179.9	974	18.9	200.6	20	1261	2.32
氦	−268.9	22.8	—	—	−268.9	146.2	22.8
氢	−252.8	445.7	−259.2	59.5	−252.8	70.7	10.0
异丁烷	−11.7	367.1	−160	105.7	−11.7	593.8	2.28
煤油	204−293	251	−24.9	—	20	820	2.00
汞	356.7	294.7	−38.9	11.4	25	13560	0.139
甲烷	−161.5	510.4	−182.2	58.4	−161.5	423	3.49
					−100	301	5.79
甲醇	64.5	1100	−97.7	99.2	25	787	2.55
氮	−195.8	198.6	−210	25.3	−198.5	809	2.06
					−160	596	2.97
辛烷	124.8	306.3	−57.5	180.7	20	703	2.10
石油（轻质）					25	910	1.80
氧	−183	212.7	−218.8	13.7	−183	1141	1.71
石油	—	230−384			20	640	2.0
丙烷	−42.1	427.8	−187.7	80.0	−42.1	581	2.25
					0	529	2.53
					50	449	3.13
制冷剂−134a	−26.1	216.8	−96.6	—	−50	1443	1.23
					−26.1	1374	1.27
					0	1294	1.34
					25	1206	1.42
水	100	2257	0.0	333.7	0	100	4.23
					25	997	4.18
					50	988	4.18
					75	975	4.19
					100	958	4.22

附表 3 – 2　常见液体、固体和食品的性质（固体）

物　质		密度 ρ /kg·m^{-3}	比热容 c_p /kJ·(kg·℃)$^{-1}$	物　质		密度 ρ /kg·m^{-3}	比热容 c_p /kJ·(kg·℃)$^{-1}$
金　属				非 金 属			
铝	200K		0.797	沥青		2110	0.920
	250K		0.859	普通砖		1922	0.79
	300K	2700	0.902	火泥砖（500℃）		2300	0.960
	350K		0.929	混凝土		2300	0.653
	400K		0.949	黏土		1000	0.920
	450K		0.973	钻石		2420	0.616
	500K		0.997	玻璃，窗户		2700	0.800
青铜 （72%铜，2%锌，2%铝）		8280	0.400	派热克斯玻璃		2230	0.840
黄铜（65%铜，35%锌）		8310	0.400	石墨		2500	0.711
铜	−173℃		0.254	花岗岩		2700	1.017
	−100℃		0.342	石膏		800	1.09
	−50℃		0.367	冰	200K		1.56
	0℃		0.381		220K		1.71
	27℃	8900	0.386		240K		1.86
	100℃		0.393		260K		2.01
	200℃		0.403		273K	921	2.11
铁		7840	0.45	石灰岩		1650	0.909
铅		11310	0.128	大理石		2600	0.880
镁		1730	1.000	胶合板		545	1.21
镍		8890	0.440	橡胶（软）		1100	1.840
银		10470	0.235	橡胶（硬）		1150	2.009
钢		7830	0.500	砂		1520	0.800
钨		19400	0.130	石头		1500	0.800
				木头，硬质 （枫树，橡木等）		721	1.26
				木头，软质 （冷杉，松等）		513	1.38

附表 3-3 常见液体、固体和食品的性质（食品）

食品	含水量/%	冰点/℃	比热容/kJ·(kg·℃)⁻¹ 零上	比热容/kJ·(kg·℃)⁻¹ 零下	融化潜热/kJ·kg⁻¹	食品	含水量/%	冰点/℃	比热容/kJ·(kg·℃)⁻¹ 零上	比热容/kJ·(kg·℃)⁻¹ 零下	融化潜热/kJ·kg⁻¹
苹果	84	-1.1	3.65	1.90	281	生菜	95	-0.2	4.02	2.04	317
香蕉	75	-0.8	3.35	1.78	251	牛奶	88	-0.6	3.79	1.95	294
牛后腿	67	—	3.08	1.68	224	橘子	87	-0.8	3.75	1.94	291
西兰花	90	-0.6	3.86	1.97	301	土豆	78	-0.6	3.45	1.82	261
黄油	16	—	—	1.04	53	三文鱼	64	-2.2	2.98	1.65	214
奶酪	39	-10.0	2.15	1.33	130	虾	83	-2.2	3.62	1.89	277
樱桃	80	-1.8	3.52	1.85	267	菠菜	93	-0.3	3.96	2.01	311
鸡肉	74	-2.8	3.32	1.77	247	草莓	90	-0.8	3.86	1.97	301
甜玉米	74	-0.6	3.32	1.77	247	熟土豆	94	-0.5	3.99	2.02	314
鸡蛋	74	-0.6	3.32	1.77	247	火鸡	64	—	2.98	1.65	214
冰淇淋	63	-5.6	2.95	1.63	210	西瓜	93	-0.4	3.96	2.01	311

附表 4-1 饱和水与水蒸气的热力性质（按温度排列）

温度 t/℃	饱和压力 p_s/MPa	比容/m³·kg⁻¹ 饱和液 v'	比容/m³·kg⁻¹ 饱和蒸气 v''	焓/kJ·kg⁻¹ 饱和液 h'	焓/kJ·kg⁻¹ 汽化潜热 $r=h''-h'$	焓/kJ·kg⁻¹ 饱和蒸气 h''	熵/kJ·(kg·K)⁻¹ 饱和液 s'	熵/kJ·(kg·K)⁻¹ 熵差 $\Delta s = s''-s'$	熵/kJ·(kg·K)⁻¹ 饱和蒸气 s''
0.01	0.6113×10^{-3}	0.001000	206.14	0.01	2501.3	2501.4	0.000	9.1562	9.1562
5	0.8721×10^{-3}	0.001000	147.12	20.98	2489.6	2510.6	0.0761	8.9496	9.0257
10	1.2276×10^{-3}	0.001000	106.38	42.01	2477.7	2519.8	0.1510	8.7498	8.9008
15	1.7051×10^{-3}	0.001001	77.93	62.99	2465.9	2528.9	0.2245	8.5569	8.7814
20	2.339×10^{-3}	0.001002	57.79	83.96	2454.1	2538.1	0.2966	8.3706	8.6672
25	3.169×10^{-3}	0.001003	43.36	104.89	2442.3	2547.2	0.3674	8.1905	8.5580
30	4.246×10^{-3}	0.001004	32.89	125.79	2430.5	2556.3	0.4369	8.0164	8.4533
35	5.628×10^{-3}	0.001006	25.22	146.68	2418.6	2565.3	0.5053	7.8478	8.3531
40	7.384×10^{-3}	0.001008	19.52	167.57	2406.7	2574.3	0.5725	7.6845	8.2570
45	9.593×10^{-3}	0.001010	15.26	188.45	2394.8	2583.2	0.6387	7.5261	8.1648
50	12.349×10^{-3}	0.001012	12.03	209.33	2382.7	2592.1	0.7038	7.3725	8.0763
55	15.758×10^{-3}	0.001015	9.568	230.23	2370.7	2600.9	0.7679	7.2234	7.9913
60	19.940×10^{-3}	0.001017	7.671	251.13	2358.5	2609.6	0.8312	7.0784	7.9096
65	25.03×10^{-3}	0.001020	6.197	272.06	2346.2	2618.3	0.8935	6.9375	7.8310

温度 t /℃	饱和压力 p_s /MPa	比容/m³·kg⁻¹		焓/kJ·kg⁻¹			熵/kJ·(kg·K)⁻¹		
		饱和液	饱和蒸气	饱和液	汽化潜热	饱和蒸气	饱和液	熵差	饱和蒸气
		v'	v''	h'	$r = h'' - h'$	h''	s'	$\Delta s = s'' - s'$	s''
70	31.19×10^{-3}	0.001023	5.042	292.98	2333.8	2626.8	0.9549	6.8004	7.7553
75	38.58×10^{-3}	0.001026	4.131	313.93	2321.4	2635.3	1.0155	6.6669	7.6824
80	47.39×10^{-3}	0.001029	3.407	334.91	2308.8	2643.7	1.0753	6.5369	7.6122
85	57.83×10^{-3}	0.001033	2.828	355.90	2296.0	2651.9	1.1343	6.4102	7.5445
90	70.14×10^{-3}	0.001036	2.361	376.92	2283.2	2660.1	1.1925	6.2866	7.4791
95	84.55×10^{-3}	0.001040	1.982	397.96	2270.2	2668.1	1.2500	6.1659	7.4159
100	0.10135	0.001044	1.6729	419.04	2257.0	2676.1	1.3069	6.0480	7.3549
105	0.12082	0.001048	1.4194	440.15	2243.7	2683.8	1.3630	5.9328	7.2958
110	0.14327	0.001052	1.2102	461.30	2230.2	2691.5	1.4185	5.8202	7.2387
115	0.16906	0.001056	1.0366	482.48	2216.5	2699.0	1.4734	5.7100	7.1833
120	0.19853	0.001060	0.8919	503.71	2202.6	2706.3	1.5276	5.6020	7.1296
125	0.2321	0.001065	0.7706	524.99	2188.5	2713.5	1.5813	5.4962	7.0775
130	0.2701	0.001070	0.6685	546.31	2174.2	2720.5	1.6344	5.3925	7.0269
135	0.3130	0.001075	0.5822	567.69	2159.6	2727.3	1.6870	5.2907	6.9777
140	0.3613	0.001080	0.5089	589.13	2144.7	2733.9	1.7391	5.1908	6.9299
145	0.4154	0.001085	0.4463	610.63	2129.6	2740.3	1.7907	5.0926	6.8833
150	0.4758	0.001091	0.3928	632.20	2114.3	2746.5	1.8418	4.9960	6.8379
155	0.5431	0.001096	0.3468	653.84	2098.6	2752.4	1.8925	4.9010	6.7935
160	0.6178	0.001102	0.3071	675.55	2082.6	2758.1	1.9427	4.8075	6.7502
165	0.7005	0.001108	0.2727	697.34	2066.2	2763.5	1.9925	4.7153	6.7078
170	0.7917	0.001114	0.2428	719.21	2049.5	2768.7	2.0419	4.6244	6.6663
175	0.8920	0.001121	0.2168	741.17	2032.4	2773.6	2.0909	4.5347	6.6256
180	1.0021	0.001127	0.19405	763.22	2015.0	2778.2	2.1396	4.4461	6.5857
185	1.1227	0.001134	0.17409	785.37	1997.1	2782.4	2.1879	4.3586	6.5465
190	1.2544	0.001141	0.15654	807.62	1978.8	2786.4	2.2359	4.2720	6.5079
195	1.3978	0.001149	0.14105	829.98	1960.0	2790.0	2.2835	4.1863	6.4698
200	1.5538	0.001157	0.12736	852.45	1940.7	2793.2	2.3309	4.1014	6.4323
205	1.7230	0.001164	0.11521	875.04	1921.0	2796.0	2.3780	4.0172	6.3952
210	1.9062	0.001173	0.10441	897.76	1900.7	2798.5	2.4248	3.9337	6.3585
215	2.104	0.001181	0.09479	920.62	1879.9	2800.5	2.4714	3.8507	6.3221
220	2.318	0.001190	0.08619	943.62	1858.5	2802.1	2.5178	3.7683	6.2861
225	2.548	0.001199	0.07849	966.78	1836.5	2803.3	2.5639	3.6863	6.2503
230	2.795	0.001209	0.07158	990.12	1813.8	2804.0	2.6099	3.6047	6.2146
235	3.060	0.001219	0.06537	1013.62	1790.5	2804.2	2.6558	3.5233	6.1791

温度 t /℃	饱和压力 p_s /MPa	比容/m³·kg⁻¹		焓/kJ·kg⁻¹			熵/kJ·(kg·K)⁻¹		
		饱和液	饱和蒸气	饱和液	汽化潜热	饱和蒸气	饱和液	熵差	饱和蒸气
		v'	v''	h'	$r=h''-h'$	h''	s'	$\Delta s=s''-s'$	s''
240	3.344	0.001229	0.05976	1037.32	1766.5	2803.8	2.7015	3.4422	6.1437
245	3.648	0.001240	0.05471	1061.23	1741.7	2803.0	2.7472	3.3612	6.1083
250	3.973	0.001251	0.05013	1085.36	1716.2	2801.5	2.7927	3.2802	6.0730
255	4.319	0.001263	0.04598	1109.73	1689.8	2799.5	2.8383	3.1992	6.0375
260	4.688	0.001276	0.04221	1134.37	1662.5	2796.9	2.8838	3.1181	6.0019
265	5.081	0.001289	0.03877	1159.28	1634.4	2793.6	2.9294	3.0368	5.9662
270	5.499	0.001302	0.03564	1184.51	1605.2	2789.7	2.9751	2.9551	5.9301
275	5.942	0.001317	0.03279	1210.07	1574.9	2785.0	3.0208	2.8730	5.8938
280	6.412	0.001332	0.03017	1235.99	1543.6	2779.6	3.0668	2.7903	5.8571
285	6.909	0.001348	0.02777	1262.31	1511.0	2773.3	3.1130	2.7070	5.8199
290	7.436	0.001366	0.02577	1289.07	1477.1	2766.2	3.1594	2.6227	5.7821
295	7.993	0.001384	0.02354	1316.3	1441.8	2758.1	3.2062	2.5375	5.7437
300	8.581	0.001404	0.02167	1344.0	1404.9	2749.0	3.2534	2.4511	5.7045
305	9.202	0.001425	0.019948	1372.4	1366.4	2738.7	3.3010	2.3633	5.6643
310	9.856	0.001447	0.018350	1401.3	1326.0	2727.3	3.3493	2.2737	5.6230
315	10.547	0.001472	0.016867	1431.0	1283.5	2714.5	3.3982	2.1821	5.5804
320	11.274	0.001499	0.015488	1461.5	1238.6	2700.1	3.4480	2.0882	5.5362
330	12.845	0.001561	0.012996	1525.3	1140.6	2665.9	3.5507	1.8909	5.4417
340	14.586	0.001638	0.010797	1594.2	1027.9	2622.0	3.6594	1.6763	5.3357
350	16.513	0.001740	0.008813	1670.6	893.4	2563.9	3.7777	1.4335	5.2112
360	18.651	0.001893	0.006945	1760.5	720.3	2481.0	3.9147	1.1379	5.0526
370	21.03	0.002213	0.004925	1890.5	441.6	2332.1	4.1106	0.6865	4.7971
374.14	22.09	0.003155	0.003155	2099.3	0	2099.3	4.4298	0	4.4298

附表 4 – 2　饱和水与水蒸气的热力性质（按压力排列）

压力 p /MPa	饱和温度 t_s /℃	比体积/m³·kg⁻¹		焓/kJ·kg⁻¹			熵/kJ·(kg·K)⁻¹		
		饱和液体	饱和蒸汽	饱和液体	汽化潜热	饱和蒸汽	饱和液体	熵差	饱和蒸汽
		v'	v''	h'	$r=h''-h'$	h''	s'	$\Delta s=s''-s'$	s''
0.6113	0.01×10⁻³	0.001000	206.14	0.01	2501.3	2501.4	0.0000	9.1562	9.1562
1.0	6.98×10⁻³	0.001000	129.21	29.30	2484.9	2514.2	0.1059	8.8697	8.9756
1.5	13.03×10⁻³	0.001001	87.98	54.71	2470.6	2525.3	0.1957	8.6322	8.8279
2.0	17.50×10⁻³	0.001001	67.00	73.48	2460.0	2533.5	0.2607	8.4629	8.7237

压力 p /MPa	饱和温度 t_s /℃	比体积/m³·kg⁻¹		焓/kJ·kg⁻¹			熵/kJ·(kg·K)⁻¹		
		饱和液体	饱和蒸汽	饱和液体	汽化潜热	饱和蒸汽	饱和液体	熵差	饱和蒸汽
		v'	v''	h'	$r = h'' - h'$	h''	s'	$\Delta s = s'' - s'$	s''
2.5	21.08×10^{-3}	0.001002	54.25	88.49	2451.6	2540.0	0.3120	8.3311	8.6432
3.0	24.08×10^{-3}	0.001003	45.67	101.05	2444.5	2545.5	0.3545	8.2231	8.5776
4.0	28.96×10^{-3}	0.001004	34.80	121.46	2432.9	2554.4	0.4226	8.0520	8.4746
5.0	32.88×10^{-3}	0.001005	28.19	137.82	2423.7	2561.5	0.4764	7.9187	8.3951
7.5	40.29×10^{-3}	0.001008	19.24	168.79	2406.0	2574.8	0.5764	7.6750	8.2515
10	45.81×10^{-3}	0.001010	14.67	191.83	2392.8	2584.7	0.6493	7.5009	8.1502
15	53.97×10^{-3}	0.001014	10.02	225.94	2373.1	2599.1	0.7549	7.2536	8.0085
20	60.06×10^{-3}	0.001017	7.649	251.40	2358.3	2609.7	0.8320	7.0766	7.9085
25	64.97×10^{-3}	0.001020	6.204	271.93	2346.3	2618.2	0.8931	6.9383	7.8314
30	69.10×10^{-3}	0.001022	5.229	289.23	2336.1	2625.3	0.9439	6.8247	7.7686
40	75.87×10^{-3}	0.001027	3.993	317.58	2319.2	2636.8	1.0259	6.6441	7.6700
50	81.33×10^{-3}	0.001030	3.240	340.49	2305.4	2645.9	1.0910	6.5029	7.5939
75	91.78×10^{-3}	0.001037	2.217	384.39	2278.6	2663.0	1.2130	6.2434	7.4564
0.100	99.63	0.001043	1.6940	417.46	2258.0	2675.5	1.3026	6.0568	7.3594
0.125	105.99	0.001048	1.3749	444.32	2241.0	2685.4	1.3740	5.9104	7.2844
0.150	111.73	0.001053	1.1593	467.11	2226.5	2693.6	1.4336	5.7897	7.2233
0.175	116.06	0.001057	1.0036	486.99	2213.6	2700.6	1.4849	5.6868	7.1717
0.200	120.23	0.001061	0.8857	504.70	2201.9	2706.7	1.5301	5.5970	7.1271
0.225	124.00	0.001064	0.7933	520.72	2191.3	2712.1	1.5706	5.5173	7.0878
0.250	127.44	0.001067	0.7187	535.37	2181.5	2716.9	1.6072	5.4455	7.0527
0.275	130.60	0.001070	0.6573	548.89	2172.4	2721.3	1.6408	5.3801	7.0209
0.300	133.55	0.001073	0.6058	561.47	2163.8	2725.3	1.6718	5.3201	6.9919
0.325	136.30	0.001076	0.5620	573.25	2155.8	2729.0	1.7006	5.2646	6.9652
0.350	138.88	0.001079	0.5243	584.33	2148.1	2732.4	1.7275	5.2130	6.9405
0.375	141.32	0.001081	0.4914	594.81	2140.8	2735.6	1.7528	5.1647	6.9175
0.40	143.63	0.001084	0.4625	604.74	2133.8	2738.6	1.7766	5.1193	6.8959
0.45	147.93	0.001088	0.4140	623.25	2120.7	2743.9	1.8207	5.0359	6.8565
0.50	151.86	0.001093	0.3749	640.23	2108.5	2748.7	1.8607	4.9606	6.8213
0.55	155.48	0.001097	0.3427	665.93	2097.0	2753.0	1.8973	4.8920	6.7893
0.60	158.85	0.001101	0.3157	670.56	2086.3	2756.8	1.9312	4.8288	6.7600
0.65	162.01	0.001104	0.2927	684.28	2076.0	2760.3	1.9627	4.7703	6.7331
0.70	164.97	0.001108	0.2729	697.22	2066.3	2763.5	1.9922	4.7158	6.7080
0.75	167.78	0.001112	0.2556	709.47	2057.0	2766.4	2.0200	4.6647	6.6847
0.80	170.43	0.001115	0.2404	721.11	2048.0	2769.1	2.0462	4.6166	6.6628

压力 p /MPa	饱和温度 t_s /℃	比体积/m³·kg⁻¹		焓/kJ·kg⁻¹			熵/kJ·(kg·K)⁻¹		
		饱和液体	饱和蒸汽	饱和液体	汽化潜热	饱和蒸汽	饱和液体	熵差	饱和蒸汽
		v'	v''	h'	$r=h''-h'$	h''	s'	$\Delta s=s''-s'$	s''
0.85	172.96	0.001118	0.2270	732.22	2039.4	2771.6	2.0710	4.5711	6.6421
0.90	175.38	0.001121	0.2150	742.83	2031.1	2773.9	2.0946	4.5280	6.6226
0.95	177.69	0.001124	0.2042	753.02	2023.1	2776.1	2.1172	4.4869	6.6041
1.00	179.91	0.001127	0.19444	762.81	2015.3	2778.1	2.1387	4.4478	6.5865
1.10	184.09	0.001133	0.17753	781.34	2000.4	2871.7	2.1792	4.3744	6.5536
1.20	187.99	0.001139	0.16333	798.65	1986.2	2784.8	2.2166	4.3067	6.5233
1.30	191.64	0.001144	0.15125	814.93	1972.7	2787.6	2.2515	4.2438	6.4953
1.40	195.07	0.001149	0.14084	830.30	1957.7	2790.0	2.2842	4.1850	6.4693
1.50	198.32	0.001154	0.13177	844.89	1947.3	2792.2	2.3150	4.1298	6.4448
1.75	205.76	0.001166	0.11349	878.50	1917.9	2796.4	2.3851	4.0044	6.3896
2.00	212.42	0.001177	0.09963	908.79	1890.7	2799.5	2.4474	3.8935	6.3409
2.25	218.45	0.001187	0.08875	936.49	1865.2	2801.7	2.5035	3.7937	6.2972
2.5	223.99	0.001197	0.07998	962.11	1841.0	2803.1	2.5547	3.7028	6.2575
3.0	233.90	0.001217	0.06668	1008.42	1795.7	2804.2	2.6457	3.5412	6.1869
3.5	242.60	0.001235	0.05707	1049.75	1753.7	2803.4	2.7253	3.4000	6.1253
4	250.40	0.001252	0.04978	1087.31	1714.1	2801.4	2.7964	3.2737	6.0701
5	263.99	0.001286	0.03944	1154.23	1640.1	2794.3	2.9202	3.0532	5.9734
6	275.64	0.001319	0.03244	1213.35	1571.0	2784.3	3.0267	2.8625	5.8892
7	285.88	0.001351	0.02737	1267.00	1505.1	2772.1	3.1211	2.6922	5.8133
8	295.06	0.001384	0.02352	1316.64	1441.3	2758.0	3.2068	2.5364	5.7432
9	303.40	0.001418	0.02048	1363.26	1378.9	2742.1	3.2858	2.3915	5.6722
10	311.06	0.001452	0.018026	1407.56	1317.1	2724.7	3.3596	2.2544	5.6141
11	318.15	0.001489	0.015987	1450.1	1255.5	2705.6	3.4295	2.1233	5.5527
12	324.75	0.001527	0.014263	1491.3	1193.3	2684.9	3.4962	1.9962	5.4924
13	330.93	0.001567	0.012780	1531.5	1130.7	2662.2	3.5606	1.8718	5.4323
14	336.75	0.001611	0.011485	1571.1	1066.5	2637.6	3.6232	1.7485	5.3717
15	342.24	0.001658	0.010337	1610.5	1000.0	2610.5	3.6848	1.6249	5.3098
16	347.44	0.001711	0.009306	1650.1	930.6	2580.6	3.7461	1.4994	5.2455
17	352.37	0.001770	0.008364	1690.3	856.9	2547.2	3.8079	1.3698	5.1777
18	357.06	0.001840	0.007489	1732.0	777.1	2509.1	3.8715	1.2329	5.1044
19	361.54	0.001924	0.006657	1776.5	688.0	2464.5	3.9388	1.0839	5.0228
20	365.81	0.002036	0.005834	1826.3	583.4	2409.7	4.0139	0.9130	4.9269
21	369.89	0.002207	0.004952	1888.4	446.2	2334.6	4.1075	0.6938	4.8013
22	373.80	0.002742	0.003568	2022.2	143.4	2165.6	4.3110	0.2216	4.5327
22.09	374.14	0.003155	0.003155	2099.3	0	2099.3	4.4298	0	4.4298

附表 4 – 3　过热水蒸气的热力性质

t/℃	v /m³·kg⁻¹	h /kJ·kg⁻¹	s /kJ·(kg·K)⁻¹	v /m³·kg⁻¹	h /kJ·kg⁻¹	s /kJ·(kg·K)⁻¹	v /m³·kg⁻¹	h /kJ·kg⁻¹	s /kJ·(kg·K)⁻¹
	$p=0.01\text{MPa}(45.81℃)$			$p=0.05\text{MPa}(81.33℃)$			$p=0.10\text{MPa}(99.63℃)$		
饱和	14.674	2584.7	8.1502	3.240	2645.9	7.5939	1.6940	2675.5	7.3594
50	14.869	2592.6	8.1749						
100	17.196	2687.5	8.4479	3.418	2682.5	7.6947	1.6958	2676.2	7.3614
150	19.512	2783.0	8.6882	3.889	2780.1	7.9401	1.9364	2776.4	7.6134
200	21.825	2879.5	8.9038	4.356	2877.7	8.1580	2.172	2875.3	7.8343
250	24.136	2977.3	9.1002	4.820	2976.0	8.3556	2.406	2974.3	8.0333
300	26.445	3076.5	9.2813	5.284	3075.5	8.5373	2.639	3074.3	8.2158
400	31.063	3279.6	9.6077	6.209	3278.9	8.8642	3.103	3278.2	8.5435
500	35.679	3489.1	9.8978	7.134	3488.7	9.1546	3.565	3488.1	8.8342
600	40.295	3705.4	10.1608	8.057	3705.1	9.4178	4.028	3704.4	9.0976
700	44.911	3928.7	10.4028	8.981	3928.5	9.6599	4.490	3928.2	9.3398
800	49.526	4159.0	10.6281	9.904	4158.9	9.8852	4.952	4158.6	9.5652
900	54.141	4396.4	10.8396	10.828	4396.3	10.0967	5.414	4396.1	9.7767
1000	58.757	4640.6	11.0393	11.751	4640.5	10.2964	5.875	4640.3	9.9764
1100	63.372	4891.2	11.2287	12.674	4891.1	10.4859	6.337	4891.0	10.1659
1200	67.987	5147.8	11.4091	13.597	5147.7	10.6662	6.799	5147.6	10.3463
1300	72.602	5409.7	11.5811	14.521	5409.6	10.8382	7.260	5409.5	10.5183
	$p=0.20\text{MPa}(120.23℃)$			$p=0.30\text{MPa}(133.55℃)$			$p=0.40\text{MPa}(143.63℃)$		
饱和	0.8857	2706.7	7.1272	0.6058	2725.3	6.9919	0.4625	2738.6	6.8959
150	0.9596	2768.8	7.2795	0.6339	2761.0	7.0778	0.4708	2752.8	6.9299
200	1.0803	2870.5	7.5066	0.7163	2865.6	7.3115	0.5342	2860.5	7.1706
250	1.1988	2971.0	7.7086	0.7964	2967.6	7.5166	0.5951	2964.2	7.3789
300	1.3162	3071.8	7.8926	0.8753	3069.3	7.7022	0.6548	3066.8	7.5662
400	1.5493	3276.6	8.2218	1.0315	3275.0	8.0330	0.7726	3273.4	7.8985
500	1.7814	3487.1	8.5133	1.1867	3486.0	8.3251	0.8893	3484.9	8.1913
600	2.013	3704.0	8.7770	1.3414	3703.2	8.5892	1.0055	3702.4	8.4558
700	2.244	3927.6	9.0194	1.4957	3927.1	8.8319	1.1215	3926.5	8.6987
800	2.475	4158.2	9.2449	1.6499	4157.8	9.0576	1.2372	4157.3	8.9244
900	2.705	4395.8	9.4566	1.8041	4395.4	9.2692	1.3529	4395.1	9.1362
1000	2.937	4640.0	9.6563	1.9581	4639.7	9.4690	1.4685	4639.4	9.3360
1100	3.168	4890.7	9.8458	2.1121	4890.4	9.6585	1.5840	4890.2	9.5256
1200	3.399	5147.5	10.0262	2.2661	5147.1	9.8389	1.6996	5146.8	9.7060
1300	3.630	5409.3	10.1982	2.4201	5409.0	10.0110	1.8151	5408.8	9.8780

续附表 4 - 3

t/℃	v /m³·kg⁻¹	h /kJ·kg⁻¹	s /kJ·(kg·K)⁻¹	v /m³·kg⁻¹	h /kJ·kg⁻¹	s /kJ·(kg·K)⁻¹	v /m³·kg⁻¹	h /kJ·kg⁻¹	s /kJ·(kg·K)⁻¹
	p=0.50MPa(151.86℃)			p=0.60MPa(158.85℃)			p=0.80MPa(170.43℃)		
饱和	0.3749	2748.7	6.8213	0.3157	2756.8	6.7600	0.2404	2769.1	6.6628
200	0.4249	2855.4	7.0592	0.3520	2850.1	6.9665	0.2608	2839.3	6.8158
250	0.4744	2960.7	7.2709	0.3938	2957.2	7.1816	0.2931	2950.0	7.0384
300	0.5226	3064.2	7.4599	0.4344	3061.6	7.3724	0.3241	3056.5	7.2328
350	0.5701	3167.7	7.6329	0.4742	3165.7	7.5464	0.3544	3161.7	7.4089
400	0.6173	3271.9	7.7938	0.5137	3270.3	7.7079	0.3843	3267.1	7.5716
500	0.7109	3483.9	8.0873	0.5920	3482.8	8.0021	0.4433	3480.6	7.8673
600	0.8041	3701.7	7.3522	0.6697	3700.9	8.2674	0.5018	3699.4	8.1333
700	0.8969	3925.9	8.5952	0.7472	3925.3	8.5107	0.5601	3924.2	8.3770
800	0.9896	4156.9	8.8211	0.8245	4156.5	8.7367	0.6181	4155.6	8.6033
900	1.0822	4394.7	9.0329	0.9017	4394.4	8.9486	0.6761	4393.7	8.8153
1000	1.1747	4639.1	9.2328	0.9788	4638.8	9.1485	0.7340	4638.2	9.0153
1100	1.2672	4889.9	9.4224	1.0559	4889.6	9.3381	0.7919	4889.1	9.2050
1200	1.3596	5146.6	9.6029	1.1330	5146.3	9.5185	0.8497	5145.9	9.3855
1300	1.4521	5408.6	9.7749	1.2101	5408.3	9.6906	0.9076	5407.9	9.5575
	p=1.00MPa(179.91℃)			p=1.20MPa(187.99℃)			p=1.40MPa(195.07℃)		
饱和	0.19444	2778.1	6.5865	0.16333	2784.8	6.5233	0.14084	2790.0	6.4693
200	0.2060	2827.9	6.6940	0.16930	2815.9	6.5898	0.14302	2803.3	6.4975
250	0.2327	2942.6	6.9247	0.19234	2935.0	6.8294	0.16350	2927.2	6.7467
300	0.2579	3051.2	7.1229	0.2138	3045.8	7.0317	0.18228	3040.4	6.9534
350	0.2825	3157.7	7.3011	0.2345	3153.6	7.2121	0.2003	3149.5	7.1360
400	0.3066	3263.9	7.4651	0.2548	3260.7	7.3774	0.2178	3257.5	7.3026
500	0.3541	3478.5	7.7622	0.2946	3476.3	7.6759	0.2521	3474.1	7.6027
600	0.4011	3697.9	8.0290	0.3339	3696.3	7.9435	0.2860	3694.8	7.8710
700	0.4478	3923.1	8.2731	0.3729	3922.0	8.1881	0.3195	3920.8	8.1160
800	0.4943	4154.7	8.4996	0.4118	4153.8	8.4148	0.3528	4153.0	8.3431
900	0.5407	4392.9	8.7118	0.4505	4392.2	8.6272	0.3861	4391.5	8.5556
1000	0.5871	4637.6	8.9119	0.4892	4637.0	8.8274	0.4192	4636.5	8.7559
1100	0.6335	4888.6	9.1017	0.5278	4888.0	9.0172	0.4524	4887.5	8.9457
1200	0.6798	5145.4	9.2822	0.5665	5144.9	9.1977	0.4855	5144.4	9.1262
1300	0.7261	5407.4	9.4543	0.6051	5407.0	9.3698	0.5186	5406.5	9.2984

t/℃	v /m³·kg⁻¹	h /kJ·kg⁻¹	s /kJ·(kg·K)⁻¹	v /m³·kg⁻¹	h /kJ·kg⁻¹	s /kJ·(kg·K)⁻¹	v /m³·kg⁻¹	h /kJ·kg⁻¹	s /kJ·(kg·K)⁻¹
	$p=1.60\text{MPa}(201.41℃)$			$p=1.80\text{MPa}(207.15℃)$			$p=2.00\text{MPa}(212.42℃)$		
饱和	0.12380	2794.0	6.4218	0.11042	2797.1	6.3794	0.09963	2799.5	6.3409
225	0.13287	2857.3	6.5518	0.11673	2846.7	6.4808	0.10377	2835.8	6.4147
250	0.14184	2919.2	6.6732	0.12497	2911.0	6.6066	0.11144	2902.5	6.5453
300	0.15862	3034.8	6.8844	0.14021	3029.2	6.8226	0.12547	3023.5	6.7664
350	0.17456	3145.4	7.0694	0.15457	3141.2	7.0100	0.13857	3137.0	6.9563
400	0.19005	3254.2	7.2374	0.16847	3250.9	7.1794	0.15120	3247.6	7.1271
500	0.2203	3472.0	7.5390	0.19550	3469.8	7.4825	0.17568	3467.6	7.4317
600	0.2500	3693.2	7.8080	0.2220	3691.7	7.7523	0.19960	3690.1	7.7024
700	0.2794	3919.7	8.0535	0.2482	3918.5	7.9983	0.2232	3917.4	7.9487
800	0.3086	4152.1	8.2808	0.2742	4151.2	8.2258	0.2467	4150.3	8.1765
900	0.3377	4390.8	8.4935	0.3001	4390.1	8.4386	0.2700	4389.4	8.3895
1000	0.3668	4635.8	8.6938	0.3260	4635.2	8.6391	0.2933	4634.6	8.5901
1100	0.3958	4887.0	8.8837	0.3518	4886.4	8.8290	0.3166	4885.9	8.7800
1200	0.4248	5143.9	9.0643	0.3776	5143.4	9.0096	0.3398	5142.9	8.9607
1300	0.4538	5406.0	9.2364	0.4034	5405.6	9.1818	0.3631	5405.1	9.1329
	$p=2.50\text{MPa}(223.99℃)$			$p=3.00\text{MPa}(233.90℃)$			$p=3.50\text{MPa}(242.60℃)$		
饱和	0.07998	2803.1	6.2575	0.06668	2804.2	6.1869	0.05707	2803.4	6.1253
225	0.08027	2806.3	6.2639						
250	0.08700	2880.1	6.4085	0.07058	2855.8	6.2872	0.05872	2829.2	6.1749
300	0.09890	3008.8	6.6438	0.08114	2993.5	6.5390	0.06842	2977.5	6.4461
350	0.10976	3126.3	6.8403	0.09053	3115.3	6.7428	0.07678	3104.0	6.6579
400	0.12010	3239.3	7.0148	0.09936	3230.9	6.9212	0.08453	3222.3	6.8405
450	0.13014	3350.8	7.1746	0.10787	3344.0	7.0834	0.09196	3337.2	7.0052
500	0.13993	3462.1	7.3234	0.11619	3456.5	7.2338	0.09918	3450.9	7.1572
600	0.15930	3686.3	7.5960	0.13243	3682.3	7.5085	0.11324	3678.4	7.4339
700	0.17832	3914.5	7.8435	0.14838	3911.7	7.7571	0.12699	3908.8	7.6837
800	0.19716	4148.2	8.0720	0.16414	4145.9	7.9862	0.14056	4143.7	7.9134
900	0.21590	4387.6	8.2853	0.17980	4385.9	8.1999	0.15402	4384.1	8.1276
1000	0.2346	4633.1	8.4861	0.19541	4631.6	8.4009	0.16743	4630.1	8.3288
1100	0.2532	4884.6	8.6762	0.21098	4883.3	8.5912	0.18080	4881.9	8.5192
1200	0.2718	5141.7	8.8569	0.22652	5140.5	8.7720	0.19415	5139.3	8.7000
1300	0.2905	5404.0	9.0291	0.24206	5402.8	8.9442	0.20749	5401.7	8.8723

续附表 4 - 3

$t/℃$	v /m³·kg⁻¹	h /kJ·kg⁻¹	s /kJ·(kg·K)⁻¹	v /m³·kg⁻¹	h /kJ·kg⁻¹	s /kJ·(kg·K)⁻¹	v /m³·kg⁻¹	h /kJ·kg⁻¹	s /kJ·(kg·K)⁻¹
	$p = 4.0\text{MPa}(250.40℃)$			$p = 4.5\text{MPa}(257.49℃)$			$p = 5.0\text{MPa}(263.99℃)$		
饱和	0.04978	2801.4	6.0701	0.04406	2798.3	6.0198	0.03944	2794.3	5.9734
275	0.05457	2886.2	6.2285	0.04730	2863.2	6.1401	0.04141	2838.3	6.0544
300	0.05884	2960.7	6.3615	0.05135	2943.1	6.2828	0.04532	2924.5	6.2084
350	0.06645	3092.5	6.5821	0.05840	3080.6	6.5131	0.05194	3068.4	6.4493
400	0.07341	3213.6	6.7690	0.06475	3204.7	6.7047	0.05781	3195.7	6.6459
450	0.08002	3330.3	6.9363	0.07074	3323.3	6.8746	0.06330	3316.2	6.8186
500	0.08643	3445.3	7.0901	0.07651	3439.6	7.0301	0.06857	3433.8	6.9759
600	0.09885	3674.4	7.3688	0.08765	3670.5	7.3110	0.07869	3666.5	7.2589
700	0.11095	3905.9	7.6198	0.09847	3903.0	7.5631	0.08849	3900.1	7.5122
800	0.12287	4141.5	7.8502	0.10911	4139.3	7.7942	0.09811	4137.1	7.7440
900	0.13469	4382.3	8.0647	0.11965	4380.6	8.0091	0.10762	4378.8	7.9593
1000	0.14645	4628.7	8.2662	0.13013	4627.2	8.2108	0.11707	4625.7	8.1612
1100	0.15817	4880.6	8.4567	0.14056	4879.2	8.4015	0.12648	4878.0	8.3520
1200	0.16987	5138.1	8.6376	0.15098	5136.9	8.5825	0.13587	5135.7	8.5331
1300	0.18156	5400.5	8.8100	0.16139	5399.4	8.7549	0.14526	5398.2	8.7055
	$p = 6.0\text{MPa}(275.64℃)$			$p = 7.0\text{MPa}(285.88℃)$			$p = 8.0\text{MPa}(295.06℃)$		
饱和	0.03244	2784.3	5.8892	0.02737	2772.1	5.8133	0.02352	2758.0	5.7432
300	0.03616	2884.2	6.0674	0.02947	2838.4	5.9305	0.02426	2785.0	5.7906
350	0.04223	3043.0	6.3335	0.03524	3016.0	6.2283	0.02995	2987.3	6.1301
400	0.04739	3177.2	6.5408	0.03993	3158.1	6.4478	0.03432	3138.3	6.3634
450	0.05214	3301.8	6.7193	0.04416	3287.1	6.6327	0.03817	3272.0	6.5551
500	0.05665	3422.2	6.8803	0.04814	3410.3	6.7975	0.04175	3398.3	6.7240
550	0.06101	3540.6	7.0288	0.05195	3530.9	6.9486	0.04516	3521.0	6.8778
600	0.06525	3658.4	7.1677	0.05565	3650.3	7.0894	0.04845	3642.4	7.0206
700	0.07352	3894.2	7.4234	0.06283	3888.3	7.3476	0.05481	3882.4	7.2812
800	0.08160	4132.7	7.6566	0.06981	4128.2	7.5822	0.06097	4123.8	7.5173
900	0.08958	4375.3	7.8727	0.07669	4371.8	7.7991	0.06702	4368.3	7.7351
1000	0.09749	4622.7	8.0751	0.08350	4619.8	8.0020	0.07301	4616.9	7.9384
1100	0.10536	4875.4	8.2661	0.09027	4872.8	8.1933	0.07896	4870.3	8.1300
1200	0.11321	5133.3	8.4474	0.09703	5130.9	8.3747	0.08489	5128.5	8.3115
1300	0.12106	5396.0	8.6199	0.10377	5393.7	8.5475	0.09080	5391.5	8.4842

t/℃	v /m³·kg⁻¹	h /kJ·kg⁻¹	s /kJ·(kg·K)⁻¹	v /m³·kg⁻¹	h /kJ·kg⁻¹	s /kJ·(kg·K)⁻¹	v /m³·kg⁻¹	h /kJ·kg⁻¹	s /kJ·(kg·K)⁻¹
	$p=9.0\text{MPa}(303.40℃)$			$p=10.0\text{MPa}(318.06℃)$			$p=12.5\text{MPa}(327.89℃)$		
饱和	0.2048	2742.1	5.6772	0.018026	2724.7	5.6141	0.013495	2673.8	5.4624
325	0.02327	2856.0	5.8712	0.019861	2809.1	5.7568			
350	0.02580	2956.6	6.0361	0.02242	2923.4	5.9443	0.016126	2826.2	5.7118
400	0.02993	3117.8	6.2854	0.02641	3096.5	6.2120	0.02000	3039.3	6.0417
450	0.03350	3256.6	6.4844	0.02975	3240.9	6.4190	0.02299	3199.8	6.2719
500	0.03677	3386.1	6.6576	0.03279	3373.7	6.5966	0.02560	3341.8	6.4618
550	0.03987	3511.0	6.8142	0.03564	3500.9	6.7561	0.02801	3475.2	6.6290
600	0.04285	3633.7	6.9589	0.03837	3625.3	6.9029	0.03029	3604.0	6.7810
650	0.04574	3755.3	7.0943	0.04101	3748.2	7.0398	0.03248	3730.4	6.9218
700	0.04857	3876.5	7.2221	0.04358	3870.5	7.1687	0.03460	3855.3	7.0536
800	0.05409	4119.3	7.4596	0.04859	4114.8	7.4077	0.03869	4103.6	7.2965
900	0.05950	4364.8	7.6783	0.05349	4361.2	7.6272	0.04267	4352.5	7.5182
1000	0.06485	4614.0	7.8821	0.05832	4611.0	7.8315	0.04658	4603.8	7.7237
1100	0.07016	4867.7	8.0740	0.06312	4865.1	8.0237	0.05045	4858.8	7.9165
1200	0.07544	5126.2	8.2556	0.06789	5123.8	8.2055	0.05430	5118.0	8.0937
1300	0.08072	5389.2	8.4284	0.07265	5387.0	8.3783	0.05813	5381.4	8.2717
	$p=15.0\text{MPa}(342.24℃)$			$p=17.5\text{MPa}(354.75℃)$			$p=20.0\text{MPa}(365.81℃)$		
饱和	0.010337	2610.5	5.3098	0.007920	2528.8	5.1419	0.005834	2409.7	4.9269
350	0.011470	2692.4	5.4421						
400	0.015649	2975.5	5.8811	0.012447	2902.9	5.7213	0.009942	2818.1	5.5540
450	0.018445	3156.2	6.1404	0.015174	3109.7	6.0184	0.012695	3060.1	5.9017
500	0.02080	3308.6	6.3443	0.017358	3274.1	6.2383	0.014768	3238.2	6.1401
550	0.02293	3448.6	6.5199	0.019288	3421.4	6.4230	0.016555	3393.5	6.3348
600	0.02491	3582.3	6.6776	0.02106	3560.1	6.5866	0.018178	3537.6	6.5048
650	0.02680	3712.3	6.8224	0.02274	3693.9	6.7357	0.019693	3675.3	6.6582
700	0.02861	3840.1	6.9572	0.02434	3824.6	6.8736	0.02113	3809.0	6.7993
800	0.03210	4092.4	7.2040	0.02738	4081.1	7.1244	0.02385	4069.7	7.0544
900	0.03546	4343.8	7.4279	0.03031	4335.1	7.3507	0.02645	4326.4	7.2830
1000	0.03875	4596.6	7.6348	0.03316	4589.5	7.5589	0.02897	4582.5	7.4925
1100	0.04200	4852.6	7.8283	0.03597	4846.4	7.7531	0.03145	4840.2	7.6874
1200	0.04523	5112.3	8.0108	0.03876	5106.6	7.9360	0.03391	5101.0	7.8707
1300	0.04845	5376.0	8.1840	0.04154	5370.5	8.1093	0.03636	5365.1	8.0442

t/℃	v /m³·kg⁻¹	h /kJ·kg⁻¹	s /kJ·(kg·K)⁻¹	v /m³·kg⁻¹	h /kJ·kg⁻¹	s /kJ·(kg·K)⁻¹	v /m³·kg⁻¹	h /kJ·kg⁻¹	s /kJ·(kg·K)⁻¹
	$p=25.0$MPa			$p=30.0$MPa			$p=35.0$MPa		
375	0.0019731	1848.0	4.0320	0.0017892	1791.5	3.9305	0.0017003	1762.4	3.8722
400	0.006004	2580.2	5.1418	0.002790	2151.1	4.4728	0.002100	1987.6	4.2126
425	0.007881	2806.3	5.4723	0.005303	2614.2	5.1504	0.003428	2373.4	4.7747
450	0.009162	2949.7	5.6744	0.006735	2821.4	5.4424	0.004961	2672.4	5.1962
500	0.011123	3162.4	5.9592	0.008678	3081.1	5.7905	0.006927	2994.4	5.6282
550	0.012724	3335.6	6.1765	0.010168	3275.4	6.0342	0.008345	3213.0	5.9026
600	0.014137	3491.4	6.3602	0.011446	3443.9	6.2331	0.009527	3395.5	6.1179
650	0.015433	3637.4	6.5229	0.012596	3598.9	6.4058	0.010575	3559.9	6.3010
700	0.016646	3777.5	6.6707	0.013661	3745.6	6.5606	0.011533	3713.5	6.4631
800	0.018912	4047.1	6.9345	0.015623	4024.2	6.8332	0.013278	4001.5	6.7450
900	0.021045	4309.1	7.1680	0.017448	4291.9	7.0718	0.014883	4274.9	6.9386
1000	0.02310	4568.5	7.3802	0.019196	4554.7	7.2867	0.016410	4541.1	7.2064
1100	0.02512	4828.2	7.5765	0.020903	4816.3	7.4845	0.017895	4804.6	7.4037
1200	0.02711	5089.9	7.7605	0.022589	5079.0	7.6692	0.019360	5068.3	7.5910
1300	0.02910	5354.4	7.9342	0.024266	5344.0	7.8432	0.020815	5333.6	7.7653
	$p=40.0$MPa			$p=50.0$MPa			$p=60.0$MPa		
375	0.0016407	1742.8	3.8290	0.0015594	1716.6	3.7639	0.0015028	1699.5	3.7141
400	0.0019077	1930.9	4.1135	0.0017309	1874.6	4.0031	0.0016335	1843.4	3.9318
425	0.002532	2198.1	4.5029	0.002007	2060.0	4.2734	0.0018165	2001.7	4.1626
450	0.003693	2512.8	4.9459	0.002486	2284.0	4.5884	0.002085	2179.0	4.4121
500	0.005622	2903.3	5.4700	0.003892	2720.1	5.1726	0.002956	2567.9	4.9321
550	0.006984	3149.1	5.7785	0.005118	3019.5	5.5485	0.003956	2896.2	5.3441
600	0.008094	3346.4	6.0144	0.006112	3247.6	5.8178	0.004834	3151.2	5.6452
650	0.009063	3520.6	6.2054	0.006966	3441.8	6.0342	0.005595	3364.5	5.8829
700	0.009941	3681.2	6.3750	0.007727	3616.8	6.2189	0.006272	3553.5	6.0824
800	0.011523	3978.7	6.6662	0.009076	3933.6	6.5290	0.007459	3889.1	6.4109
900	0.012962	4257.9	6.9150	0.010283	4224.4	6.7882	0.008508	4191.5	6.6805
1000	0.014324	4527.6	7.1356	0.011411	4501.1	7.0146	0.009480	4475.2	6.9127
1100	0.015642	4793.1	7.3364	0.012496	4770.5	7.2184	0.010409	4748.6	7.1195
1200	0.016940	5057.7	7.5224	0.013561	5037.2	7.4058	0.011317	5017.2	7.3083
1300	0.018229	5323.5	7.6969	0.014616	5303.6	7.5808	0.012215	5284.3	7.4837

附表 4-4　未饱和水（压缩液态）的热力性质

t/℃	v /$m^3 \cdot kg^{-1}$	h /$kJ \cdot kg^{-1}$	s /$kJ \cdot (kg \cdot K)^{-1}$	v /$m^3 \cdot kg^{-1}$	h /$kJ \cdot kg^{-1}$	s /$kJ \cdot (kg \cdot K)^{-1}$	v /$m^3 \cdot kg^{-1}$	h /$kJ \cdot kg^{-1}$	s /$kJ \cdot (kg \cdot K)^{-1}$
	$p = 5MPa(263.99℃)$			$p = 10MPa(311.06℃)$			$p = 15MPa(342.24℃)$		
饱和	0.0012859	1154.2	2.9202	0.0014524	1407.6	3.3596	0.0016581	1610.5	3.6848
0	0.0009977	5.04	0.0001	0.0009952	10.04	0.0002	0.0009928	15.05	0.0004
20	0.0009995	88.65	0.2956	0.0009972	93.33	0.2945	0.0009950	97.99	0.2934
40	0.0010056	171.97	0.5705	0.0010034	176.38	0.5686	0.0010013	180.78	0.5666
60	0.0010149	255.30	0.8285	0.0010127	259.49	0.8258	0.0010105	263.67	0.8232
80	0.0010268	338.85	1.0720	0.0010245	342.83	1.0688	0.0010222	346.81	1.0656
100	0.0010410	422.72	1.3030	0.0010385	426.50	1.2992	0.0010361	430.28	1.2955
120	0.0010576	507.09	1.5233	0.0010549	510.64	1.5189	0.0010522	514.19	1.5145
140	0.0010768	592.15	1.7343	0.0010737	595.42	1.7292	0.0010707	598.72	1.7242
160	0.0010988	678.12	1.9375	0.0010953	681.08	1.9317	0.0010918	684.09	1.9260
180	0.0011240	765.25	2.1341	0.0011199	767.84	2.1275	0.0011159	770.50	2.1210
200	0.0011530	853.9	2.3255	0.0011480	856.0	2.3178	0.0011433	858.2	2.3104
220	0.0011866	944.4	2.5128	0.0011805	945.9	2.5039	0.0011748	947.5	2.4953
240	0.0012264	1037.5	2.6979	0.0012187	1038.1	2.6872	0.0012114	1039.0	2.6771
260	0.0012749	1134.3	2.8830	0.0012645	1133.7	2.8699	0.0012550	1133.4	2.8576
280				0.0013216	1234.1	3.0548	0.0013084	1232.1	3.0393
300				0.0013972	1342.3	3.2469	0.0013770	1337.3	3.2260
320							0.0014724	1453.2	3.4247
340							0.0016311	1591.9	3.6546
	$p = 20MPa(365.81℃)$			$p = 30MPa$			$p = 50MPa$		
饱和	0.002036	1785.6	4.0139						
0	0.0009904	0.19	0.0004	0.0009856	29.82	0.0001	0.0009766	49.03	0.0014
20	0.0009928	82.77	0.2923	0.0009886	111.84	0.2899	0.0009804	130.02	0.2848
40	0.0009992	165.17	0.5646	0.0009951	193.89	0.5607	0.0009872	211.21	0.5527
60	0.0010084	247.68	0.8206	0.0010042	276.19	0.8154	0.0009962	292.79	0.8052
80	0.0010199	330.40	1.0624	0.0010156	358.77	1.0561	0.0010073	374.70	1.0440
100	0.0010337	413.39	1.2917	0.0010290	441.66	1.2844	0.0010201	456.89	1.2703
120	0.0010496	496.76	1.5102	0.0010445	524.93	1.5018	0.0010348	539.39	1.4857
140	0.0010678	580.69	1.7193	0.0010621	608.75	1.7098	0.0010515	622.35	1.6915
160	0.0010885	665.35	1.9204	0.0010821	693.28	1.9096	0.0010703	705.92	1.8891
180	0.0011120	750.95	2.1147	0.0011047	778.73	2.1024	0.0010912	790.25	2.0794
200	0.0011388	837.7	2.3031	0.0011302	865.3	2.2893	0.0011146	875.5	2.2634
220	0.0011695	925.9	2.4870	0.0011590	953.1	2.4711	0.0011408	961.7	2.4419
240	0.0012046	1016.0	2.6674	0.0011920	1042.6	2.6490	0.0011702	1049.2	2.6158
260	0.0012462	1108.6	2.8459	0.0012303	1134.3	2.8243	0.0012034	1138.2	2.7860
280	0.0012965	1204.7	3.0248	0.0012755	1229.0	2.9986	0.0012415	1229.3	2.9537

t/℃	v /m³·kg⁻¹	h /kJ·kg⁻¹	s /kJ·(kg·K)⁻¹	v /m³·kg⁻¹	h /kJ·kg⁻¹	s /kJ·(kg·K)⁻¹	v /m³·kg⁻¹	h /kJ·kg⁻¹	s /kJ·(kg·K)⁻¹
	$p=20\text{MPa}(365.81℃)$			$p=30\text{MPa}$			$p=50\text{MPa}$		
300	0.0013596	1306.1	3.2071	0.0013304	1327.8	3.1741	0.0012860	1323.0	3.1200
320	0.0014437	1415.7	3.3979	0.0013997	1432.7	3.3539	0.0013388	1420.2	3.2868
340	0.0015684	1539.7	3.6075	0.0014920	1546.5	3.5426	0.0014032	1522.1	3.4557
360	0.0018226	1702.8	3.8772	0.0016265	1675.4	3.7494	0.0014838	1630.2	3.6291
380				0.0018691	1837.5	4.0012	0.0015884	1746.6	3.8101

附表 4 - 5　饱和冰与饱和蒸气的热力性质

温度 t /℃	饱和压力 p_s	比体积/m³·kg⁻¹		焓/kJ·kg⁻¹			熵/kJ·(kg·K)⁻¹		
		饱和冰 $v_s \times 10^3$	饱和蒸汽 v_g	饱和冰 h_s	升华放热 h_{sg}	饱和蒸汽 h_g	饱和冰 s_s	升华放热 s_{sg}	饱和蒸汽 s_g
0.01	0.6113	1.0908	206.1	-333.40	2834.8	2501.4	-1.221	10.378	9.156
0	0.6108	1.0908	206.3	-333.43	2834.8	2501.3	-1.221	10.378	9.157
-2	0.5176	1.0904	241.7	-337.62	2835.3	2497.7	-1.237	10.456	9.219
-4	0.4375	1.0901	283.8	-341.78	2835.7	2494.0	-1.253	10.536	9.283
-6	0.3689	1.0898	334.2	-345.91	2836.2	2490.3	-1.268	10.616	9.348
-8	0.3102	1.0894	394.4	-350.02	2836.6	2486.6	-1.284	10.698	9.414
-10	0.2602	1.0891	466.7	-354.09	2837.0	2482.9	-1.299	10.781	9.481
-12	0.2176	1.0888	553.7	-358.14	2837.3	2479.2	-1.315	10.865	9.550
-14	0.1815	1.0884	658.8	-362.15	2837.6	2475.5	-1.331	10.950	9.619
-16	0.1510	1.0881	786.0	-366.14	2837.9	2471.8	-1.346	11.036	9.690
-18	0.1252	1.0878	940.5	-370.10	2838.2	2468.1	-1.362	11.123	9.762
-20	0.1035	1.0874	1128.6	-374.03	2838.4	2464.3	-1.377	11.212	9.835
-22	0.0853	1.0871	1358.4	-377.93	2838.6	2460.6	-1.393	11.302	9.909
-24	0.0701	1.0868	1640.1	-381.80	2838.7	2456.9	-1.408	11.394	9.985
-26	0.0574	1.0864	1986.4	-385.64	2838.9	2453.2	-1.424	11.486	10.062
-28	0.0469	1.0861	2413.7	-389.45	2839.0	2449.5	-1.439	11.580	10.141
-30	0.0381	1.0858	2943	-393.23	2839.0	2445.8	-1.455	11.676	10.221
-32	0.0309	1.0854	3600	-396.98	2839.1	2442.1	-1.471	11.773	10.303
-34	0.0250	1.0851	4419	-400.71	2839.1	2438.4	-1.486	11.872	10.386
-36	0.0201	10848	5444	-404.40	2839.1	2434.7	-1.501	11.972	10.470
-38	0.0161	1.0844	6731	-408.06	2839.0	2430.9	-1.517	12.073	10.556
-40	0.0129	1.0841	8354	-411.70	2839.9	2427.2	-1.532	12.176	10.644

注：p_s 之下标"s"意为 saturated（饱和的），其他处下标"s"意为 solid（固体）。

附表 5 −1　制冷剂 R134a 饱和液体与饱和蒸气的热力性质（按温度排列）

t /℃	p_s /MPa	v' /m³·kg⁻¹	v'' /m³·kg⁻¹	h' /kJ·kg⁻¹	$r(=h''-h')$ /kJ·kg⁻¹	h'' /kJ·kg⁻¹	s' /kJ·(kg·K)⁻¹	s'' /kJ·(kg·K)⁻¹
−40	0.05164	0.0007055	0.3569	0.00	222.88	222.88	0.0000	0.9560
−36	0.06332	0.0007113	0.2947	4.73	220.67	225.4	0.0201	0.9506
−32	0.07704	0.0007172	0.2451	9.52	218.37	227.9	0.0401	0.9456
−28	0.09305	0.0007233	0.2052	14.37	216.01	230.38	0.0600	0.9411
−26	0.10199	0.0007265	0.1882	16.82	214.80	231.62	0.0699	0.9390
−24	0.11160	0.0007296	0.1728	19.29	213.57	232.85	0.0798	0.9370
−22	0.12192	0.0007328	0.1590	21.77	212.32	234.08	0.0897	0.9351
−20	0.13299	0.0007361	0.1464	24.26	211.05	235.31	0.0996	0.9332
−18	0.14483	0.0007395	0.1350	26.77	209.76	236.53	0.1094	0.9315
−16	0.15748	0.0007428	0.1247	29.30	208.45	237.74	0.1192	0.9298
−12	0.18540	0.0007498	0.1068	34.39	205.77	240.15	0.1388	0.9267
−8	0.21704	0.0007569	0.0919	39.54	203.00	242.54	0.1583	0.9239
−4	0.25274	0.0007644	0.0794	44.75	200.15	244.9	0.1777	0.9213
0	0.29282	0.0007721	0.0689	50.02	197.21	247.23	0.1970	0.9190
4	0.33765	0.0007801	0.0600	55.35	194.19	249.53	0.2126	0.9169
8	0.38756	0.0007884	0.0525	60.73	191.07	251.8	0.2354	0.9150
12	0.44294	0.0007971	0.0460	66.18	187.85	254.03	0.2545	0.9132
16	0.50416	0.0008062	0.0405	71.69	184.52	256.22	0.2735	0.9116
20	0.57160	0.0008157	0.0358	77.26	181.09	258.35	0.2924	0.9102
24	0.64566	0.0008257	0.0317	82.90	177.55	260.45	0.3113	0.9089
26	0.68530	0.0008309	0.0298	85.75	175.73	261.48	0.3208	0.9082
28	0.72675	0.0008362	0.0281	88.61	173.89	262.5	0.3302	0.9076
30	0.77006	0.0008417	0.0265	91.49	172.00	263.53	0.3396	0.9070
32	0.81528	0.0008473	0.0250	94.39	170.09	264.48	0.3490	0.9064
34	0.86247	0.0008530	0.0236	97.31	168.14	265.45	0.3584	0.9058
36	0.91168	0.0008590	0.0223	100.25	166.15	266.4	0.3678	0.9053
38	0.96298	0.0008651	0.0210	103.21	164.12	267.33	0.3772	0.9047
40	1.0164	0.0008714	0.0199	106.19	162.05	268.24	0.3866	0.9041
42	1.0720	0.0008780	0.0188	109.19	159.94	269.14	0.3960	0.9035
44	1.1299	0.0008847	0.0177	112.22	157.79	270.01	0.4054	0.9030
48	1.2526	0.0008989	0.0159	118.35	153.33	271.68	0.4243	0.9017
52	1.3851	0.0009142	0.0142	124.58	148.66	273.24	0.4432	0.9004
56	1.5278	0.0009308	0.0127	130.93	143.75	274.68	0.4622	0.8990
60	1.6813	0.0009488	0.0114	137.42	138.57	275.99	0.4814	0.8973
70	2.1162	0.0010027	0.0086	154.34	124.08	278.43	0.5302	0.8918
80	2.6324	0.0010766	0.0064	172.71	106.41	279.12	0.5814	0.8827
90	3.2435	0.0011949	0.0046	193.69	82.63	276.32	0.6380	0.8655
100	3.9742	0.0015443	0.0027	224.74	34.40	259.13	0.7196	0.8117

附表 5–2　制冷剂 **R134a** 饱和液体与饱和蒸气的热力性质（按压力排列）

p /MPa	t_s /℃	v' /m³·kg⁻¹	v'' /m³·kg⁻¹	h' /kJ·kg⁻¹	$r(=h''-h')$ /kJ·kg⁻¹	h'' /kJ·kg⁻¹	s' /kJ·(kg·K)⁻¹	s'' /kJ·(kg·K)⁻¹
0.06	−37.07	0.0007097	0.3100	3.46	221.27	224.72	0.0147	0.9520
0.08	−31.21	0.0007184	0.2366	10.47	217.92	228.39	0.0440	0.9447
0.10	−26.43	0.0007258	0.1917	16.29	215.06	231.35	0.0678	0.9395
0.12	−22.36	0.0007323	0.1614	21.32	212.54	233.86	0.0879	0.9354
0.14	−18.80	0.0007381	0.1395	25.77	210.27	236.04	0.1055	0.9322
0.16	−15.62	0.0007435	0.1229	29.78	208.18	237.97	0.1211	0.9295
0.18	−12.73	0.0007485	0.1098	33.45	206.26	239.71	0.1352	0.9273
0.20	−10.09	0.0007532	0.0993	36.84	204.46	241.30	0.1481	0.9253
0.24	−5.37	0.0007618	0.0834	42.95	201.14	244.09	0.1710	0.9222
0.28	−1.23	0.0007697	0.0719	48.39	198.13	246.52	0.1911	0.9197
0.32	2.48	0.0007770	0.0632	53.31	195.35	248.66	0.2089	0.9177
0.36	5.84	0.0007839	0.0564	57.82	192.76	250.58	0.2251	0.9160
0.40	8.93	0.0007904	0.0509	62.00	190.32	252.32	0.2399	0.9145
0.50	15.74	0.0008056	0.0409	71.33	184.74	256.07	0.2723	0.9117
0.60	21.58	0.0008196	0.0341	79.48	179.71	259.19	0.2999	0.9097
0.70	26.72	0.0008328	0.0292	86.78	175.07	261.85	0.3242	0.9080
0.80	31.33	0.0008454	0.0255	93.42	170.73	264.15	0.3459	0.9066
0.90	35.53	0.0008576	0.0226	99.56	166.62	266.18	0.3656	0.9054
1.00	39.39	0.0008695	0.0202	105.29	162.68	267.97	0.3838	0.9043
1.20	46.32	0.0008928	0.0166	115.76	155.23	270.99	0.4164	0.9023
1.40	52.43	0.0009159	0.0140	125.26	148.14	273.40	0.4453	0.9003
1.60	57.92	0.0009392	0.0121	134.02	141.31	275.33	0.4714	0.8982
1.80	62.91	0.0009631	0.0105	142.22	134.60	276.83	0.4954	0.8959
2.00	67.49	0.0009878	0.0093	149.99	127.95	277.94	0.5178	0.8934
2.50	77.59	0.0010562	0.0069	168.12	111.06	279.17	0.5687	0.8854
3.00	86.22	0.0011416	0.0053	185.30	92.71	278.01	0.6156	0.8735

附表 5 – 3　制冷剂 R134a 过热蒸气的热力性质

t/℃	v /m³·kg⁻¹	h /kJ·kg⁻¹	s /kJ·(kg·K)⁻¹	v /m³·kg⁻¹	h /kJ·kg⁻¹	s /kJ·(kg·K)⁻¹	v /m³·kg⁻¹	h /kJ·kg⁻¹	s /kJ·(kg·K)⁻¹
	$p=0.06\text{MPa}(t_s=-37.07℃)$			$p=0.10\text{MPa}(t_s=-26.43℃)$			$p=0.14\text{MPa}(t_s=-18.80℃)$		
饱和	0.31003	224.72	0.9520	0.19170	231.35	0.9395	0.13945	236.04	0.9322
–20	0.33536	237.98	1.0062	0.19770	236.54	0.9602			
–10	0.34992	245.96	1.0371	0.20686	244.70	0.9918	0.14549	243.40	0.9606
0	0.36433	254.10	1.0675	0.21587	252.99	1.0227	0.15219	251.86	0.9922
10	0.37861	262.41	1.0973	0.22473	261.43	1.0531	0.15875	260.43	1.0230
20	0.39279	270.89	1.1267	0.23349	270.02	1.0829	0.16520	269.13	1.0532
30	0.40688	279.53	1.1557	0.24216	278.76	1.1122	0.17155	277.97	1.0828
40	0.42091	288.35	1.1844	0.25076	287.66	1.1411	0.17783	286.96	1.1120
50	0.43487	297.34	1.2126	0.25930	296.72	1.1696	0.18404	296.09	1.1407
60	0.44879	306.51	1.2405	0.26779	305.94	1.1977	0.19020	305.37	1.1690
70	0.46266	315.84	1.2681	0.27623	315.32	1.2254	0.19633	314.80	1.1969
80	0.47650	325.34	1.2954	0.28464	324.87	1.2528	0.20241	324.39	1.2244
90	0.49031	335.00	1.3224	0.29302	334.57	1.2799	0.20846	334.14	1.2516
100							0.21449	344.04	1.2785
	$p=0.18\text{MPa}(t_s=-12.73℃)$			$p=0.20\text{MPa}(t_s=-10.09℃)$			$p=0.24\text{MPa}(t_s=-5.37℃)$		
饱和	0.10983	239.17	0.9273	0.09933	241.30	0.9253	0.08343	244.09	0.9222
–10	0.11135	242.06	0.9362	0.09938	241.38	0.9256			
0	0.11678	250.69	0.9684	0.10438	250.10	0.9582	0.08574	248.89	0.9399
10	0.12207	259.41	0.9998	0.10922	258.89	0.9898	0.08993	257.84	0.9721
20	0.12723	268.23	1.0304	0.11394	267.78	1.0206	0.09339	266.85	1.0034
30	0.13230	277.17	1.0604	0.11856	276.77	1.0508	0.09794	275.95	1.0339
40	0.13730	286.24	1.0898	0.12311	285.88	1.0804	0.10181	285.16	1.0637
50	0.14222	295.45	1.1187	0.12758	295.15	1.1094	0.10562	2974.47	1.0930
60	0.14710	304.79	1.1472	0.13201	304.50	1.1380	0.10937	303.91	1.1218
70	0.15193	314.28	1.1753	0.13639	314.02	1.1661	0.11307	313.49	1.1501
80	0.15672	323.92	1.2030	0.14073	323.68	1.1939	0.11674	323.19	1.1780
90	0.16148	333.70	1.2303	0.14504	333.48	1.2212	0.12037	333.04	1.2055
100	0.16622	343.63	1.2573	0.14932	343.43	1.2483	0.12398	343.03	1.2326
	$p=0.28\text{MPa}(t_s=-1.23℃)$			$p=0.32\text{MPa}(t_s=2.48℃)$			$p=0.40\text{MPa}(t_s=8.93℃)$		
饱和	0.07193	246.52	0.9197	0.06322	248.66	0.9177	0.05089	252.32	0.9145
0	0.07240	247.64	0.9238						
10	0.07613	256.76	0.9566	0.06576	255.65	0.9427	0.05119	253.35	0.9182

$t/℃$	v /m³·kg⁻¹	h /kJ·kg⁻¹	s /kJ·(kg·K)⁻¹	v /m³·kg⁻¹	h /kJ·kg⁻¹	s /kJ·(kg·K)⁻¹	v /m³·kg⁻¹	h /kJ·kg⁻¹	s /kJ·(kg·K)⁻¹
	$p=0.28\text{MPa}(t_s=-1.23℃)$			$p=0.32\text{MPa}(t_s=2.48℃)$			$p=0.40\text{MPa}(t_s=8.93℃)$		
20	0.07972	265.91	0.9883	0.06901	264.95	0.9749	0.05397	262.96	0.9515
30	0.08320	275.12	1.0192	0.07214	274.28	1.0062	0.05662	272.54	0.9837
40	0.08660	284.42	1.0494	0.07518	283.67	1.0367	0.05917	282.14	1.0148
50	0.08992	293.81	1.0789	0.07815	293.15	1.0665	0.06164	291.79	1.0452
60	0.09319	303.32	1.1079	0.08106	302.72	1.0957	0.06405	301.51	1.0748
70	0.09641	312.95	1.1364	0.08392	312.41	1.1243	0.06641	311.32	1.1038
80	0.09960	322.71	1.1644	0.08674	322.22	1.1525	0.06873	321.23	1.1322
90	0.10275	332.60	1.1920	0.08953	332.15	1.1802	0.07102	331.25	1.1602
100	0.10587	342.62	1.2193	0.09229	342.21	1.1076	0.07327	341.38	1.1878
110	0.10897	352.78	1.2461	0.09503	352.40	1.2345	0.07550	351.64	1.2149
120	0.11205	363.08	1.2727	0.09774	362.73	1.2611	0.07771	362.03	1.2417
130							0.07991	372.54	1.2681
140							0.08208	383.18	1.2941
	$p=0.50\text{MPa}(t_s=15.74℃)$			$p=0.60\text{MPa}(t_s=21.58℃)$			$p=0.70\text{MPa}(t_s=26.72℃)$		
饱和	0.04086	256.07	0.9117	0.03408	259.19	0.9097	0.02918	261.85	0.9080
20	0.04188	260.34	0.9264						
30	0.04416	270.28	0.9597	0.03581	267.89	0.9388	0.02979	265.37	0.9197
40	0.04633	280.16	0.9918	0.03774	278.09	0.9719	0.03157	275.93	0.9539
50	0.04842	290.04	1.0229	0.03958	288.23	1.0037	0.03324	286.35	0.9867
60	0.05043	299.95	1.0531	0.04134	298.35	1.0346	0.03482	296.69	1.0182
70	0.05240	309.92	1.0825	0.04304	308.48	1.0645	0.03634	307.01	1.0487
80	0.05432	319.96	1.1114	0.04469	318.67	1.0938	0.03781	317.35	1.0784
90	0.05620	330.10	1.1397	0.04631	328.93	1.1225	0.03924	327.74	1.1074
100	0.05805	340.33	1.1675	0.04790	339.27	1.1505	0.04064	338.19	1.1358
110	0.05988	350.68	1.1949	0.04946	349.70	1.1781	0.04201	348.71	1.1637
120	0.06168	361.14	1.2218	0.05099	360.24	1.2053	0.04335	359.33	1.1910
130	0.06347	371.72	1.2484	0.05251	370.88	1.2320	0.04468	370.04	1.2179
140	0.06524	382.42	1.2746	0.05402	381.64	1.2584	0.04599	380.86	1.2444
150				0.05550	392.52	1.2844	0.04729	391.79	1.2706
160				0.05698	403.51	1.3100	0.04857	402.82	1.2963
	$p=0.80\text{MPa}(t_s=31.33℃)$			$p=0.90\text{MPa}(t_s=35.53℃)$			$p=1.00\text{MPa}(t_s=39.39℃)$		
饱和	0.02547	264.15	0.9066	0.02255	266.18	0.9054	0.02020	267.97	0.9043
40	0.02691	273.66	0.9374	0.02325	271.25	0.9217	0.02029	268.68	0.9066
50	0.02846	284.39	0.9711	0.02472	282.34	0.9566	0.02171	280.19	0.9428

续附表 5 – 3

t/℃	v /m³·kg⁻¹	h /kJ·kg⁻¹	s /kJ·(kg·K)⁻¹	v /m³·kg⁻¹	h /kJ·kg⁻¹	s /kJ·(kg·K)⁻¹	v /m³·kg⁻¹	h /kJ·kg⁻¹	s /kJ·(kg·K)⁻¹
	$p=0.80$MPa$(t_s=31.33℃)$			$p=0.90$MPa$(t_s=35.53℃)$			$p=1.00$MPa$(t_s=39.39℃)$		
60	0.02992	294.98	1.0034	0.02609	293.21	0.9897	0.02301	291.36	0.9768
70	0.03131	305.50	1.0345	0.02738	303.94	1.0214	0.02423	302.34	1.0093
80	0.03264	316.00	1.0647	0.02861	314.62	1.0521	0.02538	313.20	1.0405
90	0.03393	326.52	1.0940	0.02980	325.28	1.0819	0.02649	324.01	1.0707
100	0.03519	337.08	1.1227	0.03095	335.96	1.1109	0.02755	334.82	1.1000
110	0.03642	347.71	1.1508	0.03207	346.68	1.1392	0.02858	345.65	1.1286
120	0.03762	358.40	1.1784	0.03316	357.47	1.1670	0.02959	356.52	1.1567
130	0.03881	369.19	1.2055	0.03423	368.33	1.1943	0.03058	367.46	1.1841
140	0.03997	380.07	1.2321	0.03529	379.27	1.2211	0.03154	378.46	1.2111
150	0.04113	391.05	1.2584	0.03633	390.31	1.2475	0.03250	389.56	1.2376
160	0.04227	402.14	1.2843	0.03736	401.44	1.2735	0.03344	400.74	1.2638
170	0.04340	413.33	1.3098	0.03838	412.68	1.2992	0.03436	412.02	1.2895
180	0.04452	424.63	1.3351	0.03939	424.02	1.3245	0.03528	423.40	1.3149
	$p=1.2$MPa$(t_s=46.32℃)$			$p=1.4$MPa$(t_s=52.43℃)$			$p=1.60$MPa$(t_s=57.92℃)$		
饱和	0.01663	270.99	0.9023	0.01405	273.40	0.9003	0.01208	275.33	0.8982
50	0.01712	275.52	0.9164						
60	0.01835	287.44	0.9527	0.01495	283.10	0.9297	0.01233	278.20	0.9069
70	0.01947	298.96	0.9868	0.01603	295.31	0.9658	0.01340	291.33	0.9457
80	0.02051	310.24	1.0192	0.01701	307.10	0.9997	0.01435	303.74	0.9813
90	0.02150	321.39	1.0503	0.01792	318.63	1.0319	0.01521	315.72	1.0148
100	0.02244	332.47	1.0804	0.01878	330.02	1.0628	0.01601	327.46	1.0467
110	0.02335	343.52	1.1096	0.01960	341.32	1.0927	0.01677	339.04	1.0773
120	0.02423	354.58	1.1381	0.02039	352.59	1.1218	0.01750	350.53	1.1069
130	0.02508	365.68	1.1660	0.02115	363.86	1.1501	0.01820	361.99	1.1357
140	0.02592	376.83	1.1933	0.02189	375.15	1.1777	0.01887	373.44	1.1638
150	0.02674	388.04	1.2201	0.02262	386.49	1.2048	0.01953	384.91	1.1912
160	0.02754	399.33	1.2465	0.02333	397.89	1.2315	0.02017	396.43	1.2181
170	0.02834	410.70	1.2724	0.02403	409.36	1.2576	0.02080	407.99	1.2445
180	0.02912	422.16	1.2980	0.02472	420.90	1.2834	0.02142	419.62	1.2704
190				0.02541	432.53	1.3088	0.02203	431.33	1.2960
200				0.02608	444.24	1.3338	0.02263	443.11	1.3212

附表 5 – 4　一些常见的燃料和烃类的热力性质

燃料（集态）	分子式	摩尔质量 /kg·kmol^{-1}	密度[1] /10^{3}kg·m^{-3}	汽化焓[2] /kJ·kg^{-1}	比热容[1]c_p /kJ·(kg·℃)$^{-1}$	高热值[3] /kJ·kg^{-1}	低热值[3] /kJ·kg^{-1}
碳（s）	C	12.011	2	—	0.708	32.800	32.800
氢（g）	H$_2$	2.016	—	—	14.4	141.800	120.000
一氧化碳（g）	O	28.013	—	—	1.05	10.100	10.100
甲烷（g）	CH$_4$	16.043	—	509	2.20	55.530	50.050
甲醇（l）	CH$_4$O	32.042	0.790	1168	2.53	22.660	19.920
乙炔（g）	C$_2$H$_2$	26.038	—	—	1.69	49.970	48.280
乙烷（g）	C$_2$H$_6$	30.070	—	172	1.75	51.900	47.520
乙醇（l）	C$_2$H$_6$O	46.069	0.790	919	2.44	29.670	26.810
丙烷（l）	C$_3$H$_8$	44.097	0.500	420	2.77	50.330	46.340
丁烷（l）	C$_4$H$_{10}$	58.123	0.579	362	2.42	49.150	45.370
环戊烷（l）	C$_5$H$_{10}$	70.134	0.641	363	2.20	47.760	44.630
戊烷（l）	C$_5$H$_{12}$	72.150	0.626	—	2.32	48.570	44.910
苯（l）	C$_6$H$_6$	78.114	0.877	433	1.72	41.800	40.100
正戊烷（l）	C$_6$H$_{12}$	84.161	0.673	392	1.84	47.500	44.400
正己烷（l）	C$_6$H$_{14}$	86.177	0.660	366	2.27	48.310	44.740
甲苯（l）	C$_7$H$_8$	92.141	0.867	412	1.71	42.400	40.500
庚烷（l）	C$_7$H$_{16}$	100.024	0.684	365	2.24	48.100	44.600
辛烷（l）	C$_8$H$_{18}$	114.231	0.703	363	2.23	47.890	44.430
癸烷（l）	C$_{10}$H$_{22}$	142.285	0.730	361	2.21	47.640	44.240
汽油（l）	C$_n$H$_{1.87n}$	100 – 110	0.72 – 0.78	350	2.4	47.300	44.000
轻柴油（l）	C$_n$H$_{1.8n}$	170	0.78 – 0.84	270	2.2	46.100	43.200
重柴油（l）	C$_n$H$_{1.7n}$	200	0.82 – 0.88	230	1.9	45.500	42.800
天然气（g）	C$_n$H$_{3.8n}$N$_{0.1n}$	18	—	—	2	50.000	45.000

[1]在 101325Pa 和 20℃ 环境下。

[2]液体燃料在 25℃，气体燃料在 101325Pa 和正常沸点温度下。

[3]25℃时。乘以摩尔质量获得按 kJ/kmol 计量的热值。

参 考 文 献

[1] Chang L Tien, John H Lienhard. Statistical Thermodynamics ［M］. Hemisphere Publishing.

[2] 郭方中，等. 热动力学 ［M］. 武汉：华中科技大学出版社，2007.

[3] 王承阳. 热能与动力工程基础 ［M］. 北京：冶金工业出版社，2010：188.

[4] 沈维道，童钧耕. 工程热力学 ［M］. 第4版. 北京：高等教育出版社，2007：533.

[5] 谢锐生. 热力学原理 ［M］. 北京：人民教育出版社，1981.

[6] 庞麓鸣，陈军健. 水和水蒸气热力性质图和简表 ［M］. 北京：高等教育出版社，1982.

[7] 杨东华. 㶲分析和能级分析 ［M］. 北京：科学出版社，1986：3－5.

[8] 陆钟武. 冶金热能工程导论 ［M］. 沈阳：东北工学院出版社，1991.

[9] 赵冠春，钱立伦. 㶲分析及其应用 ［M］. 北京：高等教育出版社，1984：100－101.

[10] 朱明善. 能量系统的㶲分析 ［M］. 北京：清华大学出版社，1988：106－107.

[11] 冯端，冯少彤，著. 溯源探幽：熵的世界 ［M］. 北京：科学出版社，2005.

[12] 雷诺兹 W C，珀金斯 H C. 工程热力学（上册）［M］. 北京：高等教育出版社，1985.

[13] 于渌，郝柏林. 相变和临界现象 ［M］. 北京：科学出版社，1984.

[14] 朱自强. 化工热力学 ［M］. 北京：化学工业出版社，1980.

[15] 沈维道，童钧耕. 工程热力学 ［M］. 第3版. 北京：高等教育出版社，2001：268.

[16] http：//www. wokeji. com/shouye/guoji/201402/t20140220_649151. shtml.

[17] http：//news. xinhuanet. com/photo/2006－02/02/content_4129620. htm.

[18] http：//xnzl. jpkc. cc/xnzl/showindex/369/108.

[19] 刘卫华，郭宪民，黄虎，等. 制冷空调新技术及进展 ［M］. 北京：机械工业出版社，2005.

[20] http：//cooler. zol. com. cn/147/1470489. html.

[21] *WEBSTER'S NEW WORLD DICTIONARY*. William Collins Publishers，Inc.，1980.